◆ 一流大学计算机类专业核心课程教材

软件工程实践教程：基于开源和群智的方法

Software Engineering Practice: Restarting from Open Source and Crowd Wisdom

毛新军　王涛　余跃　编著

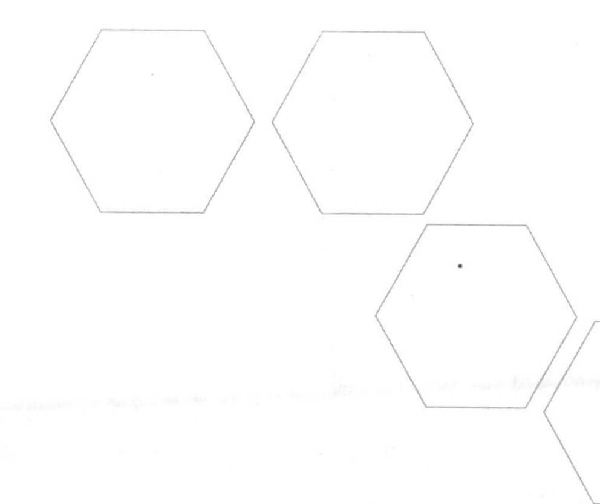

高等教育出版社·北京

内容提要

本书是软件工程课程实践教学方面的教材，针对实践教学的特点及要求，以培养学生解决复杂工程问题能力和软件工程素质为目标，围绕实践教学任务的设计、实施和考评三个方面，阐述如何转变思想和观念，基于群智方法、借助开源软件，克服现行实践教学方法的局限性，提高软件工程课程实践教学成效及人才培养水平。

全书设计了两项相对独立、逐级递进的实践任务。一是分析和维护开源软件，二是开发软件系统，并结合具体案例详细介绍了这两项实践任务的实施细节及方法，阐明了如何借助开源软件及群智知识来开展软件开发实践，以及如何采用定性和定量相结合、人工和自动相结合的方式对实践行为和结果进行系统考评。

本书可作为计算机大类专业的软件工程课程教材，也可作为软件工程师的参考用书。为便于教学，提供了丰富的教学资源，包括支撑实践教学的软件开发文档模板，完整的软件项目案例及其软件制品，电子教案 PPT 和教学视频，互联网上的学习社区，支撑软件工具等。

图书在版编目（CIP）数据

软件工程实践教程：基于开源和群智的方法 / 毛新军，王涛，余跃编著 .-- 北京：高等教育出版社，2019.8

ISBN 978-7-04-052423-9

Ⅰ.①软… Ⅱ.①毛… ②王… ③余… Ⅲ.①软件工程－高等学校－教材 Ⅳ.①TP311.5

中国版本图书馆 CIP 数据核字（2019）第 159251 号

策划编辑 倪文慧　责任编辑 倪文慧　封面设计 于文燕　版式设计 马 云
插图绘制 于 博　责任校对 胡美萍　责任印制 韩 刚

出版发行 高等教育出版社
社　　址 北京市西城区德外大街 4 号
邮政编码 100120
印　　刷 廊坊市文风档案印务有限公司
开　　本 787mm×1092mm 1/16
印　　张 21.75
字　　数 530 千字
购书热线 010-58581118
咨询电话 400-810-0598
网　　址 http://www.hep.edu.cn
　　　　 http://www.hep.com.cn
网上订购 http://www.hepmall.com.cn
　　　　 http://www.hepmall.com
　　　　 http://www.hepmall.cn
版　　次 2019 年 8 月第 1 版
印　　次 2019 年 8 月第 1 次印刷
定　　价 42.00 元

物 料 号 52423-00

软件工程实践教程：

基于开源和群智的方法

毛新军　王涛　余跃　编著

本书配套的数字资源使用方法如下：

(1) 电脑访问http://abook.hep.com.cn/1866338，或手机扫描二维码、下载并安装Abook应用。

(2) 注册并登录，进入“我的课程”。

(3) 输入教材封底防伪标签上的数字课程账号（20位密码，刮开涂层可见），或通过Abook应用扫描封底数字课程账号二维码，完成课程绑定。

(4) 单击“进入课程”按钮，开始本数字课程的学习。

课程绑定后一年为数字课程使用有效期。受硬件限制，部分内容无法在手机端显示，请按提示通过计算机访问学习。如有使用问题，请发邮件至abook@hep.com.cn。

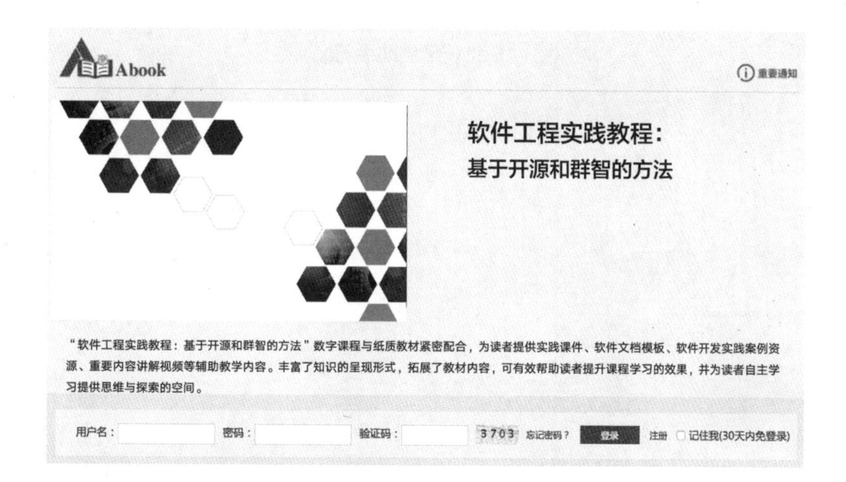

具体的数字资源如下：

(1) 实践课件

提供了一组PPT以介绍软件工程课程实践任务的设计、实施和考评。

(2) 软件文档模板

提供了一组模板以描述软件系统构思、分析和设计的成果，形成规范化的软件文档以及相关的自评表格支持实践的考核。具体包括软件需求构思和描述模板、软件需求规格说明书模板、软件设计规格说明书模板、实践团队/结对/个人自评表等。

(3)“分析和维护小米便签开源软件”实践案例资源

提供了往届学生在“分析和维护小米便签开源软件”中所积累的实践资源，具体包括体系结构UML模型、代码标注、代码质量分析报告、维护后的源程序代码、技术博客、实践成果汇报等。

(4)"空巢老人智能看护系统"软件开发案例资源

针对"空巢老人智能看护系统",提供了完整的实践成果和软件制品,具体包括软件需求构思和描述文档、软件需求规格说明书、软件需求UML模型、软件设计UML模型、程序代码、技术博客、产品宣传海报、演示视频、实践总结汇报PPT等。

(5)"开发软件系统"实践的其他软件开发案例资源

提供了往届学生在"开发软件系统"实践中所开发的软件系统及相应的实践资源,包括模型、文档、代码、技术博客等,具体的软件系统包括无人值守图书馆、基于AR的3D地图导航、访客自主识别机器人、多无人机联合搜索系统、Baby安全助手等。

http://abook.hep.com.cn/1866338

序

软件工程教育是专业教育还是通识教育,软件开发能力是“教”出来的还是“练”出来的?我的回答是,软件工程教育既是专业教育也是通识教育,软件开发能力不是“教”出来的而是“练”出来的。这是信息时代发展决定的,也是软件开发活动自身特点决定的。软件工程教育,尤其是软件工程实践教学需要改变。

信息技术的发展过程也是信息技术推动人类社会信息化水平不断升级的过程。我们经历了以数字化为主要特征的第一次信息化浪潮的洗礼,正处于以网络化为主要特征的第二次信息化浪潮之巅,已经听到以智能化为主要特征的第三次信息化浪潮扑面而来的轰鸣。所有这一切都离不开软件,软件已经成为信息时代的基础设施,软件定义一切,软件无处不在,软件的地位越来越重要。语言文字的出现使得人类文明突飞猛进,我们身处其中,也深感其重。信息时代,软件成为承载人类文明的新载体,我们同样身处其中,也同样深感其重。我们每一个现代人,不仅要成为传统文明成果的继承者、传播者和创作者,也将成为现代软件文明的继承者、传播者和创作者。软件开发不再仅仅是程序员的专业技能,还将成为越来越多普通人的一种生活技能。今天,我们可以不是作家,但不可以是文盲。未来,我们可以不是程序员,但不可以不懂软件开发。实际上,今天的软件开发已由过去的“独门绝技”发展成为越来越多普通人的生活技能。软件工程教育必须顺应这一时代要求:从专业教育向通识教育转变。然而,一方面,软件日益普及,越来越多的普通人涉足软件开发活动,人人能用软件,人人能评软件,人人能读软件,人人能写软件,计算思维已成为现代人的基本素养。另一方面,软件日益复杂,软件代码的规模越来越大,软件作用的范围越来越广,软件质量的要求越来越高,即使受过专业训练的程序员也越来越难以驾驭日益复杂的软件。软件工程教育必须因时而变。

早期的软件开发活动是个体性的创作活动,是“匠人”在“私人作坊”中的“手艺”活,人才培养是“师傅领进门,修行在个人”,软件开发效率低,质量难以复制和保证,优秀软件开发人才匮乏。50年前计算机产业发展起来之后,“软件危机”(也可以说是软件开发危机)自然就出现了。当时的解决之道是软件开发“工程化”,就是将工业时代成功的硬件生产和管理方式应用于软件开发活动,软件开发成为大规模工业化生产活动,大学也开始大批培养软件生产线上的工程师,软件开发效率和质量大幅度提升,出现了成功的软件企业。然而,软件工业化生产的努力很快也出现了瓶颈。人们发现,软件开发作为人类的智力活动,不可能也不应该被束缚在严苛的生产线上,软件工程教育不能脱离鲜活的软件创作实践。20年来开源软件的成功实践,使人们看到了大规模群体化软件创作的活力与力量。这其中有何规律可循?对于软件开发方法的研究有何启发?对于软件工程教育的改革有何启发? 10年前我们开始开源软件模式的研究,提出了群体软件创作与可信软件生产二者相融合与转化的思想,形成了基于网络的软件开发群体化方法,构建了支撑环境Trustie，开展了群体化方法的大规模验证和应用，并在此基础上开展了软件工程实践教学的改革与探索。本书就是这一实践的阶段成果。

本书所谓的“软件工程”是广义的软件工程，是学科意义下的软件工程。本书所谓的“软件工程实践”是广义的软件开发实践，不仅包括经典的“工程化”软件生产实践，还包括网络环境中群体开源软件创作实践。几千年来，人们通过“听、说、读、写”涉足传统语言文字文明的继承、传播和创造活动，当今，人们已经通过“用、评、读、写”涉足现代软件文明的继承、传播和创造活动。移动互联网的普及使得越来越多的普通人成为软件的使用者，普通用户对软件的在线使用反馈（哪怕是一次“点击”、一次“吐槽”）也已成为软件开发需求获取的渠道，成为软件质量提升的途径，普通用户已经不知不觉地参与到软件开发活动中，在“人－机－物”日益融合的三元世界中，普通人对软件开发的参与将更加不知不觉、更加不可或缺。随着开源生态的发展，高水平的软件源代码以及软件开发工具将更加丰富、更加容易获得和使用，更多的非软件职业人士将涉足软件代码的编写，软件开发的群智特征将更加凸显。

本书所讨论的“基于开源和群智方法的软件工程实践”，是国防科技大学教学团队推进软件工程实践教学改革的实录，与其说是面向软件工程专业教学的实践“教程”，还不如说是面向更广泛读者的实践“邀约”，希望与读者共同探索基于群智方法的软件工程实践。

王怀民

2019.5.26 于长沙

前　言

软件工程是一门实践性要求非常高的课程。实践教学是该课程教学的要点、重点和难点，其成效直接决定了该课程教学质量和人才培养水平。本书聚焦于软件工程课程实践教学，以面向对象软件工程技术为基础，利用开源软件和开源社区中的软件开发知识，围绕实践教学的设计、实施和考评三个方面，结合具体的软件开发实践案例，介绍了基于群智的软件工程实践教学的理念、内容、方法和工具。

本书主要特色

① 以能力和素质培养为目标，改革软件工程课程的实践内容、实施方法和考评方式。在分析软件工程课程教学特点及当前实践教学方法不足的基础上，以培养解决复杂工程问题能力和软件工程素质为目标，本书对软件工程课程实践教学的任务和内容、实施方法、考评方式进行了针对性的改革，要求实践内容有创意、上规模、高质量且具综合性，提出依托社区、借助群智、迭代开发的实践实施方法，建立以能力培养为导向、持续点评和改进、定性和定量相结合的考评方式，为软件工程课程实践任务的完成和培养目标的达成提供可行、有效的解决途径。

② 基于循序渐进、逐级递进的实践教学理念，设计了两项既相对独立又相互支撑的实践任务。软件工程的实践需要循序渐进地开展，能力和素质的培养是一个持续性的递进过程。本书基于此理念设计了两项实践任务，一项是分析和维护开源软件，旨在通过对高质量开源软件代码的阅读、分析、标注和维护，理解软件质量的重要性，掌握高质量软件设计和程序设计的方法和技能，培养良好的软件工程素质；另一项是开发有创意、上规模、高质量的软件系统，旨在综合运用软件工程的方法、技术和工具开展实践，开发出具有一定规模和复杂性的软件系统，在此过程中培养解决复杂工程问题的能力。前一项是基础性和前导性的实践任务，后一项是关键性和主体性的实践任务。

③ 采用依托社区、基于群智、迭代开发的方法，为实践实施提供有效技术手段。本书提出基于迭代的方式来逐步、渐进地开展软件工程实践，在此过程中充分利用开源社区中的群智知识来帮助实践人员解决多样化和个性化的开发问题，重用开源社区中的开源软件来促进有创意、上规模和高质量软件系统的开发。该方法的本质就是让开源社区中的高水平软件开发者成为指导实践开展的“老师”，海量的软件开发知识成为辅助实践问题解决的“教材”，高质量的开源软件成为推动软件开发的“资源”，开源社区成为实践实施的“教室”。

④ 结合具体的实践案例，翔实阐明实践实施的方法、策略和成果。本书提供了两个具体的实践应用案例，即小米便签开源软件和空巢老人智能看护系统。通过对这两个案例的深入剖析和示例，结合面向对象软件工程技术，详细介绍了开展这两项实践的具体过程、步骤、原则、方法、

策略及输出成果，阐明了如何基于群智的方法来开展实践，提供了相应的模型、文档、代码、标注、测试用例等软件制品和规范，供学习者参考和使用。

⑤ 借助支撑软件工具，利用开源社区，采用群体化软件开发技术来开展实践。本书提供了一组支撑软件工具以辅助实践实施，包括支持分布式协同开发的 Trustie-Forge、支持代码阅读和标注的 Trustie-CodePedia、支持开源软件和软件开发知识搜寻的 Trustie-Ossean、支持技术博客分享和交流讨论的 LearnerHub、支持代码质量分析的 SonarQube 等；推荐了一组开源社区以分享群智知识和重用开源软件，从而促进实践的开展，如 GitHub、Stack Overflow、CSDN、开源中国等；并采用群体化软件开发技术来加强实践任务协同和软件制品管理，包括基于 Issue 的任务分配和问题跟踪、基于 Pull Request 的分布式协同开发、基于 Git 的代码管理等。

⑥ 提出以"评"促"改"、定性和定量相结合、人工和自动相结合的考评方法。本书提供了软件工程课程实践的考评框架，强调要对实践行为和结果两方面同时进行考评，提出"评"为主"考"为辅、持续考评、以评促改等基本原则，以及定性和定量相结合、人工和自动相结合的科学考评方式，突出持续"点评"和"改进"在软件工程实践教学中的重要性，结合实践中常见问题和错误，列举了一系列点评示例供学习者参考。

本书读者对象

本书可作为计算机大类专业本科软件工程课程教学或实践课程教学的教材，也可作为软件工程师的参考用书。

对于教师而言，不仅可以从本书中学习到有关群智软件工程和群体化软件开发方法等方面的知识，掌握基于群智的软件工程实践教学方法，还可以获得有关软件工程课程实践任务设计、实施、点评和考查的具体方法、策略和手段。本书设计了两项软件工程课程实践任务供教师实例化和剪裁，以应用于实践教学；提供了支撑软件工程课程实践教学的配套软件工具、实践案例、软件模型、程序代码、软件文档及模板、考评手段和实践数据等，为其运用本书开展软件工程课程实践教学提供丰富的素材。

对于学生而言，不仅可以从本书中学习到有关面向对象软件工程和 UML、开源软件开发技术、群体化软件开发方法等主流和前沿的软件工程技术，更为重要的是，通过完成本书所设计的软件工程课程实践任务，可帮助他们运用面向对象软件开发技术并借助开源社区中的开源软件和软件开发知识，利用多项 CASE 工具完成具有一定规模和复杂性的软件系统开发，提升其软件开发能力，尤其是解决复杂工程问题的能力，培养良好的软件工程素质，如质量意识、严谨作风等。本书所提供的两个案例，一个来自工业界所开发的软件产品，另一个来自学生在实践教学中的具体成果，它们都为学生开展软件开发实践提供有效的参考和支持。

对于软件工程师而言，不仅可以通过本书掌握基于 Issue 的任务分配和跟踪、基于 Git 的版本管理、基于 Pull Request 的协同开发等现代软件开发技术，还可以通过实践案例讲解来掌握如何运用开源软件、借助软件开发知识问答社区来开发软件系统，解决软件开发中遇到的各种技术问题，以及如何在开源社区中开展软件开发活动、做出贡献。

下表描述了本书各章节对教师、学生和软件工程师而言需要关注的程度。“-”表示一般性关注，“*”表示选择性关注，“+”表示重点关注。

章节	教师	学生	软件工程师
第1章　绪论	+	+	-
第2章　软件工程基础	-	+	-
第3章　群智软件工程及其在实践教学中的应用	+	+	+
第4章　实践任务的设计与要求	+	+	*
第5章　实践支撑软件工具	+	+	*
第6章　实践任务一：分析和维护开源软件	+	+	+
第7章　实践任务二：开发软件系统	+	+	+
第8章　实践考评方法	+	+	*

编写分工与教学资源

全书共8章，毛新军撰写了第1、2、4、6、7、8章，王涛撰写了第5章，余跃撰写了第3章。

为便于高校师生教学，本书提供了丰富的教学资源，包括支撑实践教学的软件开发文档模板；完整的软件项目案例及其软件制品，如UML模型、软件文档、源程序代码、可运行软件系统、技术博客、实践总结材料等；电子教案PPT和教学视频；互联网上的学习社区；支撑软件工具等。

致谢

本书得益于国家重点研发计划项目“云计算和大数据开源社区生态系统”（编号2018YFB1004202）和国家自然科学基金NSFC重点项目“大规模在线协同学习的机理与方法研究”（编号61532004）的相关研究成果。

感谢国防科技大学王怀民老师和尹刚老师的研究团队开发了Trustie系列软件工具，它们为软件工程课程实践任务的开展提供了一系列支持；感谢我们的研究团队开发了LearnerHub工具（也称知士荟），它可为实践人员分享技术博客、开展交流和讨论、共享实践资源等提供支持。感谢王硕、张汤浩然两位本科生完整地设计和实现了本书的两个软件开发案例。最后还要由衷感谢清华大学刘强老师以及国内多位同行学者为本书提出了许多建设性的意见。

作　者

2019年5月

目　录

第 1 章　绪论 …… 1
1.1　背景 …… 1
1.1.1　计算机软件的变化 …… 1
1.1.2　软件工程的发展 …… 6
1.1.3　对软件工程专业教育和人才培养提出的要求 …… 9
1.2　软件工程课程的特点 …… 11
1.3　软件工程课程实践教学的目标和要求 …… 11
1.4　现行实践教学存在的问题 …… 13
1.5　互联网技术和开源社区带来的启发 …… 15
1.6　软件工程课程实践教学的指导思想 …… 16
1.7　本书应用案例说明 …… 18
1.8　本书的内容组织 …… 18
本章小结 …… 20
实践作业 …… 20
第 2 章　软件工程基础 …… 22
2.1　软件工程概述 …… 22
2.1.1　软件工程的思想 …… 23
2.1.2　软件工程的目标 …… 24
2.2　软件开发过程模型与方法 …… 25
2.2.1　瀑布模型 …… 25
2.2.2　原型模型 …… 26
2.2.3　增量模型 …… 26
2.2.4　迭代模型 …… 27
2.2.5　螺旋模型 …… 27
2.2.6　敏捷方法 …… 28
2.2.7　群体化开发方法 …… 30
2.3　面向对象软件工程 …… 31
2.3.1　核心概念 …… 31
2.3.2　基本思想 …… 32
2.3.3　技术特点 …… 33
2.4　统一建模语言 UML …… 34
2.4.1　UML 概述 …… 34
2.4.2　UML 的图 …… 35
2.5　软件项目的组织方式 …… 46
2.5.1　结对模式 …… 46
2.5.2　团队模式 …… 47
2.5.3　社区模式 …… 49
本章小结 …… 50
实践作业 …… 51
第 3 章　群智软件工程及其在实践教学中的应用 …… 52
3.1　群智软件工程概述 …… 52
3.1.1　产生背景 …… 53
3.1.2　核心概念和思想 …… 54
3.2　群体化软件开发技术及其在实践教学中的应用 …… 56
3.2.1　基于 Issue 的任务管理 …… 56
3.2.2　基于 Git 的代码管理 …… 59
3.2.3　基于 Pull Request 的分布式协同开发 …… 64
3.2.4　在实践教学中应用群体化软件开发技术 …… 66
3.3　软件开发知识分享及其在实践教学中的应用 …… 69
3.3.1　编程知识问答社区及 Stack Overflow …… 69

3.3.2 技术资讯社区及 CSDN ········· 71
3.3.3 在实践教学中应用软件开发知识 ········· 72
3.4 开源软件及其在实践教学中的应用 ········· 75
3.4.1 开源软件托管社区 ········· 75
3.4.2 开源软件项目资源 ········· 79
3.4.3 基于开源软件的软件开发 ········· 79
3.4.4 在实践教学中应用开源软件 ········· 81
本章小结 ········· 81
实践作业 ········· 82
第 4 章 实践任务的设计与要求 ········· 84
4.1 实践教学的设计理念与指导思想 ········· 84
4.1.1 以能力和素质培养为主要目标 ········· 84
4.1.2 基于群智的实践教学方法 ········· 85
4.1.3 循序渐进逐层递进地开展实践 ········· 87
4.2 实践任务的整体设计 ········· 89
4.3 分析和维护开源软件实践任务的设计 ········· 90
4.3.1 实践内容 ········· 90
4.3.2 实践要求 ········· 91
4.4 开发软件系统实践任务的设计 ········· 92
4.4.1 实践内容 ········· 92
4.4.2 实践要求 ········· 92
本章小结 ········· 94
实践作业 ········· 94
第 5 章 实践支撑软件工具 ········· 96
5.1 实践支撑工具概述 ········· 96
5.2 软件开发工具 ········· 97
5.2.1 软件建模工具 ········· 98
5.2.2 编码实现工具 ········· 98
5.2.3 软件测试工具 ········· 98
5.2.4 代码质量分析工具 ········· 99
5.2.5 软件文档撰写工具 ········· 101
5.3 实践实施工具 ········· 101
5.3.1 实践任务管理和协同开发工具 Trustie-Forge ········· 103
5.3.2 代码阅读和标注工具 Trustie-Codepedia ········· 105
5.3.3 群智资源检索工具 Trustie-Ossean ········· 106
5.3.4 群体化学习工具 LearnerHub ········· 107
5.3.5 软件开发实训工具 Trustie-EduCoder ········· 109
本章小结 ········· 111
实践作业 ········· 111
第 6 章 实践任务一：分析和维护开源软件 ········· 112
6.1 实践实施过程及原则 ········· 112
6.1.1 实施过程和活动 ········· 112
6.1.2 实施原则和要求 ········· 115
6.1.3 实践输出及成果 ········· 116
6.2 实践实施的准备工作 ········· 117
6.2.1 选择开源软件 ········· 118
6.2.2 组织实践人员 ········· 118
6.2.3 布置实践任务和创建实践项目 ········· 118
6.2.4 加载开源代码和运行开源软件 ········· 122
6.2.5 访问和加入开源社区 ········· 127
6.3 实践案例介绍：小米便签开源软件 ········· 128
6.4 阅读开源代码 ········· 129
6.4.1 泛读开源代码 ········· 129
6.4.2 实践成果 ········· 134

6.5 分析代码质量 …… 134
6.5.1 人工分析 …… 135
6.5.2 自动分析 …… 136
6.5.3 实践成果 …… 138
6.6 标注开源代码 …… 138
6.6.1 理解代码语义 …… 138
6.6.2 标注代码 …… 142
6.6.3 实践成果 …… 148
6.7 维护开源软件 …… 148
6.7.1 纠正代码缺陷 …… 149
6.7.2 完善开源软件的功能 …… 151
6.7.3 演示维护后的开源软件 …… 158
6.7.4 实践成果 …… 160
6.8 借助开源社区中的群智资源开展实践 …… 160
6.9 实践总结 …… 163
6.10 实践设计的剪裁 …… 166
本章小结 …… 169
实践作业 …… 169
第7章 实践任务二：开发软件系统 …… 171
7.1 实践实施过程及原则 …… 171
7.1.1 实施过程和活动 …… 171
7.1.2 实施原则和要求 …… 174
7.1.3 实践输出及成果 …… 177
7.2 实践实施的准备工作 …… 178
7.2.1 宣传和动员 …… 178
7.2.2 布置实践任务 …… 180
7.2.3 组织实践人员 …… 181
7.2.4 访问和加入开源社区 …… 182
7.3 实践案例介绍："空巢老人智能看护系统" …… 182
7.4 需求获取与分析 …… 183
7.4.1 任务、过程与输出 …… 183
7.4.2 实践要求与原则 …… 184
7.4.3 软件需求获取与构思 …… 185
7.4.4 软件需求建模与分析 …… 199
7.4.5 软件需求文档化与评审 …… 214
7.4.6 迭代开发过程中的软件需求变更管理 …… 215
小结 …… 216
7.5 软件设计与建模 …… 217
7.5.1 任务、过程与输出 …… 217
7.5.2 软件设计的策略和原则 …… 220
7.5.3 软件体系结构设计 …… 223
7.5.4 用户界面设计 …… 238
7.5.5 用例设计 …… 244
7.5.6 子系统 / 构件设计 …… 250
7.5.7 类设计 …… 255
7.5.8 数据设计 …… 266
7.5.9 软件设计的整合、文档化及评审 …… 270
小结 …… 271
7.6 代码编写与测试 …… 272
7.6.1 任务、过程与输出 …… 272
7.6.2 编写代码 …… 274
7.6.3 软件测试 …… 282
7.6.4 程序调试和修复 …… 292
7.6.5 部署和运行 …… 293
小结 …… 293
7.7 借助开源社区中的群智资源开展实践 …… 294
7.7.1 在软件开发知识分享社区中寻找问题的解答 …… 294
7.7.2 在开源社区中与软件开发者群体进行交互 …… 297
7.7.3 搜寻和重用开源软件 …… 298
7.8 实践总结 …… 298
7.9 实践设计的剪裁 …… 299
本章小结 …… 303
实践作业 …… 304

第 8 章　实践考评方法 …… 306
8.1　实践考评的原则 …… 306
8.2　实践考评的手段 …… 307
8.3　分析和维护开源软件实践的考评方法 …… 308
8.3.1　考评内容 …… 308
8.3.2　考评方法 …… 309
8.3.3　持续点评 …… 312
8.4　开发软件系统实践的考评方法 …… 313
8.4.1　考评内容 …… 313
8.4.2　考评方法 …… 314
8.4.3　持续点评 …… 320
8.5　实践实施及成效 …… 324
本章小结 …… 326
实践作业 …… 326
后记 …… 328
参考文献 …… 331

第1章　绪　　论

当前信息技术发展迅速，计算机软件在信息系统中的地位和作用变得越来越重要，成为人类社会不可或缺的基础设施。受移动互联网平台、计算技术、计算机应用需求拓展等诸多因素的影响，当前软件系统的基本形态发生了深刻的变化，软件系统的规模和复杂性日益增长并呈现出新的特点，由此驱动软件工程技术和产业的快速发展。过去十年，无论是在学术界还是产业界，软件工程均取得了令人瞩目的进步。软件工程与人工智能、大数据、社会学、复杂性科学、经济学等诸多学科进行交叉，不断衍生出新的研究方向，产生了一系列新颖的软件工程方法、过程和平台，如群智软件工程、数据驱动软件工程、开源软件技术、软件众包、DevOps（英文 Development 和 Operations 的组合）、智能化软件开发、GitHub 等，软件开发的方式和理念也出现了一些新的变化，学术界与工业界间的联系与合作更为紧密。

在此背景下，如何加强教育和教学改革，提升软件工程专业人才的能力和素质，以适应产业和专业的快速发展等，成为高校和教师面临的一项重要挑战。这就需要我们清醒地认识当前计算机软件、软件工程等出现的变化和未来的发展趋势；深入地分析产业界对软件工程专业人才提出的新需求，尤其在能力和素质方面提出的要求；清晰地洞察当前软件工程专业建设、课程教学和人才培养存在的问题和局限，由此针对性地开展教育和教学改革。

本章作为全书的绪论部分，主要介绍相关的背景以及对软件工程课程实践教学的一些基本认识，具体内容包括：

- 近年来计算机软件形态和复杂性的变化和软件工程的发展，以及由此对软件工程专业教育和人才培养提出的要求。
- 软件工程课程教学的特点，其实践教学的目标和要求；当前软件工程课程实践教学的方法及其存在的问题和局限。
- 互联网技术和开源软件技术给软件工程课程实践教学带来的启示。
- 软件工程课程实践教学的方法学。

1.1　背　　景

1.1.1　计算机软件的变化

在过去的十余年，受移动互联网、计算基础设施、应用领域、用户需求等多方面因素的影响，计算机软件系统的运行环境、自身形态以及系统的复杂性等方面发生了深刻的变化，进而对支持软件系统开发的软件工程方法、过程和工具等提出了新的要求，也对从事软件开发的专业人才提出了新的要求。

1. 运行环境的变化

自21世纪以来，随着移动互联网技术、人工智能、大数据和云计算发展迅速，计算机软件的应用领域不断拓展，软件系统的驻留和运行环境发生了显著的变化。越来越多的软件系统部署和运行在基于（移动）互联网的计算平台之上。

不同于传统的计算环境和平台（如单机、局域网等），互联网环境具有开放、动态、异构、难控等特点。不仅如此，（移动）互联网还作为计算和网络基础设施将诸多的物理设备（如智能手机）与人类社会等紧密地连接和集成在一起，由此导致部署于其上的软件系统形态及复杂性也随之发生了变化。

自计算机诞生以来，计算机软件的部署和运行环境经历了主机、个人计算机、局域网计算环境、互联网和移动互联网计算环境的发展历程（见图1.1），体现了计算环境从集中、封闭和单一向发散、开放、动态、多样和异构的转变。

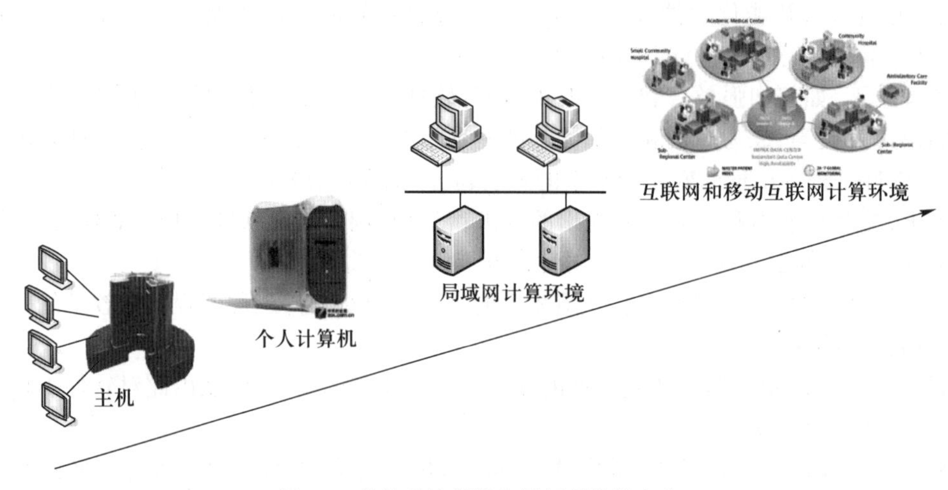

图1.1　软件系统部署和运行环境的变化

在20世纪90年代之前，大部分软件系统被部署在同一个计算设施或局域网环境中的若干个计算平台之上（如主机或个人计算机），这些计算设施或平台通常由某些个体或组织来管理和控制。例如，在某个主机上部署软件系统，用户通过连接主机的多个终端来访问和操作软件，或者软件被部署在由局域网连接而成的若干台计算机上，这些软件通过局域网相互交互。它们的部署环境通常是封闭的，不和外界进行交互；环境边界也是明确的，哪些属于环境哪些不属于环境具有清晰的界定。

进入20世纪90年代，尤其是进入21世纪以来，越来越多的软件系统被部署在基于（移动）互联网的多个不同计算设施之上（甚至包括各种嵌入式设备和移动终端），这些计算设施可能属于不同的组织和机构（如企业、个人、政府等），具有地理和逻辑上分布、高度自治、独立和发散管理、难以全局控制等方面的特点。互联网尤其是移动互联网是一个动态、难控的复杂环境，不断有新的计算节点、服务和计算资源等加入互联网中来，或者已有的计算节点、服务和计算资源等会离开互联网环境，其动态变化呈现出不确定、不可控和不可预测等诸多特点。

2. 软件形态的变化

我们正处在一个“软件定义世界”时代，软件成为社会的一项重要基础设施，渗透到人类社会的方方面面。软件系统使得万物皆可互联（如数据和服务共享），也使得一切均可编程。由于软件的“社会化和普及化”以及软件驻留环境的变化，软件系统自身的基本形态也在发生深刻的变化。

(1) 越来越多的软件系统表现为人－机－物共生系统而非纯粹的技术系统

传统软件系统通常表现为纯粹的技术系统，即软件系统仅仅作为技术要素而存在，其主要任务是完成计算、提供功能和服务。虽然人与软件系统需要进行交互，如输入软件所需的信息或接受软件输出的信息，但是人和软件系统的边界非常清晰，在业务实现过程中哪些工作由人来完成、哪些工作由计算机软件来完成等有明确的界定。

当前越来越多的软件系统表现为一类由人、社会组织、物理设备、过程等要素共同组成和相互作用的人－机－物共生系统（见图 1.2），也称之为信息物理社会系统。软件系统不仅提供各种功能和服务，还连接了大量物理设备（如机器人、手机、传感器等），并通过它将不同的人或机构等组织在一起，以实现信息的交流和共享，典型的例子包括微信、QQ、大众点评等。物理设备不仅包括传统的计算设备，还包含了诸多的物理设施。过程要素定义了软件的用户期望如何来操作软件系统。与此同时，软件系统的行为和服务等还受人－机－物共生系统中的社会法规（rule）、制度（norm）等的影响和限制。

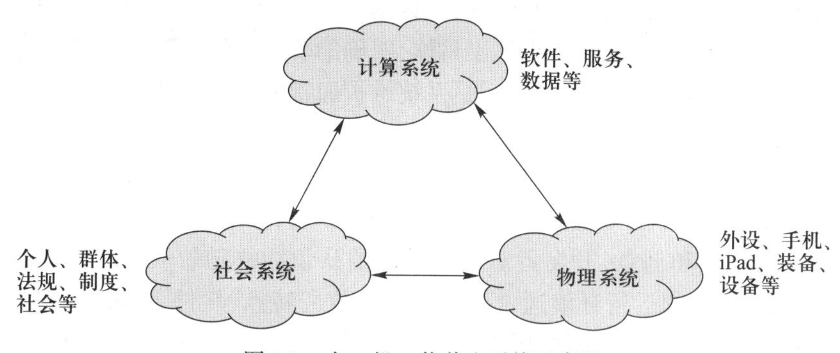

图 1.2 人－机－物共生系统示意图

在人－机－物共生系统中，物理要素、社会要素和技术要素共同存在并且相互作用。系统中的技术要素不能独立于社会要素和物理要素而存在，社会要素和物理要素的变化会引起技术要素的变化。人不仅是系统的使用者，也是系统的组成部分；物理系统和技术系统作为中介实现人与人之间的关联、交互和协同，使得他们构成结构化的组织。典型的例子如社交媒体（如微信）、智能机器人、物流系统等。

(2) 越来越多的软件系统表现为分布式异构系统而非集中同构系统

传统的软件系统通常表现为一类集中的同构系统，构成软件系统的各个软件实体或者要素（如模块、构件、数据等）采用集中的方式进行部署，运行在由特定个人或者组织所掌控的计算设施（如服务器、PC或智能手机）之上，通常不与组织之外的其他数据、服务、软件等进行交互；软件系统是由组织内的软件开发人员在一段时间内采用相同或相类似的技术和工具来开发得到。

当前软件系统通常拥有大量的软件实体。这些软件实体不仅在形式上是多样的（如表现为不同形式的数据、服务、程序等），而且地理或者逻辑上是分布的，分散部署在基于（移动）互联网的不同计算或者物理设施之上。对于这些软件系统而言，软件实体的分布性是必须的，因为越来越多的应用本身就是分布的，软件实体的分布性有助于提高软件系统的可靠性和安全性。此外，构成软件系统的软件实体通常是异构的，即不同的软件实体是由不同的组织和个人，在不同的时间，采用不同的技术（如结构化、面向对象或服务技术等），借助于不同的语言（如C、C++、Java、Ada、Python等）、工具（如Eclipse、Visual Studio）和标准来开发，运行在不同的环境和平台（包括操作系统、虚拟机、中间件和解释器等）之上，并且可能采用不同的数据格式（如文件、数据库等）。对于部署和运行在互联网上的诸多软件系统而言，软件系统的异构性是一种必然。这是因为软件系统的建设、运行、维护和演化通常需要经历很长的一段时间（如几年甚至几十年），在此过程中软件技术在不断发展，需要持续集成各种遗留的软件系统，因而要采用统一的技术、语言、工具、标准和数据格式等来开发软件系统几乎是不可能的。

(3) 越来越多的软件系统表现为动态演化系统而非静态封闭系统

传统软件系统通常表现为静态封闭系统。这类系统的特点是具有明确的系统边界，它们通常不与系统之外的其他系统进行交互和协同，如数据共享、服务访问等。系统的利益相关者可事先确定且能够就软件系统的功能和需求提出具体、明确的要求。软件系统开发完成之后，系统也会面临需求变化和缺陷修复等维护要求，但是系统维护通常采用阶段性的方式，即每隔一段时间经维护后产生一个新的系统版本。

当前软件系统常常表现为一类动态演化系统，其特点之一是系统的边界和需求的不确定性和持续演变性。导致这种状况的原因是多方面的。例如，许多软件的需求不是来自最终用户，而是源自开发者的构想和创意，开发者对软件系统的认识往往随着软件系统的使用而不断变化。此外，当前软件系统的运行环境通常具有动态开放的特点，软件系统需要根据外部环境的变化而不断地调整自身，包括系统的架构和交互等，进而表现出持续演化的特点。对于动态演化系统而言，由于其边界、需求、功能、服务、构件、连接、缺陷等一直处于持续变化之中，对这类系统的维护和演化不能中断系统的正常运行和服务，因而系统的运维和系统的运行需要交织在一起。

(4) 越来越多的软件系统表现为系统之系统而非单一系统

传统软件系统通常表现为单一系统。虽然整个系统由诸多要素（如子系统、构件和模块等）构成，但是这些要素不能单独运作，必须紧密地组装和集成在一起才能获得完整的系统功能。此外，它们通常属于或者服务于单一的个人或者组织，并且受单一个人或者组织的管理。例如，图书馆信息管理系统包括图书借阅、书库管理、读者管理等子系统，这些子系统均由某个特定的组织（如某个大学的图书馆）负责建设、管理和维护，如果没有读者管理子系统或者书库管理子系统，图书借阅子系统也就无法正常提供功能。

系统之系统通常由一组面向不同任务、服务于不同用户的子系统构成（见图 1.3 所示）。每个子系统自身可以单独运作、完成独立功能并能对外提供服务。它们通常由不同的个人、机构或者组织来管理，并由他们负责系统的建设、维护和演化。这些独立系统通常在地理上是分布的，部署在不同的计算节点和位置。整个系统需要通过各个独立子系统之间的交互来实现全局的任务和目标。例如，网上购物系统就是一类典型的系统之系统，整个系统包括了网上商店、业务交易和支付、身份认证和确认、物流送货等子系统，每个子系统由不同的组织来管理并能单独运作，如业务交易和支付子系统由银行提供，身份认证和确认由公安部门提供等，但是必须通过这些子系统之间的交互和协同才能完成完整的网上购物业务。

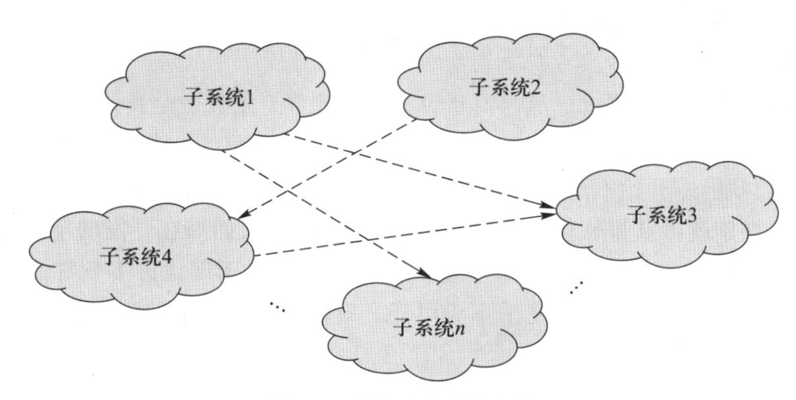

图 1.3　系统之系统示意图

3. 系统复杂性的变化

软件运行环境以及软件形态的变化随之带来软件系统自身复杂性的增长及其特征的变化。软件系统是一类逻辑产品，其复杂性变化具有特殊性，主要表现为以下三个方面。

（1）规模复杂性

构成软件系统的代码行数、存储 / 访问和处理的数据量、系统所封装的构件数、软件构件间的连接与依赖数量、系统运行时不同模块间的交互次数、系统运行所依赖的硬件单元和计算单元的数量、运行中所产生的软件实例数量（如对象实例）等规模大，由此导致开发和运维软件系统所需的人员规模也很大。

例如，随着应用的拓展和深化，代码行数超百万甚至千万的软件系统数量不断增多，软件系统部署和运行在不同地域的多个计算节点上（如云服务平台），需要对后台的大数据进行分析和处理；软件系统的开发和维护需要成千上万的开发者（如开源软件社区中的海量软件开发者），并通过软件将成百万、上千万甚至几个亿的人连接在一起。

（2）变化复杂性

软件系统的复杂性还表现为系统自身及其驻留环境的变化。“易变性”是软件系统的基本特征之一。软件系统的变化首先反映在软件需求上。需求变化大多源自系统的利益相关方（如最终用户），在开发和运维过程中用户会根据其使用体验和感受、发现的问题和缺陷等对软件系统的需求提出变更的要求。软件需求的变化必然导致软件设计、程序代码、测试用例等软件制品的变化。其次，软件驻留环境的变化也会导致软件系统的变化，从而确保软件系统能够适应变化的环境，展现出所需的健壮性、可靠性、友好性、弹性、高效性等。对于当前部署在开放环境下的软件系统而言，无论是软件需求的变化还是运行环境的变化，都具有不可预测、不确定、难控等复杂性特点。

例如，用户会在软件系统的开发后期提出新的软件需求，也会随着软件系统的使用而对其提出各种改进意见；由于运行环境（如计算资源、网络带宽、存储容量等）的变化，软件系统需要表现出自适应的特点，来调整其软件体系结构、构件数量和交互参数等（如数据传输模式），从而确保软件系统能够正常、可靠、稳定地运行。

（3）认知复杂性

软件系统是一类复杂的逻辑产品。对于许多软件系统（尤其是全新开发的软件系统）而言，人们（无论是用户还是开发人员）对其需求和演化的认识非常有限，难以获得关于软件系统的完整性认知。例如，我们一开始不清楚软件的需求有哪些，每一项需求的内涵是什么。以往我们总认为在软件开发初期就可获得软件系统的完整和清晰的需求，如果在开发的早期难以做到，也可以在开发的后期阶段通过与用户的持续交互而得到。但是对于现代许多软件系统而言，要在开发阶段就形成软件系统的完整需求几乎不大可能。对软件系统需求的认知往往随着软件系统的开发、运行和使用才可逐步深化。

1.1.2 软件工程的发展

自1968年软件工程提出以来，学术界和工业界围绕软件工程方法、过程和工具等方面的研究与实践一直方兴未艾。尤其是近20年来，为了应对计算技术的发展，发挥互联网的优势和潜力，适应软件系统及其运行环境的变化，满足用户日益增长的需求，软件工程的发展步入了快轨道，支撑软件系统开发、运维和重用等的思想和理念出现了重大转变，涌现了一批新颖、实效的研究成果。

1. 软件开发过程与方法

早期的软件开发过程模型（如瀑布模型、增量模型等）要求软件开发早期须清晰、准确、完整地描述需求，形成软件需求模型或文档，并依此来指导软件的设计和构造。然而，通过大量的软件开发实践，人们发现要一次性完整地获取、准确地描述软件需求是不可能的。因而人们提出了软件开发的迭代模型和螺旋模型，采用分阶段的方式来获取和理解软件需求，应对需求的变化，渐进、阶段性地交付软件产品。

无论是瀑布模型、增量模型，还是迭代模型、螺旋模型，它们都要求撰写各类规范化的软件文档，如软件需求文档和软件设计文档等，将其作为软件系统的重要制品来指导软件系统的开发和维护。显然，这些过程模型严重依赖“笨重的”文档，难以快速应对软件需求的持续变化，使得软件开发人员针对每一次需求变化都要花费大量的时间和精力来修改文档，而非最终的程序代码，难以给用户快速交付反映其需求变化的软件制品。

随后人们提出了敏捷方法（agile method）以解决上述过程模型的不足。敏捷方法的核心是要支持和拥抱软件系统的变化。它认为“变化”是软件系统作为逻辑产品的一项重要特征，“变化”贯穿于软件系统的全生命周期。敏捷方法采取了一系列举措以反映其敏捷的理念和思想，如软件开发应重视程序代码而非文档、要以用户为中心支持用户需求的变化、要基于用户的需求快速交付可运行的软件制品等，其代表性成果包括 Scrum 方法、极限编程（extreme programming）、Crystal、适应性软件开发（adaptive software development）等。

之前的软件开发模型和开发方法严格区分开发、部署、运行和维护等阶段，认为无论从任务的角度还是从参与组织的角度等，这些阶段均有清晰的界限，任务也互不相同，从而确保每个阶段工作的独立性，便于软件开发工作的计划和管理。例如，软件系统完成开发、交付和投入运行之后将进入后期的维护阶段；开发阶段的任务主要由软件开发团队来完成，后期维护阶段的任务则交由维护团队来完成。近年来，随着云计算和云服务平台的快速发展及应用，人们注意到大量部署在互联网上的软件系统具有长期运行、持续演化、不断维护等特点，大量开发活动出现在软件系统交付用户使用之后，在对软件系统进行维护的同时必须确保软件系统的正常运行和服务，软件开发和运维等活动之间的界限不再清晰。在此背景下，人们提出了 DevOps 方法，试图加强软件开发人员、运营维护人员和质量保障人员之间的沟通、协作与整合，克服这三类人员在软件开发和运维过程中各自为政、缺乏沟通的状况，从而使得开发、测试、发布软件更加快捷、频繁和可靠。该方法可以有效应对由于软件需求经常变化、频繁交付软件产品等对软件系统的快速、持续部署以及质量保证所带来的挑战。

2. 软件开发技术及重用方式

自 20 世纪 90 年代以来，尽管软件工程领域产生了多样化的软件开发技术（如模型驱动开发、面向方面软件开发等），但是面向对象技术一直是产业界主流的软件开发技术，包括面向对象的程序设计及语言（如 Python、C++、Java）、面向对象的分析和设计技术、面向对象的软件测试、UML 及各种工具和平台（如 Eclipse、Visual Studio 等）。面向对象软件开发技术提供了一系列分析和设计理念、核心概念和运行机制来支持软件系统的抽象、建模、封装、信息隐藏和模块化，从而简化了软件开发过程，加强了软件重用，改善了软件结构，从一定程度上解决了由于规模复杂性、变化复杂性和认知复杂性对软件开发效率、成本和质量带来的挑战。

随着软件系统规模和复杂性的不断增长，以及人们对软件功能和服务日益提升的要求，如何持续地产生软件系统的需求创意，快速、高效、高质量地开发和维护大规模的复杂软件，仍然是软件工程需要克服的主要问题。近年来，互联网尤其是移动互联网的广泛应用，使得大量的互联网群体能够通过网络平台进行连接、沟通和共享，在这样的背景下借助于互联网群体来开展软件开发的群智软件工程得到了快速发展。群智软件工程的核心思想是利用大众的智慧、经验、制品等来开展软件开发,代表性的成果包括开源软件、软件众包等。互联网大众通过基于互联网的协同开发,共同对开源软件的需求进行创新,编写程序代码,发现和修复缺陷等,从而形成了一种依托社会化大众来进行软件开发的独特开源软件文化,产生了一大批优秀的开源软件系统(如Linux、MySQL、Apache、Firefox、Hadoop、Spark、OpenStack、K8S、Android),孕育出了新的软件开发模式(如基于Pull Request的分布式协同开发等),催生了软件产业新的格局和商业模式,在软件产业领域产生了重要的影响。

根据2015年开源软件年度调查报告,78%的IT公司基于开源软件来构建和运行其信息系统,只有不到3%的公司完全不使用开源软件;89%的IT公司认为利用开源技术、借助开源软件可以大幅提高软件的创新速度;64%的公司参与了开源软件项目;有超过66%的公司优先考虑利用开源软件来开展软件创新和开发。近年来随着以开源软件为代表的群智软件工程的发展以及在产业界的盛行,大型复杂软件系统的开发不再单纯基于传统的"大教堂"模式,还可以采用基于互联网群体的"集市"模式。"大教堂"开发模式的核心思想是采用集中、封闭的方式来开发软件系统,"集市"开发模式则较为灵活,采用开放、迭代的方式来开发软件[24]。

软件重用是软件工程的一项基本原则。随着软件工程技术的发展,软件重用的方式和粒度也在发生变化。软件重用的基本对象是软件实体(如不同模块形式的程序代码)。近年来随着群体化软件开发技术的应用,软件重用的对象还包括软件开发群体在开源社区中提供的各种知识(如经验、问题解答、技术博客等)。软件重用的粒度也在不断增大,从早期的重用过程和函数,到对象类、构件和设计模式,以及近年来广泛流行的各类互联网服务。随着大量开源软件的出现,重用更大粒度的开源代码来进行软件开发已成为当前软件重用的一种新形式。通过重用开源软件来搭建复杂的软件系统,已成为互联网时代软件工程的重要趋势。

3. CASE工具与环境

在软件工程产生以来,计算机辅助软件工程(Computer-Aided Software Engineering,CASE)工具和环境就成为提高开发效率和质量的一种重要手段。现有的CASE工具或环境主要针对软件项目开发团队,为软件开发者完成各种软件开发活动、提交高质量的软件制品提供多种形式的支持,包括建模、分析、编码、测试、软件制品的管理及共享等。例如,Rational Rose环境支持基于UML的软件建模和分析,Visual Studio和Eclipse等支持C++和Java的代码编写、调试和项目管理,JUnit帮助开发者开展Java程序代码的单元测试,CheckStyle等工具则帮助开发者分析其代码的风格和质量。

随着开源软件、软件众包等群智软件工程的兴起以及在众多软件系统开发中的成功应用,CASE工具和环境需要将分布在不同地域、松散组织的软件开发者群体通过某种方式(如社区模式)组织在一起,加强他们之间的交互和协同,促进多样化、差异化软件制品的管理,提升软件系统的持续改进和维护。因而,CASE工具和环境出现了一些新的趋势,具体表现为以下几个方面:工具和环境服务于互联网开发者群体而非仅仅是项目团队中的成员;它们部署和运行在互联网平台之上,提供了一系列新颖的功能和服务,如基于Pull Request的分布式任务协同、基于

Issue 的任务分配、持续集成和检查等。

1.1.3 对软件工程专业教育和人才培养提出的要求

信息技术的快速发展以及信息产业的不断进步对软件工程专业人才提出了更高的要求，也成为促进高等教育改革的重要驱动力。软件工程专业教育不仅要适应软件工程学科的发展，与软件工程方法和技术保持同步，更为重要的是，要使得所培养的软件工程专业人才无论从知识、能力还是素质等方面都能满足产业和社会的需要。为此，需要从多个方面对软件工程专业教育和人才培养进行改革。

1. 更新和优化软件工程知识体系

软件工程发展日新月异，技术和方法不断推陈出新。软件工程专业课程教学需要根据软件工程学科的发展、结合社会的需求，对软件工程知识体不断进行调整和更新，剔除过时的知识点，增加新出现的、受到产业界广泛关注的知识点。通过对软件工程知识体的调整和优化，使得所培养的人才能够跟得上技术的发展和产业的进步。

在过去的几十年中，教育界、学术界和产业界联合制定了软件工程专业教育的知识体系。IEEE 和 ACM 联合推出了软件工程知识体（Software Engineering Body of Knowledge，SWEBOK），并根据软件工程的研究和实践不断更新其内容，2009 年发布了 SWEBOK 2.0 版本，2014 年发布了 SWEBOK 3.0 版本。SWEBOK 3.0 增加了软件重构、迁移和退役等新主题，更多讨论了软件建模和敏捷开发方法等内容。

近年来，以开源软件、软件众包等为代表的群智软件工程发展迅速，受到学术界、工业界和政府组织的高度关注，在软件工程领域产生了重大的影响，并在信息系统建设中发挥了日趋重要的作用。越来越多的企业参与开源软件的建设，利用开源软件来构建信息系统。在我国有影响力的 IT 企业都在积极介入和参与开源生态和开源软件的建设，如华为、腾讯、阿里巴巴、百度、联想等。由此可见，开源技术和开源软件在工业界的影响力及认可程度不断提升，基于开源技术来开发软件系统已成为一种重要方式和手段。将以开源软件、开源技术等为代表的群智软件工程引入软件工程专业教育已成为一种必然的趋势。

2. 重视和加强能力和素质的培养

软件工程专业具有非常强的实践性，其培养的人才需要具备软件系统开发、维护和管理等方面的能力，以及良好的软件工程素质。由于软件系统是一类特殊的逻辑制品，这类系统本身及其开发有其特有的复杂性（如规模、变化等），因而软件工程专业教育对人才能力和素质的培养提出了更高的要求。

对于软件工程专业人才而言，软件工程的“能力”较软件工程的“知识”显得更为重要，针对能力的培养较知识的讲授更为关键。所培养的人才只有具备了相应的能力，才能适应软件工程学科的快速发展，掌握新出现的各种技术和方法，应对软件系统的复杂性带来的诸多挑战，并有可能开发出高质量的软件系统，有效应对软件开发实践中遇到的多样化、不确定性问题，满足不同软件开发岗位和任职需求，展现自身的发展潜力。

软件工程专业人才需要多方面的能力,包括计算思维能力、数学建模能力、系统能力、工具使用能力、解决复杂工程问题的能力等。这些能力的培养需要依托于相关课程的教学(见图 1.4)。

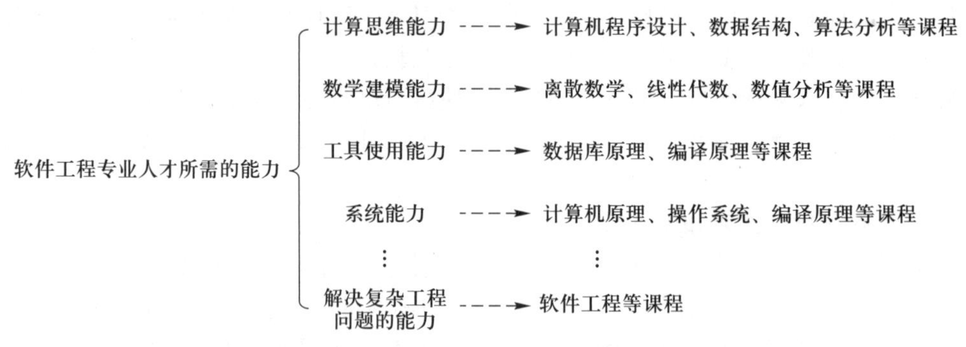

图 1.4　软件工程专业人才所需的能力及其依托的课程

① 计算思维能力是指能够运用计算机科学的基础概念和技术来进行问题求解和系统设计,这类能力通常依托计算机程序设计、数据结构和算法分析等课程加以培养。

② 数学建模能力是指能够运用数学的手段来对现实问题进行抽象、描述和分析,这类能力通常依托离散数学、数值计算等课程加以培养。

③ 工具使用能力是指借助各种软硬件工具解决问题的能力,这类能力通常依托数据库原理、编译原理等课程加以培养。

④ 系统能力是指能够从计算机或计算系统的角度来掌握计算系统内部各软硬件部分之间的关联关系与逻辑层次,能够站在系统的高度考虑和解决问题,具有系统层面的认知和设计能力。这类能力通常依托计算机原理、操作系统、编译原理等课程加以培养。

⑤ 解决复杂工程问题的能力是指能够综合运用数学和专业等方面的知识,基于工程原理,利用多种技术手段和方法,考虑多样化的利益相关方和工程因素,对问题及其解决方法进行抽象和创新,从而解决工程问题。这类能力通常依托软件工程等课程加以培养。

对于软件工程专业的学生而言,良好的工程素质同样非常重要,它将使得培养的学生具备较高的职业水准。例如,所培养的学生必须具有严谨认真、求真务实的作风,如精准的语言表达、准确的软件建模、正确的图符表示等,能够认真地完成所赋予的各项软件开发任务;必须具备精益求精、追求卓越的精神,能够不断、持续地改进和完善软件制品,以追求更高的质量和更好地满足用户要求;需要有质量意识,充分认识到质量对于软件系统的重要性,在软件开发过程中会考虑质量因素,能够开发出高质量的软件制品;需要具备良好的团队合作精神,能够与团队中的成员一起来解决工程中的各种问题;需要有效和高效地进行沟通、交流、讨论和汇报等。这些素质的培养更具挑战性,因为它们需要借助于一系列实践和训练,在此过程中加以有意识地培养,才有可能逐步固化和养成。

1.2 软件工程课程的特点

软件工程课程是计算机科学与技术、软件工程等专业的一门核心课程，旨在讲授软件开发和维护的思想、原则、方法、技术、语言和工具，培养学生运用工程化的方法并综合运用多方面的知识来分析、设计、实现、测试、管理和维护复杂软件系统的能力。与其他课程相比较，软件工程课程具有以下几方面的特点及要求。

① 抽象性。软件工程课程的内容包含了软件开发的诸多原则、过程、策略和方法等，如模块化设计原则、信息隐藏的策略、抽象和建模的思想、迭代开发的过程等。它们是大量软件开发实践经验的总结，就知识本身而言具有思想性、方法性、经验性、抽象性等特点，因而要将这些知识讲清楚、讲透彻，让学生真正理解这些知识，并能灵活运用它们来开发软件系统是一项重要挑战。这就要求软件工程课程教学不能照本宣科、空洞讲授，而是要将课程内容与开发经验相结合来诠释其内涵和思想，要通过具体的案例分析来解释抽象的知识，更要通过课程实践让学生能够领会软件工程知识，尽可能让学生不仅知其然还要知其所以然。

② 多样性。软件工程课程内容涉及多个方面，包括人员组织、开发过程、建模和设计技术、项目管理、质量保证等，需要解决软件开发过程中的一系列问题，如需求、分析、设计、编码、测试、维护、质量保证、风险管理等，其内容不仅与计算机科学与技术相关，还交叉了数学、管理学、工程学、社会组织学等多个学科，因而要将这些内容进行系统性组织和剪裁、讲清楚它们各自的关注点以及相互之间的关系，并能综合运用它们来解决软件开发问题是软件工程课程教学面临的一个难点。这就要求课程教学不能将各个教学内容孤立地讲授，而是要融会贯通，尤其是要将这些教学内容综合和集成，以更为系统地诠释软件开发的工程内涵。

③ 实践性。软件工程是一门实践性更强的课程，实践教学在软件工程系列课程教学中起着极为重要的作用。如果软件工程课程仅有课堂讲授而没有相应的实践环节，则学生将难以理解抽象知识，更谈不上软件开发经验的积累以及软件工程能力的培养。这就需要针对软件工程教学内容的抽象性、多样性等特点，明确课程实践目标，设计出合理的课程实践任务，并确保实践任务的实施和效果。

1.3 软件工程课程实践教学的目标和要求

实践教学是培养学生系统能力和复杂工程问题能力的主要方式和渠道，因而是软件工程课程教学的核心。由于软件工程课程教学的特点，实践教学面临着一系列的问题和挑战。如何解决这些问题、针对能力培养要求加强实践教学是软件工程课程教学成败的关键。

作为课程教学的重要组成部分，软件工程课程实践教学有如下三个目标。

① 验证性。学生运用所学的软件工程知识来完成课程实践所规定的软件开发任务，通过将抽象知识与具体实践相结合，加强对所学知识的理解与掌握，领会软件工程方法和技术的内涵，能够运用相应的CASE工具和环境来支撑软件开发，进而检验相关原则、方法、技术和工具在支持软件开发方面的有效性。

② 体验性。学生运用所学的知识来开展软件系统的开发，熟悉软件开发的工作模式和环境，理解和分析软件开发中可能遇到的各种形式问题，并运用所学到的软件工程方法、技术和工具来解决问题，进而在软件开发实践中获得感悟、积累经验，形成良好的工程素养，如文档规范化、质量保证、语言表达等。

③ 培养解决复杂工程问题的能力。学生运用所学的知识来进行软件系统的开发，但是实践对内容、过程和结果提出了更高的要求，在内容方面对待开发软件系统的规模性和复杂性提出了明确的要求，进而提升了课程实践的难度，并需要在实践过程中应对软件系统以及开发活动的各种变化，综合运用多种技术，集成多样化的工具和系统，开发出高质量的软件系统。显然该类实践强化了学生针对复杂工程问题的分析和解决能力。

显然上述三个目标之间具有包容性，后一目标在前一目标的基础上对软件工程实践能力提出了更高的要求。软件工程实践教学不仅要加强学生对软件工程知识的掌握和运用，积累软件开发经验，更要培养学生的复杂工程问题解决能力。这类能力的培养光靠老师是“教”不出来的，而是要依靠学生在课程实践中通过“做”“练”等学习行为训练和摸索出来；而且这类能力的获得也不是一次性的，而是一个循序渐进、长期实践的过程。这就需要从实践内容设计、实践实施和实践考评要求三方面对软件工程课程实践进行精心策划，以满足复杂工程问题解决能力培养的需要。

① 实践内容设计。软件工程课程实践内容要具备复杂工程问题的要求。简单、小规模的软件系统无需采用工程化的方法，学生在实践中也难以遇到复杂的工程问题，更谈不上对这些问题进行分析和解决。因此，为了达成能力培养目标，课程实践必须适应当前软件运行环境、系统形态和复杂性特征的变化，需要确保实践内容即待开发的软件系统具有一定的规模，需要进行分布式部署、运行在开放环境下，系统需求有创意且会发生变化，系统开发需要综合多种技术和工具，整个系统由多个不同类别的子系统构成等。

② 实践实施。基于上述实践内容要求来开展软件工程课程实践，对于加强复杂工程问题能力的培养无疑是极为重要的，但是它也给教师和学生带来了严峻的挑战。如何确保学生能够针对这类具有一定复杂性的软件系统开展软件开发实践，如何帮助学生去解决实践过程中遇到的多样化和个性化的开发问题，如何提供有效的手段促进复杂软件系统的设计和实现等问题，成为落实课程实践的关键，这就需要为课程实践的有效实施提供可行的方法和途径。

③ 实践考评。不同的实践教学目的将具有不同的考评要求，不同的考评要求将会引导和激励学生实施不同的实践行为。无疑要通过课程实践来培养学生的解决复杂工程问题能力，必须就课程实践过程和结果如何体现复杂工程问题给出明确的考评要求，并且确保这些考评易于度量、评价和分析，以快速、客观地掌握课程实践、能力培养的状况和问题。

1.4 现行实践教学存在的问题

一直以来,软件工程课程实践教学存在着“知难行更难”“讲难评更难”的突出问题。所谓“知难行更难”是指学生要掌握和领悟软件工程的知识较为困难,但更难的是要运用所学的知识来进行软件开发实践。许多学生在课堂上似乎听懂了,但是课后要结合实践进行软件开发常常不知所措,无从下手。所谓“讲难评更难”是指教师要将软件工程知识给学生讲清楚讲明白较为困难,但是更难的是要对学生实践过程中遇到的问题进行点评和指导、对学生课程实践的成果进行科学考评。教师做不到及时解答学生实践过程中遇到的多样化问题,无法就课程实践进行及时有效的指导,对实践成果通常也是基于主观判断来给出成绩,导致学生不知道做得对不对、好不好。以上两方面的现象直接影响了软件工程课程实践的效果。出现这些问题的原因是多方面的,既与软件工程实践教学内容的逻辑性和复杂性、软件开发的经验性和交叉性等有关,也与当前软件工程实践教学的实施方式和方法密切相关。

实践教学与课堂教学无论是在教学目的还是在施教方法等方面都有很大的差异性。课堂教学通常以知识传授为目的,它高度依赖于课程教材及相关的辅助材料(如参考资料、研究论文等),通过教师在课堂上对知识的深入讲解及示范来实现知识传授,因而课堂教学的考核通常是要检验知识掌握的程度和水平。实践教学则不同,尤其是相比较于其他课程的实践教学,软件工程课程实践教学有其特殊性并面临着一系列特有的问题。

软件工程课程实践旨在针对具体的应用,运用软件工程知识来开发出符合用户要求的高质量软件系统。作为一类具有“工程”性质和特征的实践,软件工程课程实践具有以下特点。

① 学生是实践主体,需要根据要求开展软件工程活动、产生软件制品、完成实践任务;而教师仅仅是“旁观者”,是指导学生开展实践的“指导者”,也是评价实践成绩和水平的“考评者”。

② 实践内容和方法的差异性。不同实践团队所要开发的软件系统不尽相同,采用的软件工程技术、语言和工具可能也不一样,具有很大的差异性。

③ 问题的多样性和个性化。不同实践团队和个人在实践过程中可能会遇到多样化的问题,且遇到的问题可能是不一样的,这与实践团队所开展的实践内容以及实践个体的个性化特点有很大的相关性。

④ 问题解决的经验性。软件工程实践问题的解决更多依赖于软件开发经验和技能,而非书本知识,许多软件开发问题需要在不断摸索中才能得到有效的解决。

⑤ 知识的碎片性和综合性。软件工程实践所依赖的知识具有碎片化的特点,实践主体需要将碎片化的知识加以综合和集成,才能支持实践任务的完成。

当前软件工程实践教学通常采用团队方式组织学生,以项目的形式开展实践,以教师或助教(teaching assistant,TA)作为指导学生完成课程实践的主要帮助对象,以教材及其提供的案例作为学生学习和模仿的样板（见图1.5）。在课程实践过程中，学生主要借助于物理空间（如教室或校园）的面对面交流或局域网环境（如某些教学平台）的交互和分享，通过与教师和助教的交互，获得教师或助教的帮助与指导以及实践所需的资源、解决实践中存在的问题。这种实践教学方法存在以下不足和局限。

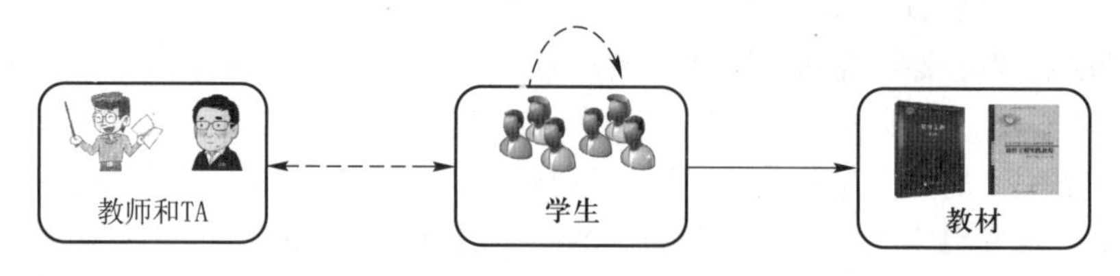

图1.5　现行实践教学实施方式示意图

① 实践参与对象的封闭性。课程实践的参与对象仅仅局限于学生、教师和助教，其他对象难以加入实践教学之中并为学生开展实践提供支持、做出贡献。在这种情况下，学生遇到困难和问题只能向教师或助教寻求帮助，因此他们在实践中的作用很关键。实践教学的成效高度依赖于任课教师和助教的专业水平和工程经验、责任心和教学投入。如果教师和助教不能就学生的问题及时给出有效解答，课程实践可能就很难继续下去。这种局限性也常常导致实践教学的成功难以复制，今年的成功并不意味着明年的成功。

② 实践实施空间的局域性。课程实践通常在物理空间或局域网环境开展。这种模式导致学生在实践过程中难以与实施空间之外的个体或群体进行交互和协作，分享知识并获取资源；也使得学生遇到问题难以及时获得响应、帮助与指导，导致实践过程中学生的视野和空间非常有限。

③ 指导渠道的单一性。参与对象的封闭性和实施空间的局域性决定了在实践过程中学生获得指导的渠道非常单一，只能依靠可以交互的教师和学生，而无法从其他途径来寻求更多人员的支持和帮助。实际情况是，指导实践教学的教师往往缺乏足够的知识、经验、资源、时间和精力来指导学生完成课程实践。即使有足够的资源，教师也无法做到随时随地满足学生的需求。

④ 获取资源的有限性。指导渠道的单一性意味着学生在实践过程中只能从教师、助教或教材中获得固定、有限的资源。实际情况是，在课程实践过程中学生会遇到种种问题，迫切需要针对这些问题寻求解答、建议和指导，得到软件制品（如程序代码）。因此，这种状况显然难以满足学生在实践过程中所需的多样化、个性化、经验性的资源需求。

概括起来，现行方法的本质是以教师、教室和教材为中心开展课程实践，这种实践教学方法极大地约束了学生开展实践的视野，制约了实践教学的实施空间，限制了获取指导和帮助的范围，影响了课程实践的开展和效果。由此带来的负面影响具体表现为：有问题难以做到及时解决，影响了学生开展课程实践的积极性和热情，简单的软件系统开发不好，稍微复杂一些的软件系统做不了，课程实践效果和质量得不到保证，实践教学虎头蛇尾草草收场，难以真正起到培养学生运用系统化的知识来培养复杂工程问题解决的能力。

1.5　互联网技术和开源社区带来的启发

以互联网为代表的信息技术的快速发展深刻影响着教育教学改革，颠覆了课程学习与人才培养的模式。一个典型的例子就是慕课（massive open online courses，MOOC），它借助于信息技术实现了在互联网上开设课堂，使得大规模的学习者能够在线同步进行学习，极大地扩充了基于互联网课堂教学的受益面及效益，实现了课堂教学模式的创新。近年来，随着移动互联网的快速发展，微信、QQ 等社交媒体使用广泛，它们为用户提供了即时和多样化的通信，实现了用户与互联网的随时随地接入以及与互联网大众的便捷、快速、多样的交流。

本质上，互联网不仅是一个技术平台和基础设施，更反映了一种先进的理念和思想，其核心是连接、开放和共享。

① 互联网将分布在不同地域的计算设备、数据、服务等连接在一起，使得它们之间可以实现互联互通。近年来随着移动互联网的快速发展，通过智能手机、移动计算终端等将大量用户连接在一起，实现他们之间的交流沟通。

② 互联网是开放的，没有明确的边界，允许各种计算设备、移动终端、数据中心、网络服务、用户等自由地接入或者离开互联网。

③ 互联网汇聚了海量、多样的资源，包括数据、服务、知识、软件等，可以实现这些资源的即时、便捷共享。

互联网技术、平台、理念和思想为诸多领域的问题解决提供了新颖的思路和独特的模式，也随之产生许多互联网应用，如共享单车、滴滴打车、大众点评、网上购物、在线学堂、12306 等。显然，它同样有助于我们从互联网的角度来思考软件工程实践教学现存的问题和不足，寻求基于互联网的软件工程实践教学方式和方法的改革。

在软件工程领域，近年来出现的以开源软件、软件众包等为代表的群智软件工程同样值得我们关注和重视。借助于互联网平台，群智软件工程将互联网上的大量软件开发者引入软件开发实践中，充分发挥他们的智慧和力量，鼓励他们为软件开发做出贡献，从而形成一种有别于传统软件组织方式的新颖软件开发方法。典型的成功案例包括基于开源社区的软件开发模式以及由此而产生的海量、高质量的开源软件。开源软件的出现使得人们可以自由地获取、使用、修改和分发程序代码，从而为互联网群体共同参与开源软件代码的开发和维护奠定了基础。以 GitHub 为例，它采用社区模式来组织和管理互联网上的开发者群体，借助 Pull Request、Issue、软件仓库等机制来开展分布式协同开发、任务分配、问题跟踪、代码版本管理等，从而为互联网群体参与开源软件的开发并做出贡献提供了可行有效的途径。

概括而言，互联网为软件系统的开发提供了新颖的沟通、协作和管理平台，为互联网群体参与软件开发提供了渠道。仍以 GitHub 为例，截至 2018 年 12 月，它已汇聚了全球 3 100 多万软件开发者，拥有超过 2 亿开源软件项目版本，Stack Overflow 开源社区则拥有 1.6 亿个与软件开发有关的知识问答。

无论是互联网还是群智软件工程,它们都为软件工程课程实践教学改革注入了新的思想,并为弥补软件工程实践教学的不足及破除其局限性提供了新的思路。

① 将互联网群体引入实践教学。互联网上有大量的软件开发者群体,他们当中不乏软件开发"高手",拥有丰富的软件开发经验(如 Java 编程经验)、多样化的软件开发知识(如解决某些开发问题的方法)以及高质量的软件制品(如程序代码)。因此,可以考虑将互联网群体引入软件工程实践教学环节,借助他们的智慧和成果来指导实践教学,让他们成为实践教学的指导者和贡献者,从而解决当前软件工程实践教学严重依赖教师、参与对象封闭、指导渠道单一等诸多问题。

② 借助海量高质资源支持实践教学。将互联网上由软件开发者群体所产生的海量、多样、高质量的软件开发资源引入实践教学环节,包括开源社区中的开源软件、技术博客、知识问答、技术动态等。借助这些资源来帮助学生解答实践过程中遇到的多样化和个性化问题,重用开源代码或其片段来促进软件系统的开发等,从而解决当前软件工程实践教学中普遍存在的资源数量不足、质量不高、难以获取等方面的突出问题。

③ 基于互联网平台实施教学。基于互联网平台开展软件工程的实践教学,包括任务布置、任务协同、交流讨论、成果管理、成绩考评等,使参与实践教学的学生和教师可以实现与互联网上海量软件开发者群体的连接,加强学生与互联网群体的交互和协同,分享互联网开发者群体提供的资源,从而解决当前软件工程实践教学中方法中的实践实施空间的局域性和难以拓展的问题。

1.6　软件工程课程实践教学的指导思想

软件工程是一门实践性非常强的课程,实践教学是该课程教学的重要环节。软件工程实践教学的目的不仅要帮助学生领会、掌握和运用软件工程的知识,更要培养他们的能力和素质。实际上,软件工程课程实践是最适合培养学生解决复杂工程问题的能力,原因在于软件系统本身就是一类复杂系统,其开发需运用系统和深入的软件工程原理,并且经过一系列抽象、建模、分析、设计、编码等环节才能得以解决,需要考虑多方面的利益相关者,综合考虑多方面的因素(需求、质量和成本等)、运用多种技术手段(分析、设计、建模和编程技术)、借助多样化的工具和平台(如软件建模工具、编程和调试工具、代码质量分析工具等)。但是,要通过软件工程课程实践真正达成能力和素质培养的目标,就需要采用行之有效的思想来指导软件工程课程实践教学的设计、实施和考评。

① 以能力和素质培养为目标来设计实践内容。软件工程课程实践必须对实践内容提出具体和明确的要求,要求待开发的软件系统必须具有一定的规模性和复杂性,具体表现为要有创意、上规模、高质量且具综合性。这样的实践内容才能为能力和素质培养奠定基础。显然,要通

过课程实践开发出满足上述要求的软件系统，对于教师和学生而言是一项严峻的挑战。传统实践教学的方式和方法有其固有的局限和不足，如参与对象封闭性、获取资源渠道的单一性和有限性、实施空间的局域性等，为此需要寻求在实践教学理念和方法上的创新。

② 基于群智的方法开展软件工程实践教学。所谓基于群智的方法，是指借助开源社区中群体的智慧和力量来支持和辅助实践教学。具体表现为三个方面：一是通过阅读和分析开源社区中的开源代码来学习高质量的软件开发方法，掌握高水平的软件开发技能；二是通过获取和重用开源社区中的开源软件来促进上规模和高质量软件系统的开发；三是通过分享和利用开源社区中的软件开发知识来帮助学生解决实践过程中遇到的多样化和个性化开发问题。

该方法有助于解决传统软件工程课程实践教学中普遍存在的瓶颈问题，如有问题得不到及时有效的解决、可参考和借鉴的资源有限、除教师和助教外缺乏可靠的实践指导者、软件系统的规模难以做大等。基于群智方法的核心思想是，要将互联网开源社区中的软件开发者群体及其产生的知识和开源软件引入软件工程实践环节，以解决有创意、上规模、高质量软件系统开发过程中面临的方方面面问题，强化能力和素质的培养。该方法的本质就是让开源社区中的高水平软件开发者成为指导实践开展的“教师”，海量的软件开发知识成为辅助实践问题解决的“教材”，高质量的开源软件成为推动软件开发的“资源”，开源社区成为实践实施的“教室”。

③ 循序渐进逐层递进地开展实践。通过单个实践任务，基于一次性开发过程就要开发出有创意、上规模、高质量的软件系统实际上是非常困难的，对于初学软件工程的学生而言也不现实，必须要采用渐进的方式，何况能力和素质的培养也是一个持续的递进过程。为此，软件工程课程实践设计了两项既相对独立又相互支撑的任务，一项是分析和维护开源软件，学习高水平软件开发者的经验、技能和方法，建立起基本的质量意识和初步的工程素养；在此基础上开展第二项实践，即综合运用软件工程的方法、技术和工具开展实践，开发出具有一定规模和复杂性的软件系统。

④ 基于支撑软件工具来开展实践。有效的工具不仅可以起到事半功倍的作用，还可以确保软件制品的质量，加强对实践过程、行为、成果、贡献的掌控和分析。软件工程实践实施需要一系列工具以支持实践人员的协同开发、软件制品设计与编程、程序代码质量分析、群智知识与开源软件搜寻、技术博客撰写及开展交流讨论等。

⑤ 借助考评来推动实践教学。对于软件工程课程实践而言，要让学生通过一次性开发就提交出高水准的软件制品是不现实的。初期提交的实践成果会存在不足，这就需要通过持续的“点评”来帮助学生发现问题，指导问题的解决，并要求学生基于点评来持续改进和完善，从而获得更高质量和高水平的实践成果，在此过程中训练学生的软件开发能力，培养学生的软件工程素质。因此，软件工程课程实践教学的考评要以“评”为主“考”为辅，突出“点评”的作用，通过持续和有效的点评来确保实践目标的达成。

概括起来，本书以能力和素质培养为目标，明确软件工程课程实践内容在规模性、复杂性、质量等方面的要求，采用循序渐进、逐层递进、迭代演进的实施方式，借助基于开源和群智的软件开发手段，利用有效的支撑软件工具以提高实践效率、确保质量和加强跟踪，突出通过持续的“点评”和“改进”来逐步提升实践成果的质量和水准，从而达成实践的预期目标。

1.7　本书应用案例说明

为了更好地介绍软件工程课程实践的实施与考评，本书提供了两个具体的应用案例：小米便签开源软件和空巢老人智能看护系统。

① 小米便签开源软件是一个由小米公司开发、托管在 GitHub 上的开源软件，它部署和运行在基于 Android 操作系统的智能手机上，为用户提供便签管理的功能。该软件用 Java 语言编写，具有一万行左右的高质量程序代码，其软件设计基本遵循了软件工程原则，反映出开发者良好的软件工程素养和较高水准的开发技能。本书第 6 章将以小米便签开源软件为案例，通过一系列实践示例详细介绍阅读、分析、标注和维护开源软件的具体方法和举措。

② 空巢老人智能看护系统是一个将计算机软件与自主机器人、智能手机、移动互联网等相集成，具有一定规模和复杂性的信息物理系统，旨在为独居在家的老人提供看护服务，包括自主跟随老人、监视老人的状况、将老人在家的信息发送给远端的家属或者医生、提醒老人按时服药、出现突发情况时进行报警等。该软件系统的开发需要用到诸如机器人操作系统 ROS（robot operating system）、Android APP 开发、网络编程、数据库编程等诸多软件技术，整个软件系统需要采用分布式部署方式。本书第 7 章将以该软件系统为应用案例，通过一系列示例详细介绍开发有创意、上规模和高质量软件系统的具体方法和举措。

1.8　本书的内容组织

本书共 8 章，分为三部分（见图 1.6 所示）。第一部分由第 1 章组成，主要介绍软件工程专业人才培养和课程教学的相关背景，对软件工程课程实践教学的认识，以及撰写本书的动机。第二部分由第 2、3 章组成，主要介绍支撑软件工程课程实践教学的相关知识和群智资源。第三部分是本书的重点和核心，由第 4 ～ 8 章共 5 章组成，介绍基于群智软件工程课程实践教学的设计、实施和考评。本书各章节的具体内容描述如下。

第 1 章绪论，从软件系统的变化、软件工程的发展两个方面介绍开展软件工程课程实践教学的相关需求和背景，分析软件工程课程教学和实践教学的特点及现行实践教学方法中存在的不足和问题，阐明软件工程课程实践教学改革的思想和理念。

第 2 章软件工程基础，介绍实践教学所需的软件工程基础知识，包括软件开发过程模型与方法、面向对象软件工程和 UML、软件项目的组织方式等。需要说明的是，本书并没有对相关内容细节展开介绍，如果需要读者可以自行阅读软件工程方面的教材。

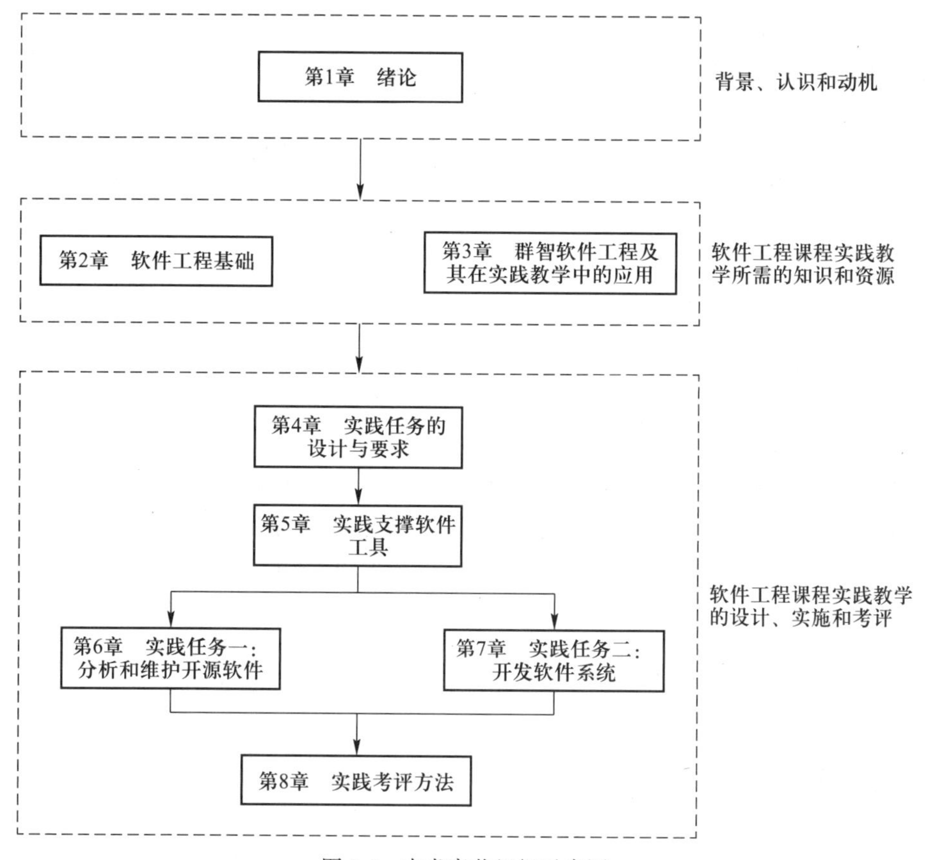

图 1.6　本书章节组织示意图

第 3 章群智软件工程及其在实践教学中的应用，介绍群智软件工程的基本概念和思想、群智化软件开发技术等，帮助读者理解如何将群智软件工程思想、方法和成果应用于软件工程课程实践教学。

第 4 章实践任务的设计与要求，阐明软件工程课程实践任务设计的理念和思想，详细介绍循序渐进的两项实践任务及其基本要求与指导原则。

第 5 章实践支撑软件工具，介绍支撑软件工程课程实践的软件开发工具和实践实施工具，以及如何借助这些软件工具来支持软件工程课程实践教学。

第 6 章实践任务一：分析和维护开源软件，结合示例详细介绍阅读、分析、标注和维护开源软件的过程、步骤、活动、方法和成果；阐述如何借助群智的方法来支持该实践的开展；讨论该实践任务所需的投入以及如何对其进行剪裁以适应不同的教学状况和要求。

第 7 章实践任务二：开发软件系统，结合示例详细介绍开发软件系统的具体过程、步骤、活动、方法和成果；阐明如何借助支撑软件工具，采用面向对象软件开发技术来开展需求获取和分析、软件设计与建模、代码编写与测试等软件开发活动；介绍基于群智进行软件开发的策略；讨论该实践任务所需的投入以及如何对其进行剪裁以适应不同的教学状况和要求。

第 8 章实践考评方法，介绍针对软件工程课程实践教学进行考评的原则和手段，并结合两项实践任务详细介绍考评的内容、方法；通过一系列示例阐述如何通过持续点评来引导学生不断改进与完善实践成果；介绍作者利用本书方法开展软件工程课程实践教学取得的成果及认识。

本章小结

软件工程是一门实践性非常强的课程，实践教学是软件工程课程教学的关键。如何通过实践教学来提升学生的软件开发能力和素质，尤其是解决复杂工程问题的能力，是软件工程实践教学面临的主要挑战。软件工程课程实践教学普遍存在着“知难行更难”“讲难评更难”的突出矛盾，现行的实践教学实施方法存在高度依赖于教师、教材与教室，实践参与对象封闭、指导渠道单一、可用资源有限等诸多局限性。为此，需要在软件工程实践教学的内容设计、实施方法、考评方式等方面寻求突破，以切实提升软件工程实践教学的成效，加强能力和素质的培养。互联网技术和平台的广泛应用、开源软件实践的成功给了我们启发。我们可以用一种更为开放的视角来重新认识当前软件工程实践教学问题的本质，采用互联网思维来重新审视和思考解决软件工程实践教学问题的方法，从而建立起指导软件工程课程实践教学及其改革的新理念、新思路、新手段和新途径。

基于开源和群智的软件工程课程实践教学以能力和素质培养为目标，借助互联网开源社区中群体的智慧和力量，让开源社区中的软件开发者成为指导实践的“老师”、他们提供的知识和开源软件成为指导实践的“教材”，让互联网空间成为学生开展实践的“教室”。基于群智的方法使得学生可以先学习开源社区中高质量的开源软件，掌握基本的软件开发技能和方法，培养初步的软件工程素质，然后再来开发有创意、上规模和高质量的软件系统。通过持续的点评和改进来帮助学生逐步提高实践成果的质量和水平，确保课程实践以一种循序渐进、逐层递进、“学中做、做中学”的方式来实施和推进，最终达成能力和素质培养的目标。

实践作业

1-1　结合一些常用的软件系统（如微信、QQ、大众点评、12306 等），分析这些软件有何特点，它们对软件工程提出什么样的要求和挑战。

1-2　请通过问卷调查等方式，分析不同的软件企业（如百度、华为、腾讯等大型 IT 公司，以及其他中小型 IT 企业）对软件工程师提出怎样的任职要求，优秀的软件工程师需要具备哪些方面的素质和能力。

1-3　你认为软件系统的复杂性主要体现在哪些方面？开发一个软件系统面临的主要挑战是什么？如果让你来组织开发一个具有一定规模和复杂度的软件系统，会存在哪些方面的困难和问题。

1-4 请分别针对软件工程师和高年级同学,调查分析他们在开发软件系统时通常面临的困难和困惑有哪些,他们是如何来解决这些问题的。

1-5 你认为软件工程课程与计算机程序设计课程二者之间有何差异性?开发软件系统和编写程序代码二者之间有何差异性?软件工程课程实践与计算机程序设计课程实践二者之间有何差异性?

1-6 请查阅相关资料,了解当前IT企业(如华为、腾讯、百度、Google、IBM等)在多大程度上借助开源软件来支撑信息系统的建设。

1-7 访问GitHub、Stack Overflow、开源中国等网站,初步了解开源软件托管社区和软件开发知识分享社区的工作模式,以及这些社区所拥有的开源软件数量、软件开发知识规模、用户数量等基本情况。

1-8 在开展软件工程课程实践之前,你觉得自己在软件开发方面最欠缺的是什么?对课程实践有何建议?

1-9 结合具体案例,说明在软件工程课程学习和编写程序的过程中如果遇到困难和问题,你是如何去解决的,解决方法是否有效。

第 2 章　软件工程基础

计算机软件是信息系统的重要组成要素,它通过处理数据来完成各种功能、实现用户需求,在信息系统建设中扮演着极为关键的角色。信息系统中越来越多的功能由计算机软件来实现,因而如何快速、高效地开发出高质量的计算机软件成为人们关注的焦点。计算机软件是一类特殊的逻辑制品,它是人类思维活动而非物理活动的结果,不会老化和磨损,因而软件维护有其特殊的要求;它由各种文档、数据和代码等构成,具有不可见的特点,因而要深入认识这类制品的内在规律性较为困难;从构成要素的内在逻辑相关性、交互性等角度上看,软件系统还极为复杂,并且其复杂性往往随其规模呈指数级增长;更为重要的是,计算机软件具有易变性的特点,它通常需要遵循用户的需求加以定制和开发,但用户的需求在其生命周期中经常会发生变化。

软件工程将系统、规范、可量化的方法应用于软件的开发、运行和维护过程,以及上述方法的研究。自 1968 年人们提出软件工程概念以来,软件工程一直致力于提出各种方法、过程和 CASE 工具及环境,以帮助软件开发人员开发软件系统,解决软件开发常常面临的开发成本高、进度难以控制、质量无法保证等问题,这些问题也被称为“软件危机”。在过去 50 多年中,软件工程提出了一系列方法和技术,包括结构化软件工程、面向对象软件工程、基于构件的软件工程、基于服务的软件工程、敏捷软件开发方法、群智软件工程等。这些软件工程方法、过程和工具不仅告诉开发人员按照什么样的步骤、采用什么样的方法和技术来开发计算机软件,还提供了一系列原则、策略、工具等以确保所开发软件系统的质量。

本章介绍开展软件工程课程实践教学所需的基础知识,具体内容包括:

- 软件工程的思想与目标。
- 软件开发过程模型与方法。
- 面向对象软件工程与 UML。
- 软件项目的组织方式。

2.1　软件工程概述

软件工程旨在遵循“工程化”思想,提供一系列原则、策略、技术、工具等来支持软件系统的开发和维护,为解决软件危机提供有效的途径,以提高软件开发效率与软件质量、降低软件开发成本。

2.1.1 软件工程的思想

软件工程的核心思想是将软件系统看做是一类“产品”,将软件系统的开发看做是一项“工程”。作为“产品”,软件系统需要满足特定用户的需求,有其特定的组成要素,存在质量方面的要求,提交用户使用之后需要开展相应的维护等。作为“工程”,软件系统的开发存在质量、成本、进度、资源等约束,需要采用工程化的方法、提供行之有效的技术手段来支持软件产品的开发、维护、部署、运行和演化。概括起来,软件工程为软件产品的开发和维护提供了以下三方面的支持。

(1) 过程

过程是指针对给定目的的一系列操作步骤,目的说明了为什么要实施该过程,或者过程的目标是什么,操作步骤描述了应该实施哪些操作以及按照什么样的方式来实施操作,从而来达成目标。软件工程认为须采用工程化方法来开展软件系统的开发和维护,这一思想的一个重要体现就是软件开发和维护要遵循特定的过程,通常我们将其称为软件开发过程。软件开发过程是指按照项目进度、成本和质量要求,开发和维护满足用户需求、高质量的软件产品必需的一组有序软件开发活动。遵循软件开发过程的思想,软件产品的开发要分阶段、分步骤来实施,按照一定的逻辑关系来组织这些阶段和步骤的工作,在此过程中进行多种形式的质量保证活动。

至今软件工程已经提出了诸多软件开发过程模型以支持软件系统的开发,包括瀑布模型、增量模型、原型模型、迭代模型、螺旋模型等。每一种软件开发过程模型都有其特点和适用的场所,本书2.2节将详细介绍这些软件开发过程模型和方法,并分析它们的特点。

(2) 方法

方法是软件工程的技术要素,旨在为软件开发过程中的各项开发活动提供技术支持,比如采用什么样的模型和语言刻画软件制品,如何保障软件制品的质量,如何指导软件制品的生成,如何编写软件系统的程序代码等。

目前软件工程已经提出了诸多软件开发方法,如结构化软件开发方法、面向对象软件开发方法、基于构件的软件开发技术、面向方面的软件开发技术、面向服务的软件开发方法等。每一种方法对软件系统的构成和模型、程序代码的组织和重用、分析和设计技术手段等都有其独特的理解和认识,并提供了相应的开发策略、软件模型、建模语言、程序设计语言等。本书2.3节将详细介绍面向对象的软件开发技术。

(3) 工具

“工欲善其事必先利其器”,软件系统的开发同样需要工具的支持。在软件开发过程中,软件开发人员按照软件工程的方法和原则,借助于计算机软件的帮助来开发、维护和管理软件产品,这一过程通常称为计算机辅助软件工程(CASE),相应的计算机软件称为CASE工具或环境。CASE工具和环境不仅可以提高软件开发效率、降低软件开发成本,还可以有效地提高软件制品的质量,因而无论是学术界还是工业界,人们越来越多地关注和重视CASE工具或环境的研制、开发以及在实际软件系统开发中的应用。

至今人们已开发出诸多CASE工具以支持软件系统的工程化开发。有些CASE工具以独立的形式出现，支持某个特定的软件开发活动，如单元测试工具、UML模型编辑等；还有一些CASE工具，它们使用统一的标准和接口，使不同计算机软件工具间、软件开发人员间、各个软件开发活动间能方便地进行交互，我们称之为集成CASE环境，如Microsoft Visual Studio和Eclipse等。它们将代码编辑工具、编译工具、调试工具、用户界面设计工具、安装程序生成工具等综合集成在一起，为软件开发人员编写代码、运行代码、调试和测试代码、制作安装程序等提供系统的支持。本书5.2节将介绍一组常用的CASE工具及环境。

2.1.2 软件工程的目标

软件工程的整体目标是在成本、进度、资源等约束下，开发出满足用户要求的"足够好"的软件系统。软件工程的目标具体描述如下。

（1）遵循产品约束

软件工程将软件系统的开发看做是一项工程。对于任何工程而言，都存在相关的约束和限制。例如，任何工程的成本投入都是有限的，存在进度限制，需要在一定的时间范围内完成；可以投入的资源（如人力、工具等）是受限的，同时需要遵循相应的技术约束（如要和遗留系统进行集成等）。

软件工程的目的之一就是要尽可能确保在遵循相关约束和限制的前提下顺利完成软件系统的开发。具体表现为在规定的时间进度、开发成本内，以及技术要求下完成软件系统的开发。

（2）满足用户要求

任何软件系统最终都要交付最终用户来使用，因而其开发的首要要求就是必须满足用户的期望，也即软件需求。软件系统的需求既可以表现为功能性的，即目标软件系统需要展示的行为和可以提供的服务，也可以表现为非功能性的，如目标软件系统的可靠性、健壮性、安全性等。

为了确保所开发的软件系统满足用户的要求，软件工程高度重视软件需求的获取、分析、建模和规约，要求多方共同参与软件需求的评审和验证，强调要根据软件需求进行软件设计，要将软件需求作为基本标准来指导软件系统的测试和评审，要适应用户需求的变化来持续维护软件系统等。

（3）确保软件质量

软件开发还必须进行质量保证，以确保所开发软件系统的质量，使得它们对于用户或客户、软件开发人员和维护人员而言"足够好"。具体表现为软件系统需具有以下一组质量特征。

- 正确性，软件系统满足用户的需求（功能、性能等）。
- 可靠性，软件系统具有能够防止因概念、设计和结构等方面不完善、不合理而造成系统失效的能力，具有挽回因操作不当而造成软件系统失效的能力。
- 可维护性，软件系统易于理解、便于扩展，方便对其增加新功能、改进性能、修改错误、移植到新的平台等。
- 可重用性，软件系统易于被再次使用。

- 可追踪性，对软件系统进行正向和反向追踪的能力。
- 可移植性，软件系统可从一个计算环境搬迁到另一个计算环境。
- 可互操作性，多个软件要素之间交互协同完成任务的能力。
- 有效性，软件系统充分利用计算机的计算和存储资源，表现出良好的时空性能。

2.2　软件开发过程模型与方法

软件开发过程定义了开发和维护软件系统的一组有序软件开发活动集合。这里的软件开发活动是指为开发软件项目而执行的一项具有明确任务的具体工作，它既包括技术活动（如需求分析、软件设计、编码、测试等），也包括管理活动（如制订软件项目计划，软件配置等）。软件过程中的各个软件开发活动间往往是相互关联的。比如，某些软件开发活动需要等到其他软件开发活动完成之后才能实施，一些软件开发活动需要依赖于其他软件开发活动的输出结果。因此，软件开发过程的定义需要明确过程所涉及的软件开发活动、每个活动的细节（如任务、输入和输出）以及活动之间的关系。软件开发方法则描述了按照什么样的理念和思想来组织软件系统的开发，典型的软件开发方法包括敏捷方法、群体化开发方法等。下面介绍软件工程领域常用的一组软件开发模型和方法。

2.2.1　瀑布模型

瀑布模型（waterfall model）（见图 2.1）将软件开发过程分为若干个阶段，包括需求分析、软件设计、编码实现、软件测试。这些阶段之间严格按照先后次序和逻辑关系来组织实施，如需求分析完成之后，产生了软件需求文档，才可以依此来开展软件设计。每个阶段完成之后需要对该阶段所产生的软件制品（包括文档、模型和代码等）进行评审，评审通过后意味着该阶段的开发任务已经完成，随后就可以进入下一个阶段，因而上一阶段的输出是下一阶段的输入，下一阶段必须等到上一阶段完成之后才能实施。整个软件开发过程与软件生命周期相一致，软件开发阶段的组织结构形状有点像瀑布，因而故此得名。

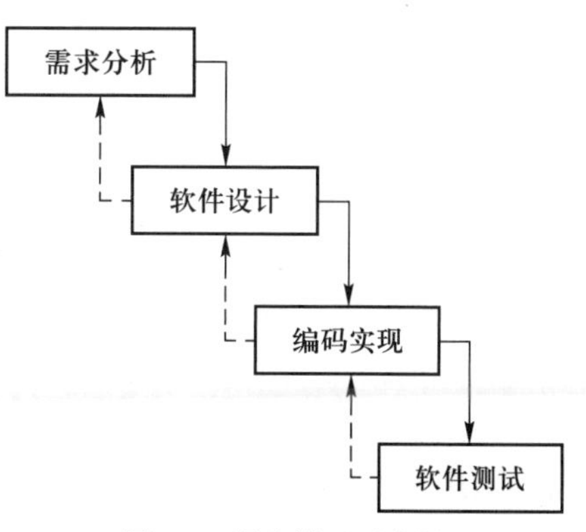

图 2.1　瀑布模型示意图

瀑布模型非常简洁，易于理解、掌握、运用和管理，因而在早期受到广大软件开发人员的欢迎，用于指导诸多软件项目的开发。该软件开发过程模型隐式地假设在需求分析阶段能够获得关于目标软件系统的完整需求，并依此来指导后续的软件设计、编码实现等，因而它适合于那些需求易于定义、不易变动的软件系统的开发。但是对于现阶段的诸多软件系统而言，其需求的变化已成为常态，或者说要在需求分析阶段就给出一个完整不变的软件需求似乎变得不现实，过于理想化。此外，采用该模型来开发软件系统,用户要等到软件开发的后期阶段才能得到可运行的目标软件系统,直到此时用户才可以接触到最终的可运行系统、了解产品功能和质量,也才能发现软件中存在的问题(如软件系统实现的功能与其要求不一致)。显然,此时用户提出软件改进的要求将对软件系统的开发带来很大的冲击,因为它将对前期软件开发的所有成果带来影响,势必使得软件项目蒙受巨大的人力、财力和时间上的损失,也导致整个项目的管理更为困难。

2.2.2　原型模型

需求分析是软件开发中的一个重要环节,旨在从用户处获取软件需求。但是由于缺乏必要或者更为直观的交流载体,软件开发过程中要让用户清晰、准确、完整地表述其期望和要求变得非常困难。有时用户即使有想法,但是也难以表述清楚。针对这一问题,人们提出了原型模型(prototype model)(见图 2.2)的方法。该软件开发模型允许软件开发人员在初步获取部分、模糊、不完整、不清晰的软件需求的前提下,借助诸如 Microsoft Visual Studio、Eclipse 等 CASE 工具,采用快速设计等方式,尽快开发出目标软件系统的原型。该原型将向用户展示待开发软件系统的操作界面、交互方式或部分功能,允许用户对软件原型进行使用和操作来评估软件原型与其期望和要求是否一致,进而据此提出改进意见。这些意见实际上反映了用户对目标软件系统的需求。根据用户的意见,软件开发人员可进一步对软件原型进行修改和完善,并再次将它交给用户使用、分析和评估。如此循环反复,及至软件原型得到用户的最终认可。此时的软件原型大致完整和准确地反映了用户的期望和要求。基于经过用户确认的软件需求,软件开发人员可对软件系统进行进一步设计、编码、测试和维护。

原型模型的特点是它以软件原型为载体和交流媒介,支持用户积极参与软件项目的开发过程,并根据用户对软件原型的评价和反馈,持续、渐进地导出用户的期望和要求,进而获取软件系统的需求。它比较适合于那些软件需求难以导出、不易确定且持续变动的软件系统的开发。由于软件原型的修改和完善需要多次进行,这给软件项目管理带来一定的困难。

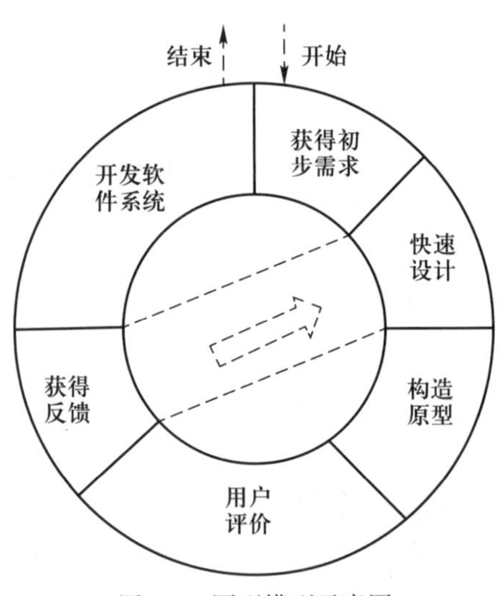

图 2.2　原型模型示意图

2.2.3　增量模型

前面已经阐明,瀑布模型的不足之处在于要到软件开发的后期才能提供可运行的软件系统,难以满足用户尽早使用软件系统的普遍要求,而且一些问题延迟到后期才能发现,势必会增加软件开发的成本和工作量。针对这一问题,增量模型(incremental model)(见图 2.3)对瀑布模型做了适当调整。它不再要求软件开发人员一次性地开发出完整的软件系统,而是在软件需求确定好之后,采用增量开发的模式渐进式地实现软件系统的所有功能,从而确保软件开发人员可以尽早给用户提交可运行的软件系统。增量模型的另一个显著优点是允许软件开发人员平行开发软件、实现软件系统的各个独立模块,从而提高软件开发的效率,加快提交目标软件系统的进度。但是增量模型与瀑布模型有一个共同的不足,即它们均假定软件需求可以在需求分析阶段就可以完整、准确地定义清楚。

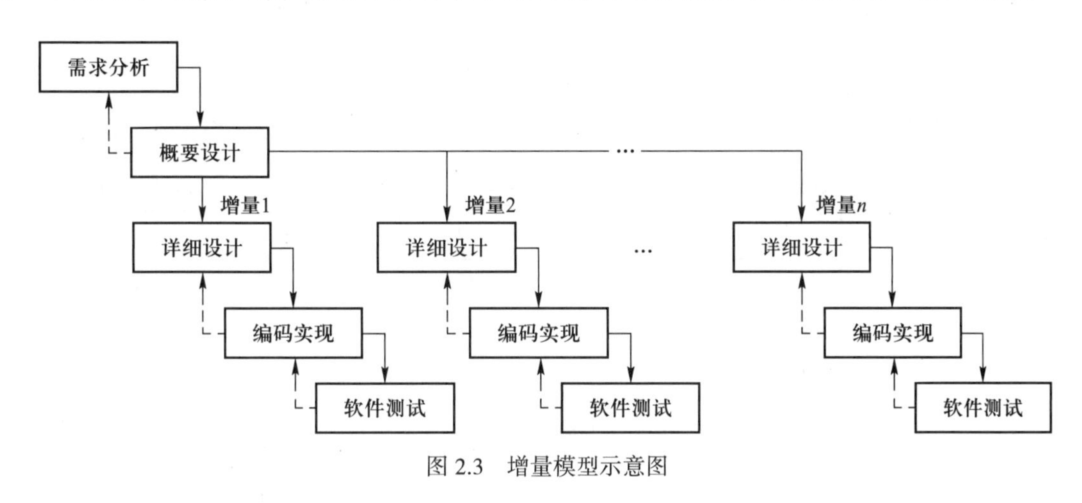

图 2.3 增量模型示意图

2.2.4 迭代模型

迭代模型(iterative model)(见图 2.4)与增量模型似乎很相似,但它们有本质的区别,是两个不同的软件开发过程模型。增量模型的本质是,在软件需求和系统高层设计完成之后,对软件系统进行逐步、渐进地构造。迭代模型的特点是通过多次反复的迭代建立软件系统,每次迭代都是一个相对独立的软件开发过程,包含需求分析、概要设计、详细设计、编码实现和测试等软件开发活动。每次迭代的结果将作为下一次迭代的基础。迭代的次数取决于具体的项目,当某次迭代的结果(即软件产品)完全反映了用户需求,迭代就可终止。迭代模型不要求一次性地开发出完整的软件系统,它将软件开发视为是一个逐步获取用户需求、完善软件产品的过程,因而该模型能够较好地适应那些需求难以确定、不断变更的软件系统的开发。但是,由于迭代开发的次数难以事先确定,因而迭代模型增加了软件项目管理的复杂度。

2.2.5 螺旋模型

上述软件开发过程模型各有其优缺点,螺旋模型(spiral model)试图集成多种软件开发过程模型的优点,从而为大规模、复杂软件系统的开发提供指导。

图 2.5 描述了螺旋模型的软件开发过程。它集成和综合了原型模型和迭代模型的思想,并在每一次迭代周期中引入风险分析,以对每次迭代可能潜在的问题进行评估和分析。在每个螺旋周期,软件开发都要经历制定计划、风险分析、工程实施、客户评价等若干阶段。每次螺旋都建立在上一次螺旋的开发成果基础之上,并为用户 / 客户提交软件原型,最后一次螺旋完成最终目标软件系统的开发。螺旋模型涉及诸多开发环节,基于该模型的软件项目管理较为复杂。

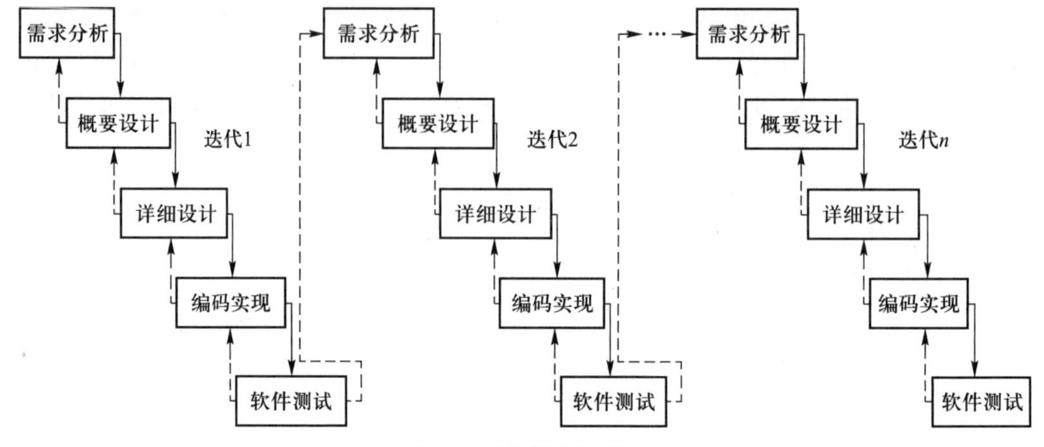

图 2.4　迭代模型示意图

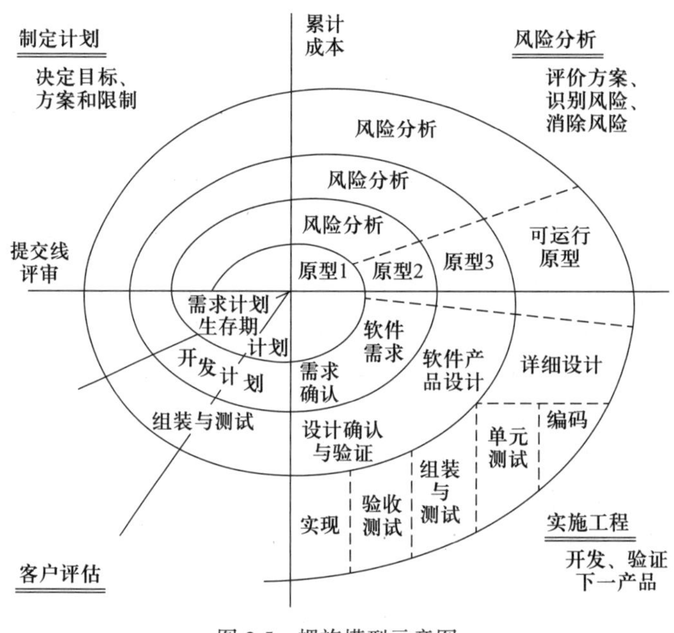

图 2.5　螺旋模型示意图

2.2.6　敏捷方法

基于瀑布、增量、迭代、螺旋等软件开发过程模型的软件开发方法通常具有以下一组特点。首先，软件开发需要严格遵循过程和计划，按照软件开发过程模型所规定的阶段和活动来开发软件，需要预先制定好详细的软件开发计划来指导软件项目的实施。其次，软件开发以文档为中心，在软件开发早期要撰写各种形式的软件文档（如软件需求文档、软件设计文档等）来记录开发成果(如用户需求、软件设计等),将软件文档作为不同阶段软件开发人员之间的交流媒介,因而在软件开发早期,文档而非代码成为软件开发的主要制品。最后,编码的作用被弱化,可运行软件系统要等到软件开发后期才能交付用户使用,也即用户要等到软件项目的后期阶段才能接触到可运行的软件系统。

上述特点使得软件项目开发面临着诸多的挑战,尤其是在软件开发过程中一旦软件需求发生了变化,那么该变化将会波及所有的软件制品,软件开发人员将不得不针对需求变化来调整受影响的软件制品,包括软件需求规格说明书、软件设计规格说明书、软件测试计划、程序代码、测试用例等。因此,基于该软件开发方法,软件开发人员需要背负"笨重"的软件文档,难以快速应对软件需求的变化。正因为如此,我们将基于上述模型和思想的软件开发方法称为重型软件开发方法。

重型软件开发方法往往会使软件开发人员疲于整理软件文档,难以快速提交针对用户需求变化的目标软件系统,导致软件开发的应变能力差、开发效率低下、软件质量无法得到保证。为了解决这一问题,人们提出了敏捷软件开发方法。

敏捷软件开发方法认为,较之于过程和工具,软件开发应更加重视人与人之间交互的价值;较之于文档,软件开发应更加重视可运行软件系统的价值;较之于与用户的合同谈判,软件开发应更加重视用户合作的价值;较之于遵循详实的计划,软件开发应更加重视响应用户需求变化的价值。为此,敏捷软件开发方法提出了以下一组指导软件项目实施的基本原则。

- 要向客户尽早、持续地交付有价值的软件。
- 即使到了软件开发的后期,也应欢迎软件需求的变化。
- 不断交付可运行的软件系统,交付周期可以从几周 ~ 几个月。
- 在整个软件项目开发期间,软件开发人员要和用户、客户一起工作。
- 由积极主动的人来承担项目开发,为他们提供所需的环境和支持,信任他们的能力。
- 面对面的交谈是团队内部最有效的交互方式。
- 可运行软件系统是衡量软件开发进度的首要标准。
- 确保可持续、恒定的开发速度。
- 关注优秀的软件开发技能,良好的软件设计会增强敏捷性。
- 遵循简单化的原则来开发软件。
- 好的软件架构、需求和设计来自自组织的软件开发团队。
- 团队应定期就如何提高工作效率的问题进行反思,并进行相应的调整。

概括起来,敏捷软件开发方法具有以下特点。首先,更加重视可运行软件系统,弱化软件文档,要以可运行软件系统为中心来开展软件开发;其次,以适应变化为目的来推进软件开发,鼓励和支持软件需求的变化以满足用户的要求,针对软件需求的变化不断优化和调整软件开发任务、制品和计划等;最后,软件开发要以人为本,敏捷软件开发是面向人的而不是面向过程的,让方法、技术、工具、过程等来适应人,而不是让人来适应它们。

基于敏捷软件开发方法的上述思想,至今人们已提出诸多敏捷软件开发技术,包括极限编程、测试驱动开发、敏捷设计、模型驱动开发等,并在实际的软件开发实践中取得了积极的成效,受到软件工程学术界和工业界的广泛关注和好评。

2.2.7　群体化开发方法

传统的软件开发模型和方法，无论是迭代模型还是敏捷方法，它们都是借助于一个或若干个组织（如 IT 企业）内部的人员来组建软件开发团队，并通过这些有限的软件开发人员的智慧和力量来完成软件系统开发的各项任务，如需求获取和分析、软件设计、编写代码、纠正缺陷、增强功能等。随着软件系统规模和复杂性的不断增长，用户对软件系统的交付质量和时间等方面的要求越来越高，这种借助有限的软件开发资源、基于强组织的软件开发和生产方式，无论在开发效率还是软件质量等方面都无法满足用户日益增长的要求。

互联网技术的快速发展给解决上述问题提供了新的思路和解决途径。互联网平台将来自全球不同地域的人连接在一起，使得他们能够借助互联网平台来进行交流、实现分享和开展协作。软件系统的开发（如软件需求的创意和构思、软件设计与实现、软件维护等）不再局限于依靠局域空间、特定组织中有限、封闭的人员，而是可以放眼互联网空间中海量、开放的群体，借助于互联网大众的智慧和力量。一个典型的成功案例就是开源软件。依托开源软件托管社区，互联网上的大规模软件开发人员通过自组织方式进行交互协作，创造出一系列优秀开源项目，展现了超乎想象的创新活力、开发效率和软件质量。

群体化软件开发方法融合工业化软件生产和开源软件创作模式，连接互联网大众群体与企业 / 组织核心团队，连接大外围“软件创作”与小核心“软件生产”，通过大众化协同、开放式共享和持续性评估等实现软件产品与创意作品的转换以及高效的软件开发（见图 2.6）。

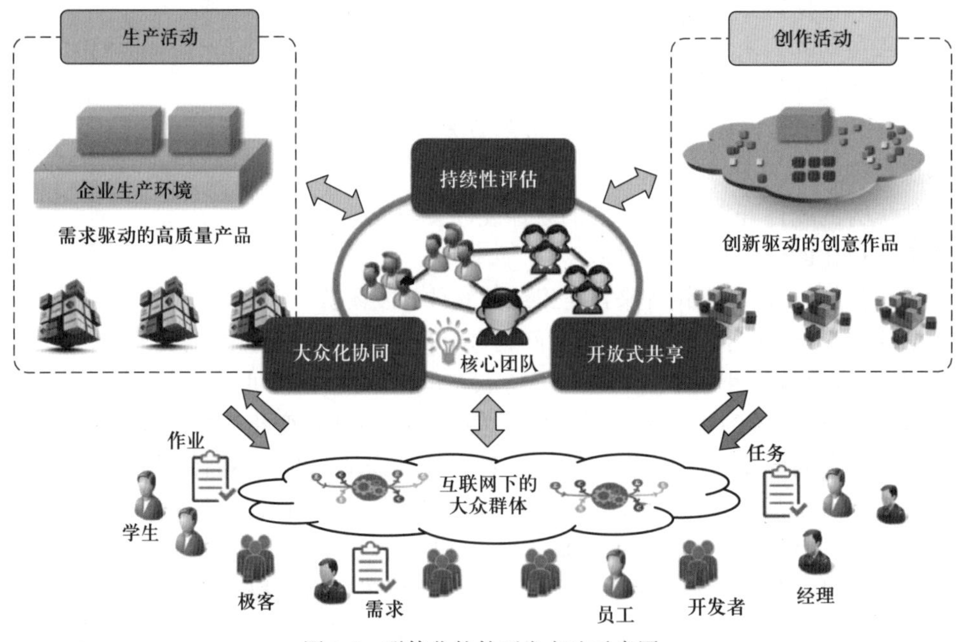

图 2.6　群体化软件开发方法示意图

群体化方法打破传统软件开发模式的封闭性和阶段性,将软件开发过程全面开放并快速迭代,不断发布系统原型,吸引互联网大众体验,借助互联网平台开展各种形式的交流、协同和共享,实现群体需求及创意的汇聚。软件开发的核心团队则对大众需求创意进行识别审查并转化为生产性的软件开发规划,借助工业化生产的强组织模式来组织软件开发过程,实现高质量软件产品的输出。群体化方法将大众群体的软件创作过程有机融入核心团队的软件生产流程中,能够充分发挥大规模软件开发群体和核心团队在软件开发过程中各自的优势,在软件开发目标不明确时"核心"协调"大众"高效创作,在软件开发目标定型后"核心"组织"大众"高效生产,从而有效支持网络环境下的软件开发。

2.3 面向对象软件工程

在面向对象软件工程产生之前,人们通常采用结构化软件工程的方法来开发软件。结构化软件工程包括结构化需求分析、结构化软件设计、结构化程序设计等。结构化需求分析采用诸如数据流图等技术来表示和分析软件需求,结构化软件设计采用层次图、模块图等技术来描述软件设计模型,结构化程序设计则借助于过程、函数等程序设计机制及相应的语言(如 C、Pascal 等)来编写程序代码。结构化软件工程采用不同的模型、语言、机制等来描述软件需求、建立设计模型、构造程序代码,这就意味着软件开发的不同阶段需要采用不同的抽象来对软件系统进行建模,从而建立起基于不同抽象的软件模型,任何的软件开发活动(无论是需求分析、软件设计还是程序设计)都需要解决不同模型之间的转换和精化问题,无疑这极大地增加了软件开发的复杂性,难以应对大规模、复杂软件系统的开发。在这样的背景下,面向对象软件工程应运而生,以解决结构化软件工程的内在不足和存在的局限。

2.3.1 核心概念

面向对象软件工程提供了一组有别于结构化软件工程的概念和抽象来支持系统的分析、建模、设计、实现和测试。

① 对象(object)。它是对现实世界和计算机世界中个体、事物或者实体的抽象表示。例如,可以用对象表示应用领域的一个事物(如 NAO 机器人),也可以用它来表示在计算机软件中的某个运行元素或单元(如运行实例)。每个对象都有其属性和操作。属性表示对象的性质,属性的值定义了对象的状态;操作也称方法,表示对象所能提供的服务,它定义了对象的行为。一般地,对象的属性只能由该对象的操作来存取或修改。本书的后续部分将用"方法"这个术语来表述对象的操作。

② 类(class)。顾名思义,类是一种分类和组织机制,它是对一组具有相同特征对象的抽象。通俗地讲,通过类可以对不同的对象进行分类,将具有相同特征的对象组织为一类。所谓相同特征是指具有相同的属性和方法。每个类都封装了属性和方法。对象是类的实例,类是创建

对象的模板,也即可以根据类模板来创建一个个具体、具有多样状态的对象。基于某个类创建一个对象后,那么该对象就具有这个类所封装的属性和方法。相比较而言,类是静态和抽象的,对象是动态和具体的。

③ 消息(message)。消息是对象间进行通信的手段,也是一个对象与另一个对象进行交互和协作的方式。一个对象通过向另一个对象发送消息,从而请求相应的服务。当一个对象发送消息时,它需要描述清楚接收方对象的名称以及所请求方法的名称及参数。对象之间的消息可以是同步消息,即请求者对象需要等待响应者对象的处理结果;也可以是异步消息,即请求者对象发出消息后继续自己的工作,无需等待响应者对象返回结果。

④ 继承(inheritance)。继承描述了类与类之间的一般与特殊关系。它本质上是对现实世界不同实体间遗传关系的一种直观表示,也是对计算机软件中不同类进行层次化组织的一种机制。一个类(称之为子类)可以通过继承关系来共享另一个类(称之为父类)的属性和方法,从而实现子类对父类属性和方法的重用。当然,子类在共享父类属性和方法的同时,也可以拥有自己独有的属性和方法。继承既可以表现为单重继承,即一个子类至多继承一个父类,也可以表现为多重继承,即一个子类可以继承多个父类。

⑤ 多态(polymorphism)。多态是针对方法而言的,它是指同一个方法作用于不同的对象上可以有不同的解释,并产生不同的执行结果。换句话说,同一个方法虽然其操作名称和接口定义形式相同,但是该方法在不同对象上的实现形态不一样。因此,当一个对象给若干个对象发送相同的消息时,每个消息接收方对象将根据自己所属类中定义的这个方法去执行,从而产生不同的结果。

⑥ 覆盖(override)。一个子类可以通过继承来获得父类的属性和方法。然而,子类也可以在自己的类中增加或者重新定义所继承的属性和方法,从而用新定义的属性和方法来覆盖所继承的来自父类的属性或方法。

⑦ 重载(overload)。一个类中允许有多个名称相同但是参数不同的方法。由于这些方法在具体的参数数目及类型上有所区别,因而系统将根据接收到消息的实参来引用不同的方法。

⑧ 关联(association)。关联描述了类与类之间的关系,它具有多种形式,如聚合(aggregation)、组合(composition)等。聚合和组合均刻画了类与类之间的部分—整体关系,即部分类的对象是整体类对象的组成部分,或者说整体类对象由部分类对象所组成。相比较而言,聚合描述的是一种简单的整体部分关系,而组合刻画的是一种更为特殊的整体部分特殊关系,它更加强调整体类对象和部分类对象之间的共生关系。

2.3.2　基本思想

面向对象软件工程认为,无论是现实世界(应用问题)还是计算机世界(软件系统),它们都是由多样化的对象所构成的,这些对象之间通过一系列交互来展示行为、实现功能和提供服务。软件开发人员可以通过面向对象软件工程所提供的对象、类、属性、操作、消息、继承等概念来表示现实世界的应用,从而建立起软件需求模型,描述软件系统的需求,也可来表示计算机世界的软件系统,从而建立起软件模型,描述软件系统的解决方案。

(1) 面向对象分析

面向对象分析是指将软件系统的需求,尤其是功能性需求,表征为问题域中对象的方法以及它们之间的协作,也即借助于面向对象软件工程所提供的核心概念来表示应用系统的组成、功能、行为等,进而建立起软件系统的需求模型。例如,通过对象、类等来描述和分析应用系统的构成,借助类的方法来描述和分析应用系统的行为,利用消息机制来分析多个对象之间如何通过协作来提供功能和服务。一般地,面向对象分析将产生若干基于面向对象概念的软件需求模型,如用例模型、交互模型、分析类模型等。

(2) 面向对象设计

面向对象设计是指根据面向对象的需求模型,结合编程实现的约束与限制(如所采用的面向对象程序设计语言等),对目标软件系统进行设计,给出实现软件需求的解决方案。面向对象的软件设计仍然借助于面向对象核心概念,从不同层次、不同视点描述软件设计模型。例如,目标软件系统整体上由哪些子系统、构件和包等构成,每个子系统和构件内部包含哪些类、每个类封装了哪些属性和方法、不同对象之间如何通过消息传递进行协同从而实现软件系统的功能等。不同于结构化软件设计,面向对象设计是通过对面向对象需求模型进行不断精化(而非模型转换)而得到的。一般地,面向对象设计将产生若干软件设计模型,如软件体系结构模型、软构件模型、设计类模型、交互和协作模型、状态模型等。

(3) 面向对象编码

面向对象编码是指根据软件设计模型,采用特定的面向对象程序设计语言(如 C++、Java、Python 等),编写目标软件系统的程序代码。软件设计模型中的相关设计元素将直接用程序设计语言所提供的编程元素和机制来加以实现。

2.3.3 技术特点

相较于其他软件工程技术,面向对象软件工程具有以下技术优势和特色。

① 自然建模,可有效管理和控制软件系统的复杂度。面向对象提供了一系列更加贴近现实世界而非计算机世界的概念和抽象来描述软件需求、表示软件设计、组织程序代码,如类、消息、继承等,因而有助于软件开发人员更为自然、直观地理解问题和需求,提供软件开发的解决方案,并最终实现目标软件系统。

② 采用统一的概念和抽象。面向对象软件工程为软件系统的分析、设计、实现和测试等提供了统一的概念和抽象,方便用户和软件开发人员用同一个概念模型来理解问题、分析问题和解决问题,在软件开发的不同阶段,软件开发人员无需采用模型转换的复杂方式,而是采用不断精化模型的方法来进行软件开发,从而可以简化软件开发的复杂度。

③ 支持重用,提高软件开发的效率和质量。面向对象软件工程提供了类作为基本的软件模块,它封装了属性和方法,可以隐藏内部的实现细节,实现较大粒度的软件重用;继承是另一项有

效支持软件重用的机制，借助继承一个类可以很方便地重用另一个类的属性和方法。借助于类、继承等模块化和重用机制，面向对象程序设计语言（如 C++、Java 等）通常会提供相应的类库来支持软件开发和重用，如 MFC、JDK 等。

④ 遵循软件设计原则，改善软件结构和质量。面向对象的程序设计模型及技术特点充分反映了软件工程的一组设计原则，如信息隐藏、模块化、抽象、组织等。例如，类是对属性和方法的封装，类所封装的属性一般对外不可见，只能由类所定义的方法所访问，从而可以减少错误地向外传播；类实例化生成的对象之间只能通过消息传递进行交互，每个类具有高度的独立性和良好的可重用性。这些概念和机制有助于开发出高质量的软件系统。

2.4　统一建模语言 UML

2.4.1　UML 概述

统一建模语言（unified modelling language，UML）是一种基于面向对象概念和思想的模型表示机制，它以 Booch 方法、OMT 方法和 OOSE 方法为基础，吸收了其他面向对象建模方法、模型和语言的优点，形成了一种概念清晰、表达能力丰富、适用范围广泛的面向对象建模语言，目前已成为学术界和工业界所公认的标准，广泛应用于软件开发实践。概括起来，UML 是用来可视化（visualize）、描述（specify）、构造（construct）和文档化（document）软件密集型系统，支持不同人员之间交流（communication）的建模语言，它具有以下特点。

① 统一化（unified），UML 提取不同方法中的最佳建模技术，采用统一、标准化的表示方式。

② 用于建模（modelling），UML 用于对现实应用和软件系统进行可视化描述，建立起这些系统的抽象模型。

③ 表示语言（language），UML 本质上就是一种建模语言，用于支持不同人员之间的交流。它提供了图形化的语言机制，包括语法、语义和语用，以及相应的规则、约束和扩展机制。

UML 从多个视点（结构、行为、用例等）、多个不同的抽象层次（如体系结构的高层逻辑模型和底层的物理模型）对系统进行刻画和描述，从而建立起关于系统的多个不同视点和抽象层次的模型，以满足软件开发不同阶段的要求。具体的，UML 提供的视点和模型如表 2.1 所示。

表 2.1　UML 的视点和模型

视点	图（diagram）
结构	包图（package diagram）
	类图（class diagram）
	对象图（object diagram）
	构件图（component diagram）

续表

视点	图(diagram)
行为	状态图(statechart diagram)
	活动图(activity diagram)
	通信图(communication diagram)
	顺序图(sequence diagram)
部署	部署图(deployment diagram)
用例	用例图(use case diagram)

① 结构视点(structural view):提供了包图、类图、对象图、构件图,它们分别从不同抽象层次来表示系统的静态组织及结构。

② 行为视点(behavioral view):提供交互图(包括顺序图和通信图)、状态图与活动图,它们从不同的侧面刻画系统的动态行为。

③ 部署视点(deployment view):提供了部署图,用于描述软件系统中各类制品(artifact)在物理运行环境中的部署和分布情况。

④ 用例视点(use case view):提供了用例图,从系统外部执行者的视角来刻画所观察到的系统功能。

2.4.2 UML 的图

本节简要介绍 UML 所提供的一些常用图,结合其图形化表示机制和语义,阐述它们在软件开发中的使用方法。

1. 用例图

UML 的用例图用来表示一个系统的外部执行者以及从这些执行者角度所看到的系统功能。它可用于刻画一个软件系统的功能性需求。在软件需求获取阶段,需求分析人员通常需要绘制用例图来描述软件系统的功能,从而建立起软件系统的用例模型。一般地,一个软件系统的用例模型包含一到多幅用例图。

用例图中有两类节点,一类是执行者(actor),另一类是用例(use case)。用例图中的边用于表示执行者与用例之间、用例与用例之间、执行者与执行者之间的关系。

(1) 执行者

执行者是指处于系统之外并且使用软件系统功能、与软件系统交换信息的外部实体。执行者可以是一类具体的用户,也可以是其他软件系统或物理设备。例如,图 2.7 中的执行者包括"老人""家属""医生""系统管理员""机器人"和"定时器"。它们均处于软件系统之外并需要与软件系统进行交互。例如,"家属"需要使用"监视老人状况""远程控制机器人"等功能,"定时器"需要触发系统提供"提醒服务"的功能。

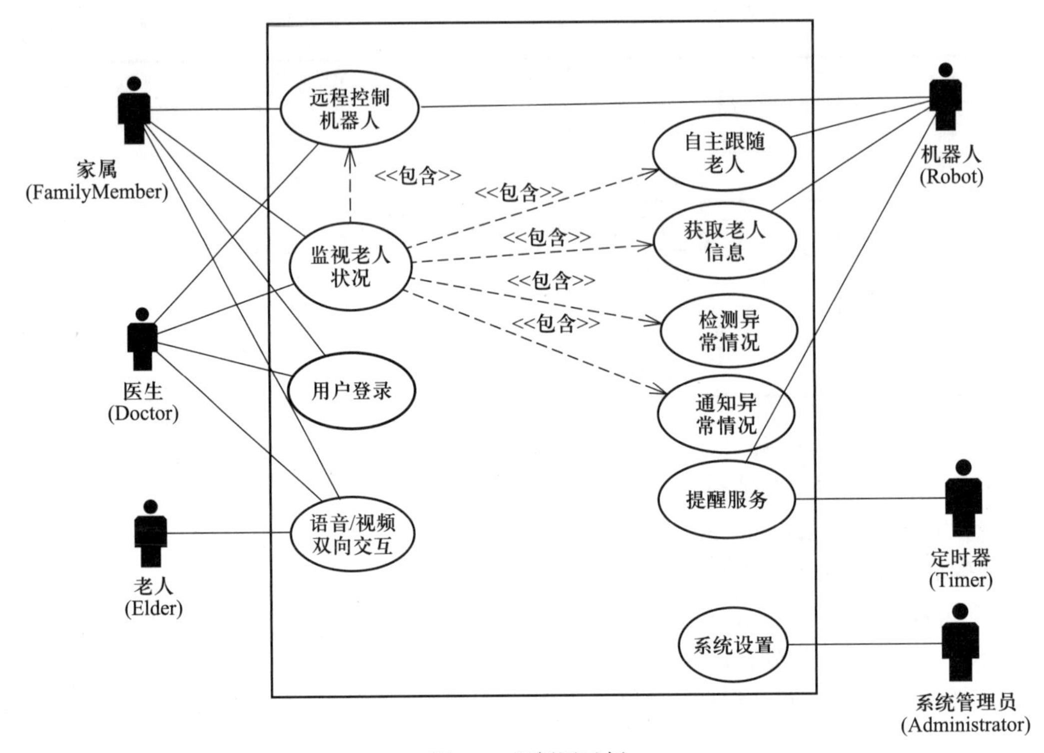

图 2.7　用例图示例

（2）用例

用例表示执行者为达成一项相对独立、完整的业务目标而要求软件系统完成的功能。对于执行者而言，用例是可观察的、可见的，具体表现为执行者与软件系统之间的一系列交互动作序列，以实现执行者的业务目标。例如，图 2.7 中有一个用例“监视老人状况”，它对于执行者“家属”和“医生”而言都是可观察的，或者说都是需要的。

（3）关系

用例图中可以通过边来连接不同的用例、不同的执行者以及用例与执行者，不同的边表示不同的关系信息，具体表现为：

① 执行者与用例间的关系。在用例图中，如果一个执行者可以观察到系统的某项用例，那么意味着执行者与用例间存在某种关系，需要在执行者与用例间绘制一条连接边。执行者与用例间关系的内涵具体表现为执行者触发用例的执行，向用例提供信息或从用例获取信息。例如，“家属”需要使用系统的功能“监视老人状况”，因而这两个节点间存在一条连接边，表示“家属”执行者会触发“监视老人状况”用例的执行，“监视老人状况”用例会向“家属”返回老人的视频和图像信息。

② 用例之间的关系。用例间有三类关系：包含（include）、扩展（extend）和继承。如果用例 B 是 A 的某项子功能，并且建模者确切地知道在 A 所对应的动作序列中何时将调用 B，则称用例

A 包含用例 B。例如,“监视老人状况”用例包含了一系列子功能,包括“自主跟随老人”“获取老人信息”等。通过包含关系可将多个用例中公共的子功能项提取出来,以避免重复和冗余。如果用例 A 与 B 相似,但 A 的功能较 B 多,A 的动作序列是通过在 B 的动作序列中某些执行点上插入附加的动作序列而构成的,则称用例 A 扩展用例 B。如果用例 A 与 B 相似,但 A 的动作序列是通过改写 B 的部分动作或扩展 B 的动作而获得的,则称用例 A 继承用例 B。在用例图中,用例间的不同关系分别用不同的边来加以表示。

③ 执行者之间的关系。如果两个执行者之间存在一般和特殊关系,那么它们之间就具有继承关系,在用例图中可以用继承边来表示。

构建用例模型和绘制用例图时需要遵循以下一组策略:每个执行者至少与一个用例相关联,否则这样的执行者对软件系统而言就没有意义;除了那些被包含、被扩展的用例外,每个用例至少与一个执行者相关联,否则这样的用例也没有意义。

2. 包图

UML 的包图用来表示一个软件系统中的包以及这些包之间的逻辑关系,它刻画的是系统的静态结构特征。包是 UML 模型的一种组织单元,可以将一个复杂软件系统抽象为一个包,并进一步将其分解和组织为一组子包,所产生的子包还可以进一步分解和组织,形成子子包。因此,包图为表示复杂软件系统提供了一种分解和组织手段,有助于构建大规模、复杂软件系统的结构化、层次化模型,加强对大规模复杂软件系统的理解和认识,管理和控制软件模型的复杂度。通常软件开发人员可以在需求分析和软件设计的早期阶段绘制包图,建立起软件系统的高层结构模型。

包图较为简单,图中只有一类节点即包,边表示包与包之间的关系(见图 2.8)。

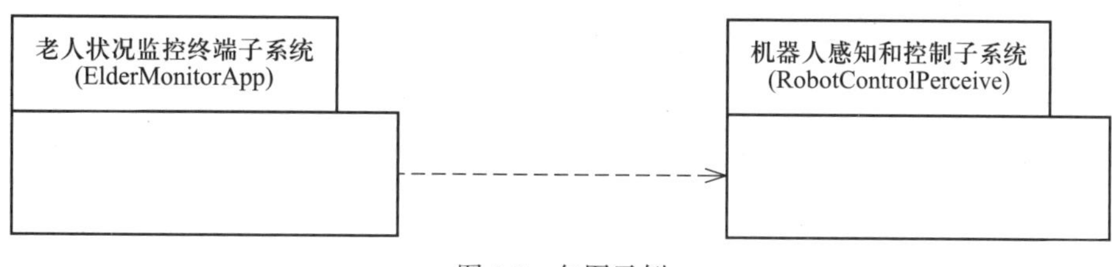

图 2.8 包图示例

(1) 包

UML 中的包可以视为是软件系统模型的组织单元,用于分解和组织软件系统中的模型要素;它也可以作为模型管理的基本单元,软件开发人员可以以包为单位来分派软件开发任务、安排开发计划、开展配置管理。此外,包还可以作为模型元素访问控制的基本手段,可以根据包之间的分解和组织关系,将相关包的名字连接在一起,形成包中模型元素的访问路径。例如,假设包 p1 包含子包 p11,p11 包中包含某个构件 component1,那么该构件的访问路径为 p1.p11.component1。例如,假设空巢老人智能看护系统可以分解为两个子系统,分别为老人状况监控终端子系统(ElderMonitorApp)、机器人感知和控制子系统(RobotControlPerceive),那么这两个子系统可以分别用两个不同的包来加以表示。

(2) 包关系

包图中包之间的逻辑关系有两类：构成和依赖。两个包之间存在构成关系是指父包图元直接包含了子包图元。两个包间存在依赖关系是指一个包图元依赖于另一个包图元。例如，空巢老人智能看护系统中，老人状况监控终端子系统（ElderMonitorApp）依赖于机器人感知和控制子系统（RobotControlPerceive）。

构建包模型和绘制包图时需要遵循以下一组策略：包的划分必须遵循强内聚、松耦合原则，包图中的每个包必须具有一定的独立性。如果一个包的粒度较大，可以考虑对该包做进一步分解。一个软件系统可以有多个包图，但是必须确保每个包图都是在某个抽象层次而非多个层次对软件系统的分解，所有包图构成软件系统的层次性建模。

3. 类图和对象图

UML 的类图用来表示系统中的类以及类与类之间的关系，它刻画的是系统的静态结构特征。这里所说的系统既可以是软件系统也可以是现实系统，既可以是整个系列也可以是某个子系统。类图和包图很类似，不同之处在于包图还可以进一步分解和描述，类图则不可以。类图中的每一个类都是组成系统的基本要素。通常在需求分析和软件设计阶段，软件开发分析人员需要绘制系统的类图来分别描述业务领域的概念模型、软件需求模型中的静态结构、软件详细设计模型，进而理解软件系统在概念和设计层面上的组成情况和内部细节。一般地，一个软件系统的类模型可以包含一到多幅类图，每张类图是针对某个包的内关系描述。

与包图类似，类图中只有一类节点即类，图中的边表示类与类之间的关系（见图 2.9）。

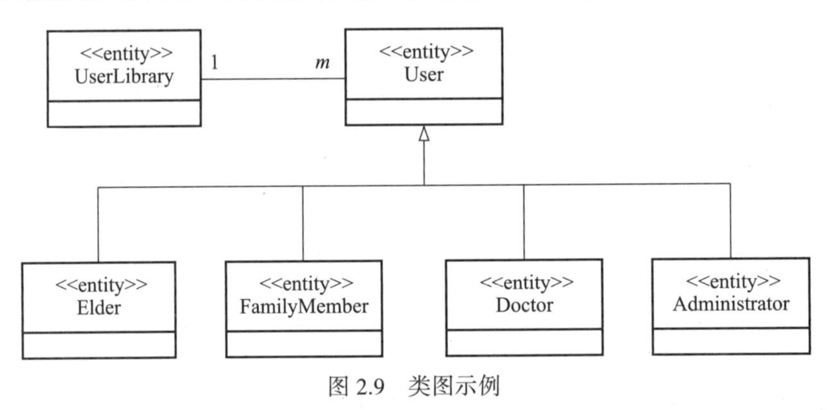

图 2.9　类图示例

(1) 类

类是构成系统的基本建模要素，它封装了属性和方法，对外公开了访问接口以提供特定的功能和服务。在绘制类图时，通常采用名词或名词短语作为类的名字。UML 类图中还有一种特殊的类称为“接口”，它是一种只提供了方法的接口、不包含方法实现部分的特殊类。在表达接口时，通常在其名字的上方注明构造型 <<interface>> 以表示它是接口。

在绘制类图时，根据建立类图的不同目的，有针对性地描述类的属性和方法。例如，在需求分析阶段,可以暂时不需要标识类的属性和方法,以便将注意力聚焦于业务领域中的概念及其关系,有关这些类的属性和方法可以等到后续的分析或者设计阶段再来详细定义;到了软件设计阶段,尤其是详细设计阶段,软件设计人员必须标识每个类的属性及方法,描述其具体细节,如名称、可见性、参数及类型等,以指导软件系统的编码和实现。

(2) 类关系

类图中的类与类之间存在多种关系,包括关联、聚合与组合、继承、实现、依赖等。

① 关联。表示类与类之间存在某种逻辑关系。关联表达了一种极为普遍的类关系,下面所介绍的聚合与组合关系都属于特殊的关联关系。类之间的关联关系可以用连接两个类的边来表示,在边的两端可以标识参与关联的多重性(multiplicity)、角色名和约束特性。多重性说明位于关联端的类可以有多少个实例对象与另一端的类的单个实例对象相联系。角色名描述了参与关联的类的对象在关联关系中扮演的角色或发挥的作用。约束特性说明了针对参与关联的对象或对象集的逻辑约束。

② 聚合与组合。这两种关系均用于表示两个类之间的整体—部分关系,即一个类是另一个类的组成元素,只不过聚合和组合在具体的语义方面有细微的差别。如果两个类具有聚合关系,那么作为部分类的对象可能是多个整体类的对象中的组成部分,也即具有部分类的对象具有共享的特点,可以在多个整体类的对象中出现,比如一个老师可以加入多个学术组织。相比较而言,如果两个类之间存在组合关系,那么部分类的对象只能位于一个整体类的对象之中,一旦整体类对象消亡,其中所包含的部分类对象也无法生存。从设计和实现的角度上看,整体类必须具备完整的管理部分类生命周期的职责。在 UML 类图中,聚合与组合分别用不同的图元来表示,以示区别。

③ 依赖。表示所连接的两个类之间有语义上的关系。如果一个类 B 的变化会导致另一个类 A 必须做相应修改,则称 A 依赖于 B。例如,如果类 A 需要向类 B 发送消息 m,那么一旦类 B 的方法 m 发生了变化(如变更了名称或者参数),那么类 A 必须相应地修改其发送的消息,显然此时类 A 依赖于类 B。

④ 继承。表示两个类之间存在一般和特殊的关系,作为特殊的类(称之为子类)可以通过继承共享一般类(称之为父类)的属性和方法。继承关系实际上是一种特殊的依赖关系。

⑤ 实现。表示一个类实现了另一个类中所定义的对外接口,它是一种特殊的依赖关系。通常实现关系所连接的两个类一个表现为具体类,另一个表现为接口。在 UML 中实现关系表示为一条带箭头的虚线,箭头方向是从具体类指向接口类。

构建类模型和绘制类图时需要遵循以下一组策略:根据构建类图的不同目的来描述类图中类的不同详尽程度,并采用不同的 UML 表示图元,如采用仅需描述类名称、隐藏类属性和方法的图元,隐藏方法部分的类图元或既包括属性也包括方法的图元。尽可能地用接近业务领域的术语作为类图中类、属性和方法的名称。

4. 交互图

UML 的交互图用来描述系统中的对象如何通过交互而进行协作,进而实现系统的功能和提供相应的服务，它刻画的是系统的动态行为特征。UML 提供了两种交互图：顺序图和通信图。顺序图强调的是对象间消息传递的时间序，通信图突出对象间通过消息传递而形成的合作关系。这两个图在描述对象交互行为方面的侧重点和关注角度有所差别，但从语义上看二者是基本等价的，也即可从一种图自动转换为另一种图，因此在建立交互图时没有必要同时创建顺序图和通信图。在需求分析阶段，可以通过交互图来对用例的实现方式进行描述，进而建立起需求模型；在软件设计阶段，可以通过交互图来刻画系统用例如何通过一组设计元素对象来完成，进而建立起设计模型。

考虑到顺序图和通信图二者在表达能力方面的等价性，本书仅对顺序图做介绍。顺序图是一张二维图（见图 2.10），纵轴代表时间，时间沿垂直方向向下流逝；横轴由参与交互的一组对象构成，每个对象都有其生命线。连接两个对象的有向边表示对象间的消息传递。概括起来，一张顺序图通常由以下图形元素构成：对象（包含生命线与活跃期），对象间的消息传递。

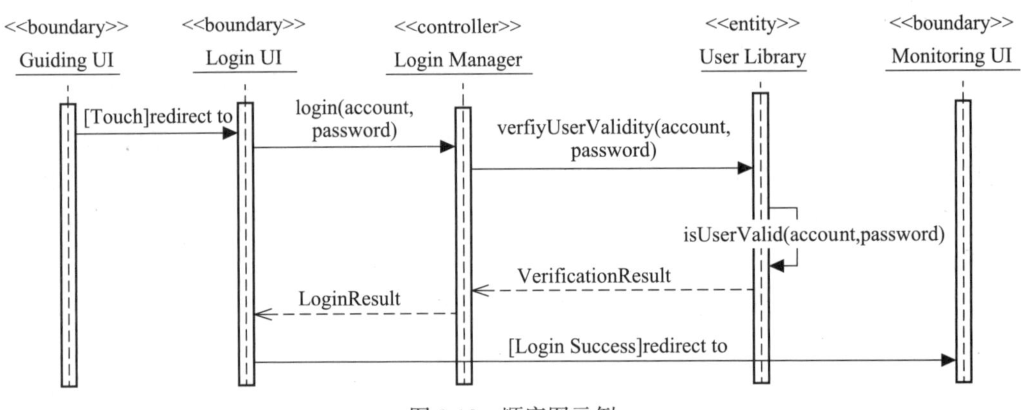

图 2.10　顺序图示例

（1）对象及其生命线和活跃期

在 UML 顺序图中，对象表示为嵌于矩形框内形如“[对象名]:[类名]”的文本形式，其中对象名、类名可分别省略。如果仅有类名，那么类名的文字下面必须有下画线，以表示由该类实例化所生成的对象。对象下面的垂直虚线是对象的生命线，表示对象存在于始于对象表示图元所处的时间起点、止于对象生命终结符之间的时间段内。对象执行操作的时间区域称为对象的活跃期，它由覆盖于对象生命线之上的长条形矩形表示。

（2）消息传递

对象间的消息传递表示为对象生命线之间的有向边，消息边上可标注“[*][监护条件][返回值：=] 消息名 [（参数表）]”，其中“*”为迭代标记，表示同一消息对同一类的多个对象发送。当出现迭代标记时，监护条件表达式表示迭代条件，否则它表示消息传递实际发生的条件。返回值表示消息被接收方对象处理完成后回送的结果。消息名应采用动名词来表示。顺序图中的消息有以下几种类别。

① 同步消息。表示消息的发送者对象需要等待消息接收方对象处理完消息后，才能开展后

续的工作,UML 用实心三角形箭头表示同步消息。

② 异步消息。表示发送者对象在发送完消息后不等待接收方对象,即可继续自己的处理,UML 用普通箭头来表示。

③ 自消息。即一个对象发送给自身的消息。

④ 返回消息。如果一条消息从对象 a 传向对象 b,那么其返回消息是一条从 b 指向 a 的虚线有向边,它表示原消息的处理已经完成,处理结果(如果有的话)沿返回消息传回。

⑤ 创建消息和销毁消息。它们分别表示创建和删除消息传递的目标对象,消息名称分别为 create、destroy,或者在消息边上标注构造型 <<create>>、<<destroy>>。

构建交互模型和绘制顺序图时需遵循以下一组策略:根据对象所处的层次来组织对象在顺序图中的位置,接近用户界面的对象靠左,接近后台处理的对象靠右;尽量使消息边的方向从左至右来布局;在绘制顺序图时,要根据构建交互图的不同目的而决定顺序图描述的详尽程度,防止在表述顺序图时陷入实现细节以及尝试在一张顺序图中表达各种可能的协作情况,导致顺序图过于复杂,影响对系统对象协作关系的理解和分析。

5. 状态图

状态图用来描述一个实体所具有的各种内部状态,以及这些状态如何受事件刺激、通过实施反应式行为而加以改变。它刻画的是系统的动态行为特征。这里所说的实体既可以是对象,也可以是软件系统或其部分子系统,抑或是某个软构件。对于那些具有较为复杂状态的实体而言,绘制它们的状态图有助于理解实体内部状态是如何迁移的,进而进一步分析实体的行为。软件开发人员可以在需求分析、软件设计等阶段,结合具体实体的实际情况(主要是要看实体是否具有多种状态)构建实体的状态图。

状态图中的节点表示实体的状态,边表示状态的迁移(见图 2.11)。下面针对对象状态图,介绍其基本图元及其语义。

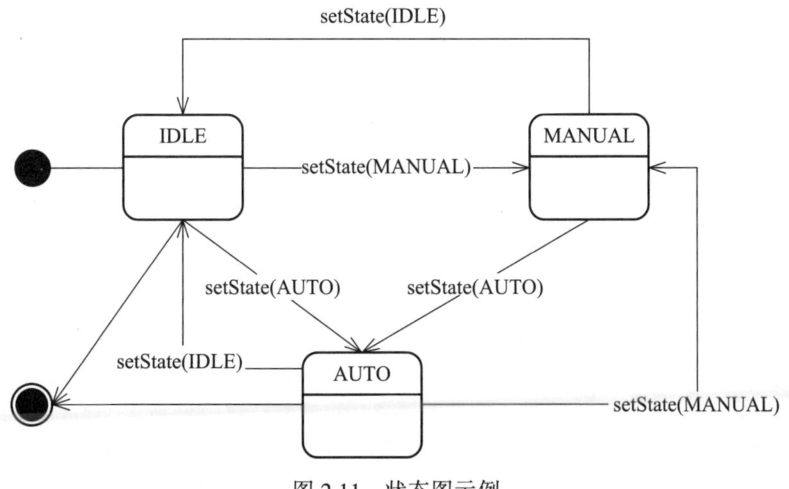

图 2.11 状态图示例

① 状态(state)。在对象生命周期中,其属性取值会随外部事件而不断发生变化。对象状态是指对象属性取值所形成的约束条件,用于表征对象处于某种特定的状况,在该状况下对象对事件的响应完全一样。一个状态节点由状态名及可选的入口活动、出口活动、do 活动、内部迁移等要素构成。它表示一旦对象经迁移边从其他状态进入本状态,那么本状态入口活动将被执行;当对象进入本状态并执行完入口活动(如果有的话)后,就应该执行 do 活动;内部迁移不会引起对象状态的变化。最简单的状态仅包含状态名。状态图中有两种特殊的状态:初态和终态。

② 事件(event)。事件是指在对象生命周期中所发生的值得关注的某种瞬时刺激或触动,它们将引发对象实施某些行为,进而可能导致对象状态的变化。对象所关注的事件包括:消息事件,即其他对象向该对象发送的消息,可表示为"消息名[(参数表)]";时间事件,即时间到达指定的观察点,如到达某个时刻"at(时刻点)";条件事件,即某个特定的条件成立或者得到满足,表示为"when(条件表达式)"。

③ 活动(activity)和动作(action)。它们都指一种计算过程,二者之间的差异在于:动作位于状态之间的迁移边上,其行为简单、执行时间短;活动位于状态中,其行为较为复杂、执行时间稍长。

④ 迁移(transfer)。迁移表示对象从一个状态进入另一个状态,它由状态节点间的有向边来表示。有向边上可以标注"[事件][监护条件][/动作]","事件"表示触发状态迁移的事件,"监护条件"表示状态迁移需要满足的条件表达式,"动作"表示状态迁移期间应当执行的动作。自迁移是指源状态节点与目标状态节点相同的一类特殊迁移。

构建状态图时需要遵循以下一组策略:一个状态图仅有一个初态但是可以有多个终态。无需为所有的对象构建状态模型,只需对那些具有明显状态和迁移特征、行为较为复杂的对象绘制状态图。

6. 活动图

活动图用于描述实体为完成某项功能而执行的操作序列,它刻画了实体的动态行为特征。这里所说的实体既可以是对象,也可以是软件系统或其部分子系统,抑或是某个软构件。实体的操作序列可以并发和同步实施。在需求分析和软件设计阶段,软件开发人员根据需要绘制用例的活动图,以描述软件系统中的各个实体如何通过一组操作序列来完成用例。从这个意义上看,活动图和交互图有些类似。但是实际上,活动图在刻画系统的行为方面有其特殊的表达能力,它可用来描述多个用例联合起来形成的操作流程,特别适合于精确地描述线程之间的并发。

活动图(见图 2.12)有多种类型的节点,包括活动、决策点、并发控制和对象等;两种类型的边,分别是控制流和对象流。活动图引入了泳道机制以表示活动的并发执行。泳道将活动图分隔成数个活动分区,每个区域由一个对象或一个控制线程负责。每个活动节点应位于负责执行该活动的对象或线程所在的区域内。这一机制可以更为清晰地表示对象或线程的职责、它们之间的并发、协同和同步。

① 活动。它是计算过程的抽象表示,可以是一个基本计算步骤,也可由一系列基本计算步骤和子活动构成。

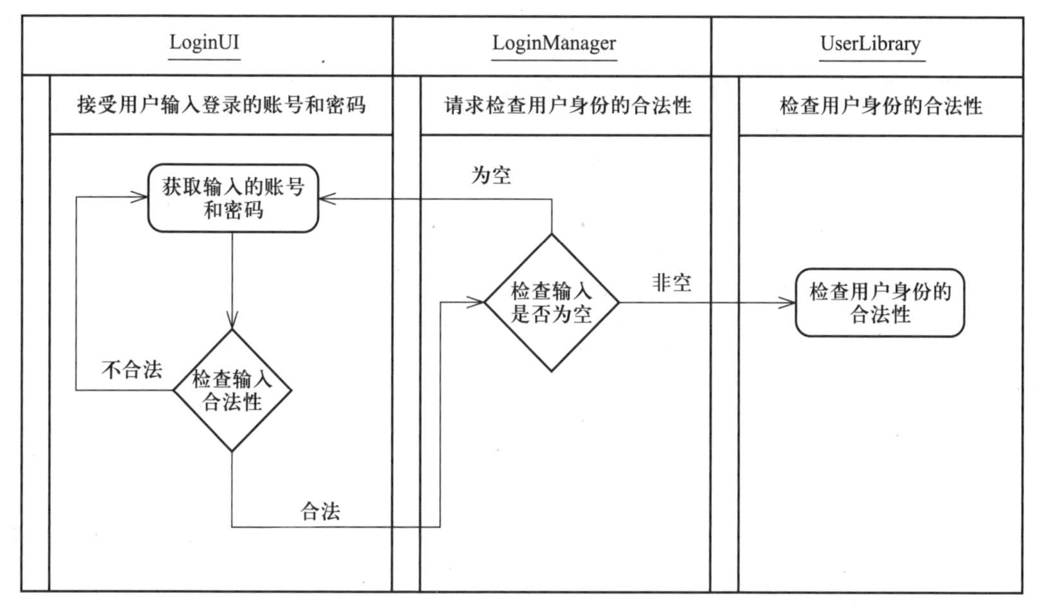

图 2.12 活动图示例

② 决策点(decision Point)。它用来实现某种决策,根据到达边的情况,从多条离开边中选择一条来运行。

③ 并发控制。它用来表示控制流经此节点后分叉(fork)成多条可并行执行的控制流,或者多条并行控制流经此节点后同步合并(join)为单条控制流。

④ 对象。它表示活动需要输入的对象或者作为活动处理结果输出的对象。

⑤ 控制流。它表示为连接两个非对象节点之间的有向边,表示处理流程的顺序推进。

⑥ 对象流。从对象节点指向活动节点的有向边,表示将对象作为输入数据传入活动;从活动节点指向对象节点的有向边,表示对象是活动的输出数据。

构建活动图时需遵循以下一组策略:从决策点出发的每条边上均应标注条件,且这些条件互不重叠、完整覆盖(在任何情况下至少有一个条件成立);必须确保分叉和汇合节点之间的匹配性,对任一分叉节点,其导致的并发控制流必须最终经由一个汇合节点进行控制流的同步和合并。

7. 构件图

构件图用来表示软件系统中的构件及构件之间的构成和依赖关系。它刻画的是系统的静态结构特征。构件是软件系统中的一个基本模块形式,基于构件的软件设计不仅有助于提高模块的独立性、支持软构件的独立部署和运行,还可以提升模块的功能粒度,增强软件的可重用性。软件设计人员需要在软件设计阶段绘制构件图来描述软件系统或子系统中的构件,定义构件的对外接口及构件间的依赖关系。构件图中只有一类节点即构件,图中的边表示构件与构件之间的关系(见图 2.13)。

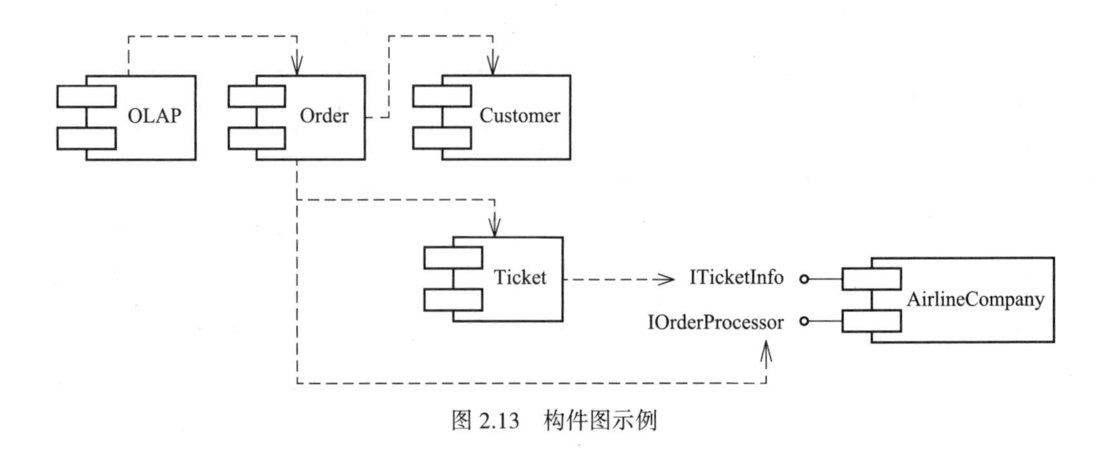

图 2.13　构件图示例

（1）构件

构件是软件系统中具有独立功能和精确接口的逻辑模块或物理模块。任何构件均封装和实现了特定的功能，并通过构件的对外接口为其他模块提供相应的服务。在软件系统的运行过程中，构件实例可被其他任何实现了相同接口的另一构件实例所替换。每个构件包含两类接口，一类是它对外提供的供给接口（provided interface），以支持其他软件模块访问该构件获得其服务；另一类需求接口（required interface），以支持该构件访问其他软件模块。此外，构件还可以定义若干端口（port）以与外部世界交互。每个端口绑定了一组供给接口和 / 或需求接口。当外部请求到达端口时，构件的端口负责将外部访问请求路由至合适的接口实现体；当构件通过端口请求外部服务时，端口也知道如何分辨该请求所对应的需求接口。

构件采用实现与接口相分离的封装机制，即同一个接口可以有多个不同的实现方法，但前提是实现部分必须完整地实现供给接口中描述的操作及属性，以及遵循需求接口来访问其他软件模块。如果构件的两个实现部分完全遵循相同的接口定义，那么它们就是可自由替换的。构件的使用者只需了解构件的供给接口，无需掌握其实现部分就可以访问构件、获得服务；软构件本身也只需通过需求接口，无需掌握服务提供方构件的实现部分就可获得所需的服务。因此，构件表示的关键是要描述其名字、供给 / 需求接口及端口。

（2）构件间的关系

构件图的边描述了不同的构件之间、构件与相关的类和包之间的依赖关系。可以用多种方式来表示构件间的依赖关系，具体包括：连接两个构件，连接一个构件与另一构件的供给接口，连接一个构件的需求接口与另一构件的供给接口。例如，图 2.13 中，“Order”构件依赖于“Customer”构件，“Ticket”构件依赖于“AirlineCompany”构件提供的“ITicketInfo”供给接口。

绘制构件图时需要遵循以下一组策略：构件图是从高层来表示构件之间如何通过接口来相互提供服务，而且构件采用接口和实现相互分离的形式，因此在绘制构件图时不要陷入构件细节和实现部分。

8. 部署图

部署图用来描述软件系统的各个可执行制品在运行环境中的部署和分布情况。对于大部分软件系统而言，它们拥有多个具有不同形式的运行单元，如 Java 类库(.jar)文件或者动态链接库(.dll)文件，需要安装和部署到分布、异构的计算节点中，并通过这些制品间的交互来实现软件系统的整体功能。部署图的绘制有助于软件开发人员掌握目标软件系统的运行环境，划分和组织不同的软件制品，明确软件设计元素的运行环境。通常软件开发人员需要在软件设计阶段绘制部署图，建立起软件系统的部署模型。部署图有两种表示形式：逻辑层面的描述性部署图，物理层面的实例性部署图。前者描述的是软件制品在计算环境中的逻辑布局，后者则在前者的基础上对运行环境和系统配置等增加了额外的具体描述。

部署图有三类节点，分别表示制品、计算节点和构件；连接节点的边也有三类，分别表示节点之间的通信关联、制品之间的依赖关系、制品与构件之间的依赖关系(见图 2.14)。

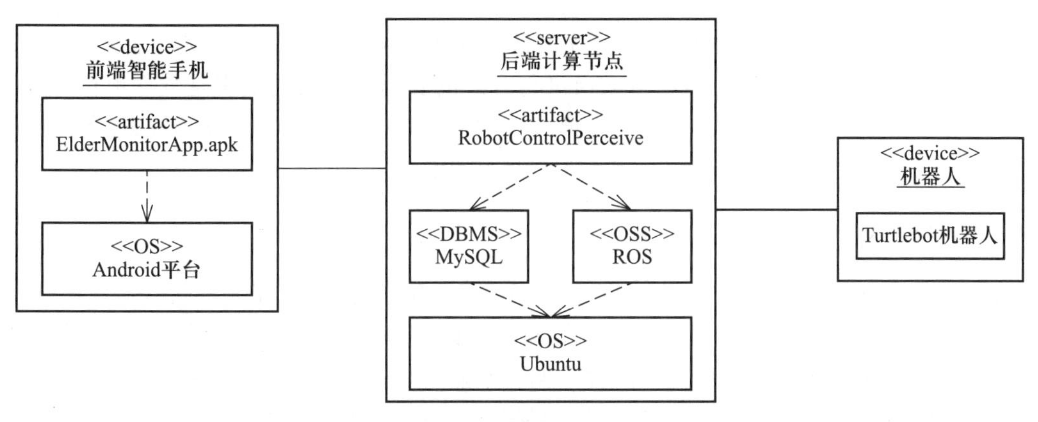

图 2.14 部署图示例

(1) 节点

① 软件制品。它是软件系统中相对独立、可运行的物理实现单元，如动态链接库文件、Java 类库文件、可执行程序文件(.exe)。

② 计算节点。它是支撑软件制品运行的一组计算资源，如客户端计算机、Android/iOS 智能手机、ROS 服务器、数据库服务器等。

③ 软件构件。它是指软件系统中的软构件，将被部署于计算节点之上。

(2) 边

① 计算节点间的通信关联。连接不同的计算节点，表示两个计算节点间的通信连接，可以在通信关联边上以构造型说明通信协议及其他约束。

② 软件制品间的依赖关系。连接不同的软件制品，表示部署在不同计算节点上的软件制品是如何相互依赖的。

③ 软件制品与软构件之间的依赖关系。连接软件制品和软构件，表示软件制品具体实现了

相关的软构件。

绘制部署图时需要遵循以下一组策略：根据需要绘制描述性部署图和实例性部署图，一般情况下无需都绘制这两个图；对部署图中有关软件制品、构件等的描述，尽可能不要牵涉过多的细节。

2.5　软件项目的组织方式

软件开发是一个集体性的行为。一个软件项目通常需要由多个承担不同角色和任务的人员来共同完成。例如，需求分析人员的主要任务是要获取和定义软件需求；软件设计人员需要提供软件开发的解决方案；程序员的任务则是要开展程序设计，编写程序代码等。从扮演的角色来看，这些人员所从事的工作是相关联的，需要进行交流和沟通；从开发技能和经验上看，这些人员之间存在差异性，需要相互支持和帮助；从完成任务的角度来看，他们的目标是一致的，需要进行有效的交互和协同。因此，如何对项目人员进行合理的安排和有效的组织是软件项目管理的一项重要内容。本节所介绍的三类人员组织模式分别针对软件开发中的不同问题，在不同的任务层面上来考虑人员的组织和管理问题，并在后续的实践任务中加以应用。

2.5.1　结对模式

软件开发是一个综合知识、经验、技能等诸多要素的复杂过程，以完成不同的开发任务、产生多样的软件制品，对软件开发人员在软件开发效率、质量等方面提出了很高的要求。任何参与软件开发的人员都很难做到十全十美。没有人无所不能，他们在知识和技能等方面都会有一定的局限性。在软件开发过程中，他们可能会出现注意力不集中的情况，会无意识地犯各种软件开发错误，在模型、文档、代码中引入缺陷，进而导致软件制品出现质量问题。例如，程序员在单独编写代码时会由于个体方面的原因使程序代码出现诸如不符合规范、存在逻辑错误等问题。

在日常生活中可以发现许多采用结对合作的方式来解决问题的案例。例如，在赛车中一个人负责驾驶，一个人负责导航，两个人通力合作，用最快的速度、最合理的路线到达目的地。“结对”顾名思义是指两个人结成对子，分工合作，分别扮演不同角色，共同解决问题。这一思想引入软件工程领域，可以帮助软件开发人员通过两人间的高效合作来提升开发效率、提高开发质量。其典型的应用场景就是结对编程。

编程是软件开发过程中的一项重要活动，其目的是要运用程序设计技能，借助程序设计语言、工具和环境，遵循编程要求和规范，编写出正确、可读、可维护的程序代码。在此过程中，可以将两个程序员进行结对，相互配合，共同完成编程任务。在结对模式中，一位程序员扮演“领航员”角色，负责写程序；另一位程序员扮演“观察者”角色，负责观察编程，发现程序中的问题。

在结对编程的具体实施过程中，参与结对的两人需要进行合理的任务分工。例如，一人负责撰写详细设计文档、编写程序代码和开展单元测试，另一人负责审阅详细设计文档、复审所编写的程序代码、考虑单元测试的覆盖率、考虑是否需要重构、解决编程中遇到的问题等。在此过程中，每个人都要主动参与结对的活动，并结合自己所扮演的角色来开展工作、做出贡献；结对的工作周期不要太长（如不要超过 1 个小时），两人的工作角色可以互换，以期提高编程的效率和质量。结对编程可以使两个编程人员互补编程的知识和技能，督促认真实施编程行为，检查和发现编程中存在的问题。具体的，结对编程的组织模式可完成以下的软件开发任务。

① 结对写程序。结对工作的目的是为了编写程序代码，可以采用一人负责编写代码、另一人负责审查代码的模式，审查的目的是要发现代码中存在的问题和不足，以提高代码的规范性、正确性、可读性等。结对双方在编码过程中可以围绕某些方面的问题进行相互讨论，以解决编码中遇到的问题，提高程序代码的质量，如更改变量和函数的命名以提高可读性、适当增加代码的注释以提高代码的可维护性等。

② 结对写文档。结对工作的目的是为了撰写软件文档，可以采用一人负责撰写文档、另一人负责审查文档的模式，审查的目的是要发现文档中存在的问题和不足，以提高设计文档的规范性、正确性、合理性、简洁性等。在撰写文档过程中，结对双方可以围绕某些方面的问题进行相互讨论，以提高文档的质量，如是否遵循文档规范、表述是否易于理解、图表和文字表达是否一致等。

③ 结对做测试。结对工作的目的是为了开展软件单元测试，可以采用一人负责设计测试用例，另一人负责进行软件测试、评估测试结果、撰写测试报告。结对双方在单元测试过程中可以围绕某些方面的问题进行相互讨论，以提高软件测试的质量，如分析测试用例的设计是否合理、评估软件测试的结果等。

在结对模式下，每一行程序代码或文档都被两双“眼睛”看过，被两个大脑“思考”过，结对编码的过程也是一个不断“复审”代码的过程，任何代码的改动都会经历两人的复审，更易于发现和纠正编程问题，提高编码的质量。结对编程中每个人的编码行为都会被另一个人审查，确保其编码行为置于监督之下，迫使程序员认真工作，防止随意性的行为，提高软件开发的效率和质量。结对编程也是一个频繁交流和相互学习的过程，当一个人在编程中遇到问题时，另一个人可以结合其个人技能和经验提出建议或者给出问题解决方法，因而可以提高软件开发人员应对困难和问题的信心，促进相互学习和分享经验。此外，这种组织模式也可以更好地应对人员流动，当一个人离开项目团队时另一个人可以快速替补上。

在软件工程课程实践中，尤其是在分析和维护开源软件的实践中，可以借助结对模式来阅读开源代码、分析代码质量、标注代码语义、纠正代码缺陷、构思新增功能、编写程序代码等，从而推动实践的开展、促进相关问题的解决、确保实践的成效。

2.5.2　团队模式

一个具有一定规模和复杂性的软件项目无疑需要多人参与才能得以完成。这些人员围绕着软件项目开发这一共同的目标，分别扮演不同的项目角色（如需求分析人员、软件设计人员、程序员、软件测试人员、用户等），承担不同的软件开发任务（如需求分析、软件设计、编码、测试等），相互之间需要开展交流与合作（如协调开发任务、分析和明确问题、讨论设计方案等），他们共同构成了软件项目的开发团队。软件项目团队建设是软件项目开发中一项极为重要的工作，它直接影响到软件项目开发的效率、质量甚至是成败。

软件项目团队建设涉及多方面的内容，其核心和关键是如何加强“人”的管理，发挥“人”的积极性和主动性，推进“人”与“人”之间的交流与合作。概括起来，它主要包括选定团队成员和负责人、构建团队的组织结构、促进团队内部的协作等多方面工作。

(1) 团队成员和负责人

团队成员是实施开发活动、完成软件项目任务的主要力量。软件开发活动和项目任务的多样性决定了一个软件项目团队需要有多种团队角色，他们分别承担不同的开发职责、完成不同的开发任务。在项目实施过程中，团队中的成员可以扮演一个或者多个团队角色，每个团队角色也可以由多个成员来扮演。具体的，一个软件项目团队通常包含以下角色。

① 项目经理。负责整个项目的管理和实施工作，如立项、计划、协调、激励等。

② 需求分析人员。负责获取和分析软件需求，对软件需求进行建模和文档化等。

③ 软件设计人员。负责提供软件实现的解决方案、构建软件设计模型、撰写软件设计文档等。

④ 程序人员。负责编写程序代码、开展单元测试等。

⑤ 测试人员。负责对软件系统进行各种测试，包括集成测试、确认测试、压力测试、强度测试等。

⑥ 质量保证人员。负责制定和落实软件质量保证计划。

⑦ 配置管理人员。负责对各种软件制品进行配置和管理。

在组建软件项目团队时，其负责人的选取非常关键，因为他将成为项目团队的核心甚至是灵魂，需要带领团队一起来应对困难、迎接挑战。通常，团队负责人需要具备以下能力和素质。

- 有组织和协调才能，能够驾驭整个项目。
- 有沟通和交流能力，能够听取多方意见和建议，推动冲突和问题的解决。
- 有丰富的软件开发经验，能够及时、敏锐地洞察软件项目实施中存在的问题和风险。
- 有人格魅力，能够激发团队成员的工作热情和激情，带领团队成员完成项目开发的任务和目标。

(2) 团队的组织结构

软件项目团队建设的关键任务之一就是要构建合理、高效的团队组织结构，明确项目团队的管理模式，结合具体的项目任务，为项目团队成员分配具体的团队角色和开发任务，促进团队成员之间的交流、沟通和合作，制定和落实软件项目团队的纪律，制定恰当的激励机制来激发团队成员的工作积极性和激情。软件项目团队通常采用层次化的组织结构，上一层的团队成员负责管理和协调下一层的团队成员，相邻上下层的团队成员之间需要进行交互与合作。顶层的团队成员通常是项目经理或技术负责人，底层的团队成员是各个具体的技术人员（如程序员、测试人员、设计人员等)。

(3) 团队内部的协作

为了开展软件项目的开发工作,软件项目团队中的成员之间需要进行经常性交互和协作,以确保按计划开展软件开发活动、有序完成软件开发任务,就某些方面的问题(如软件需求、质量保证、实现方案等)进行交流和沟通并达成一致,共同解决软件开发过程中遇到的各种困难。为此,软件项目管理需要为团队成员之间的交互和协作创造条件、提供环境。例如,周期性召开项目会议,使项目团队成员可以在会议上提出问题,并围绕某些方面开展交流和讨论;为项目团队成员提供交流和沟通的平台(如组建交流的优先列表、QQ 和微信群等),使他们能够方便地进行讨论和分享。

无论是结对模式还是团队模式,他们都是强组织的管理模式,具有以下一组特点。

- 团队中的成员来自一个或多个确定的组织。
- 项目团队中的成员明确且相对稳定。
- 团队成员之间有较为清晰和明确的沟通渠道。
- 结对或者团队的边界是封闭和确定的,外部人员很难加入软件开发队伍之中。
- 采用集中管理的方式,上层结构中的成员负责管理下层结构中的成员。

在软件工程课程实践中,尤其是在开发软件系统的实践中,可以采用团队模式来组织实践人员,将一定规模的人员(如 3 ~ 6 人)组织为一个软件项目团队,要求完成特定的软件开发任务。进一步,还可以要求团队成员分别扮演不同的角色,进而来体验和承担不同的开发任务,共同完成软件工程课程实践的开发任务。

2.5.3 社区模式

近年来,以开源软件的协同开发为代表,基于社区的软件项目组织模式受到越来越多的人员关注和重视,并在开源软件建设的实践中取得了巨大的成功。不同于结对和团队模式,社区模式更倾向于通过互联网开放社区的方式来吸纳大规模互联网群体加入软件项目之中,并为软件项目的开发做出不同程度的贡献。例如,发现软件系统中存在的缺陷、提出软件系统的新需求、纠正程序代码中的问题、实现软件系统的新功能等。因此,社区模式的特点在于它能够发挥互联网平台的优势,使得大量软件开发组织之外的人员(尤其是一些高水平的软件开发人员)能够加入软件项目之中,通过挖掘和利用互联网群体的智慧和力量来促进软件项目的开发和维护。

在社区模式中软件项目的贡献人员是动态变化的,整个项目组织的边界是开放的。在软件项目的开发过程中不断会有新的成员加入进来,也会有历史成员离开软件项目。相较于团队模式,社区模式中的软件开发人员的规模会比较大。例如,一些开源软件项目会有成千上万的开发人员,这些人员通常分为两类,一类是核心开发人员,他们负责管理整个软件项目并提供软件项目的核心功能,这类人员的数量相对较少;另一类是外围大众,他们来自互联网大众,分布在不同的地域,在核心开发人员的引导下,为软件项目的开发做出贡献,这类人员的数量会非常庞大。

由于社区模式中大量软件开发人员来自互联网大众,他们完全是按照自愿的原则来参与软件项目并做出贡献,因此社区模式通常是以一种弱组织的方式来管理整个软件项目及其人员。外围大众出于自愿的原则来纠正缺陷、提出建议、提供代码,他们可以自由地加入和退出社区;与此同时,社区通常会设计一系列激励机制来鼓励互联网大众参与到软件项目之中,并为此做出贡献。

由于社区中的软件开发人员数量众多、任务多样,为了促进社区中人员之间的协作,基于社区的项目管理模式通常会提供必要的支撑平台来促进人员之间的交流、沟通与合作,典型的平台如 GitHub、Bitbucket 等。例如,GitHub 平台提供了一系列社交化编程机制和轻量级工具,以支持软件开发任务的分工和指派、代码的合并和审查等。

概括而言,社区模式提供了一种较为灵活、自由的方式来进行项目组织,并通过一定的激励机制持续吸引开发组织之外的大规模人员加入软件项目,并为软件系统的开发和维护做出贡献。它有助于发挥互联网群体的力量,汇聚群体的智慧和成果,因而能够取得传统团队模式难以达到的开发效果,如更快的代码更新速度、更低的软件开发成本甚至更高的代码质量等。

本 章 小 结

软件开发无疑是一项极为复杂的工作,它不仅需要提供支撑软件开发的关键技术(如软件设计、建模、编程、测试、质量保证等),还需要对软件项目开发所涉及的方方面面进行有效的组织和管理,并借助于相应的 CASE 工具以提高软件开发的效率、确保软件开发的质量。

软件开发过程模型为软件项目开发提供了过程性步骤和结构化活动。现阶段人们提出了诸多软件开发过程模型,如瀑布模型、增量模型、迭代模型、螺旋模型等,不同的模型对软件开发有其特殊的认识,具有不同的应用场所。敏捷方法和群体化开发方法是近年来软件工程领域的新兴软件开发方法,前者更适用于那些需求动态变更的软件系统,后者则借助互联网群体的智慧和力量来促进软件开发。为了实施软件项目,需要对项目参与人员进行有效的组织和管理。结对模式采用两人为一个对子的方式,通过两人相互配合来协同完成软件开发工作,具有相互监督、管理简单等特点。团队模式将参与软件项目开发的人员组织为一个团队,通过明确的任务分工、有效的交流合作、合理的纪律和激励等来共同完成软件开发工作,是目前常见的软件项目组织模式。社区模式采用相对松散、弱组织的方式来管理项目人员,它有助于吸引互联网大众参与到软件项目的开发之中,从而汇聚互联网群体的智慧和力量,以提高软件开发的效率、降低软件开发成本、提高软件开发质量。

面向对象软件工程无疑是软件工程领域的主流软件开发技术。它提供了有别于其他软件工程的一组概念、抽象、思想和方法来开展需求分析、软件建模、系统设计和实现等,有助于促进自然建模、软件重用,减少不同开发阶段之间的语义鸿沟,从而使软件开发以一种逐步精化(而非模型转换）的方式来进行。UML 提供了一系列图元符号和图，以从不同视角、不同抽象层次来描述软件系统，建立软件系统的模型，因而广泛应用于软件的需求分析和软件设计阶段的建模工作。

实 践 作 业

2-1 对比和分析迭代模型、增量模型、敏捷方法三者之间的差异性。

2-2 如果一组软件开发新手要完成一项需求不确定的软件项目开发，请问采用何种软件开发过程模型或方法较为合适？请解释原因。

2-3 结合 GitHub 中的开源软件项目，说明群体化软件开发方法有何特点。它是如何吸引互联网大众参与到软件项目之中，并为此做出贡献的？

2-4 如何理解软件开发是一个在不同抽象层次对软件系统进行建模的过程？为什么面向对象的软件开发可以采用逐步精化而非模型转换的方式来进行？

2-5 学习 UML，熟练掌握 UML 各个图的图符及其正确使用方法。

2-6 结合软件开发说明 UML 各个图的用途。它们分别可用于软件开发哪些阶段的软件建模工作？

2-7 结合具体的应用案例，尝试用 UML 来建立该应用案例的 UML 模型。

2-8 从建模目的、建模视点、模型的应用场所等方面，分析 UML 不同图的差异性。

2-9 分析结对模式、团队模式和社区模式三者之间的差别。

第3章　群智软件工程及其在实践教学中的应用

传统的软件开发方法主要依托相对稳定、成员固定的软件开发团队，以需求驱动或目标驱动的方式进行软件项目开发，软件开发过程建立在严格的过程和质量管控的基础之上。然而由于软件复杂性的不断提高、软件需求日益多变，传统的软件开发方法已难以有效应对由于规模和复杂性增长、软件需求频繁变化给软件项目开发和管理带来的挑战。开源软件开发模式体现了一种依托互联网平台、基于大众参与的新颖软件开发方法。在该方法中，软件项目的核心开发人员与大规模外围群体紧密合作，他们通过互联网来共享软件资源、开展协同开发、管理程序代码等，由此使得软件开发的效率、应对需求变化的能力得到极大提升。群智软件工程的理念和思想、成功实践以及产生的海量群智资源对于软件工程课程实践教学有重要的指导意义和应用价值，其群体化软件开发技术可以有效地指导学生管理软件开发任务、开展协同开发、管理代码制品等；开源社区中所产生的知识问答和技术博客等可以帮助学生解答实践过程中遇到的各种技术问题；打磨沉淀出来的海量开源软件项目蕴含了大量极有价值的程序代码，可以加以学习和重用，从而帮助学生从中掌握高水平的软件开发技能，促进具有一定规模和复杂性的软件系统的开发。

本章介绍群智软件工程的思想、理念、技术和群智资源，以及它们在软件工程实践教学中的应用，具体内容包括：

- 群智软件工程的产生背景、概念和思想。
- 群体化软件开发技术及其在实践教学中的应用，包括基于 Issue 的任务管理、基于 Git 的代码管理、基于 Pull Request 的分布式协同开发技术等。
- 软件开发知识分享社区中的海量、多样的软件开发知识及其在实践教学中的应用。
- 软件托管社区中的海量、高质量的开源软件及其在实践教学中的应用。

3.1　群智软件工程概述

互联网的快速发展和广泛应用使得大量软件开发人员可以通过互联网方便地进行交流和分享、开展协同开发，由此产生了诸多开源社区（如 Stack Overflow、SourceForge、GitHub 等），并基于社区开展了软件协同开发和开发知识分享，其代表性成果就是开源软件，形成了群体化软件开发这一新颖的软件开发方法,并在互联网开源社区中汇聚了海量的群智资源,包括开源软件、软件开发知识、技术博客等,它们共同构成了群智软件工程。

3.1.1 产生背景

软件开发是一个复杂、综合的智力活动,归根到底依赖于人的智慧和创造力。近些年开源模式快速发展,互联网上汇聚了大量的软件从业者和开发爱好者,其中不乏软件开发高手和资深的软件工程师。在开源模式下,软件开发人员通过自由参与和开放协作的方式开发出了媲美商业软件的高质量开源软件项目,展现出超乎想象的软件创新活力,在过去的十余年中取得了巨大的成功。

1980 年之前,软件系统通常"附属"于硬件系统,软件源代码通常可随购买的硬件而免费得到。1980 年 ~ 1998 年期间软件产业处于多家争鸣的阶段,以微软为代表的商业软件公司将软件源码严格封闭,以推动软件产品的商业化,而以 Richard Stallman 等为代表的部分开发者则发起自由软件运动,开启了 GNU(GNU is Not UNIX 的递归缩写)项目,Apache、Perl 等开源社区逐步兴起,产生了一些较有影响的开源软件,典型例子如 GNU/Linux 操作系统和 Apache 网络服务器软件。1998 年 ~ 2005 年为开源软件理念的共识达成阶段,1998 年 4 月召开的开源社区峰会确定采用"开源"(open source software,OSS)一词来统一命名开放源代码软件,由此开源理念得到人们的认可并获得更多人的支持,开源软件实践吸引了大量软件开发人员、用户和企业的参与,开源运动开始进入快速发展阶段。2005 年之后为开源软件的融合发展阶段,谷歌、IBM 等传统大型 IT 公司以各种方式发布和支持开源软件,高度重视开源生态建设及在生态圈的主导权,并着手研究开源生态的发展模式和机理。"群智运动"作为一种新的协作模式开始受到人们的关注,由此产生了一些有影响力的开源软件项目,包括 Android 操作系统、Spark 大数据处理框架等。

在开源软件的上述发展过程中,软件从与硬件搭售发展到单独售卖,从商业许可发展到开源许可,从开源模式发展到混合模式。在开源软件和群智运动的发展过程中,作为承载开源软件的载体,开源社区的形式并非一成不变,而是随着开源软件技术的不断成熟、相关软件开发工具的不断丰富而不断演化。图 3.1 展示了开源社区的发展过程及其表现形式。

在开源软件发展之初,并没有开源社区的概念,软件开发人员通过电子邮件进行交互,开发过程数据都存放在邮件列表中。

随着 Linus Torvalds 发布 Linux 内核并点燃了大众参与软件开发的热情,开源项目吸引了越来越多的软件开发者参与其中,与此同时也出现了一批独立的开源项目门户社区,如 Linux、Apache 等。这些社区除了提供邮件列表的功能外,还推出了缺陷库、版本库等软件开发过程所需要的管理工具,并通过 FAQ 等功能对问题进行讨论交流,促进了软件开发人员之间的交流和协作。

随后出现的 SourceForge 等开源软件项目托管社区整合了多种软件开发工具,包括版本库、邮件列表、缺陷库等,加强了软件开发人员之间的交流方式,提升了软件开发人员间的协同开发能力,大大降低了开源软件开发的门槛,吸引了大量的开源软件项目和软件开发人员加入开源社区。

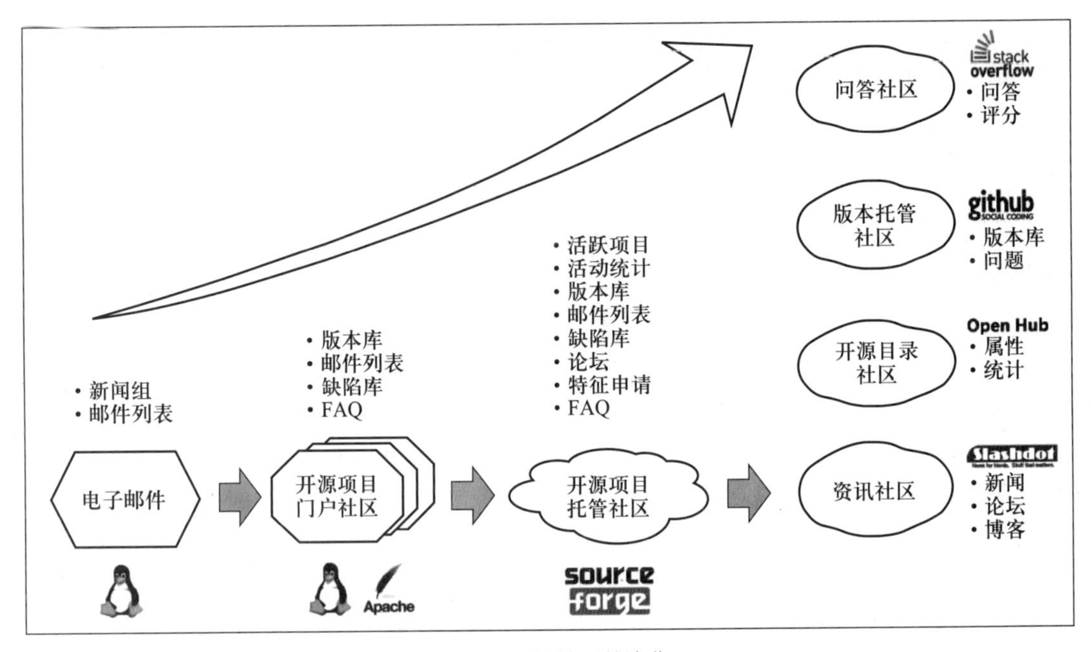

图 3.1　开源社区的演化

在 SourceForge 火爆数年之后，开源用户的增加使用户的需求也变得多样化，单一社区已经无法满足社区用户的多样化需求，开源社区开始出现分化，产生了一批面向特定用户、提供特定服务的开源社区，如社交编程开发社区 GitHub、编程问答社区 Stack Overflow 等。这类社区提供了在某一领域内更优秀、更全面、更专业的服务，吸引了大量软件开发人员参与。与此同时，开源社区的功能也在不断分化，呈现多样化、专业化的形式，为软件开发人员提供了从协同开发到问答学习等多维度、全方位的支持。

3.1.2　核心概念和思想

群智软件工程是指依托互联网平台吸引、汇聚、组织、管理互联网上的大规模软件开发人员，通过竞争、合作等多种自主协同方式来利用他们的智慧和力量，进行软件系统开发的一种新颖软件开发模式。

群智软件工程的核心思想体现在两方面，一是吸引互联网大众自主参与到软件开发之中，通过汇聚群体的智慧来快速打造优质的软件产品，起到“众人拾柴火焰高”的效果；二是汇聚产生大量极具价值的开源软件代码、软件开发知识等群智资源，这些资源通过共享的方式开放给整个开源社区，使得后续软件开发人员能够“站在巨人的肩膀上”继续开展软件创作。因此，群智软件工程主要聚焦在以下两方面的问题，一是互联网上大规模软件开发人员如何高效地开展协作以完成软件开发任务；二是如何有效地利用软件开发知识和重用开源软件以促进软件系统的开发。

1. 群体高效协作

在传统的软件开发模式下，用户通常只能在软件开发的早期阶段（也即在需求分析阶段）参与到软件开发过程中，提出其期望和要求，也即软件需求。到了后期的软件设计和实现阶段，用户通常很少介入开发活动，由此导致用户主动发声和持续参与软件开发的渠道和机会少，软件项目从用户那里获得反馈的周期长，软件开发应对用户需求变化的适应性弱。

在开源软件模式下，软件开发采用群体化的软件开发方法。它把软件的核心开发团队与用户群体紧密连接起来，软件开发人员通过互联网进行资源的开放共享及协同开发，逐渐形成了一种类似“洋葱”结构的“小核心 - 大外围”的群体开发组织结构。在该结构中，小核心通常是指项目创始人及少量的核心开发人员，大外围是指大量的外围软件开发人员、用户以及其他利益相关者。整个结构具有边界开放、人员众多、角色多样、组织松散的鲜明特点。核心团队人员负责决策软件项目生产的技术路线、方向和进度等；外围人员在核心团队的指引下，完成软件项目的具体任务、参与创作创意的贡献等，从而快速推动软件项目的开发工作。Linux 操作系统内核以及外围生态圈就是这种组织结构的典型代表。

另一方面，以 Trustie 为代表的群体化协同开发平台能够有效地支持大规模群体的高效协同开发，软件开发过程对于用户而言是公开的，任何感兴趣的软件开发人员都可以参与进来。从一开始的创意收集，到中间阶段的代码实现和测试，以及后续阶段的软件部署和反馈等，任意软件开发人员都可以全程或者部分参与其中。软件开发人员可以通过关注一个开源软件项目而持续地掌握其发展动态，并且随时都可以自由地向其贡献代码，或者评论其他开发人员所提交的代码。群体化软件开发活动变得前所未有的开放，大规模群体的积极参与成为推动软件发展的重要驱动力。

2. 群智资源的分享和重用

依托开源社区（包括软件开发知识分享社区和开源软件托管社区），群智软件工程的实践产生并汇聚了海量、多样、极有价值的群智资源，包括开源软件代码、软件开发知识问答、技术博客等，有效地利用这些群智资源将可极大地提高软件开发的效率和质量。

以 Linux 开源软件为例，其最初起源于赫尔辛基大学二年级学生 Linus Torvalds 的课程实践，当时他尝试在 Intel 386 上实现一个简单的操作系统并将其发布到 Minix 新闻组以获取反馈和帮助。随后该软件系统吸引了许多人加入并贡献代码。最初的 Linux 内核仅有 10 239 行代码。在社区爱好者的积极参与下，Linux 内核飞速发展，开始出现不同的发行版本，商业公司也逐渐参与 Linux 阵营，极大地推动了 Linux 的发展。Linux 内核是汇聚群智进行大规模协同开发的典型成果，全球共有超过 1 200 家公司的 12 000 个开发者参与其中，目前代码总行数超过 2 000 万行。

知识分享是软件开发过程中非常重要的环节。传统的知识分享主要借助于帮助文档、用户手册、技术博客、教材等形式。随着互联网技术的快速发展，开源社区已成为越来越多的软件开发人员获取和分享软件开发知识的重要场所，吸引了包括软件项目管理者、软件开发人员、用户等诸多的利益相关者参与其中。软件开发人员在开源社区中发布问题以期望获得技术帮助，或者在社区中发布知识以分享自己的软件开发经验，从而逐渐形成了特色鲜明的软件开发知识分享社区，如 Stack Overflow、OSChina、CSDN 等。

软件重用是软件工程的一项基本原则，也是提高软件开发效率和质量的有效手段。开源软件秉承"自由、平等、分享"的理念，任何人只要遵循相应的开源许可证即可自由获取、重用、修改和重新发布开源软件代码。开源软件的迅速发展使得开源软件托管社区汇聚了海量、多样、高质量的开源软件资源，互联网上的开源空间实质上已成为极为重要的可重用软件资源库。通过对多个软件企业的问卷调查可以发现，超过 80% 的企业明确支持基于开源软件的重用开发，仅有 15% 的企业持不赞成态度。越来越多的商业软件公司寻求通过重用开源软件代码以加快软件发布、降低开发成本，从而获得竞争优势。例如著名的手机照片分享应用软件 Instagram，在其发展之初通过重用十多款开源软件，在短短 8 周时间内就打造了最初的 Instagram，并通过提供的稳定服务吸引了大批用户。

3.2　群体化软件开发技术及其在实践教学中的应用

在开源软件开发过程中，群体化软件开发方法是实现群体协作开发开源软件的一种主要技术手段。它具体包括以下三个方面：基于 Issue 的任务管理、基于 Git 的代码管理以及基于 Pull Request 的分布式协同开发。

3.2.1　基于 Issue 的任务管理

软件开发涉及多种开发任务，如修复软件缺陷（bug）、实现新功能（feature）、规划软件开发进度（roadmap）等。在开发任务的完成过程中，可能还会需要多个软件开发人员之间的配合，因此软件系统的开发需要对不同的开发任务进行有效的管理。

在开源软件托管社区（如 GitHub）中，Issue 机制是最为常用的开发任务管理手段。一个 Issue 代表一个开发任务，它可以表现为修复代码缺陷、实现软件功能等多种形式。开源社区借助软件工具来维护 Issue 列表，从而来管理软件开发任务。开源社区中的成员可以通过创建新的 Issue 来报告自己发现的问题或者表达自己的诉求，一旦 Issue 被创建后，开源社区就能对该 Issue 进行有效管理和持续追踪，如指派相关人员来解决该 Issue、讨论 Issue 的实际意义、掌握 Issue 的解决情况等。此外，对该 Issue 感兴趣的软件开发人员也可以参与该 Issue 的讨论或者直接解决该 Issue。任何一个 Issue 的全部历史数据（如提出、讨论、解决等）都存储在开源社区中，并可以通过 Issue 管理工具获得。开源社区的这种 Issue 机制提高了 Issue 的可追踪性及其处理的透明性，从而为 Issue 的管理和维护带来极大的便利。概括起来，基于 Issue 的任务管理机制主要包括以下几个方面的工作。

1. 创建 Issue

与传统的基于邮件列表的任务管理方式相比，Issue 机制提供了一种更为扁平、简洁、灵活的开发任务管理手段，降低了对软件开发人员的要求，使得开源社区的软件开发人员能够便捷、快速地创建 Issue。

图 3.2 描述了 GitHub 中基于 Issue 的任务创建界面，软件开发人员在 Issue 的创建阶段只需填写清楚任务的标题和描述即可，无需提供其他额外的信息。这种简便的 Issue 提出形式降低了软件开发人员提交 Issue 的门槛，使得开源社区中的软件开发群体提交 Issue 更为顺畅。

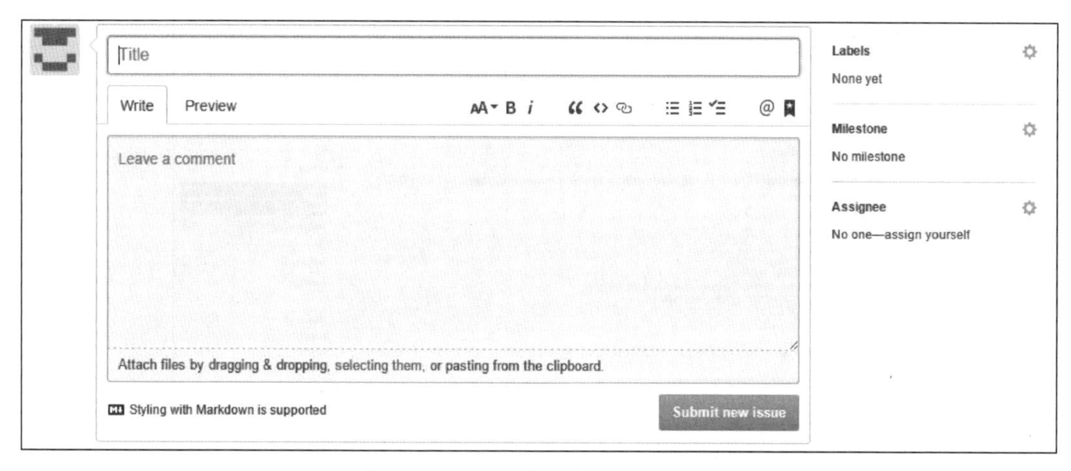

图 3.2 GitHub 中创建 Issue 的界面

2. 管理 Issue

由于 Issue 是由开源社区大众提出的，且其创建往往缺乏必要的审查和检验，因此 Issue 自身的正确性和准确性并没有充分的保证。另外，每一个 Issue 都有不同的处理优先级，且不同的 Issue 通常会需要不同的背景知识来解决。因此，一个软件项目需要对其 Issue 集合进行有效的管理，并根据 Issue 的具体情况（如需要什么样的领域知识和专业技能）进行针对性的指派，以便将 Issue 交由合适的、能够胜任的人员来进行处理和解决。

当一个 Issue 被创建后，项目的管理团队首先需要对其有效性和类别进行确认，其主要目的是要判断该 Issue 是软件本身的问题，还是用户使用不当造成的。如果是用户自身造成的，那么此 Issue 将被视为无效的，无需加以解决；如果该 Issue 确实是关于软件自身的问题，那么项目团队还需要进一步分辨其种类，确认其是关于代码缺陷的 Issue 还是关于新增功能的 Issue。此外，项目团队还需要对 Issue 的优先级、工作量等方面进行评估。如果 Issue 是关于代码缺陷的，则需要评估其报告的问题是否能够重现，严重程度如何；如果 Issue 是关于新增功能的，则需要评估其诉求是否满足项目的发展规划，需要多少投入，是否值得去实现等。

在软件开发实践中，通常用标签（label）来标记 Issue 的特征信息，以实现对 Issue 的分类管理。图 3.3 描述了在“jquery”开源软件项目中发布的一个 Issue，其主题是关于字符编码的问题，在窗口的右下方可以看到贴的不同标签，其中贴有“Ajax”的标签表示该 Issue 所涉及的技术主题与“Ajax”相关，贴有“Bug”的标签表示该 Issue 报告的是该开源软件项目的一个缺陷，贴有“help wanted”的标签表示该 Issue 可以由一些初级的软件开发人员来加以解决。

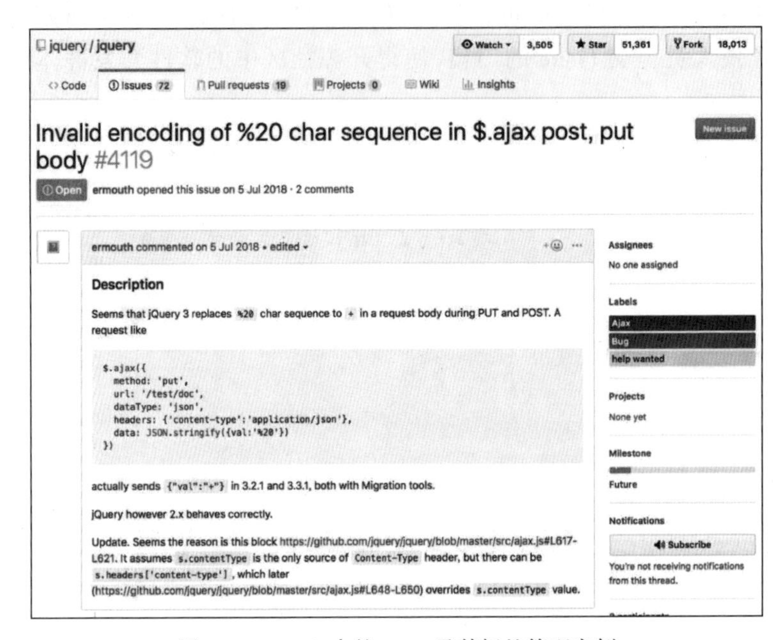

图 3.3　GitHub 中的 Issue 及其标签管理实例

上述三个标签都是开源软件项目中的软件开发人员在讨论该 Issue 的过程中添加的，图 3.4 描述了不同的软件开发人员添加 Issue 的三个标签：Ajax、help wanted、Bug。虽然任何开发人员都可以提交软件项目的 Issue 或者参与到 Issue 的讨论中，但是只有该项目的管理人员才能为 Issue 添加标签，目的是防止软件开发人员随意添加标签。

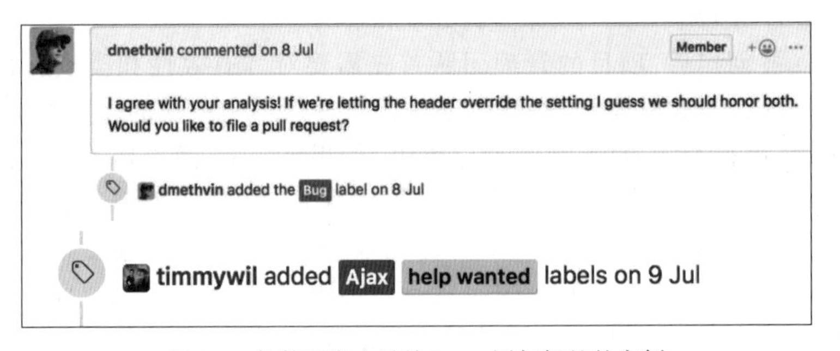

图 3.4　软件开发人员给 Issue 添加标签的实例

3. 指派 Issue

软件开发过程中产生的每一个 Issue 都应该指派（即分配）给合适的软件开发人员去解

决。如果一个软件开发人员对某个 Issue 所涉及的领域知识、开发技术、程序代码比较熟悉,或者有相关的软件开发经验,那么他解决该 Issue 的效率就会比较高,质量也能得到一定的保证。图 3.5 描述了一个指派 Issue 的实例,其中的一个软件开发人员在发表完自己的意见后,通过“cc @”的方式将 Issue 指派给了另外两个软件开发人员,前者被指派的原因是因为他是当前代码的作者,而后者被指派的原因是因为他对当前问题比较熟悉。在群体化软件开发场景下,针对 Issue 的指派不是强制性的,更像是一种通知和推荐性质的,即被指派的软件开发人员会收到通知,告诉他有其他软件开发人员指派 Issue 给他,但是他有权选择是否参与该 Issue 的讨论及提供解决方案。

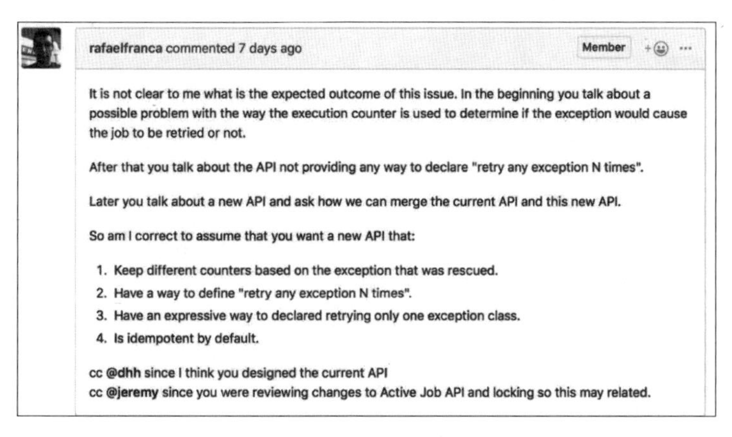

图 3.5 软件开发人员把 Issue 指派给其他软件开发人员的实例

4. 跟踪 Issue

Issue 的解决也不是一蹴而就的,往往需要一个过程。一群感兴趣的软件开发人员参与到 Issue 的讨论中来,发表各自的看法,最后就 Issue 及其解决达成一致。因此,有必要跟踪和记录 Issue 的解决过程,使得任一时刻加入 Issue 解决过程中的人都可以方便地获取 Issue 的历史讨论信息。

图 3.6 描述了某个 Issue 的详细历史跟踪信息,以时间先后的形式列举了与 Issue 相关的所有事件信息,包括讨论、打标签、关联等行为。每一个事件都会注明事件的发起者、发生时间点、事件内容等。其中最主要的事件是软件开发人员的评论,评论通常以文本的形式呈现,有时还会涉及一些表情和图片等。为了提高软件开发人员围绕 Issue 展开讨论的交互效率,软件开发人员可以使用“@”工具指明和哪一位软件开发人员进行交互。

3.2.2 基于 Git 的代码管理

在软件协同开发方面,尤其是代码管理方面,版本控制系统(version control system, VCS)无疑起到了至关重要的作用。版本控制系统的主要功能就是追踪文件的变更,它详细记录了文件变更信息,包括哪些人在什么时间更改了哪些文件中的哪些内容。以 CVS、SVN 等软件工具为

图 3.6　Issue 的历史跟踪信息实例

代表的集中式版本控制系统衍生出了围绕中心代码库开展的集中式协同开发模式。在这种模式下，一个开源软件项目通常会在自己的项目社区（如 Apache 社区）或在线协同开发平台（如 SourceForge）上创建并托管项目的中心代码仓库（code repository）。项目内的核心开发成员利用版本控制系统，从中心代码库中获取（checkout）当前最新版本的源代码，形成局部的工作副本，并在此基础上进行代码编写工作。在代码编写期间，软件开发人员每次的代码变更都需要向中心代码库进行提交（commit），即需要对中心代码库进行读写操作。由于项目的开发活动是并行推进的，即多个软件开发人员可能同时开发某个模块，所以不同软件开发人员之间无可避免地会产生各类冲突，例如多个软件开发人员同时改动了同一行代码。因此，在软件协同开发的过程中，软件开发人员不得不采用对象锁定和延迟提交等策略来确保中心代码库的一致性和稳定性。

这种集中式的协同开发模式仍然非常容易造成软件开发过程的混乱。例如，软件开发人员由于沟通不及时、操作失误等原因，使得代码提交常常出现冲突，乃至于在解决冲突时容易错误地修改他人开发的代码。Linus Torvalds 曾在专访中指出：Linux 早期使用集中式协同开发模式，他每天需要花费大量的时间和精力去解决代码合并时的各类冲突。因此，在集中式协同开发模式下，为了确保项目开发过程的规范性、提高软件项目的代码质量，项目管理者往往会为中心代码库设置严格的权限策略，只有少数的核心开发者才能直接向软件代码库提交贡献，即拥有中心代码库的“写权限”。而大量的外围贡献者只能通过间接方式（例如通过邮件发送补丁),为感兴趣的项目贡献自己的代码。这使得外围贡献者与核心开发者在代码贡献层面树立了明显的分界线。外围贡献者需要经过严格的、高成本的筛选过程,才能进入核心开发团队。

为了吸引更多的开源爱好者参与软件的代码创作,提高众多软件开发人员之间的协同效率,实现真正意义上的分布式协同开发,以 Mercurial、Bazaar、Git 等工具为代表的新一代分布式版本控制系统一经问世就被广泛地应用。在众多分布式版本控制系统之中,最为流行的当属 Git。Git 是由 Torvalds 为提高 Linux 内核项目的协同开发效率而专门设计的一个版本控制系统。这款分布式版本控制系统很快就风靡全球,以其开源、高效、灵活、分布式等特点,满足了众多大型复杂软件项目的开发需求。

图 3.7 描述了 Git 对软件项目文件所处状态的分级处理方式,包括工作区、暂存区、本地版本库、远程版本库,其中前三个状态的文件存放在软件开发人员的本地计算机之中。

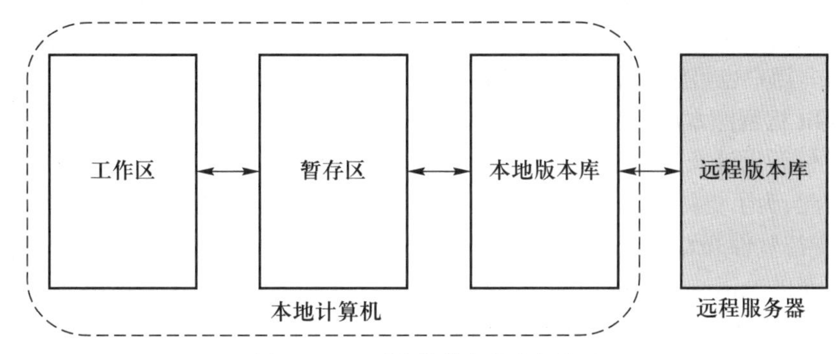

图 3.7 Git 对文件状态的分级处理

① 工作区是文件系统中存放软件项目文件的地方,也就是软件项目所对应的文件夹,日常的版本管理都是针对工作区的文件而开展的。

② 暂存区和本地版本库的文件放在 .git 目录下,用于追踪文件的版本历史,其中暂存区相当于工作区和本地版本库之间的一个过渡区域。

③ 远程版本库存放在远程服务器上,本地工作完成以后软件开发人员可把本地版本库的最新数据同步推送到远程版本库之中,或者也可从远程版本库拉取最新的代码到本地版本库。

对于每一次版本更新,Git 只存储文件的快照并进行追踪,因此在版本回溯时,Git 只需找到对应版本的快照并读出即可,因此速度极快。另外,对于分支操作,Git 本质上只是对某一时刻的快照信息添加了一个引用,因此 Git 的创建和销毁分支等操作的执行速度也非常快,这也是吸引大量软件开发人员使用 Git 的一个主要原因。

一般地,利用 Git 进行代码管理主要包括两方面的内容:一是版本库的本地管理,例如代码提交、日志查看等;二是远程版本库的协同开发,例如分支管理、冲突解决等。

1. Git 版本库的本地管理

① 初始化版本库命令 git init。该命令会在当前目录下初始化一个空的本地版本库，生成一个“.git”的文件夹。

② 查看修改内容命令 git status。该命令会显示当前目录下发生修改的文件，“untracked files”表示新创建、还没有被版本库追踪的文件。

③ 添加修改内容命令 git add。该命令将已经发生修改的文件或者新创建的文件加入本地暂存区以等待提交。

④ 提交修改内容命令 git commit。该命令把暂存区的文件提交到本地版本库中，一般该命令会用到“-m”参数，为本次提交附加必要的文字说明。命令输出信息中会显示本次提交的哈希值（前 7 位），以及所涉及的文件更改信息，包括有多少文件发生了修改、修改的统计信息（如添加或删除了多少行内容等）。

⑤ 查看版本提交历史命令 git log。该命令用于查看提交历史记录，按照时间先后顺序，优先显示最新的提交。对于每一次提交，默认显示的信息有提交哈希值、提交作者、提交日期，以及提交说明信息。用户也可定制化需要显示的信息。

2. 基于 Git 远程版本库的协同开发

群体化软件开发涉及多个软件开发人员之间的协作，即多人要对同一个软件版本库进行更改和维护。因此，为了支持群体化软件开发场景下的代码分享和协同开发，需要建立公共的远程版本库，以此支持软件开发人员通过分支管理等技术，在远程仓库与本地仓库之间进行版本的更新与同步。下面以 Trustie-Forge 为例，介绍如何基于 Git 远程版本库来开展协同开发。

① 创建远程版本库。图 3.8 描述了 Trustie 创建远程仓库的界面。在创建远程仓库时，一般需要指定仓库的名称和一些基本的配置信息，如设置仓库的访问权限是公开的还是私有的，公开的仓库任何人都可以查看，而私有仓库只有自己才能查看。

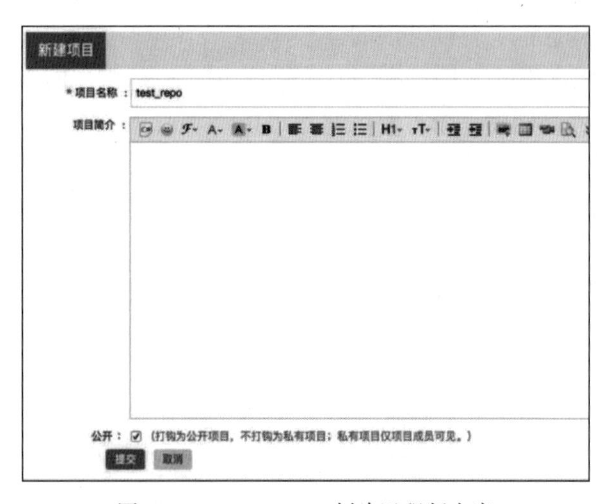

图 3.8　Trustie-Forge 创建远程版本库

一旦远程版本库创建成功之后,软件开发人员基于远程版本库的群体协同开发流程如图 3.9 所示。一个软件开发团队通常会包括多个软件开发人员,其中一个软件开发人员会扮演组长的角色,其他软件开发人员会扮演组员的角色,然后他们基于分支技术进行协同开发。

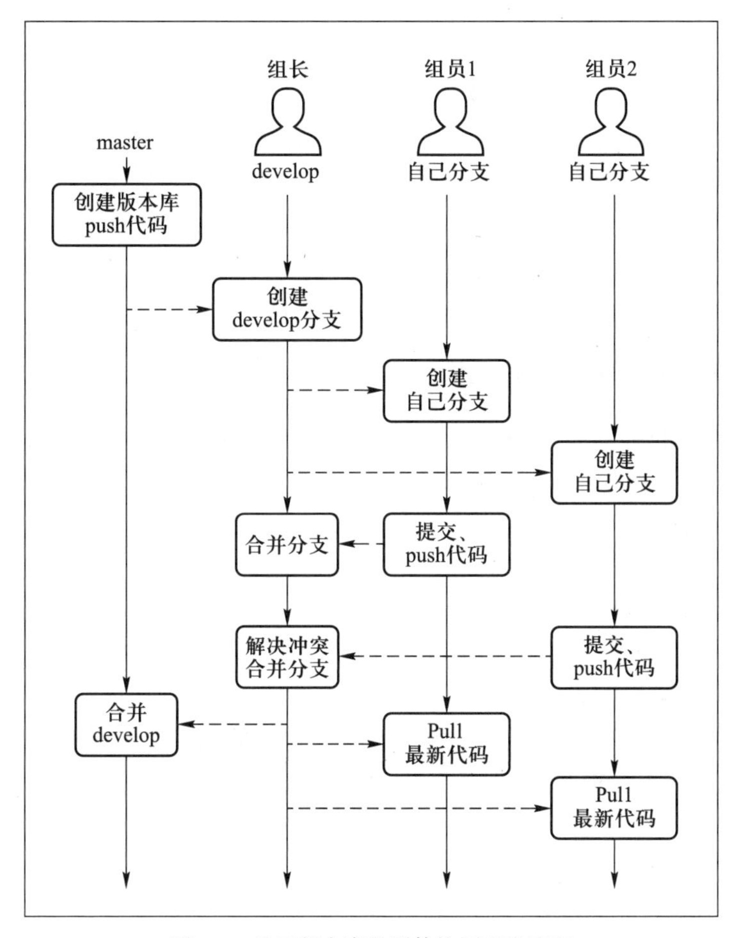

图 3.9 基于版本库的群体协同开发流程

② 创建 master 分支。只有经过审查和测试后的 develop 分支才能合并到 master 分支, master 分支永远处于稳定、可运行、可部署的发布状态。只有组长才有权限把 develop 分支合并到 master 分支。

③ 创建 develop 分支。只有经过审查测试的任务分支才可以合并到 develop 分支, develop 分支在合并任务分支后要经过充分测试,其本身不直接做代码修改。只有组长才可以有权限把任务分支合并到 develop 分支上。

④ 分配任务。组长为组员分配任务,每个组员根据任务创建自己的任务分支。当然,组长如果有开发任务的话也需要创建自己的任务分支。

⑤ 代码合并

团队中的成员在各自的分支上编写和修改代码。一旦任务完成,经过测试没有问题后,就可将代码同步到版本控制服务器之中,并通知组长进行合并。经过审查确认后,组长将把该成员的分支工作合并到 develop 分支上。

⑥ 冲突解决

由于有可能多个人会修改同一个文件中相同位置的代码,因此组长在合并所有组员的分支时,需要注意当前要合并的分支与前面的工作是否有冲突(如多人对同一段代码进行了修改),如果有冲突需要妥善解决后再进行分支合并。

⑦ 版本同步

团队成员在开始下一阶段的开发工作之前,需要先将版本控制服务器 develop 分支的最新版本同步到本地自己的分支上,然后基于更新的分支开展各自的工作。

3.2.3　基于 Pull Request 的分布式协同开发

在独立分支技术的基础上,GitHub 社区开创了基于 Pull Request 的分布式协同开发模型。一个 Pull Request 可以看做是一个代码修改补丁,包含了一个软件开发人员对一个开源软件某一次的修改内容。与传统的分支技术相比,Pull Request 机制进一步将“代码开发”与“决策集成”两个群体区分开来,以实现真正意义上的分布式协同开发。

Pull Request 机制为大规模贡献者之间的群体协同提供了极大的便利,他们以一种社交化、透明化的方式进行代码协作。在 Pull Request 机制下,贡献者群体在本地完成编码工作后,不再直接向没有修改权限的中心代码库推送代码,而是通过一个原始代码库的克隆库发送合并请求。随后,决策群体参与 Pull Request 的审查流程,将符合要求的代码集成到中心代码库合适的分支中。如果 Pull Request 未能被接受,则该贡献未能发挥实质性的作用。图 3.10 描述了基于 Pull Request 的群体协同开发过程。

① 克隆 / 派生。首先,贡献者可以利用便捷的社交媒体找到自己感兴趣的软件项目。例如,通过“Follow”方法找到志同道合的软件开发人员,从而为他们创建的项目提交代码,或是针对某个“Watch”的软件项目,为其推送修复的缺陷报告等。贡献者所有的社交活动和开发活动都会在个人主页中有所体现。随后,该贡献者可以通过“Fork”操作,将拟贡献的软件项目克隆到自己的个人托管空间中。

② 本地修改。贡献者基于克隆代码库在本地进行软件开发活动,例如修补缺陷或开发新的功能。其所做的任何修改都只影响其克隆库,而不会影响原始项目仓库。

③ 提交 Pull Request。当软件开发活动完成后,贡献者将所有代码变更以 Pull Request 的形式发送到原始项目中。在提交 Pull Request 时,贡献者需要提供一个概要性的标题和一段详细的描述,如阐述该 Pull Request 完成了哪些工作,以及其测试结果和运行效率如何等信息。

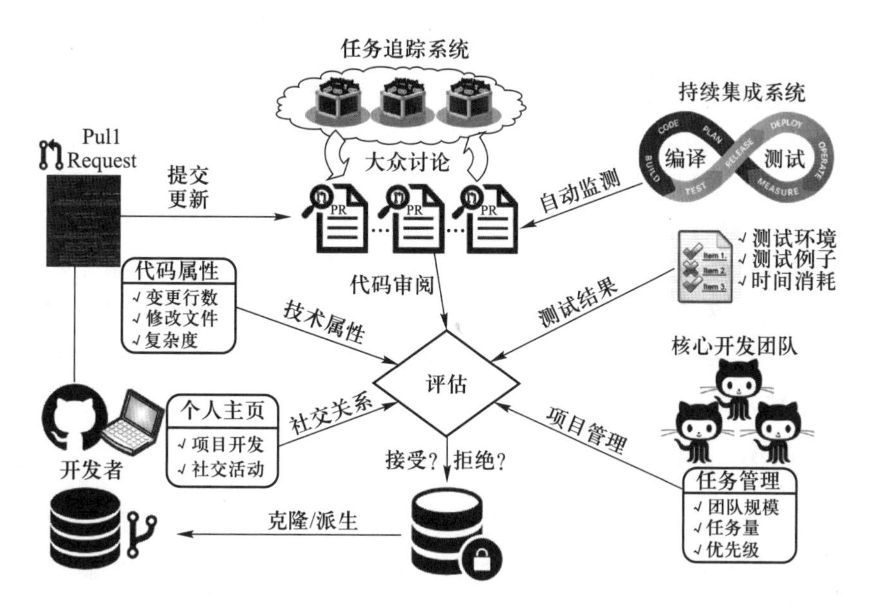

图 3.10 基于 Pull Request 的群体协同开发过程

④ 质量审查。GitHub 社区通过任务追踪系统(Issue Tracker)对 Pull Request 事件加以管理。所有关注了原始项目的软件开发人员都会收到该项目软件开发动态的通知。任何一个感兴趣的用户都可以参与到该贡献的审查过程中,以评论(Comment)的方式表达自己的意见。不仅如此,许多软件项目还会对相关的代码变更进行自动化测试。例如,项目通过部署持续集成系统(Continuous Integration),自动编译并测试所有新收到的 Pull Request,并向软件开发人员返回软件测试结果。目前,持续集成已经成为开源社区中极为重要的质量控制方法。贡献者将根据软件测试结果和评论意见,更新原始 Pull Request 中的相关代码,例如修正部分未通过测试的代码。

⑤ 合并决策。最后,原始项目的核心开发团队综合评估上述所有因素后,决定接受还是拒绝该贡献的合并请求。如果 Pull Request 被接受,则软件开发人员所贡献的代码和提交历史都将被合并到项目的中心仓库中;反之,被拒绝的代码变更不会对项目的中心代码库产生任何影响,但贡献的提交记录、大众审查过程的讨论意见、集成测试结果等所有相关的中间过程数据,仍会在项目开发主页上保存下来。

综合上述,可以发现 Pull Request 分布式协同开发模式具有以下三方面的优势。

① 较低的贡献门槛。社区中的软件开发人员可以灵活、方便地找到自己感兴趣的软件项目,自由地为任何一个软件项目贡献代码、评论他人的贡献。这一特点极大地提高了贡献者参与软件项目开发的积极性。

② 规范的贡献过程。软件项目能够通过 Pull Request 机制将软件开发活动有机地统一起

来，所有的代码贡献都将经过标准的测试流程、代码审查等环节，在很大程度上确保了软件开发的质量。

③ 透明的历史记录。所有软件开发历史和社交活动都会在社区中保留下来，并在软件开发人员主页或软件项目主页中展现。软件开发人员主页完整地展示了该用户关注的软件项目、所贡献软件项目的流行程度、每日软件开发动态以及他在社区中的社交活动和社交地位等信息。这些历史数据将为评估软件项目的质量和软件开发人员的能力提供有效的依据。

当前开源社区中越来越多的软件项目借助上述社交化 Pull Request 机制开展软件开发和协同工作。大多数核心开发人员也不再直接利用“写权限”向中心代码库中推送代码，而是与外围开发者一样通过 Pull Request 模式提交代码，以保证中心代码库中所有合并的代码变更都经过了统一、规范的处理流程。

3.2.4　在实践教学中应用群体化软件开发技术

群体化软件开发技术可以有效用于指导软件工程课程实践教学中实践人员的开发行为，促进软件实践项目的协同开发。下面结合一个具体的示例来说明如何在课程实践中应用群体化软件开发技术。假设软件工程课程实践要求学生开发一个实现五子棋游戏的软件系统，每两个学生组成一个软件开发团队，并通过 Trustie-Forge 平台完成软件项目开发任务。

(1) 团队创建软件项目

首先，项目团队需要为实践创建软件项目。如图 3.11 所示，学生 Dev1 在 Trustie 平台创建了一个名为 WZQ 的软件项目。

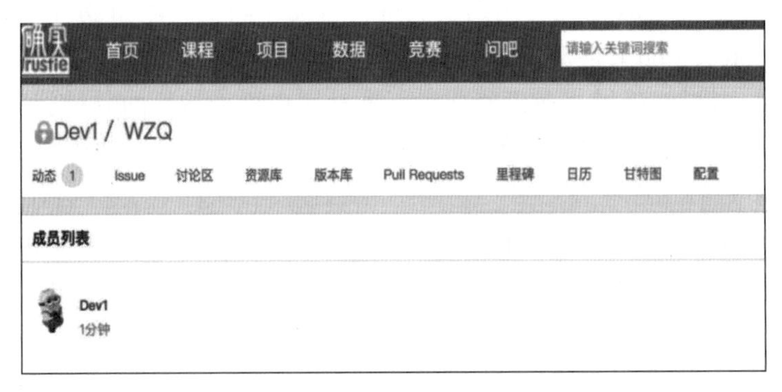

图 3.11　在 Trustie-Forge 平台创建软件项目 WZQ

(2) 团队负责人通过 Issue 发布软件开发任务

团队负责人根据软件项目的具体分工和工作计划，向各个成员布置软件开发任务，详细说明每一项任务的具体分工、内容以及时间节点要求。接收到相关任务后，各个软件开发人员就可以根据任务要求独立开展工作，如图 3.12 所示。

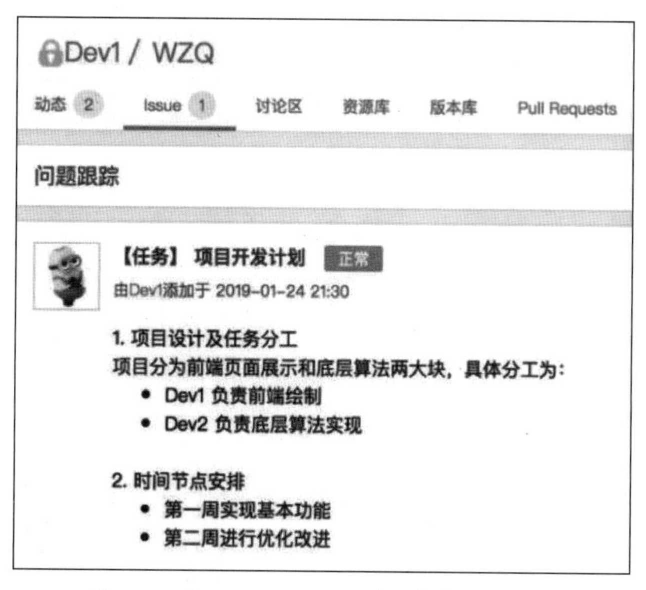

图 3.12 在 Trustie-Forge 上布置软件开发任务

(3) 创建项目版本库

项目团队成员可以借助 Trustie-Forge 来创建项目版本库，并初始化项目的基本结构。例如在图 3.13 中，学生 Dev1 利用 Git 版本管理技术对项目的版本库进行初始化，其根目录中包括一个项目启动文件 start.py 以及三个模块，其中 ui 负责前端实现，alg 负责算法实现，tool 负责一些辅助功能的实现。

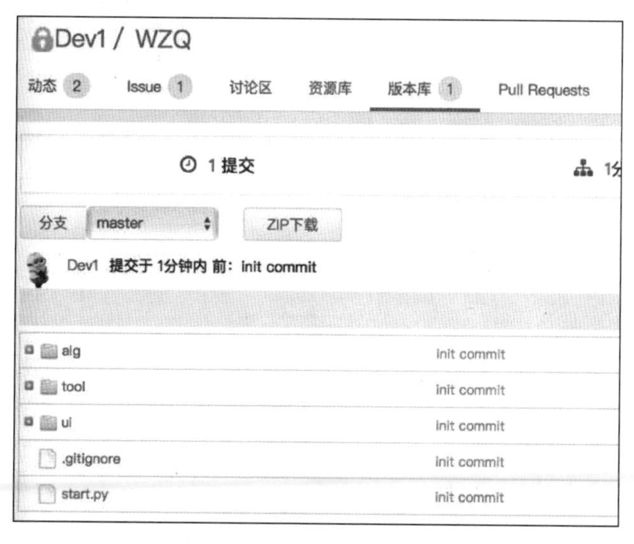

图 3.13 学生 Dev1 初始化的项目版本库

（4）将代码推送到仓库中

团队成员根据分配的开发任务开展工作，将产生的程序代码推送到本地的版本库之中。例如在图 3.14 中，学生 Dev2 完成了落子有效性判断算法的实现，并把代码推送到版本库中。

图 3.14　学生 Dev2 将开发的代码推送到版本库中

（5）通过 Pull Request 提交代码

一旦所编写的代码通过了相关的测试或者质量保证之后，就可以通过 Pull Request 将代码合并到软件项目之中。例如，学生 Dev2 为了把增加的代码合并到原始版本库中，他需要提交 Pull Request 申请以通知学生 Dev1 对其进行审查（见图 3.15）。一旦学生 Dev1 审查并合并了 Dev2 的 Pull Request，原始版本库中就可以看到 Dev2 的最新代码（见图 3.16）。

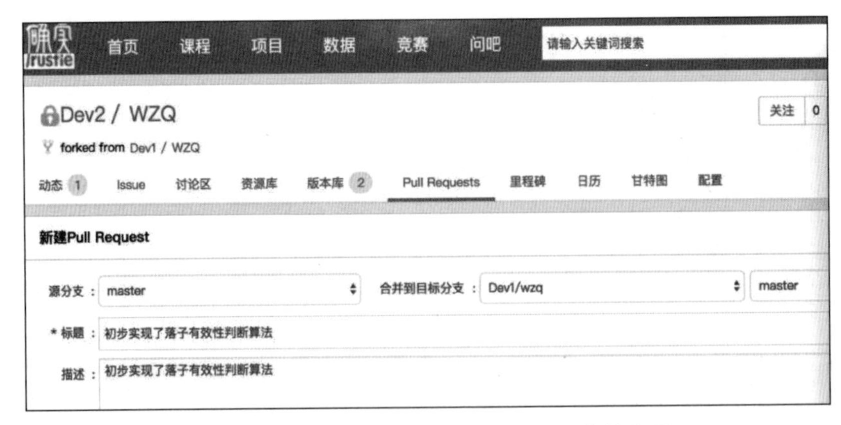

图 3.15　学生 Dev2 提交 Pull Request 以合并代码

图 3.16 学生 Dev2 的最新代码被合并进了原始项目版本库中

3.3 软件开发知识分享及其在实践教学中的应用

软件开发是一个知识密集型的活动，高效的知识获取、分享和传播可有效地促进软件开发。互联网技术的普及应用为软件开发人员群体交流软件开发经验、分享软件开发知识等提供了更为便捷的渠道，逐渐形成了多种类型的软件开发知识分享社区，极大地改变了软件开发知识的分享方式，加速了软件开发知识传播的速度。目前，典型的软件开发知识分享社区包括编程问答社区、技术资讯社区等。

3.3.1 编程知识问答社区及 Stack Overflow

编程知识问答社区主要围绕编程过程中遇到的问题进行问题发布、回答、评论、搜索等活动，典型的编程知识问答社区是 Stack Overflow。

Stack Overflow 是一个面向编程人员群体的垂直问答网站，也是目前最活跃、最具影响力的软件开发知识问答社区。其上发布的问题超过 1 700 万个，回答数超过 2 600 万，问题主题非常宽泛，涉及 Web 开发、数据管理、安全、编程实践等方方面面，涵盖了 Android、iOS、Eclipse 等软件开发平台，包括了 C++、Java、Python、Ruby 等各种编程语言及技术。在 Stack Overflow 中，用户提问获得解答的反馈平均时间约为 13 分钟，成为目前最为快捷方便的知识获取方式和问题解决渠道。

在 Stack Overflow 中，用户可通过平台提供的搜索功能从社区中快速查找所关心的问题。平台将基于查询关键词进行检索，并按照相关性、最新程度等不同维度对查询的结果进行排序。用户可以查看每个问题对应的用户投票数、回答数、问题提出时间等信息，并以此为依据选择查看相应的问题（见图 3.17）。

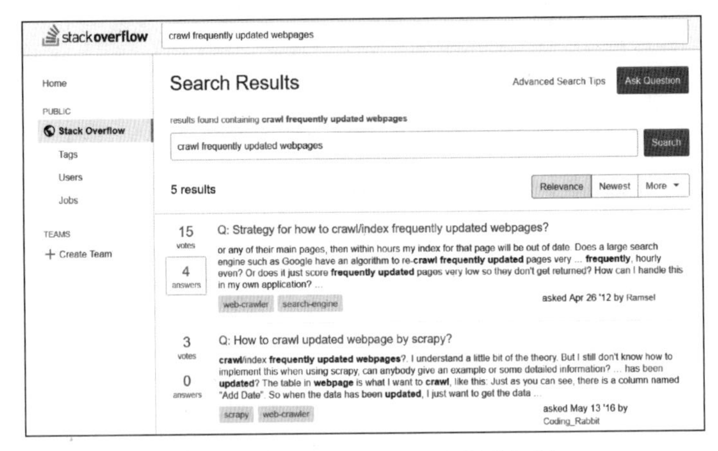

图 3.17　在 Stack Overflow 中搜索问题

用户可以点击某个问题以获取该问题的具体信息，包括问题的投票数、收藏数、回答数、标签等，这些信息基本反映了该问题受关注的程度及其所属的类别。每个问题都会详细列出社区用户提供的回答以及用户给出的投票数（见图 3.18）。投票由用户根据是否有助于促进其问题解决而对其进行打分，能够在一定程度上反映该问题及其回答的实际价值。

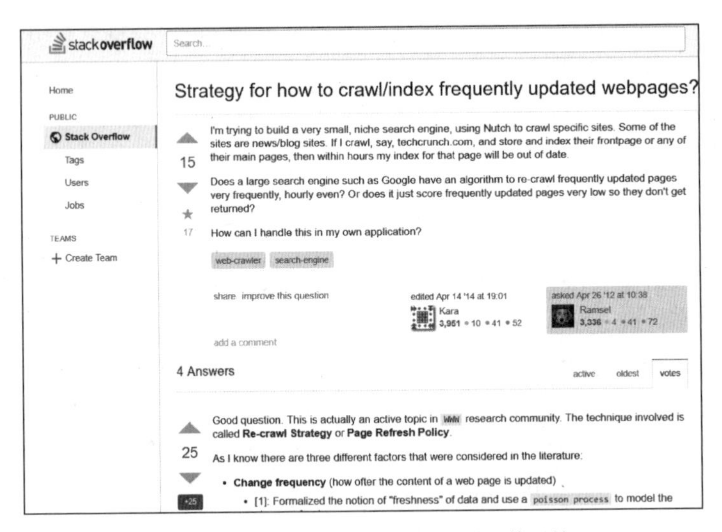

图 3.18　Stack Overflow 中的问题及其回答

除了搜寻问题及其回答之外，用户还可以在 Stack Overflow 平台发帖子以提出其问题，从而寻求其他软件开发人员的帮助，或者对他人提出的问题进行回答或评论等。在 Stack

Overflow 平台中，点击“Ask Question”即可进行提问，平台也提供了关于如何提问的小提示。同时，在用户输入问题时，平台会实时列出平台中已有相近的问题，从而避免重复提问（见图 3.19）。

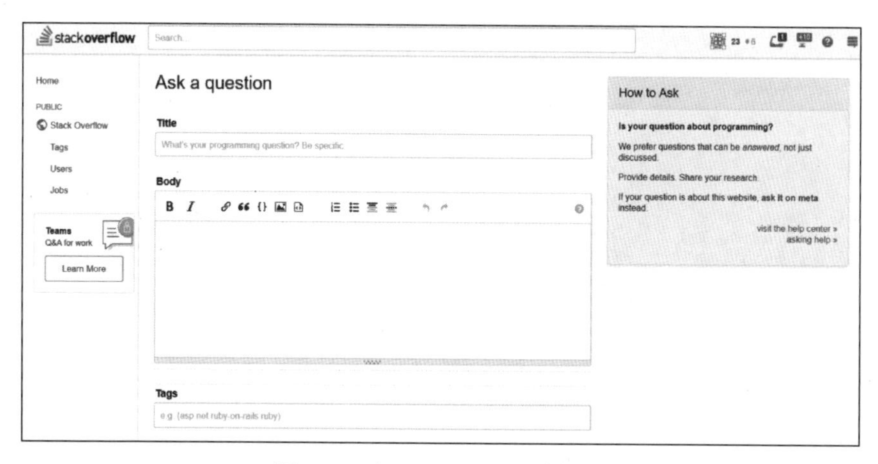

图 3.19　在 Stack Overflow 中提问

为保证平台中问题和回答的质量，Stack Overflow 设计了一系列机制，包括投票机制、声望值机制、权限控制机制等。例如，用户 A 回答了某个问题，用户 B 对用户 A 的回答给予了“加分”，那么用户 A 就可获得 10 点的声望值。当声望值达到某个程度，用户的权限就会增加，如声望值超过 50 点就可以对其他问题进行评论和回答。此外 Stack Overflow 还会根据用户的贡献度给其颁发徽章以示奖励。

3.3.2　技术资讯社区及 CSDN

技术资讯主要围绕特定的编程开发技术，供软件开发人员发布其开发和实践经验、使用体验等，以便相关人员开展交流和讨论。同时，社区还可以围绕特定的开源项目或者开源技术发布相关开源产品的最新信息等，典型技术资讯社区的代表是 CSDN。

CSDN 是创立于 1999 年的中国 IT 社区和服务平台，为软件开发人员和 IT 从业者提供知识传播、职业发展、软件开发等服务。在 CSDN 中，用户可以了解最新的 IT 技术资讯，学习和发布技术博客。至今 CSDN 已拥有超过 2 600 万的会员，覆盖了中国超过 90% 的软件开发人员和 70% 的 IT 专业人士。CSDN 汇聚形成了海量、高质量的软件开发知识库，包括超过 1 000 万的论坛帖子、1 400 万的博客、700 万的技术资源等。

用户可以利用 CSDN 平台提供的搜索功能来查找平台中的各类资源，包括技术博客、软件文档、学习教程和问答等。在 CSDN 中，大量技术人员围绕技术学习，结合个人实践经验发布了大量高质量的技术博客（见图 3.20），为社区用户提供了极有价值的学习资料。

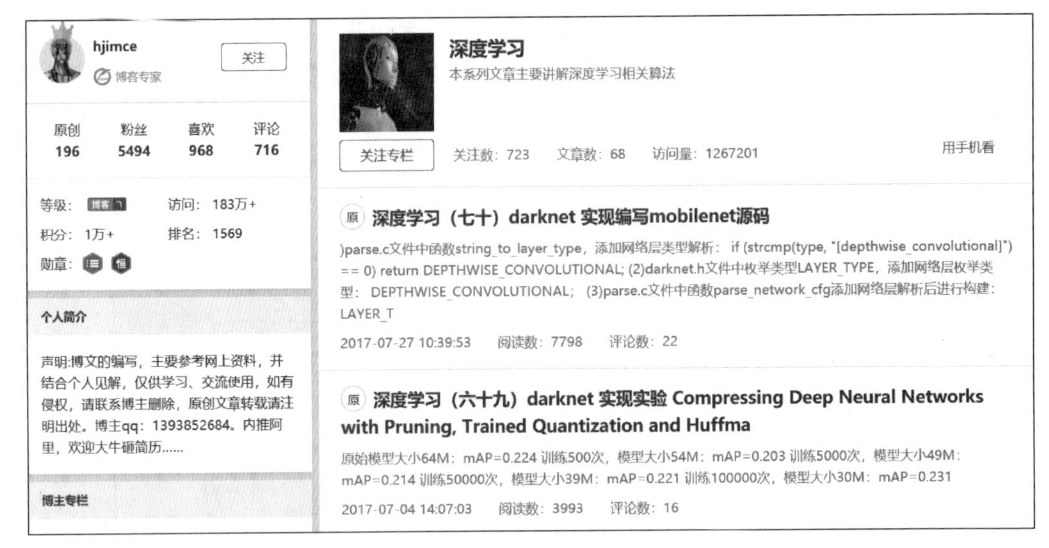

图 3.20　CSDN 中有关深度学习方面的系列博客

3.3.3　在实践教学中应用软件开发知识

在软件工程课程实践教学过程中，参与实践的学生会在软件开发过程中遇到多样化的技术问题，他们可以借助于软件开发知识分享社区，从中搜索和寻找解决问题的方法。

例如，假设学生 Dev1 在实现五子棋游戏时把每一次比赛的对弈步骤都存储到了一个文件中，这样后面可以查看某一次比赛的历史对弈过程。为了方便打印出某一次比赛的对弈过程，Dev1 想把文件的所有内容读取到一个变量中，然后直接打印该变量，但是他不知道具体如何实现。针对这一问题，他可在 Stack Overflow 中搜索“how to read a text file into a variable”问题。Stack Overflow 将搜索出相关的问答，总共有 1 669 个（见图 3.21）。在众多搜索结果中，根据对问题的标题和标签的理解，其中第一个搜索结果比较符合其要求，因此可以点击以进一步查看该问题的详细信息。

图 3.22 描述了搜寻结果中第一个问题的详细信息，通过阅读该问题的相关描述，基本可以确定该问题和他想要解决的问题是一样的，因此他继续查看该问题都收到了哪些回答。

图 3.23 描述了由 klijo 发布的该问题已经有 20 个相关的回答，所有的回答按照创建的时间、投票数等进行排序。对于每一个回答，其他用户也可以进行评价，或者赞或者踩。对于比较好的回答，问题的发布者可以选择作为采用的答案，被采用的回答会有一个“√”来标识。在图 3.23 中，用户 sleeplessnerd 提供的答案被采用了，该回答用程序代码的形式说明，应使用函数 read() 而不是函数 readlines()，并且最后再用 replace() 函数替换换行符。

对于每一个回答，用户还可以进行评论。例如在图 3.24 中，tuomassalo 用户继续追问 sleeplessnerd：使用 open 函数后直接读取内容并替换换行符，而不使用 with 语法是否存在缺陷，sleeplessnerd 用户也对这种用法的不足之处给出了相应的解释。

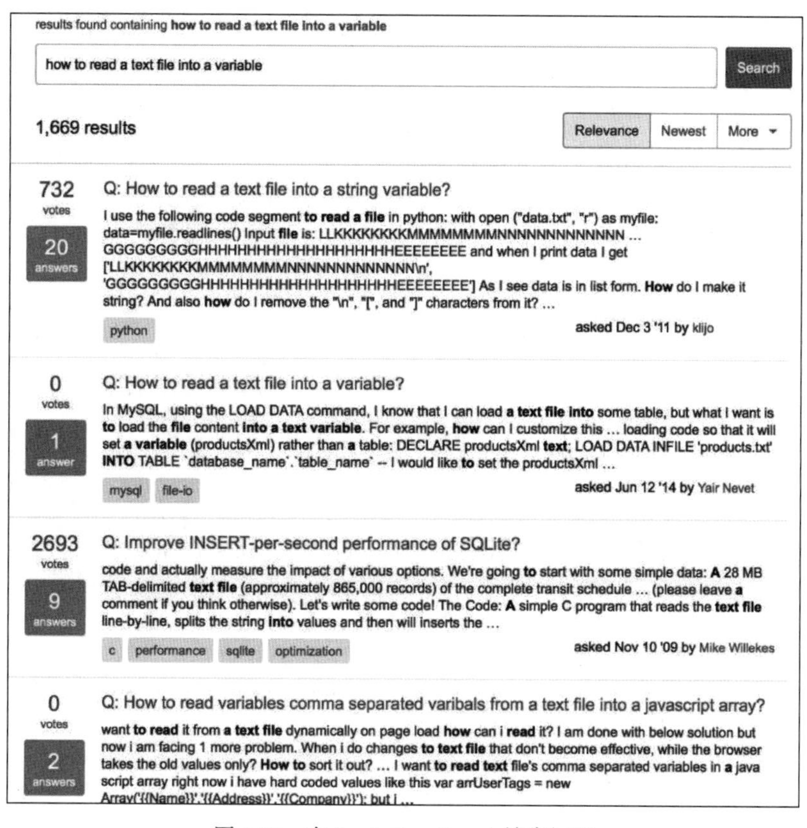

图 3.21　在 Stack Overflow 上搜索问题

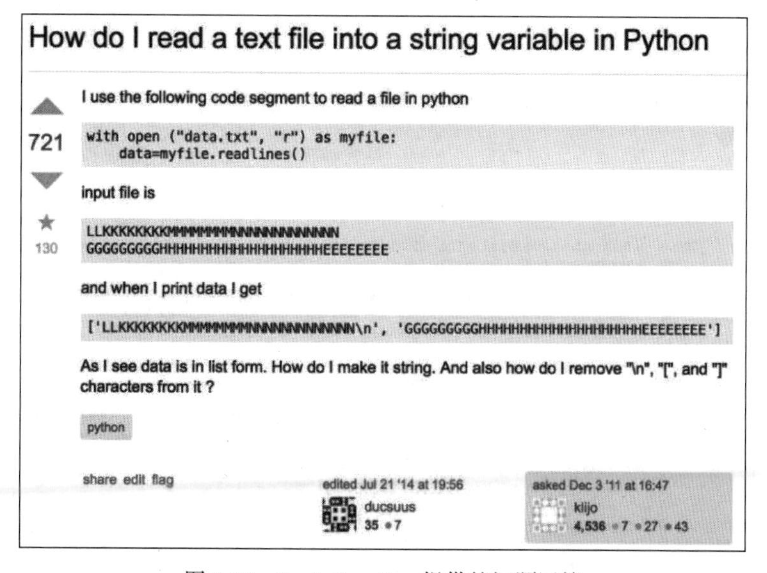

图 3.22　Stack Overflow 提供的问题回答

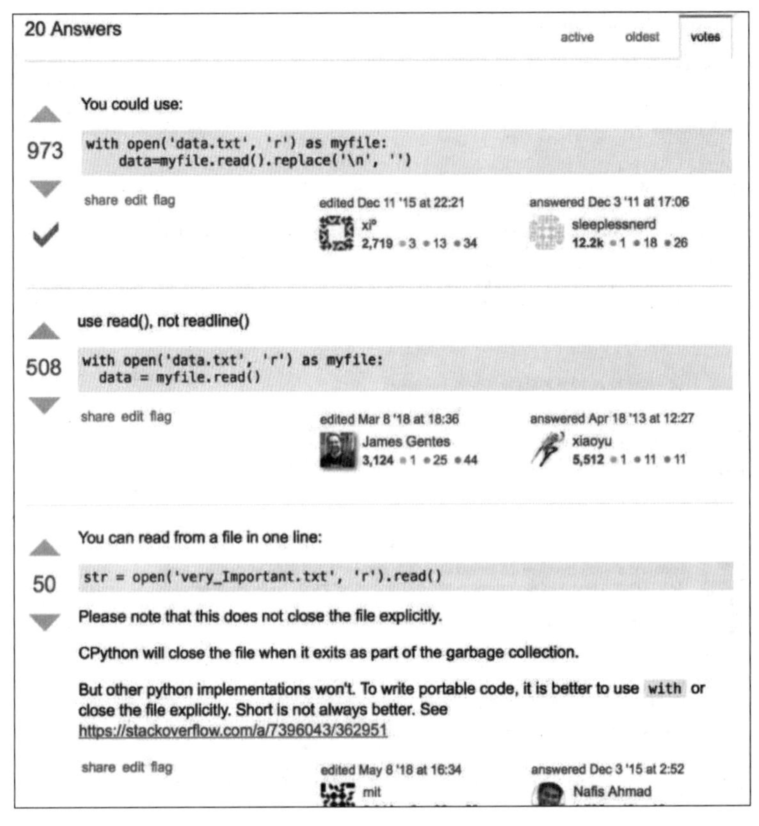

图 3.23　针对问题的回答列表

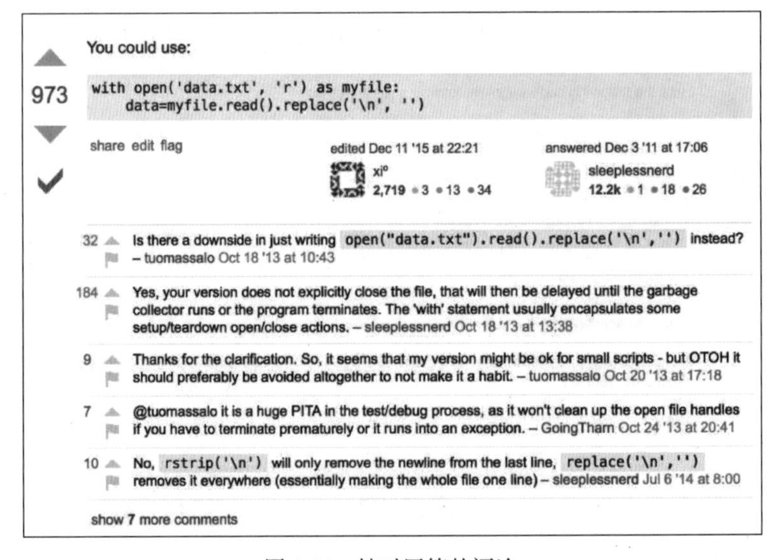

图 3.24　针对回答的评论

3.4 开源软件及其在实践教学中的应用

开源软件的“开放、自由”理念吸引了来自全球各地的大量软件开发人员参与其中。通过汇聚这些软件开发人员的智慧和力量,在过去的二十余年中开源运动取得了巨大的成功,在几乎所有的领域都产生了优秀的开源软件项目,并在诸多的信息系统建设中发挥了重要的作用。

3.4.1 开源软件托管社区

目前互联网上有很多支持开源软件开发的社区,典型代表包括 GitHub、SourceForge、码云等。

1. GitHub 开源软件托管社区

GitHub 将社交化机制与分布式协同开发技术有机地结合,开创了全新的社交化编程理念,吸引了全球软件开发人员的广泛参与,是当前最大也是最具代表性的社交化编程开源软件托管社区,汇聚了海量、高质量的开源软件项目。

在 GitHub 社区中,用户能借助“Watch”自由地关注流行的开源软件项目,通过“Follow”与敬仰的极客高手成为好友,采用“Fork”一键派生出任何感兴趣的开源软件代码仓库并形成自己独立的分支,或利用“Pull Request”机制请求合并代码以回馈贡献。通过这种社交化模式,GitHub 有力地支持了大规模群体的高效协同软件开发。

至今 GitHub 已有超过 3 700 万的注册用户和 1 亿的代码仓库。在众多参与群体中,既有像微软、谷歌等大型 IT 企业,也有像 Fabien 这样参与 30 多个开源项目、有近 9 000 名关注者的知名软件开发者。通过这些组织和个人主页,用户可以关注、学习和参与他们发布的开源软件项目,也可以通过公开邮箱与这些顶级软件开发人员直接联系以获取帮助。

与此同时,GitHub 社区提供了便捷的渠道帮助用户快速检索所需的开源软件项目、代码、软件开发人员、Wikis 等诸多类型的开源资源。例如,在 GitHub 界面左上角的检索框中输入“deep learning”进行检索,系统将返回如图 3.25 所示的结果。图的左上侧列出了检索结果的资源类型,包括代码仓库(Repositories)、源代码(Code)、代码提交(Commits)……用户(Users)等;图左下侧列出了检索结果的编程语言类型,包括 Jupyter Notebook、Python、HTML 等。通过点击这些类型可以查看对应检索结果,并可选择不同的检索结果排序方法,包括最佳匹配(Best match)、最多收藏(Most stars)、最多副本(Most forks)等。

点击某个开源软件项目,可以进入该项目在 GitHub 的主页,图 3.26 所示为“keras”开源软件项目的主页,从中可以看到该项目的多维度信息。

① 代码版本库(Code)。记录项目源代码的所有历史版本、代码提交、代码分支、贡献者等信息。通过“Clone or download”按钮可以将项目代码下载到本地进行学习和开发。

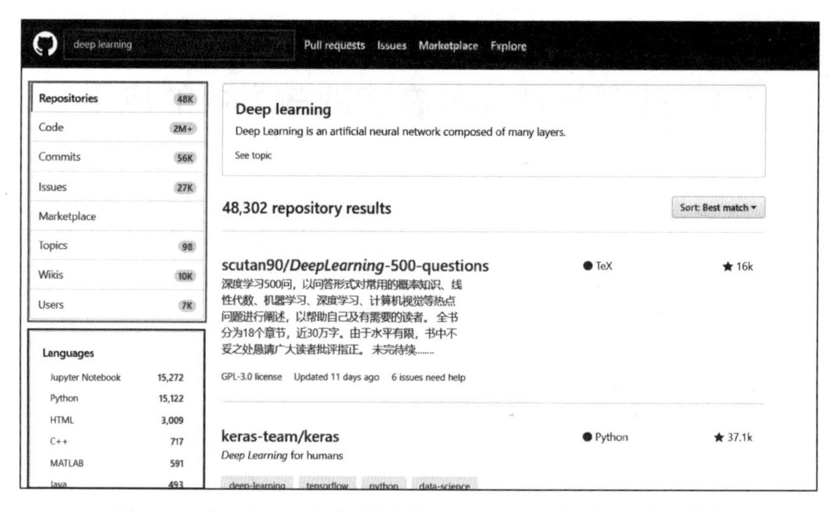

图 3.25　在 GitHub 中搜索与“deep learning”相关的开源资源

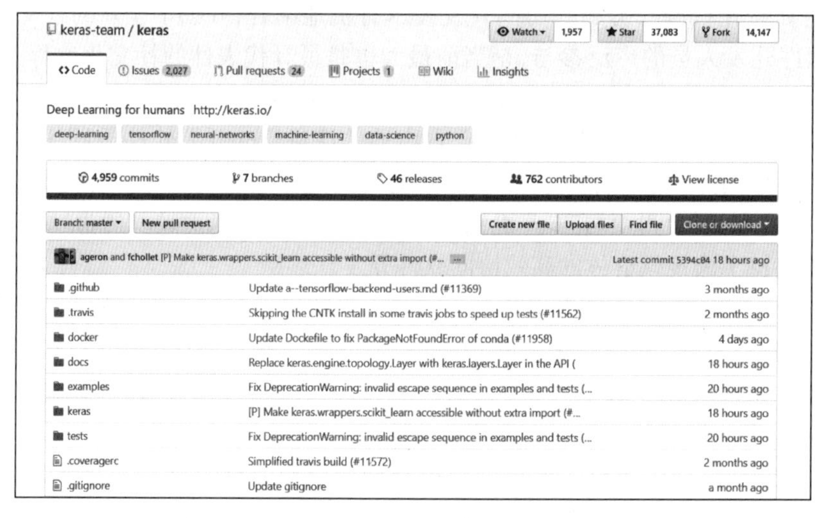

图 3.26　GitHub 中“keras”开源软件项目的主页

② 项目问题跟踪库（Issues）。记录项目的各类 Issue 以及对应的讨论、任务指派、关联代码修改与合并请求等。通过该板块可以快速了解软件项目的开发过程与缺陷管理，进而参与到该开源软件项目的开发之中。

③ 关注项目（Watch）。如果用户关注了某个项目，那么一旦该项目有状态变更，他就会实时收到相应的通知，包括代码提交、Issue 报告等，从而保持对该项目的实时跟踪。

④ 项目副本（Fork）与合并请求（Pull Request）。Fork 一个项目则会在自己名下创建一个该项目的副本，用户在个人名下对该项目副本进行修改不会对根项目产生任何影响。当用户希望将个人名下的项目修改贡献给根项目时，可以通过 Pull Request 的方式来将个人贡献发送给

根项目,根项目管理员审查合格后进行合并即可纳入根项目代码中。

2. SourceForge 社区

SourceForge 是一个开源项目托管社区,通过集成几乎所有的软件开发基础服务(包括版本控制、缺陷跟踪等),软件开发人员不需要关心主机租用、网站搭建和版本库创建等繁琐的维护工作,只需创建或者加入项目即可参与项目开发或管理,极大地降低了软件开发人员参与开源软件建设的门槛,使得开源软件开发从技术精英推广到了所有有兴趣的软件开发人员。

SourceForge 1999 年上线后极大地激发了广大软件开发人员的创作激情,迅速吸引了大批编程爱好者在其中创建和发布开源软件项目。至今,SourceForge 托管了超过 43 万个开源软件项目,注册用户超过 370 万人。

同 GitHub 社区类似,SourceForge 也提供了相应的检索功能以便软件开发人员查找感兴趣的开源软件项目。用户在检索框中输入检索词后,系统将返回如图 3.27 所示的检索结果,SourceForge 提供了几个不同维度的检索结果分类,包括支持的操作系统类型(OS)、软件功能类别(Category)、许可证(License)、编程语言(Programming Language)等,通过选择类别可以查看该类别下的相关软件检索结果。

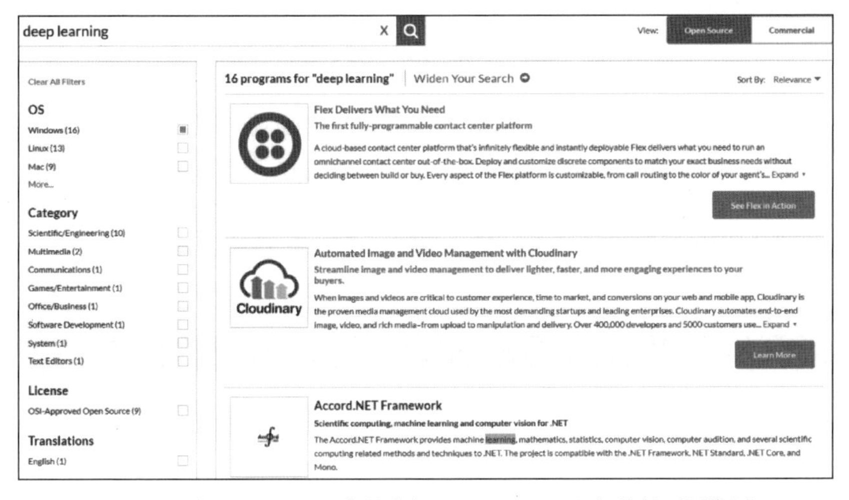

图 3.27　在 SourceForge 中搜索与“deep learning”相关的开源资源

选择某个开源软件项目,进入该项目的主页,可以查看有关该项目的详细信息,包括项目概述、不同版本的代码文件、用户反馈等信息。用户点击“Download”按钮即可下载最新版本的项目代码,在“Files”栏目下可以查看该项目所有版本的代码文件,用户可以选择不同版本的代码进行下载,见图 3.28。

3. 码云代码托管与协作开发平台

码云是聚焦中国本土开源的代码托管和协同开发平台。与 GitHub 等国外开源社区相比,码云平台在国内访问速度更快,提供多语言支持,并与开源中国社区紧密结合。码云平台上注册

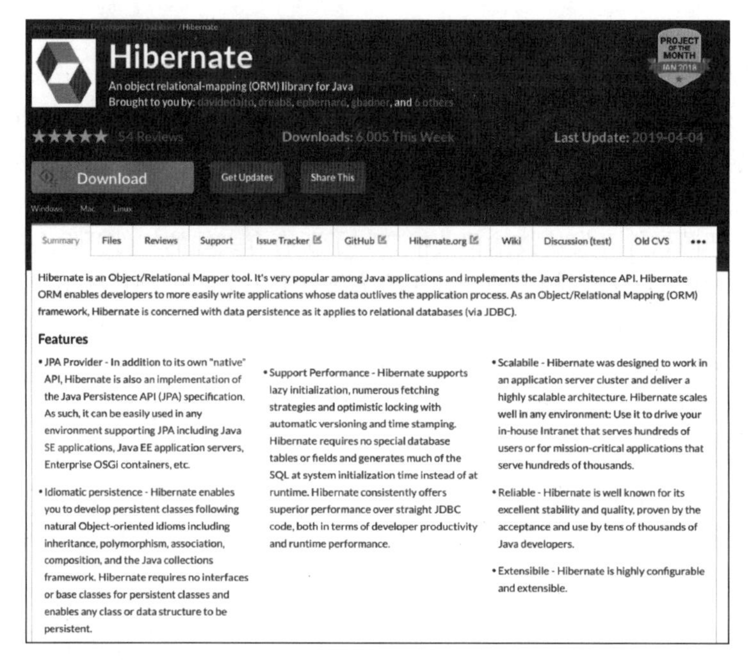

图 3.28　SourceForge 中的开源软件项目主页

用户超过 300 万，托管项目数目超过 500 万。至今，码云已收录了超过 9 400 款国内开源软件项目，汇聚几乎所有本土原创的开源项目资源。

为方便用户查找感兴趣的开源软件项目，码云同样提供了开源资源的检索功能（如图 3.29 所示）。用户输入检索词后可以查询相应的开源软件项目、Issues、代码片段、用户以及帮助文档等。

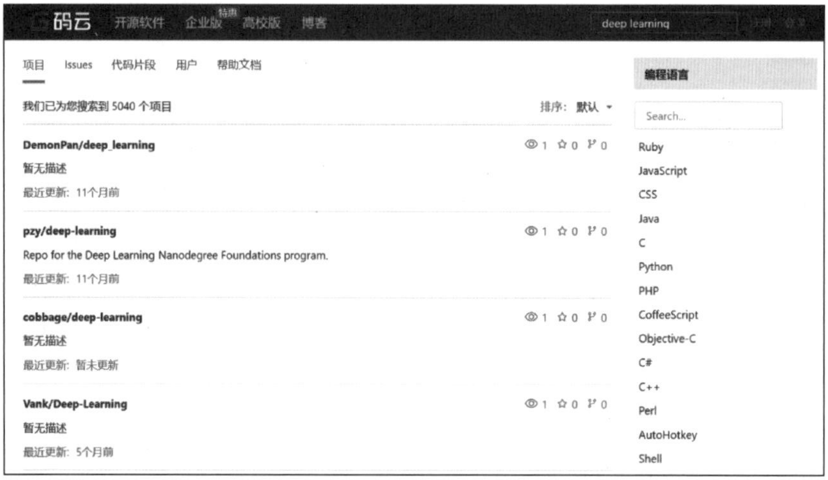

图 3.29　码云平台上查找与“deep learning”相关的开源资源

3.4.2 开源软件项目资源

据统计,仅 GitHub,SourceForge,OpenHub 三个开源软件社区中的开源软件项目数量就超过了 1 亿项。这些数量巨大的软件资源在一定程度上满足了用户使用软件的需求,并为用户开发软件系统提供了大量的可选空间。

在众多开源软件项目中,既有像 Linux 操作系统、MySQL 数据库等传统开源软件项目,也有像 Spark 大数据框架、TensorFlow 深度学习框架、BitCoin 区块链等涉及前沿技术的最新开源框架等。表 3.1 列出在多个重点领域和技术方向上的代表性开源软件项目。

表 3.1 部分重要领域的代表性开源软件项目

领域		具体技术	代表性开源项目
基础领域	操作系统	服务器操作系统、桌面操作系统、嵌入式操作系统等	Linux、CoreOS、Ubuntu、Android、ROS
	数据库	关系数据库、非关系数据库等	MySQL、NoSQL、Berkeley DB
	中间件	Web 服务器、应用服务器等	Apache、Nginx、Tomcat
	基础环境	开发环境、编程框架、项目管理	Eclipse、Rails、Git
前沿领域	云计算	基础设施即服务、平台即服务、软件即服务	CloudStack、Cloud Foundry、SCUT
	大数据	分布处理系统、大数据存储等	Hadoop、Spark、Hive
	人工智能	机器学习、知识库、深度学习等	TensorFlow、CNTK、PaddlePaddle
	3D 打印	3D 打印工具、3D 模型库等	Mamba3D、3D Warehouse
	机器人	开源机器人、机器人套件等	Makeblock、Multiplo
关键领域	航空航天	飞行器设计、仿真环境等	OpenVSP、Trick
	无人机	开源无人机、无人机控制系统等	MIT CSAIL flight、ArduPilot Mega

3.4.3 基于开源软件的软件开发

无疑,开源软件为软件系统的开发和重用提供了丰富、多样的软件资源。软件开发人员可以基于已有的优质开源软件来打造和创新软件系统,从而为软件系统的开发提供了新的技术途径。下面结合 Instagram 软件系统的建设介绍基于开源软件的开发方法。

Instagram 是一款移动端的照片社交应用,用户通过 Instagram 把自己的照片经过滤镜处理后发到网络上,其他用户可以浏览和评论该用户上传的照片。目前,Instagram 凭借极佳的用户体验、强大的图片处理功能以及独特的运营理念已吸引了十几亿用户,在国外的照片分享应用市场上得到了用户的一致好评。Instagram 发布于 2010 年，之后用户量急剧增长，仅一年的时间就积累了数千万活跃用户，2012 年即被 Facebook 公司以 7 亿多美元的价格收购。

与 Instagram 所取得的骄人的市场成绩相对比的，是其背后"袖珍"型开发团队。开发之初，该开发团队仅有两名创始人，而在风投过后也仅仅是增加到了 4 人，直到被 Facebook 收购时，开发团队也才仅有 13 人。即便在如此精简的软件开发团队的支撑下，Instagram 也一直保持比较频繁的版本更新，不断推出新颖的功能，满足用户持续变更的需求。

Instagram 能够成为传奇的一个关键点就是，它在软件开发过程中充分借助和重用了开源软件。例如，其后端应用广泛使用了像 Linux、Solr、Django 和 Redis 等软件。此外，Instagram 还充分利用了云服务的扩展性和灵活性等特性，较好地满足了其不断增长的用户群体。据 Instagram 官方统计，Instagram 用到的开源软件数目有几十个之多（如表 3.2 所示）。

表 3.2　Instagram 重用的开源软件项目

重用的开源软件	软件介绍
AFNetworking	iOS、macOS 等平台的网络库
Apache Thrift	轻量级跨语言的软件框架
Appirater	提醒 iPhone 用户对 APP 进行评价的库
Apple Reachability	iOS 平台 Reachability 的直接替代品
Boost	提供审阅后的可移植的 C++ 代码库
CocoaLumberjack	Mac 和 iOS 平台的日志框架
cURL	支持 URL 语法的用于数据传输的命令行库
FLAnimatedImage	iOS 平台的 GIF 动画引擎
Google Breakpad	系统崩溃报告库
google-glog	日志框架
jsmn	C 语言的 JSON 解析库
JSONKit	Objective-C 语言的 JSON 库
LXReorderableCollection ViewFlowLayout	扩展 UICollectionViewFlowLayout 以支持单元格的重排序
MBProgressHUD	iOS 平台显示半透明 HUD 的控件类
OHHTTPStubs	测试模拟网络请求的类库
Protobuf	结构化数据的序列化库
QSUtilities	提供了常用功能的类库
SocketRocket	iOS 等平台的 WebSocket 客户端库
UICKeyChainStore	iOS 平台存储秘钥数据的库
EmojiLib	Emoji 表情库

3.4.4 在实践教学中应用开源软件

在软件工程课程实践中，实践人员常常面临着一些软件功能需要专用的技术（如图像处理、语音识别、特征分析等）而难以实现、软件系统的规模较大而难以在有限时间内开发完成等诸多挑战。针对这些问题，实践人员可以借助于开源软件社区中的海量软件资源，通过重用开源软件项目或其代码片段来开展软件实践项目的开发。

假设软件实践项目中的某些功能要求对某新闻网站近几年所发布的头条新闻的主题进行聚类分析，而实现该项功能的首要工作就是要开发出数据采集的软件系统，以采集该新闻网站的所有历史头条新闻。学生A试图用爬虫框架来加以实现，为此他首先在GitHub上搜索有哪些爬虫框架，如果有他就可以基于已有的框架进行二次开发，而不是从头开始编写数据采集的软件，以避免重复实现一些常用的网络访问、任务调度等功能模块，从而专注在更为关键的业务功能上。根据GitHub返回的搜索结果，Web Magic这个用Java语言实现的开源爬虫软件似乎可以满足其要求，因此他进一步阅读该软件的readme文件（见图3.30），以深入了解此开源软件的功能、特性等基本信息。经过详细了解之后，该学生感觉此开源软件比较符合他的需求，因此进一步继续深入了解该软件系统的设计理念、实现思路、开发接口等具体的技术细节，以支持其重用该开源软件。

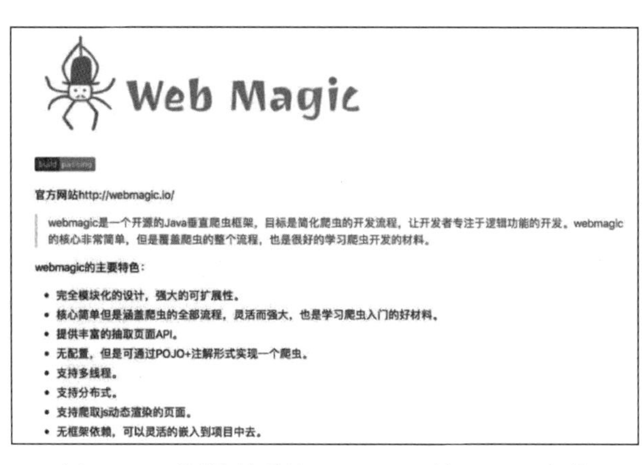
Web Magic

官方网站http://webmagic.io/

> webmagic是一个开源的Java垂直爬虫框架，目标是简化爬虫的开发流程，让开发者专注于逻辑功能的开发。webmagic的核心非常简单，但是覆盖爬虫的整个流程，也是很好的学习爬虫开发的材料。

webmagic的主要特色：

- 完全模块化的设计，强大的可扩展性。
- 核心简单但是涵盖爬虫的全部流程，灵活而强大，也是学习爬虫入门的好材料。
- 提供丰富的抽取页面API。
- 无配置，但是可通过POJO+注解形式实现一个爬虫。
- 支持多线程。
- 支持分布式。
- 支持爬取js动态渲染的页面。
- 无框架依赖，可以灵活的嵌入到项目中去。

图3.30 开源软件项目Web Magic的readme文件

本 章 小 结

群智软件工程旨在依托互联网，通过特定的协作组织结构和大数据驱动的人机合作系统来吸引、汇聚和管理大规模的参与者，以竞争和合作等多种自主协同方式来完成复杂软件系统开发任务。群智软件工程提供了群体化软件开发技术以支持开发群体的开发工作，包括基于Issue的任务分配、基于 Git 的代码管理和基于 Pull Request 的分布式协同开发。在群智软件工程的发展过程中，形成了两类重要的开源社区。一类是软件开发知识分享社区，其上汇聚了海量、多样的软件开发知识，如问题回答、技术博客等，典型代表如 Stack Overflow、CSDN 等；另一类是开源软件托管社区，其上汇聚了海量、多样、高质量的开源软件项目。

软件工程课程实践教学实际上是一个协同开发的过程。群智软件工程为软件工程课程实践的实施提供了新的方法，也为解决软件工程课程实践中的常见问题提供了新的思路。在软件实践项目的开发过程中，实践人员可以借助于 Issue、Git、Pull Request 等机制和工具来管理软件开发任务、代码制品、协同开发；通过分享软件开发知识社区中的问题回答来解决实践中遇到的多样化技术问题，积累软件开发经验；借助于学习和重用开源软件资源来掌握高水平的软件开发技能，促进软件实践项目的开发（见图 3.31）。

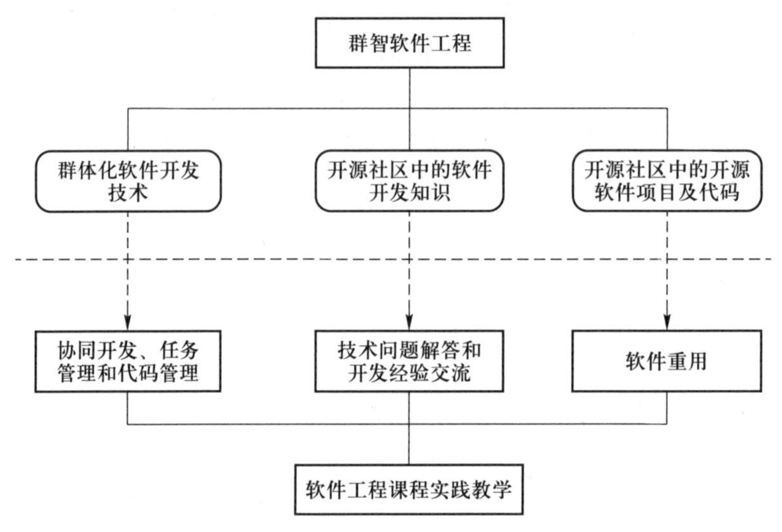

图 3.31　群智软件工程对软件工程课程实践教学的支撑关系

实　践　作　业

3-1　利用 Trustie-Forge 在本地新建一个软件项目，使用 Git 进行版本管理，并穿插练习 git add、git commit、git log、git status 等基本命令的使用。

3-2　在主分支 master 上新建一个分支 fix-1，在 fix-1 分支上添加新内容并提交。

3-3　在习题 3-2 的基础上，切换到 master 分支上，对一个文件的某部分内容进行修改并提交；随后切换到 fix-1 分支，对同一个文件的同一部分的内容进行修改并进行比较；把 fix-1 分支合并到 master 分支并解决合并冲突；随后删除 fix-1 分支。

3-4　在 Trustie-Forge 上新建项目，并在该项目中创建版本库，然后将其设置为习题 3-1 中创建的本地版本库的远程版本库。

3-5 在本地版本库进行修改并提交修改的内容,然后把新提交的内容同步到远程版本库。

3-6 在 Trustie-Forge 平台上自己创建的项目中创建一个 Issue,并写明标题、描述等信息。

3-7 在 Trustie-Forge 平台上别人创建的公开项目中,根据其存在的问题提交一个 Issue,并跟踪其状态,与其他人进行必要的讨论。

3-8 在 Trustie-Forge 平台上别人创建的公开项目中,选取一个处于未被解决状态的 Issue 提交一个 Pull Request,并根据其他人的审查意见进行必要的解释说明以及更新。

3-9 与其他同学组成开发团队,并在 Trustie-Forge 平台上创建项目,进行团队间的协同开发。

3-10 基于 Stack Overflow 问答社区解决一个自己在软件开发过程中遇到的问题,或者在 Stack Overflow 上回答一个其他人的问题。

第4章　实践任务的设计与要求

软件工程课程实践设计概述

微视频：实践任务的设计与要求

从本章开始，本书将系统、详细地介绍软件工程课程实践教学的设计、实施和考评。在介绍具体细节之前，本章首先结合软件工程课程实践教学的目标，即着重培养解决复杂工程问题能力和软件工程素质，阐明软件工程课程实践教学的设计理念和思想，以及在此指导下开展实践教学设计、实施和考评的若干考虑，明确实践教学的具体任务、内容和要求，依此来指导实践教学的开展。

本章聚焦于实践教学的任务设计，从总体上阐明软件工程课程实践教学的具体内容及要求，具体内容包括：

- 软件工程课程实践教学的设计理念与指导思想。
- 软件工程课程实践任务的整体设计。
- 分析与维护开源软件实践任务的设计。
- 开发软件系统实践任务的设计。

4.1　实践教学的设计理念与指导思想

任何实践教学都有其具体和明确的目标，围绕目标形成实践教学的基本理念和思想，依此来指导实践任务和内容的设计。软件工程课程实践教学要面向能力和素质培养，寻求可行和有效的方法和手段，以确保实践教学目标的达成。

4.1.1　以能力和素质培养为主要目标

就人才培养而言，我们一直认为“能力”较“知识”更为重要，“素质”较“技能”更为关键。国际工程教育认证提出的以学生为中心、以能力为导向的课程教学和人才培养方法也充分反映了这一观点。在课程教学过程中，课堂的“教”旨在服务于学生的“学”，而学生对知识的“学”旨在为“用”，在“用”的过程中掌握知识，培养能力和素质。因此，专业知识实际上是培养学生能力和素质的载体，课堂教学是帮助学生学习知识、引导学生运用知识的途径之一。

正如本书1.1.3小节所述，软件工程专业的学生需要具备多方面的能力，如计算思维能力、数学建模能力、工具使用能力、系统能力、解决复杂工程问题能力等，需要具备良好的软件工程素质，如软件质量意识、软件开发的严谨作风、精益求精和追求卓越的精神等。相较于软件工程专业的其他课程而言，软件工程课程的实践教学更加适合于培养学生解决复杂工程问题的能力，这既与软件系统作为逻辑产品的内在复杂性以及软件开发所需技术的多样性和综合性密切相关，也与软件工程这门课程所涉及知识的复合性、交叉性等密切相关。另一方面，软件开发人员的工程素质直接决定了所开发软件系统的质量，良好的工程素质有助于产生高水准、高质量的软件产品，而软件工程素质的培养需要借助于长期工程实践的沉淀、积累和固化。

SWEBOK、CCSE 以及工程教育专业认证均对解决复杂工程问题能力提出了具体和明确的要求。工程教育专业认证认为复杂工程问题具有以下 7 项基本特征：

① 必须运用深入的工程原理经过分析才可能解决。

② 需求涉及多方面技术、工程和其他因素，并可能相互有一定冲突。

③ 需要通过建立合适的抽象模型才能解决，在建模过程中需要体现出创造性。

④ 不是仅靠常用方法就可以完全解决的。

⑤ 问题中涉及的因素可能没有完全包含在专业标准和规范中。

⑥ 问题相关各方利益不完全一致。

⑦ 具有较高的综合性，包含多个相互关联的子问题。

工程教育专业认证还将解决复杂工程问题能力融入多项毕业要求之中，包括工程知识、问题分析、设计/开发解决方案、研究与使用现代工具、工程与社会、环境与可持续发展、沟通等。

就软件工程课程实践教学而言，其目标既可以是验证性的，以检验相关的知识点，加强对所学知识的理解和掌握，领会软件工程方法和技术的内涵；也可以是体验性的，通过课程实践来体验实际的软件开发过程、组织、管理、交流、讨论、工具使用等，从而尽快熟悉和适应软件开发的工作模式和环境。但是，对于软件工程课程实践教学而言，更为重要的目标应该是要培养学生的能力和素质，尤其是解决复杂工程问题的能力以及软件工程的素质。由于软件系统在规模、变化和认知等方面所表现出来的固有复杂性，以及软件开发所需技术的综合性和工具的多样性、面临问题的不确定性、开发进度和质量的难控性等特点，软件工程课程实践教学应通过对实践内容、实施方法、考评方式和要求等方面的针对性设计，强化解决复杂工程问题解决能力和软件工程素质培养，将能力和素质培养作为其主要目标和核心任务。

4.1.2　基于群智的实践教学方法

基于群智方法的软件工程课程实践的本质就是借助开源社区中群体的智慧和力量来支持和辅助实践教学，具体表现为三个方面：

① 通过阅读和分析开源社区中的开源代码学习高质量的软件开发方法、掌握高水平的软件开发技能，从而提升实践人员的实践水平和工程素养。

② 通过获取和重用开源社区中的开源软件促进大规模和高质量软件系统的开发，进而构造出满足复杂工程问题要求的复杂软件系统。

③ 通过分享和利用开源社区中的软件开发知识帮助学生解决实践过程中遇到的多样化和

个性化开发问题。

概括起来，基于群智方法的软件工程课程实践教学具有以下三方面特点（见图 4.1）。

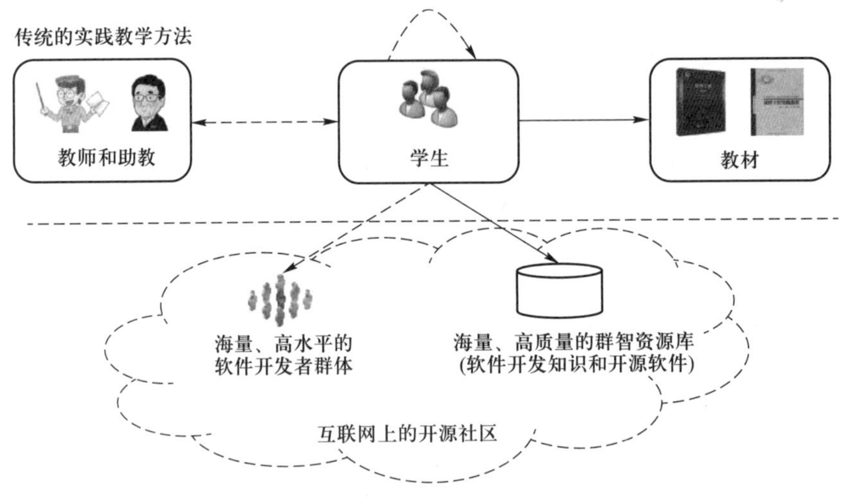

图 4.1　基于群智方法的软件工程课程实践教学示意图

① 开源社区中的软件开发者群体成为指导实践的“教师”。在基于群智方法的软件工程课程实践中，学生不再局限于从教师和助教那里获得帮助和指导，还可以从开源社区中的“高水平”软件开发者群体得到支持。这些“教师”存在于互联网的开源社区中，采用在线和离线等方式为实践人员提供支持和帮助。

② 开源社区中群体所提供的资源成为指导实践的“教材”。在基于群智方法的软件工程课程实践中，学生获取资源的渠道不再局限于教材，而是可以从开源社区中获得所需的资源。开源社区中的资源具有海量、多样等特点，既包括各种高质量的开源软件代码，还包括各种各样的知识问答，可以充分满足实践教学对资源的需求。实践人员可以通过对开源社区资源的学习、掌握和运用，帮助他们分享高水平的软件开发技能，解决实践过程中遇到的软件开发问题，构造复杂的软件系统。

③ 互联网平台成为指导学生实践和能力培养的“空间”。在基于群智方法的软件工程课程实践中，为了与开源社区中的软件开发者群体进行交互、获取他们的知识、分享他们的经验，课程实践教学需要在互联网空间来实施。

基于群智的实践教学方法使得软件工程课程实践教学的实施方法发生了根本性变化，它充分发挥互联网的连接和共享优势，利用开源社区中软件开发者群体的智慧和力量，可有效破除传统实践教学方法中以教师为中心、依托教室、依附教材的实践教学模式及其固有的诸多局限性，有助于解决软件工程课程实践教学中普遍存在的瓶颈问题，如有问题得不到及时有效的解决、可参考和借鉴的资源非常有限、除了教师和助教之外缺乏其他指导者、软件系统的规模难以做大等，形成以学生为中心的实践教学模式（见表 4.1）。

表 4.1 基于群智的实践教学方法与传统实践教学方法的对比

	传统的实践教学方法	基于群智的实践教学方法
实践指导者	教师和助教	开源社区中软件开发者群体
实践所需资源	教材	开源社区中的海量、高质量资源
解决实践问题的途径	求助教师或者到互联网上寻找知识	开源社区中海量、多样的软件开发知识
学习的对象	教师	开源社区的软件开发者群体
实施空间	教室或局域网络空间	互联网空间

4.1.3 循序渐进逐层递进地开展实践

在开展软件工程课程实践之前，学生大都学习了计算机程序设计的课程，掌握了特定的程序设计语言（如 C、C++、Java 等），具有一定的计算机程序设计经验，这为软件工程课程实践教学的开展奠定了良好的基础。然而计算机程序设计实践通常聚焦于编码，关注于软件实现，强调计算思维能力（如问题抽象、数据抽象和算法抽象）的培养，所开发的程序代码规模小（如大部分单个程序仅有几十行、上百行的规模），程序代码的质量要求不高（如不要求代码编写规范、不考虑代码的可维护性，程序只要测试通过即可），难以体现工程的特征和要求，更谈不上培养解决复杂工程问题的能力。相比较而言，软件工程课程实践聚焦于工程化的软件开发，关注于分析、设计、建模等多方面，要求待开发的软件系统有一定规模和复杂度，对软件开发行为的规范性和软件制品的质量提出更高的要求。因此，计算机程序设计实践与软件工程实践二者在目标、任务、要求等方面都具有较大的差异性（见表 4.2）。

表 4.2 计算机程序设计课程实践与软件工程课程实践的差异性

	计算机程序设计课程实践	软件工程课程实践
能力关注点	计算思维能力	解决复杂工程问题能力
开发任务	编写代码	需求分析、软件设计、编写代码、软件测试等
软件规模和复杂性	规模相对较小，单个软件通常只有几十行、几百行代码	规模相对较大
要求	只要通过测试即可	不仅要满足用户需求，还要求具有高质量，如可维护性、可扩展性、易理解性等

正因为这二者之间的巨大差异性，使得学生在软件工程课程实践中时常无从下手，不知道如何去做，不明确实践的评价标准，即使做了也不知道做得对不对、好不好，不清楚存在什么样的问题。确实，软件工程课程实践的评价标准不如计算机程序设计的评价标准那么清晰和明确。因此，在仅有程序设计实践经验的基础上，要让学生直接去开展软件工程课程的实践是较为困难的，学生既没有相关的软件分析和设计经验，也没有评价工程实践质量和水平的一套方法，对大规模和高质量软件开发缺乏感性认识。如何解决这一问题，我们提出要循序渐进、逐层递进的软件工程课程实践教学设计和实施的理念。

1. 学习、模仿和实践

不要期待学生通过一项实践任务就可以完成软件工程课程实践，进而达成能力和素质培养的要求，而是要将软件工程课程实践设计为若干个相对独立但又相互支撑的任务，以一种循序渐进的方式来推进实践教学。尤其是，考虑到软件工程课程实践教学与计算机程序设计课程实践教学二者之间的紧密关系，不能孤立地设计软件工程课程实践教学的任务，而是要考虑与前序计算机程序设计课程实践的衔接，确保所涉及的实践任务相互之间具有一定的继承性，从而防止跳跃式、孤立式的实践设计。

为此，借助于开源社区中的高质量开源软件，让学生先从阅读和学习开源软件代码入手，这对学生而言较为容易。学生可从中学习大规模、高质量开源软件所具有的基本特征（如代码编写规范、代码注释方式、软件模块的抽象和组织方法），掌握高水平的软件开发技能（如模块化的软件设计和程序设计、遵循编码规范、良好的代码结构等），并模仿所学的技能和方法来维护开源软件，做到学以致用，在模仿的过程中掌握高水平软件开发技能和高质量的软件开发方法，积累初步的软件开发经验，基本领会软件工程的思想和内涵，在此基础上再来开发具有一定规模和复杂性的软件系统，进而促进能力和素质的培养。

2. 迭代、点评和改进

不要期待学生通过一次性的软件开发就可以开发出高质量的软件系统，进而达成能力和素质培养的目标。实际情况是，一个较为复杂的软件系统需要通过多次迭代才能得以完成，这也是现代软件工程的一个基本原则。由于缺乏必要的软件开发经验，学生第一次递交的软件制品一定会存在诸多问题，需要对其进行针对性点评和建设性指导，促使其不断加以改进和提高，才有可能产生较为满意的软件制品，并在此过程中逐步培养学生的能力和素质。

为此，软件工程课程实践需要采用迭代的方式进行，每一次迭代都有其不同的任务和目标，并在前一次迭代的基础上，持续完善实践的内容和成果；在此过程中，要对学生提交的实践成果进行持续点评，明确指明存在的问题和不足，显式提出改进的意见和建议，强制要求学生对其进行持续的改进和提交。只有通过这样一种过程，学生才能真正掌握软件工程的要领，理解软件工程的思想和方法，领会软件工程的原则，洞悉软件工程的质量评价准则，进而形成自己对软件工程的认识，并自觉地运用实践中所掌握的技能、方法等来开展软件开发，从而形成自身的能力和素养。

4.2 实践任务的整体设计

实践任务描述了课程实践要做的工作及其内容。如何设计一个科学、合理、可行、易操作的实践任务是开展和实施实践教学的基础和前提。软件工程课程实践任务的设计要服务于能力和素质培养这一目标,要以 4.1 节所述设计理念和思想为指导,还要系统考虑实施实践任务的人员情况等诸多因素。

软件工程课程实践任务的整体设计如图 4.2 所示,主要包含两项主要的实践任务,一项是分析和维护开源软件(实践任务一),另一项是开发软件系统(实践任务二)。这两项实践任务相对独立,但同时又相互支撑。两项实践任务的开展都需要借助开源社区中的群智资源,包括软件开发知识和开源软件。

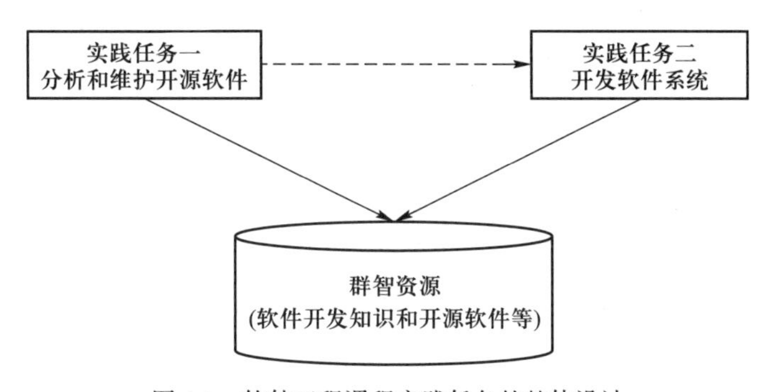

图 4.2 软件工程课程实践任务的整体设计

① 实践任务一是整个课程实践教学的先导实践,旨在通过对高质量开源软件的阅读、分析、标注和维护,学习高质量的开源软件,掌握高水平的软件设计和程序设计技能,逐步培养良好的软件工程素质。

② 实践任务二需要建立在实践任务一的基础之上,旨在通过开发有创意、上规模和高质量的软件系统,掌握和运用软件工程的思想、方法、技术和工具来开发软件系统,积累软件工程经验,逐步培养软件开发能力,尤其是解决复杂工程问题的能力。

相比较而言,实践任务一是前导性、辅助性的实践任务,实践任务二才是软件工程课程实践的关键和核心任务。实践任务一主要针对的是程序代码的阅读、分析、理解和维护,它可以与前序的计算机程序设计实践相衔接,而且相比于更为抽象的软件分析、设计和建模等开发工作,程序代码的阅读、标注和改进更容易入手。更为重要的是,该实践任务既可以让实践人员在程序代码层次从质量的视角来理解软件工程的内涵,又可以让实践人员掌握高水平的软件开发技能和要领,并以此来指导后续实践任务的开展。因此,实践任务一的引入在整个软件工程课程实践中起到了承上启下的功效,帮助实践人员循序渐进地开展实践,做好技术储备,积累一定的软件开发经验，其最终目的还是要服务于后续的实践任务二。一般地，实践任务二需要等实践任务一结束之后才开始，或者结束之前一段时间才开始，目的是要确保实践任务一的成果可为实践任务二的开展提供支持。

软件工程课程实践任务的设计充分体现了上述实践教学的设计理念和指导思想。首先，虽然两项实践任务的内容有所差别，但是都服务于能力和素质培养的目标，实践任务一通过学习高水平、高质量的开源软件来帮助学生培养良好的软件工程素养，实践任务二则通过有创意、上规模和高质量软件系统的开发来帮助学生培养其解决复杂工程问题的能力。其次，为了达成能力和素质培养的目标，这两个实践都要求借助于开源社区中的群智资源，实践任务一的实施建立在对高质量开源软件的阅读、分析、标注和维护实践工作基础之上，实践任务二的实施同样需要借助于开源软件来实现有创意、上规模和高质量的软件系统，两项实践任务都要求实践人员利用开源社区中的软件开发知识来解决实践实施过程中遇到的问题。最后，这两项实践任务的设计反映了循序渐进开展实践的基本理念，先让实践人员学习高质量的开源软件，从中掌握高水平的软件开发技能，然后模仿和运用这些技能来进行初步的实践，即维护开源软件，从中感受和体会软件工程的思想、原则、技术和方法，在此基础上再来完整地开发一个具有一定规模和复杂性的软件系统。

4.3 分析和维护开源软件实践任务的设计

4.3.1 实践内容

分析和维护开源软件实践任务要求阅读一个具有一定规模、高质量的开源软件代码，通过对开源软件代码语义的理解来标注和注释程序代码，分析开源软件代码的质量，从多个方面理解和领会高质量程序代码的基本特征，掌握编写高质量程序的基本技能和要领，包括编码风格、软件设计和程序设计方法等。在此基础上，运用所学的软件开发技能和方法来维护开源软件，以增强和完善其功能，纠正开源软件代码中的缺陷和错误，并要求维护后程序代码的质量，确保维护产生的代码与开源软件原有代码在编码风格等方面保持一致，在此过程中体会和感受质量的重要性，理解"需求变化"和"代码修改"对软件质量产生的影响。

分析和维护开源软件作为软件工程课程实践的首要任务，具有门槛低、可操作、易掌握等特点。相对于需求分析、软件设计、软件建模等复杂的软件开发活动，该实践活动聚焦于程序代码的阅读、分析、标注和编程等软件开发工作，它们更易于为那些没有开发经验的实践人员所实施；相比于软件系统的文档、模型、测试用例等抽象的软件制品，程序代码更为具体、直接，更易于为实践人员所认可和接受。另外以程序代码的阅读、分析、标注和维护等作为软件工程课程实践的切入点，可以与前序的"计算机程序设计"课程及实践相衔接，对于实践人员而言更易于入手。

实际上，软件系统的开发最终都将回归到编码和实现，程序代码是软件制品中最为重要的部分，也是软件开发的终极目的。对于一个高质量的软件系统而言，其质量要求最终将在程序代码层面上得以体现。程序代码的质量不仅表现为诸如代码 bug 数量少、错误的严重程度低等外在方面（也称外部质量），还表现为程序代码的可理解性、可维护性、可扩展性等内在方面（也称内部质量）。程序代码的外部质量属性对于用户而言常常是可感受的，比如软件系统能否正常运行、会不会出现崩溃、所提供的功能与用户的需求是否一致等。相比较而言，程序代码的内部质量属性对于用户而言通常感触不到，甚至也不关心，但是对于软件开发人员而言，这些质量属性就显得非常重要。一旦需要对程序代码进行维护，比如修改已有的程序代码、增加新的程序代码，程序代码内部质量的重要性就一目了然。例如，如果程序代码的可理解性差，缺乏必要的注释，软件开发人员就难以理解程序代码的语义；如果软件系统的可扩展性差，那么要对它们进行完善性维护将会变得非常困难，经维护后的软件系统的可靠性可能会降低，系统会变得非常脆弱。

概括起来，分析和维护开源软件实践任务的具体内容包括 4 个方面：阅读开源软件、分析软件质量、标注开源代码和维护开源软件。

4.3.2 实践要求

分析与维护开源软件实践任务的开展，首先需要解决开源软件的选取问题，也即应该选择什么样的开源软件供实践人员进行阅读、分析、标注和维护，这对开展本实践而言至关重要。一般地，待分析和维护的开源软件对于实践人员而言必须是值得学习的，其代码反映了开源软件开发者的良好软件工程素质，蕴含了有价值的软件开发技能和方法。因此结合本实践任务的目标，从提升实践效果、达成培养目标以及为后续实践任务提供支持等多个因素考虑，要对本实践所需的开源软件提出以下要求。

① 代码质量高。由于选择的开源软件将被用于供学习者阅读、分析、标注和维护，作为学习样板和成功案例来指导学习者的软件开发行为，因而开源软件自身必须具有良好的质量特征，比如软件设计很好地体现了软件工程原则，程序模块具有良好的独立性和封装性，代码遵循编码规范，具有良好的可理解性、可维护性、可扩展性等。

② 代码规模适中。待分析和维护的开源软件代码规模要适当。如果代码规模太小，实践人员难以体验代码规模给软件质量以及软件维护等带来的影响，无法感受软件工程在开发大规模软件系统中的重要性；如果代码规模太大，实践人员难以从整体上把握软件系统的全局，没有足够的时间和精力来完成实践任务。根据几年来的软件工程课程实践教学经验，建议待分析和维护开源软件的规模至少应具有 5 000 ~ 10 000 行的代码量。

③ 功能易于理解。目前开源软件数目众多、功能多样、类别各异，许多开源软件应用于一些专业性领域（如机器学习、云计算等），因而需要特定的领域知识或专业知识，这对阅读和理解开源软件带来不少的困难。为了减少阅读和理解开源软件的难度，确保学习者将主要精力投入理解开源软件的工程要素而非领域知识或专业技术，所选择的开源软件应尽可能来自为大家所熟知的领域（如办公、家庭、公共服务等），其功能应具有直观、易于理解的特点，实践人员容易建立起功能和代码之间的关联关系，并结合实际应用需要构想和增强其软件需求，开展软件维护。

④ 用熟知的语言编写。现有的海量开源软件采用不同的程序设计语言来编写，包括 C/C++/C#、Java、Python、Perl、Swift 等几十种之多。为了确保分析和维护开源软件实践聚焦于学习和践行成功的软件开发技能而非程序设计语言、关注于高质量的软件设计和程序设计而非如何用程序设计语言来编写代码，在选择开源软件时需尽可能地选择那些实践人员所熟知的程序设计语言编写的开源软件。

⑤ 开源社区活跃。在分析和维护开源软件过程中，为了能够就开源软件自身以及软件开发问题等与开源社区中的软件开发者群体进行交流和讨论，掌握开源软件的诸多软件开发信息（如错误跟踪和纠正等），应尽可能地选择那些在开源社区中仍然活跃的开源软件，这样实践人员可以就该开源软件的有关新特征、缺陷、版本等在社区中进行交互和协同，分享社区中软件开发者群体的软件开发经验和知识。

4.4　开发软件系统实践任务的设计

4.4.1　实践内容

开发软件系统实践要求针对某特定应用领域中的具体问题，构想有创意的软件需求，借助面向对象等软件开发技术，采用迭代的方法来开发软件，包括需求获取与分析、软件设计与建模、代码编写与测试等，产生软件系统的各种制品（包括模型、文档、代码等）和可运行的软件系统原型。本实践将帮助实践人员切身体验开发具有一定规模和复杂度软件系统时可能面临的各种问题（如软件开发技术问题，人员组织和管理问题，运用面向对象技术对软件进行建模问题，确保不同模型之间、模型和代码之间的一致性问题等），感受软件系统开发时面临的多样化挑战，包括应对变化、质量保证、任务协同、交流沟通、问题解决等。

本实践任务是整个软件工程课程实践教学的核心和关键，只有让学生真正去开发一个具有一定规模和复杂性的实际软件系统，他们才会遇到真正意义上的实际软件开发问题，也才有可能运用所需的软件工程方法和手段来解决这些问题，进而在此过程中逐步培养其解决复杂工程问题的能力。当然，要通过本实践达到能力和素质培养的目标，必须对实践的内容进行精心设计，明确待开发软件系统需要具备哪些特点和要求、按照什么样的标准和要求来指导学生开展实践并验收其成果，以及如何运用软件工程的方法和技术来开展实践等。

概括起来，开发软件系统实践任务的具体内容包括以下几个方面：构思软件系统的创意，建立软件需求模型，文档化软件需求；对软件系统进行设计，建立软件设计模型，文档化软件设计结果；编写软件系统的程序代码，开展软件测试，产生可运行的软件系统。

4.4.2　实践要求

为了达到培养复杂工程问题能力和软件工程素质的目标，必须对实践任务提出明确的要求，尤其是要对待开发软件系统的规模和复杂性提出要求。实际上,小规模、简单软件系统的开发无需采用软件工程的手段,软件工程方法和技术是针对大型、复杂软件系统开发而提出的。为此,必须确保待开发软件系统的复杂性特征,否则实践人员就无法针对“复杂工程问题”开展实践,也就无法创造机会让实践人员运用软件工程的方法和技术来解决这些复杂工程问题,更谈不上培养其解决复杂工程问题能力和软件工程素质。概括起来,在开发软件系统实践任务中,待开发软件系统需要满足以下要求。

① 创意性。在互联网社会,有创意的软件系统才有价值,也才能激发软件开发人员的工作热情、获得用户的青睐。实践任务要求待开发软件系统在欲解决的问题(如各种应用问题)、解决问题的方式和方法、软件系统提供的功能等方面具有一定的新意,而非去开发一些老生常谈的应用(如图书馆信息系统、航班查询系统等)。无疑,对软件需求提出“创意”的要求必然会随之带来一系列复杂工程问题,如需求构思、技术实现、系统集成等,从而为培养解决复杂工程问题能力创造一系列机会。实际上,创新意识和能力也是复杂工程问题能力培养的一个组成部分。

② 规模性。待开发的软件系统必须具备一定的规模,从而体现软件系统自身的复杂性。软件系统的规模既可以表现为程序代码行数量或功能点的数量,也可以是表现构成软件系统的要素(如子系统、模块、交互、实例、数据等)及其数量(如有多少个模块、多大的数据库等)等。上规模的软件系统必然会带来一系列的复杂工程问题,如多个系统之间的交互和集成、异构模块及其之间的通信、需要运用多种技术等。在我们实施的软件工程课程实践中,要求待开发软件系统至少有一万行以上的程序代码量。

③ 集成性。待开发软件系统需要反映当前软件系统组成和形态的特点,表现为由诸如物理系统、遗留系统、云服务系统、开源软件系统等构成的一类复杂系统。构成系统的要素具备分布、异构、动态等特征,可能部署和运行在不同的环境之上,从而带来系统集成、交互、标准化、接口、协同等一系列复杂工程问题。现有的软件系统通常不再是单一组成和集中控制的系统,而是要与诸多系统和设备进行协同的一类集成系统;不再是孤立、封闭的系统,而是通过互联网与各种遗留系统、云服务系统等进行集成,以实现数据、信息和服务共享的一类开放系统。

④ 综合性。待开发软件系统需要综合运用相关的领域知识(如教育、航空、医疗服务、军事作战等)和信息技术(如软件工程、人工智能、移动计算等),借助多样化的支撑工具和平台(如建模和编程工具、软件中间件等),采用不同的程序设计语言,由此而产生一系列复杂工程问题,如知识和技术的融合、不同程序设计语言编写的代码间的交互、不同软件工具之间的数据共享等。

⑤ 演变性。待开发软件系统的需要以及系统自身可能会持续地发生变化,进而表现为一类具有演变特征的复杂系统。对于绝大部分软件系统而言,其需求的变化是一种常态。随着软件开发活动的推进以及对软件系统认识上的加强,用户会增加新的需求,变更和优化已有的需求,剔除不必要的需求。显然,软件需求的变化必然会带来一系列复杂工程问题,如怎样来管理变化、如何确保不同软件制品之间的一致性、如何在演变的过程中确保软件质量等。

⑥ 高质量。待开发的软件系统必须满足一定的质量要求。软件系统的质量不仅体现在软

件系统满足用户需求的程度(如尽可能少的代码缺陷、尽可能少的严重错误等),还表现为软件系统具有良好的可理解、可扩展、可维护等内部质量特征,具有应对各种异常情况的健壮性、可靠性和灵活性等。显然,质量要求必然引发相关的复杂工程问题,如怎样发现代码中的问题、如何通过遵循软件工程设计原则和编码规范等来提高代码的质量等。

本章小结

实践任务的设计是整个实践教学的基础和前提,它以实践教学的目标为指导,明确课程实践要开展的工作以及这些工作的基本内容和要求。软件工程课程实践教学要以培养学生解决复杂工程问题能力和软件工程素质为主要目标,结合软件工程课程教学和实践教学的特点,采用循序渐进、逐层递进的基本理念,从阅读高质量的开源软件入手,学习高水平软件开发者的软件开发经验和技能,并运用它们来维护开源软件,从而固化和养成良好的软件工程素质,积累初步的软件开发经验,在此基础上再来完成开发软件系统的实践任务,从而可以确保这一实践任务的顺利开展。

软件工程课程实践教学可由两项相对独立且相互支撑的实践任务组成。一项是分析和维护开源软件,它是先导和基础,另一项是开发软件系统,它是核心和关键。这两项实践任务都需要借助开源社区中的群智资源以帮助实践人员学习高质量的开源软件,借助开源社区中的软件开发知识以解决实践中遇到的问题,利用开源软件来实现目标软件系统。对于分析和维护开源软件实践任务而言,选择一个合适的开源软件至关重要,一般要求所选择的开源软件具有代码质量高、规模适中、功能易于理解等特点,整个实践任务包含阅读开源代码、分析代码质量、标注代码语义、维护开源软件等实践活动。开发软件系统实践任务则要求所开发的软件系统需要有创意、上规模、高质量,且具备演变性、集成性、综合性等特点,整个实践涉及需求获取与分析、软件设计与建模、代码编写与测试等一系列软件开发活动,并采用迭代开发、持续点评和不断改进的策略。

实践作业

4-1　你觉得一个优秀的软件工程师应具备哪些方面的能力？这些能力如何反映在他们的软件开发行为以及所开发的软件系统之中？

4-2　结合具体的软件制品(如模型、文档、代码、测试用例等),解释说明良好的软件工程素质有哪些具体的表现,如何才能让自己具备这些素质？

4-3　访问 GitHub、码云等开源软件托管网站,按照本章 4.3.2 小节给出的要求,找到值得推荐给软件工程初学者学习的开源软件,并说明为什么值得学习。

4-4　自己构思并提出一个具体的软件需求(如网络通信、图像识别、语音分析、机器人控制、无人机编程、数据库访问和操作等),到 GitHub、码云等开源软件托管网站去检索,看能否找到相应的开源软件,并分析如何利用这些开源软件来实现所构思的功能。

4-5 结合自己在编写程序或开发软件中遇到的具体问题,访问软件开发知识分享社区(如 Stack Overflow、CSDN 等),看能否从中找到针对该问题的相关答案,并总结一下如何借助开源社区来解决软件开发中的问题。

4-6 针对老师所提供的开源软件,通过泛读其代码,评估和分析该开源软件是否满足本章 4.3.2 小节给出的相关要求,并解释原因。

4-7 你认为阅读他人写的程序代码可以学到哪些方面的知识?

第5章　实践支撑软件工具

“工具”是软件工程的三要素之一。软件工程特别重视工具的使用,强调要借助各种软件工具来辅助软件系统的开发和管理。有效的工具不仅可以帮助软件开发人员高效率地开展软件开发和管理工作,还有助于软件开发人员及时发现软件开发和管理中潜在的问题,进而采取针对性的措施,提高软件开发质量,降低软件开发风险。不仅软件系统的开发和管理需要工具,软件工程课程实践的实施也需要相应工具的支持,以帮助参与实践的教师、助教和学生等来布置实践任务、组织实践人员、提交实践成果、加强交流讨论、跟踪实践进展、考评实践成绩等。

本章将介绍软件工程课程实践所需的软件工具,具体内容包括:

- 软件开发工具,以支持软件建模和分析、代码编写、软件测试、代码质量分析、软件文档撰写等。
- 实践实施工具,以支持实践任务布置、代码版本管理、分布式协同开发、实践人员组织、实践成果考评等。

5.1　实践支撑工具概述

软件工程课程实践涉及一系列实践活动,分别用于完成特定的任务。这些实践活动大体可以分为两类,一类是纯粹的软件开发活动,如需求分析、软件建模、软件设计、编写代码、软件测试等,它们的主要任务是要产生软件制品,如需求模型、设计模型、软件文档、程序代码、测试用例等;另一类是课程实践所特有的一些活动,如布置实践任务、跟踪实践进展、评估实践成绩、开展交流讨论等,它们的主要任务是要对课程实践的任务、人员、过程和成果等进行有效的组织和管理,以支持课程实践的开展。

为了支持上述两类活动,需要为实践人员提供如下一系列支撑软件工具。

(1) 软件开发工具

这类软件工具专门用于支持软件开发活动,其支撑范围可覆盖软件系统的全生命周期,包括需求分析、软件设计、编码实现、软件测试、部署维护、项目管理等。在软件工程领域,这类软件工具非常多,应用也非常广泛,在实际的软件开发中发挥了重要的作用,因而在诸多软件项目中得以运用。如 Microsoft Visual Studio,它提供了集成的软件开发环境,支持项目管理、代码编辑、程序编译和调试等软件开发活动。

(2) 实践实施工具

这类工具专门用于支持课程实践本身的活动,可覆盖课程实践的全生命周期,包括布置实践任务、组织实践人员、记录和分析实践数据、跟踪实践状况、发现实践问题、考评实践成绩、促进交流讨论、分享实践成果等。这类软件工具对于加强课程实践的管理、跟踪实践的进展、发现实践中的问题、提升实践的成效而言非常重要。例如,如果学生借助于软件工具来提交作业(如软件模型、软件文档或者程序代码),那么就可以通过工具来清晰地界定同一个实践团队中不同成员所做出的贡献,可以在一定程度上防止"大锅饭""打酱油"的情况;如果学生的所有实践行为都在软件工具上进行,那么支撑软件工具就可以自动搜集和分析实践行为数据(比如何时做了一项什么样的实践活动、提交了什么样的软件制品),进而来掌握和判断某个实践团队或成员的实践进展情况和工作投入情况。

5.2 软件开发工具

软件工程课程实践需要一系列软件工具(见表 5.1)以支持软件开发活动,本书第 6、7 章将介绍如何运用这些软件工具来辅助软件开发。这些软件开发工具都较为简单、易于操作,如何使用这些软件工具将作为本章的作业由读者来完成。

表 5.1 软件开发所需的支撑软件工具

开发活动	支撑软件工具	提供的功能	对实践任务的支持
软件建模	Microsoft Visio Rational Rose StartUML Argo UML ProcessOn 等	绘制 UML 模型 分析 UML 模型 根据模型生成代码	实践任务一:绘制开源软件的体系结构模型 实践任务二:绘制软件需求和设计模型
编写代码	Visual Studio Eclipse 等	管理项目代码 编辑和编译代码 调试和运行代码 代码质量分析等	实践任务一:维护开源软件 实践任务二:编写目标软件系统的程序代码
软件测试	JUnit CUnit PyUnit 等	软件测试	实践任务二:软件测试
代码质量分析	CheckStyle SonarQube PMD FindBugs 等	分析程序代码质量 发现代码缺陷 产生分析报告	实践任务一:分析开源代码质量 实践任务二:分析所编写的程序代码的质量
撰写文档	WPS Microsoft Office	撰写软件文档 制作宣传材料 制作汇报 PPT 撰写技术博客	两个实践任务的技术博客撰写 实践任务一:开源软件质量分析报告、实践总结和汇报 实践任务二:软件文档撰写、实践总结和汇报

下面简单介绍一下支持软件开发的常用支撑软件工具。

5.2.1　软件建模工具

这类软件工具主要用于绘制软件系统的模型(如数据流模型、UML 模型等),一些软件工具还提供了模型分析(如分析 UML 模型的完整性、不同 UML 模型间的一致性等)、程序代码自动生成等功能。常见的软件建模工具包括如下几种。

① Microsoft Visio。一种图形绘制工具,提供了绘制数据流图、UML 图等功能。它能与 Microsoft Office 兼容,可方便地将绘制的 UML 模型直接复制或内嵌到 Office 文档中。该软件工具没有提供模型分析、代码生成等功能。

② Rational Rose。一种专门针对 UML 建模和分析的软件工具,提供了绘制 UML 模型、分析 UML 模型、根据 UML 模型自动生成程序代码等一系列功能。该工具可为需求分析、软件设计等开发活动提供建模支持,并能有效发现 UML 模型中潜在的问题,如不一致性、不完整性等。

③ ProcessOn。一种在线绘图平台,其中就包括了绘制 UML 图的功能。

类似上述的软件工具还有很多,如 Argo UML、StartUML、PowerDesigner 等。实践人员可以根据软件开发的实际需要,遵循实用化、简单化的原则来选择合适的软件工具支持软件建模。结合软件工程课程实践,实践任务一中的阅读开源软件活动,实践任务二中的需求获取与分析、软件设计与建模活动都需要借助于软件建模和分析软件工具。本书所介绍的 UML 模型都是用 Microsoft Visio 来绘制的。

5.2.2　编码实现工具

这类软件工具主要用于支持编码活动,它们通常表现为一类集成的开发环境 IDE,提供了诸如项目管理、代码编辑、代码编译、代码调试、代码分析等一系列功能。典型的编码实现工具包括 Microsoft Visual Studio、Eclipse 等,可支持 C、C++、C#、Java 等程序设计语言的编程工作。在软件工程课程实践中,选择什么样的编码实现工具取决于课程实践需要采用什么样的程序设计语言来编写代码。当然,课程实践所要开发的软件系统可能会需要用多种程序设计语言来实现。例如,用 Java 语言来编写手机端的 APP,用 Python 语言来编写机器人端的控制软件,因而可能需要借助多个编码实现工具来支持代码编写的活动。结合软件工程课程实践,实践任务一中的维护开源软件活动,实践任务二中的编码与测试活动都需要借助于编码实现软件工具。

5.2.3　软件测试工具

这类软件工具主要用于支持软件测试活动,它们通常提供了诸如生成测试用例、运行测试程序、分析测试结果、产生测试报告等一系列功能。目前支持软件测试的工具非常多,它们分别针对不同的软件测试活动和任务,包括软件功能测试工具如 Rational Robot、软件性能测试工具如 Microsoft WAS、软件单元测试工具如 JUnit、企业级自动化测试工具 WinRunner 等。

在软件工程课程实践中,选择什么样的软件测试工具取决于软件工程课程实践设计及任务要求，并与目标软件系统的程序设计语言密切相关。如果所开发软件系统的程序代码是用 Java 来编写的，那么单元测试就可以考虑选用 JUnit；如果程序代码是用 C 来编写的，那么单元测试就可以考虑选用 CUnit。目前有许多开源的软件测试工具如 JUnit 等，它们提供的功能足够支持实践教学的需要。结合软件工程课程实践，实践任务二的软件测试活动需要借助于软件测试工具。下面结合 JUnit 工具，简单介绍一下该工具提供的功能和服务。

JUnit 是专门针对 Java 语言而设计的一个软件单元自动测试框架，它支持软件测试人员对 Java 类及其方法的程序代码进行单元测试。基于 JUnit 的测试框架，软件测试人员首先针对被测试的 Java 类编写一个相应的测试类，即 JUnit Test 类。在测试类中，软件测试人员需要编写相关的测试代码，以生成待测试的对象、接受测试用例的输入、运行测试用例、获取和分析运行数据、判断测试结果等。JUnit 提供了一系列语句来对测试用例的运行结果进行分析，从而判断程序代码能否通过测试。

- assertArrayEquals：判断两个数组是否相等；
- assertEquals：判断两个对象是否相等；
- assertFalse 和 assertTrue：判断布尔变量是否为 False 或 True；
- assertNotNull 和 assertNull：判断一个对象是否为空；
- assertNotSame：判断两个引用是否指向同一个对象；
- Fail：让测试用例失败。

JUnit 软件工具会根据测试用例的运行结果自动判断测试用例是否成功执行，从而判定程序代码中是否存在错误。如果测试用例运行失败，JUnit 将提醒有多少个错误和失败，以及在代码的哪个部分发生了错误，从而帮助程序员来快速定位代码的错误位置。

5.2.4 代码质量分析工具

代码质量分析工具主要用于支持软件质量保证任务，它们提供了诸如分析代码质量、报告代码质量问题、提出代码修改建议等一系列功能。目前代码质量分析工具非常多，如 PMD、FindBugs、CheckStyle、SonarQube 等。它们大多基于特定程序设计语言（如 C++、Java、Python 等）的编码规则，分析程序代码是否遵循编码规范、是否存在代码冗余、代码间的依赖关系、代码复杂度（如循环嵌套）等。代码质量分析工具一般采用静态分析的方法来评估代码的质量，其检查规则集通常是预定义好的，也可以使用用户自定义的规则。通过静态代码分析，软件开发人员可以掌握所编写代码的质量状况，并根据分析结果来修改代码以提高代码的可理解性、可维护性、可扩展性等，降低其内部的复杂性。

结合软件工程课程实践，实践任务一中的分析开源代码质量的活动，实践任务二的代码编写和测试的活动都需要借助于代码质量分析工具。前者主要用来分析开源软件代码的质量状况和水平，后者则帮助实践人员来发现所开发的程序代码还存在哪些质量问题，以便进一步对代码进行修改，提高代码的整体质量水平。

下面结合 SonarQube 工具，简单介绍一下该工具提供的功能和服务。

SonarQube(简称 Sonar)是一个基于 Web,用于管理程序代码质量的代码分析工具,它支持 Java、C/C++/C#、PL/SQL、Cobol、JavaScript 等 20 多种程序设计语言所编写的程序代码的质量分析,具体包括:

- 代码遵循编码规范情况,分析程序代码是否违反编码规则;
- 代码中潜在的缺陷,分析程序代码是否存在静态常规缺陷;
- 代码复杂度,分析代码中模块、方法、类的复杂度是否过高;
- 代码冗余度,检查是否存在重复的代码;
- 代码注释情况,检查代码的注释是否恰当和充分;
- 代码单元测试情况,统计和分析代码的单元测试覆盖率;
- 软件体系结构设计质量,通过分析代码中不同模块(如包、类等)间的依赖关系,判断软件体系结构设计是否合理。

SonarQube 工具完成代码分析后,会自动生成代码质量报告(如图 5.1 所示),内容包括代码质量阈值、代码质量问题列表等。其中质量阈值是衡量整个软件代码质量是否达到预定义标准的基本指标;质量问题列表中包括 Bug, Vulnerability 和 Code Smell 三种类型的代码质量问题;技术债务是根据 SQALE(Software Quality Assessment based on Lifecycle Expectations)计算得到的预计代码修复总时间。

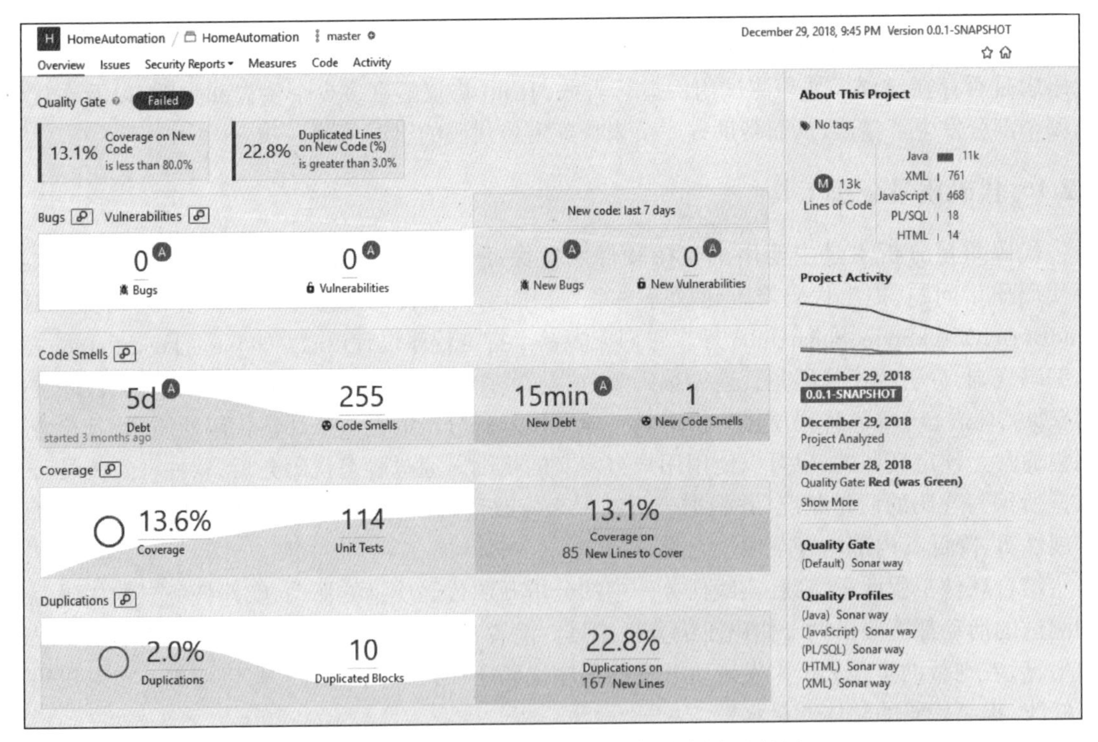

图 5.1　SonarQube 生成的代码质量报告主界面及注解

SonarQube 对于每一个代码质量问题都会向用户报告 Issue，如图 5.2 所示。对于每一个代码质量 Issue，可以点击查看详细信息，如质量问题的具体内容、所在的源文件位置和修复建议。

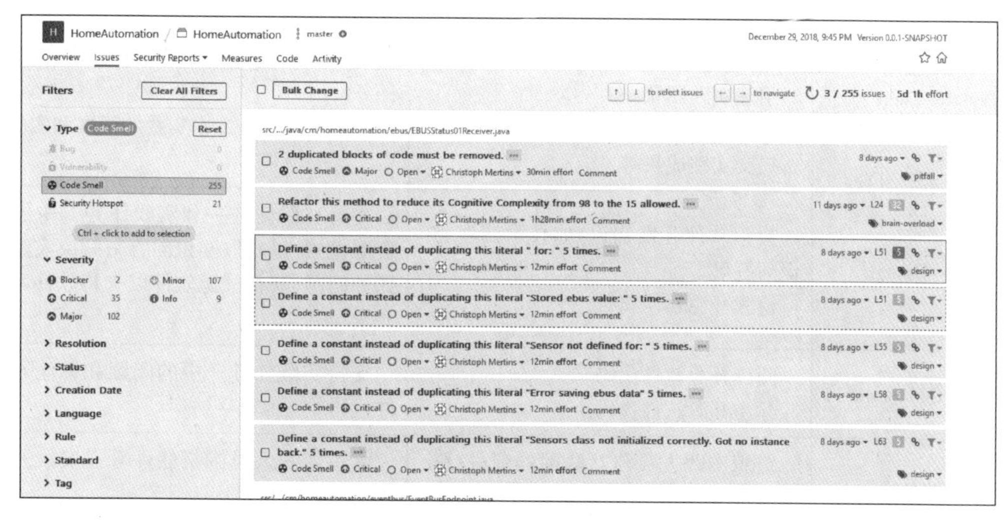

图 5.2 SonarQube 报告的 Issue 界面

SonarQube 能以插件的形式集成到众多的软件开发环境（如 Eclipse）中，从而使得程序员可以在编码的同时方便地分析代码质量。同时，SonarQube 也支持 DevOps 集成，在诸如 MSBuild、Maven、Gradle、Ant 和 Makefiles 等系统中都包含有 SonarQube 的内置集成。Jenkins、Azure DevOps 和 Travis-CI 等持续集成系统也可与 SonarQube 工具相结合来分析和管理代码质量。

5.2.5 软件文档撰写工具

这类软件工具主要用于撰写各类软件文档，如软件需求文档、软件设计文档、软件质量分析报告、软件测试报告、技术博客等，此外还可以用于撰写实践总结报告和制作汇报 PPT。常见的软件文档撰写工具包括 Microsoft Office 和 WPS。结合软件工程的课程实践，两项实践任务的技术博客、实践总结报告、软件需求文档、软件设计文档等的撰写，实践任务一中的开源软件质量分析报告的撰写等都需要借助于该软件工具。

5.3 实践实施工具

软件工程课程实践的实施涉及一系列要素，包括实践人员、实践活动和实践成果，实践过程中需要为这些要素提供必要的组织和管理服务。

本节将介绍一组支持实践实施的软件工具（见表 5.2），它们可为两项软件工程课程实践任务的开展提供相应的组织功能和管理服务支持（见图 5.3）。

表 5.2　实践实施所需的软件工具

工具名称	提供的功能	对实践任务的支持
Trustie-Forge	布置实践任务 创建实践项目 组建实践团队 开发任务分派和跟踪 提交实践成果等	支持实践任务一中的维护开源软件实践任务 支持实践任务二中实践的开展和实施
Trustie-Ossean	检索软件开发知识,如技术博客、知识问答等 检索开源软件项目	支持实践任务一和实践任务二中的群智资源检索,以获取知识问答来解决实践中遇到的问题,获得开源软件以支持软件系统的开发
Trustie-Codepedia	阅读开源软件代码 标注开源软件代码	支持实践任务一中的阅读和标注开源软件代码
LearnerHub	组织实践人员与互联网群智进行交流、讨论和学习	支持实践人员围绕软件开发实践开展群体化学习
Trustie-EduCoder	算法设计、代码编写、软件测试等实训	支持实践任务二中实践的开展和实施

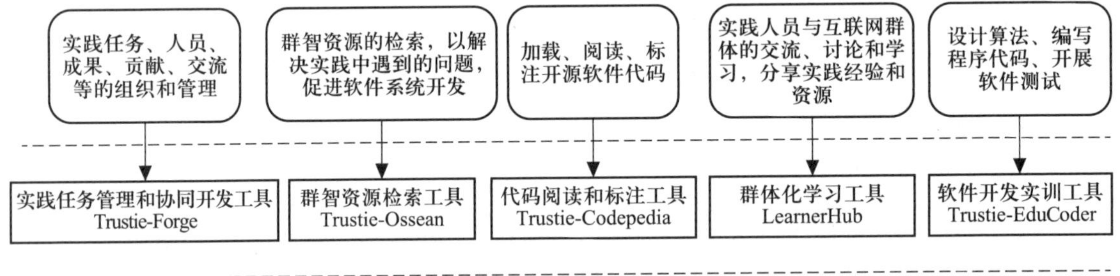

图 5.3　实践支撑软件工具的组成示意图

从实践任务的角度上看,两项实践任务分别需要以下软件工具以支持实践的开展。

① 实践任务一:分析和标注开源软件。该实践任务需要借助 Trustie-Codepedia 阅读和标注开源软件代码、Trustie-Forge 支持维护开源软件的实践任务、Trustie-Ossean 检索和分享软件开发知识以及获取和重用开源软件,以及利用 LearnerHub 促进实践人员的交流、讨论、分享和相互学习。

② 实践任务二:开发软件系统。该实践任务需要借助 Trustie-Forge 支持软件系统的开发、

Trustie-Ossean 检索与分享软件开发知识并获取与重用开源软件，利用 LearnerHub 促进实践人员的交流、讨论、分享和相互学习。

5.3.1 实践任务管理和协同开发工具 Trustie-Forge

Trustie-Forge 工具为软件工程课程实践的开展提供了实践任务布置、实践人员组织和团队组建、实践项目创建、实践成果提交、协同软件开发等功能和服务。

Trustie-Forge 部署在互联网上，教师或学生注册和登录到系统之后，选择相应的课程，可以见到如图 5.4 所示的主界面。界面的上部展示了课程的相关信息，包括课程名称、班级、教师和学生数量、开课学期及开课学校。左侧部分显示了该课程实践的相关信息，包括动态、讨论区、技术博客、布置的作业、资源库、各种数据统计和分析信息等。用户点击左侧部分的条目即可在界面的中间部分显示出相关的详细信息。例如，左侧的“作业 2”表示该课程目前布置了两项实践作业，点击“作业 2”之后，就可以在界面的中间位置显示两项实践作业的具体信息，用户也可以在该界面布置新的实践作业（具体方法可参阅本书 6.2 节）。

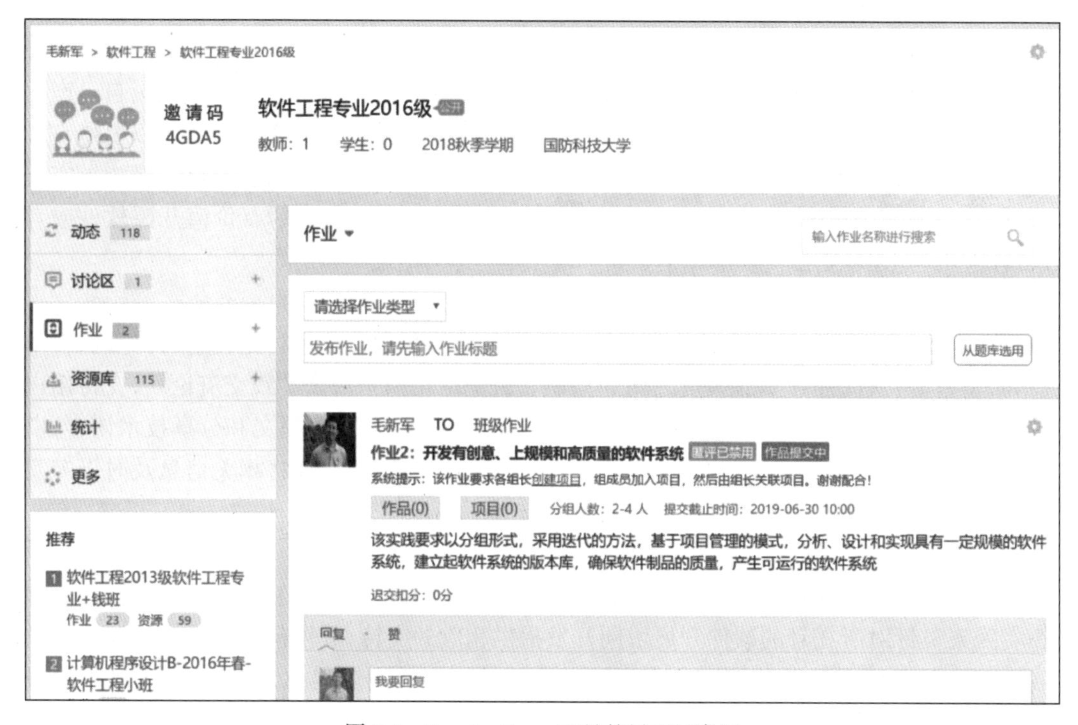

图 5.4 Trustie-Forge 工具的界面示意图

概括起来，Trustie-Forge 工具为软件工程课程实践提供了以下功能和服务。

(1) 人员的组织和管理

Trustie-Forge 支持对参与课程实践的各类人员（包括教师、助教和学生等）进行组织和管理,包括注册、登录、退出和关联。经过注册后的用户可以登录到系统中,并根据对应的角色来操作相应的功能。教师登录后可以在平台中创建课程,学生可以通过选择课程加入和参与该课程的实践教学,并建立起与教师之间的关联关系。

(2) 实践任务的布置和管理

Trustie-Forge 围绕课程来开展实践,它允许教师在课程中发布实践任务。每一项实践任务需要详细说明任务的名称、类型、描述、完成截止日期等信息。Trustie-Forge 支持两种方式提交实践成果:以文件方式提交和以版本库的形式提交。前者允许学生以文件的形式提交实践结果,如文档、模型等,其不足是无法对提交的实践成果进行深层次的管理,如合并相关的实践成果等,因而适合于那些不需要围绕实践成果进行协同开发的实践任务;后者要求学生基于版本库来提交实践结果,版本库中的内容既可以是程序代码,也可以是文档、数据、模型等,它可以对实践成果进行合并等,因而可以有效支持实践人员围绕实践成果进行协同式开发。Trustie-Forge 能够搜集实践人员的实践活动信息(如提交代码、合并代码等),掌握实践开展的动态情况,并及时将这些信息通告给相关的实践人员。

(3) 实践资源的共享

Trustie-Forge 提供了一个资源库,用于支持实践人员共同分享各类实践资源,如课程课件、软件文档模板、示例程序代码、相关的书籍文献等。这些实践资源既可以是实践人员自己产生的(如示例代码),也可以是实践人员从其他渠道(如开源社区)获得的。实践人员可以上传、查询、浏览、提取、下载资源库中的相关资源,从而实现共同分享的目的。例如,教师可以将指导实践的 PPT 上传到资源库中供学生学习和参考,学生可以将实践过程中发现的有价值开源软件或者其在开源社区中的 URL 发布在资源库中。

(4) 实践人员间的交流和讨论

Trustie-Forge 提供了多种方式支持实践人员进行多样化的交流和讨论,包括讨论区、技术博客、通知、留言等,从而加强实践人员之间的沟通。讨论区相当于一个实践交流论坛,支持用户针对实践过程中的问题进行开放的交流;技术博客支持实践人员撰写、提交和分享技术博客,以分享实践经验、心得、体会和成果;教师或者学生则可以通过通知的方式将相关信息及时告知实践人员;留言机制允许不同人员之间进行针对性的交互。

(5) 实践软件项目的托管与协同开发

Trustie-Forge 还专门针对软件工程课程实践的特点和要求,提供了实践软件项目的托管服务,为实践人员针对所托管的软件开展协同开发提供相应的支持,具体包括:

① 开发任务的分配和跟踪。在实践软件项目的协同开发过程中,项目的管理者可以根据实践团队的工作分工,结合项目任务的进度安排,为项目团队中的人员分配具体的软件开发任务;项目组成员也可以发布实践中遇到的各种问题(如代码存在缺陷等)并指派人员来解决,Trustie-Forge 支持对任务进展情况和问题解决情况进行跟踪,确保软件开发和实践实施得以有序进行。

② 实践成果的汇聚和合并。在实践实施过程中,不同的实践人员需要根据各自的实践任务

开展软件开发工作，产生不同的软件制品（如程序代码等）。这些软件制品需要通过有效的合并才能形成最终完整的实践成果，产生可运行的目标软件系统。Trustie-Forge 提供基于 Pull Request 的贡献汇聚机制，以支持软件开发者之间通过协同来高效地汇聚和合并最终的程序代码。

例如，实践项目的开发人员首先在 Trustie-Forge 上新建一个远程的版本库或 Fork 一个已有的远程版本库，然后将远程版本库 Clone 到本地，在此基础上在本地版本库中创建一个分支（默认为 master 分支）。基于该分支，实践人员可以编写自己的程序代码，并将产生的代码提交（Commit）到本地分支。一旦完成相关的开发任务之后，实践人员就可以将本地分支的代码推送（Push）到远程版本库的分支之中。最后通过冲突解决和合并分支产生最终的程序代码。

③ 实践成果的版本管理。基于 Git 提供的分布式版本管理工具，Trustie-Forge 可对实践项目中不同实践人员所提交的程序代码进行版本管理，确保多个实践人员所产生的程序代码的一致性和完整性，并对实践结果中的缺陷及版本信息等进行汇总与分析。

④ 实践成果的质量分析。基于持续集成工具 Jenkins 和质量分析工具 SonarQube，Trustie-Forge 可以对项目团队提交的软件制品的质量进行持续分析，包括程序代码的质量分析、产生代码质量分析报告等，从而可以及时发现所提交的实践成果中的质量问题，并将这些问题及时反馈给实践人员，以指导他们对实践成果进行持续改进和提高。

（6）实践信息的采集和分析

Trustie-Forge 可以持续搜集实践人员参与实践、开展软件开发工作等方面的信息，包括实践投入的时间、发布的资源和帖子、回复帖子的数量和质量、作业提交的次数等。基于这些实践数据，Trustie-Forge 可以从实践人员个体和项目团队两个层次分析其实践活跃度、开发贡献度（如提交的程序代码行数量）、实践成果提交的质量（如程序代码的质量等级）等，并依此对不同的软件开发者个体、项目团队进行排名。

概括起来，Trustie-Forge 工具通过建立实践项目库和资源库，为实践的实施提供了三项基本的服务，即支持资源共享、支持人员的交流和支持项目的托管与协同开发。

5.3.2 代码阅读和标注工具 Trustie-Codepedia

Trustie-Codepedia 工具可为软件工程课程实践提供代码加载、阅读、标注、质量分析等功能和服务。

Trustie-Codepedia 工具部署在互联网上，用户经过注册可以登录到系统[①]。图 5.5 描述了 Trustie-Codepedia 的主界面。界面的上部对应于几个菜单项，分别表示主界面（Home）、开源软件项目（Project）、代码文件（File）。

点击 Trustie-Codepedia 的“Project”菜单，工具将列举显示当前已有的标注软件项目，并描述这些项目的基本信息，包括代码文件（Files）数、点赞（Stars）数、Fork 数目等。点击某一项软

---

① Trustie-Codepedia、Trustie-Forge 和 Trustie-Ossean 三个工具共享注册用户，也即用户只要在 Trustie 平台上注册成功，就可以登录到以上三个软件工具。

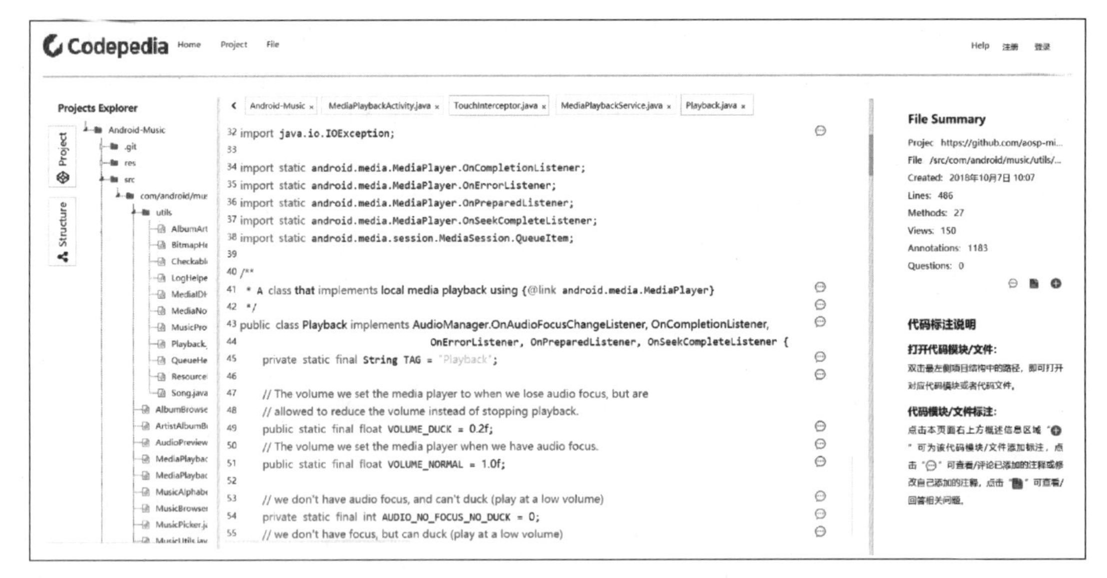

图 5.5　Trustie-Codepedia 工具的主界面

件项目，Trustie-Codepedia 工具将显示该项目的代码信息。其中，主界面的左部显示的是软件项目的组成目录树，包括构成软件系统的各个子系统及最终的代码文件。中间部分显示的是相应的程序代码及其标注情况，点击每一行代码右边的“+”符号可以对该代码进行标注。右边部分显示的是当前待标注文件的相关信息，如方法数目、代码行数目、标注数目、问题数目等。

Trustie-Codepedia 工具为分析和维护开源代码提供了以下两方面的支持：

① 代码的阅读和注释。Trustie-Codepedia 支持将开源软件代码加载到工具中，构建面向阅读和标注的开源软件资源库，并为代码阅读和标注提供软件系统的总体结构、类与方法、方法间调用关系等方面的视图信息，以加强对开源软件项目的理解和认知。在此基础上，工具提供了代码独立标注的功能，实践人员可以针对任何一行代码或一个代码库等进行标注。工具还集成了代码分析工具，并基于分析结果形成相应的引导问题，引导和培养学生编写高质量代码的意识。

② 标注质量的分析和评估。实践人员对代码理解是否准确和正确，标注的质量如何，仅靠教师来评估是非常困难的。Trustie-Codepedia 工具提供了多种功能和服务以加强对标注质量的分析与评估。工具支持实践人员查看他人给出的代码注释，以帮助他更好地理解代码的语义。工具还提供了赞与踩、匿名评论、交叉互评等功能，通过学生间的相互评阅，利用机器学习和自然语言处理技术对标注进行分析，从而对学生代码注释质量进行科学分析和准确评估。

5.3.3　群智资源检索工具 Trustie-Ossean

Trustie-Ossean 工具可以为实践人员提供群智资源的检索和获取服务，包括开源软件项目、软件开发知识问答、技术博客等，从而帮助实践人员解决实践中遇到的多样化和个性化问题，重用开源软件来促进软件系统的开发。Trustie-Ossean 工具部署在互联网上，它为实践人员提供了以下两方面的功能：

① 检索和获取开源软件资源。互联网上开源软件托管社区汇聚了海量、针对不同应用和需求的开源软件资源。Trustie-Ossean 通过爬取这些开源软件托管社区，建立起了面向实践教学的大规模开源软件资源库。软件开发人员可以通过查询来获取所需的开源软件，进而支持软件系统的开发。

② 检索和获取软件开发知识。互联网上开源社区汇聚了不同软件开发人员所提供的多样化软件开发知识（包括知识问答、技术博客等）。它们是对众多软件开发经验的总结，也提供了针对不同软件开发问题的常见解决方法。Trustie-Ossean 通过与开源社区内容同步等技术手段，建立起了面向软件工程课程实践教学的大规模软件开发知识库。软件开发人员通过查询方式获取和共享相应的软件开发知识，从而帮助他们解决实践中遇到的困难和问题。

5.3.4 群体化学习工具 LearnerHub

LearnerHub（也称知士荟）工具可以帮助学习者围绕特定的主题开展学习、交流、讨论和分享。它采用在线社区的模式来组织学习者，使得他们通过互联网来分享学习资源（如学习资料、技术博客、开发经验等）和知识。它提供了多种机制来激励用户共创高质量的学习内容、共同解决学习和实践中遇到的多样化问题，从而充分激发互联网大众的力量，利用他们的群体智慧。

LearnerHub 部署在互联网上，它主要提供了以下一组群体化学习功能。

(1) 基于项目的群体化学习

LearnerHub 支持学习者围绕学习项目来开展群体化学习，如创建学习资源、贡献学习资源、提出问题、回答问题、投票回答等，进而支持互联网大众围绕特定的主题开展自主化学习。LearnerHub 允许用户自由地创建学习项目（如软件工程综合实践），接受互联网用户加入学习项目之中来开展群体化学习。

图 5.6 描述了学习项目中的问答板块及其提供的功能和服务。学习者可以在学习板块中提出问题（如“如何用 Java 来访问数据库系统”），给出问题的详细描述，并将问题发布在学习项目中以寻求解答，其他学习者也可以根据对该问题的理解进一步改正和补充该问题及其回答的表述，以使其更为准确地反映问题本身的内涵，学习项目中的用户可以结合自身的知识和经验来提供问题的回答，工具提供了投票机制以筛选出优质的问题答案。此外，学习项目还支持用户贡献学习资源并发布在资源库中以供用户分享。

(2) 基于群组的学习者管理

LearnerHub 采用学习群组机制来组织和管理学习者，它允许用户创建群组（如软件工程课程实践的学生群）并通过群组来汇聚具有共同学习目标和兴趣的学习者。互联网用户可以根据自己的兴趣和意愿自由地加入相应的学习群组之中（见图 5.7）。群组中的用户可以创建学习项目，从而使得群组中的成员可以围绕学习项目开展群体化学习。LearnerHub 允许一个群组创建一个或多个学习项目，也可以在一个群组中创建一个或多个子群组。

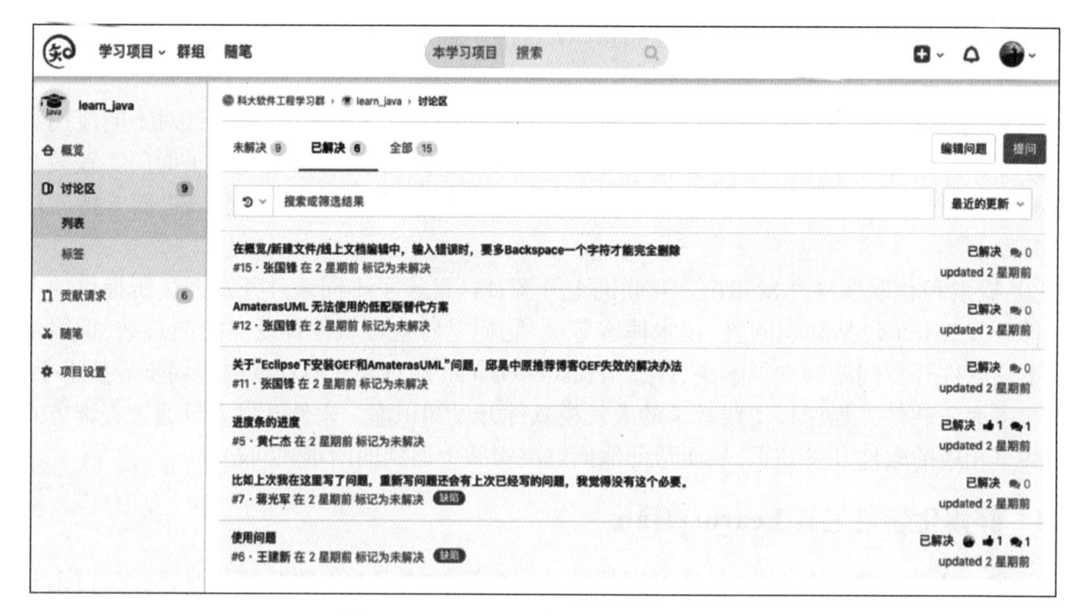

图 5.6　LearnerHub 中的群体化问答版块

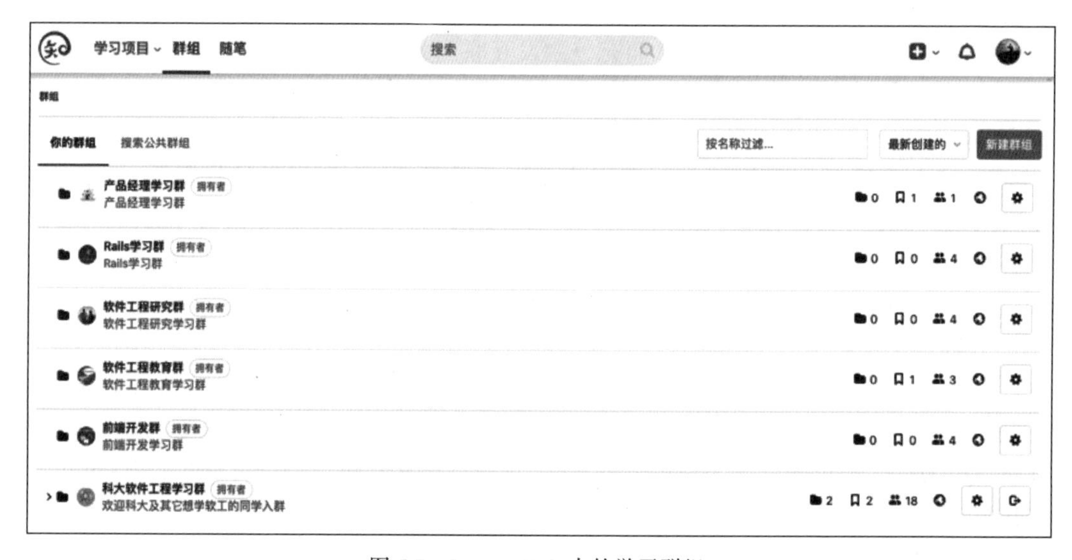

图 5.7　LearnerHub 中的学习群组

群组中的管理者（也称群主）拥有对群组及其所关联的学习项目的管理权限。加入群组后，群组中的成员可以跟随群主的学习路径和计划一起开展学习，也可以结合各自的学习需求在相关的学习项目中进行交流和分享。

LearnerHub 将学习项目中的学习者分为两类角色：核心学习者和外围学习者。核心学习者拥有对学习项目的管理权限（如学习仓库管理、学习项目设置、讨论区问题管理等），外围学习者则拥有如提问、回答等基本的学习功能。

(3) 撰写学习随笔

随笔是对学习者在学习过程中碎片化知识的记录。学习项目中的学习者可以使用随笔功能记录学习过程中的心得、体会、经验等,并通过学习项目进行分享。LearnerHub 提供了支撑用户撰写随笔的功能和服务。用户也可以对他人的随笔进行评论和反馈。用户创建的随笔既可以依托于项目,实现公开分享;也可以不依托于项目,不与他人进行分享。图 5.8 描述了某个学习项目中可公开分享的随笔。

图 5.8 LearnerHub 学习项目中的随笔

5.3.5 软件开发实训工具 Trustie-EduCoder

Trustie-EduCoder 工具针对软件开发实训提供了在线实训、分班管理、任务跟踪、自动考评等功能,为软件开发实训提供支撑环境,包括代码编写、自动构建、运行评测等。此外,Trustie-EduCoder 还提供了高效的群体交流讨论和学习机制,能够帮助学习者通过相互之间的交流和分享，解决实践中遇到的问题。

（1）开发实训项目

Trustie-EduCoder 支持实训项目的在线开发和持续改进，从而实现实训内容的快速更新、灵活和个性化的定制。

① 构建实训项目：借助于实训开发模板，支持用户参照说明快速完成实训项目的设计、测试和发布。

② 修改实训项目：用户可复制实训项目副本并对其进行修改和再次发布。

（2）实施实训项目

Trustie-EduCoder 提供了在线实训的全流程辅助工具，支持对实训实施的全过程管理。

① 课堂创建及管理：教师创建在线课堂并邀请学生加入，发布实训项目、调查问卷等，安排学生开展自主实训，提供自动评分。

② 交流和讨论：在线实训课堂同时提供了资源、问卷、讨论、技术交流吧、教学反馈吧等板块，支持围绕相应问题进行讨论和交流。

③ 综合分析评估：记录了实训的全流程数据，可从多个视点对实训情况及成效等进行评估和分析。

（3）软件开发实训

Trustie-EduCoder 提供了一系列软件开发实训项目，围绕特定的软件开发技术或者开源框架，设计了相应的软件开发实训任务，提供了编程、编译、运行等支持，借助于游戏化的通关模式引导学习者开展逐步进阶的实训（见图 5.9），为此 Trustie-EduCoder 为学习者提供了以下一组功能和服务。

图 5.9　Trustie-EduCoder 主界面

- 软件开发知识点介绍：介绍与特定软件开发实训相关的核心知识点。
- 在线软件开发实训：支持程序代码的阅读、编写、修改、编译和运行等。
- 代码部署和评测：支持代码的提交、自动构建和评测。

本 章 小 结

“工欲善其事，必先利其器”。高效率和高质量的软件开发离不开各类软件工具的支持，熟练掌握和使用这些软件工具是软件工程课程实践教学的一项基本要求，也是软件开发能力的重要体现。同样，软件工程课程实践教学也需要相应软件工具的支持，以辅助实践教学的实施，加强实践教学所涉及的人员、过程、成果等方面的管理。

软件开发的支撑软件工具可以为软件开发过程中不同阶段的软件开发和管理活动提供多样化的支持，包括需求分析、软件建模、系统设计、编写代码、软件测试等。有效地利用这些软件工具不仅可以提升软件开发的效率，降低软件开发成本，还可以提高软件开发的质量。目前软件工程学术界和工业界提供了一系列软件工具来辅助软件开发活动。软件工程课程实践的实施需要充分利用这些工具来支持软件系统的分析、设计、实现和测试。

实践教学具有不同于课程教学的特点，对课程实践的诸多环节（如实践任务、人员组织、成绩评定等）进行有效的组织和管理是实践教学面临的一项主要挑战，亟需相应软件工具的支持。针对软件工程课程实践教学的特点和需求，从代码阅读、标注、开源资源检索、群体协同开发与交流、实践数据的采集和分析等，我们构建并形成了一系列实践支撑软件工具，可对实践人员、实践活动、实践成果、实践数据等进行有效管理，从而为有序开展实践、科学评估成效、及时发现问题等提供支持和依据。

实 践 作 业

5-1 掌握 Microsoft Visio、Rational Rose、Argo UML、SonarQube 等软件开发工具的使用，能够运用它们来开展 UML 建模和分析、软件质量分析等具体的软件开发工作。

5-2 注册成为 Trustie-Forge 的用户，使用 Trustie-Forge 软件工具，体验并掌握其提供的功能和服务，学会使用该软件工具来创建实践项目、加入实践项目、提交实践成果等。

5-3 使用 Trustie-Ossean 软件工具，体验其提供的功能，结合具体的软件开发问题和开源软件需求，尝试借助 Trustie-Ossean 来检索软件开发知识问答和开源软件项目。

5-4 注册成为 Trustie-Codepedia 的用户，登录后使用 Trustie-Codepedia 软件工具以体验其功能，学会使用该软件工具来加载、阅读和标注开源软件代码。

5-5 注册成为 LearnerHub 用户，使用该软件工具并体验其功能，加入与阅读和维护开源软件、开发软件系统等相关的群组及学习项目，在学习项目中进行分享、交流和讨论。

第 6 章　实践任务一：分析和维护开源软件

分析和维护开源软件的课程实践

微视频：分析和维护开源软件

分析和维护开源软件实践旨在通过对高质量、较大规模开源代码的阅读、分析和标注，理解和领会高质量代码的基本特征和要求；通过对开源软件代码的维护，掌握和践行编写高质量代码的方法和技能；在此基础上进一步深入理解代码质量的重要性，认识需求变化对软件制品及其质量带来的影响。本实践的本质是以高质量开源软件为媒介，学习开源社区中"高水平"软件开发者的开发经验和技能，并通过针对开源软件代码的维护，体验和践行这些软件开发经验和技能，进而帮助实践人员逐步树立起软件开发的质量意识和工程意识，培养高质量软件开发的素质，提升软件开发的能力和水平。

本章介绍分析和维护开源软件实践任务的实施方法，具体内容包括：

- 实践实施的过程、活动、原则及要求，实践预期的输出结果。
- 实践实施的准备工作，如选择合适的开源软件、布置实践任务、组织实践人员等。
- 小米便签开源软件的介绍。
- 阅读、分析、标注和维护开源软件实践活动的实施策略、输出结果和具体要求。
- 基于群智方法、借助群智资源来解决实践中遇到的困难和问题。
- 对实践进行总结以记录、交流和分享实践成果、心得和体会。
- 针对实践教学的具体情况对实践设计进行剪裁的方法。

6.1　实践实施过程及原则

6.1.1　实施过程和活动

分析和维护开源软件实践旨在通过对具有一定规模和高质量开源软件的分析和维护，学习开源软件中所蕴含的高水平程序代码以及软件开发技能，并通过对开源软件的维护以践行所学的软件开发技能及代码质量要求，以加强对软件工程的理解和认识，树立软件开发的质量意识，领会质量对于软件系统的重要性，进而逐步提升高质量软件开发的能力，形成良好的软件工程素质。

分析和维护开源软件实践的实施过程如图 6.1 所示，包括 4 项基本的实践活动，即阅读开源代码、分析代码质量、标注开源代码和维护开源软件，这些工作需要由实践人员来完成。在此过程中，指导教师需及时跟踪和分析实践任务的完成情况，对实践中存在的问题进行持续点评、指导和考核；实践人员需要采用群智的方法，借助于开源社区中的群智资源（包括软件开发知识和开源软件）来促进实践的开展，如解决实践中遇到的问题等。

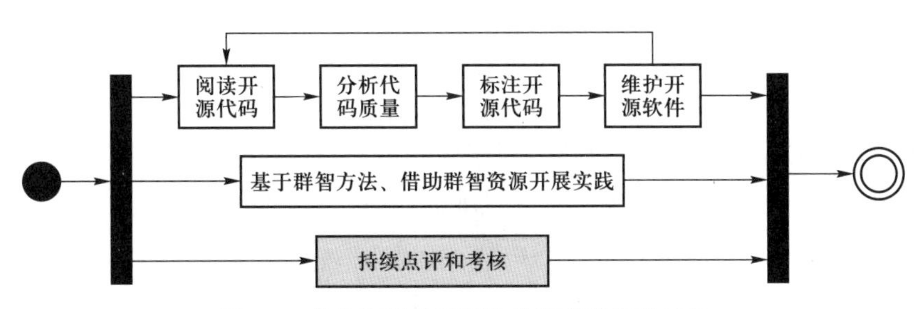

图 6.1 分析和维护开源软件实践的实施过程

（1）阅读开源代码

在开源软件托管社区（如 GitHub、SourceForge、码云等）中遴选待分析和维护的开源软件，将其编译、安装和部署到目标运行环境中，通过操作和使用该软件系统以了解其功能；阅读开源软件代码，掌握开源软件的整体架构情况，分析软件模块与软件功能之间的对应关系，大致了解和掌握开源软件的整体情况。

该活动旨在从整体层面上理解和掌握开源软件的功能及构成，为后续的分析、标注和维护活动奠定基础。本活动的实施要求在全局而非局部、宏观而非微观的视角来泛读和理解开源软件代码，掌握其整体的结构和功能，实践活动的输出结果是开源软件的架构和功能描述。需要注意的是，在该步骤实践人员对开源软件代码的阅读不要陷入具体的细节之中（如某条语句的含义等），对整体软件架构的描述可停留在程序包、构件或类层次，无需刻画类的实现细节（如属性及方法）。

（2）分析代码质量

采用人工阅读分析和工具自动分析（如借助 SonarQube、CheckStyle 等软件工具）相结合的方式，探究开源软件代码的质量情况，学习高质量的程序代码及其编写技能，发现开源软件代码中存在的质量问题，领会和掌握高水平、高质量软件设计和程序设计的规范、策略、方法和技能。

该活动旨在深入了解开源软件的整体质量情况，发现开源软件代码中的积极一面，即高质量的程序代码及其背后所蕴藏的高水平软件开发经验、技能和方法；与此同时发现开源软件代码中的消极一面，即从质量的视角来分析开源软件代码中还存在哪些问题和不足，从而为后续的代码维护奠定基础。该活动的输出是开源软件的质量分析报告。

（3）标注开源代码

精读和细读开源软件代码，在局部、微观层面掌握代码的实现细节和方法以及质量特征，理解程序代码的内涵和语义，并在类、方法、语句块、语句等多个层面对开源软件代码进行注释。该活动旨在掌握开源软件代码的具体细节（包括代码语义和内涵、编写的意图等），并对其进行标注，从而为后续的代码维护奠定基础。该活动的输出是开源软件代码的注释。

（4）维护开源软件

维护开源软件主要包括两方面的工作，一是修改开源软件代码中存在的缺陷，以提高代码质量，也称纠正性维护；二是在开源软件原有程序代码的基础上编写新的程序代码，以完善其功能，也称完善性维护。无论是纠正性维护还是完善性维护，都要求实践人员树立质量意识，运用所学到的方法和技能来编写代码，产生高质量的软件系统。

该活动旨在将学到的软件设计和程序设计方法和技能运用到实际的软件维护之中，做到学以致用，从而积累软件开发经验，提升实践人员的软件工程能力和水平。与此同时，该实践活动还有助于实践人员更为深刻地理解“质量”对于软件系统的重要性，真正领会需求变化对软件系统及其质量带来的影响。该活动的输出是经过维护后的开源软件代码。

（5）基于群智方法、借助群智资源开展实践

在分析和维护开源软件过程中，实践人员会遇到多样化、个性化的软件开发问题。例如，他们不理解开源代码中某些语句的内涵和语义、不知道代码中某些类及其方法的功能、不清楚如何运用特定程序设计语言来实现某些功能、不明白如何从开源社区中克隆开源软件代码等。由于不同实践人员的软件开发知识和经验有所差异，所阅读的开源程序代码、实现的软件功能各不相同，因而他们遇到的问题也不尽相同。

实践人员可以采用基于群智的方法，借助开源社区中的群智资源来解决实践中遇到的这些问题。他们可以加入开源软件托管社区或软件开发知识问答社区，或直接利用 Trustie-Ossean 来搜索和查询开源社区中的软件开发知识，从而获得解决这些问题的知识和答案。实践人员也可以在开源社区中发布自己所遇到的问题，征询开源社区中群智的回答，从中获得解决问题的答案。该活动的本质旨在借助开源社区中群智的智慧和力量来帮助实践人员解决实践过程中的各类问题。在具体的实践实施过程中，实践人员遇到的绝大部分问题都可以在开源社区中找到相应的答案。

在维护开源软件的过程中，需要针对新增的功能需求编写相应的程序代码。为了达成这一维护目的，实践人员可以通过开源软件托管社区或直接利用 Trustie-Ossean，搜寻能够实现新增功能需求的开源软件或代码片段，以快速、高质量地完成软件维护任务。该活动的本质旨在借助于开源社区中的海量、高质量开源软件，通过对其代码的重用来开展软件开发和维护工作。

（6）持续点评和考核

这一活动主要是针对实践的指导教师而言的。在分析和维护开源软件的过程中，指导教师需要借助支撑工具及时掌握实践人员开展代码阅读、分析、标注和维护的进展情况，包括实践投入的时间和精力、实践的活跃度和贡献度、实践实施的进度、所提交的实践成果及其质量水准等。在此基础上对学生的实践结果和行为进行持续性点评，明确、显式地指明实践中存在的问题和不足，提供解决问题的意见和建议，并要求实践人员据此对实践成果进行持续修改，在此过程中分阶段、分步骤地对实践成绩进行评定和考核。该活动的本质是要通过持续性点评和考核来推动实践人员的持续性投入，要求并激励实践人员不断进行实践成果改进，起到“以评促改”的功效，在不断解决实践问题和完善实践成果的过程中帮助实践人员克服困难，迎接挑战，积累经验，提

升软件开发的能力和水平，培养良好的软件工程素质。

6.1.2　实施原则和要求

为了确保分析和维护开源软件实践任务的实施成效，达成其预定的设计目标，实践实施需要遵循以下一组原则。

（1）聚焦质量

开发高质量的软件系统一直是软件工程追寻的目标之一。软件工程提供了诸多方法和技术以确保软件质量。编写高质量的程序代码是软件工程专业人才培养的基本要求，也是良好软件工程素质的主要表现之一。在分析和维护开源软件实践中，实践人员要自始至终将“质量”作为开展和实施该项实践的关注要点，在阅读、分析、标注和维护开源软件过程中，充分认识到代码质量的重要性，深入理解软件质量的内涵和表现形式，掌握和践行编写高质量程序的规范、方法和技能，深刻领会需求变化对软件系统质量带来的影响。概括而言，该实践的本质就是要从“质量”的视角来认识软件工程的思想、原则和方法。因此，在选择待分析和维护的开源软件时，要重点评估开源软件的质量；在阅读、分析和标注开源软件时，要从“质量”的视角来理解开源软件代码，如代码所遵循的编写规范、代码中各模块的独立性和封装性、软件模块的可扩展性等，重点学习和掌握开源软件中所蕴含的高质量软件设计和程序设计的方法和技能等；在维护开源软件活动中，要遵循原先的编码风格，确保修改和新增程序代码的质量。

（2）学以致用

要将在阅读、分析和标注开源软件实践中所掌握的高水平软件开发技能、高质量的软件开发方法等运用到开源软件的维护活动之中，使得新修改和增加的程序代码与开源软件中原有程序代码在风格上保持一致，确保所编写的程序代码具有良好的质量水平。学以致用（即使是模仿性的）非常重要，在实践中运用所学的知识和方法来解决问题是提升能力和培养素质的最有效的手段。

（3）持续点评和改进

实际情况中，初次接触软件工程实践的学生要将实践做到高质量、符合软件工程规范和要求是非常困难的，他们提交的实践成果（如代码、模型、文档等）可能会很粗糙、质量低劣，存在诸多技术问题，甚至会有许多低级错误。例如，文档撰写不符合要求、图表不规范、文字表达费解、模型绘制不正确、不同模型间存在不一致、程序代码没有遵循编写规范等。为此，分析和维护开源软件实践需要遵循持续点评和改进的原则，针对实践人员的实践行为和成果，指明存在的问题和不足，提供修改的意见和建议，并要求实践人员据此进行改进，在改进的过程中加强对软件工程思想、原则和方法的理解，提高实践成果的质量，提升软件开发的能力，逐步培养良好的软件工程素养。

（4）借助群智资源

在阅读、分析、标注和维护开源软件过程中，实践人员会遇到诸多困难和问题。针对这一情况，实践人员可以充分利用开源社区中的大量高水平软件开发人员，借助于他们提供的群智资源来解决多样化和个性化的软件开发问题。例如，通过与开源社区中高水平软件开发者群体的交互（如问题回答）或分享社区中的软件开发知识来解决实践中遇到的多样化和个性化问题，重用开源社区中的开源软件或者其代码片段来开展软件维护工作。

为了确保分析和维护开源软件实践的顺利开展，取得预期的成效，对实践人员提出如下要求。

（1）加入开源社区

实践人员需要加入开源软件托管社区和软件开发知识问答社区，学会在开源社区中搜寻所需的开源软件，重用开源软件代码，开展知识问答，检索软件开发知识，分享高水平软件开发者的知识和经验，从而理解、标注和维护开源软件。

（2）撰写技术博客

实践人员需要周期性（如每周一次）或针对特定的里程碑（如完成了代码阅读活动）撰写技术博客，以总结和记录实践过程中遇到的问题、解决问题的方法、个人的实践心得和体会、实践收获等，巩固实践的成果，并通过实践支撑软件工具与他人进行分享。技术博客的内容要突出个人的"感悟"，切忌泛泛而谈，更不允许抄袭和复制。

（3）借助软件工具

借助工具来开发软件既是现代软件工程的一项基本原则，也是提高软件开发质量和效率的重要手段。为此，分析和维护开源软件实践要求借助有效的软件工具来阅读、分析、标注和维护开源软件，包括利用 Trustie-Forge 支持分布式协同开发、利用 Trustie-Ossean 检索开源软件和获取软件开发知识、利用 Trustie-Codepedia 标注开源软件代码、利用 SonarQube 分析开源软件代码质量、利用 LearnerHub 组织实践人员开展交流和分享技术博客等。这些工具不仅可以支持实践的开展，还可以搜集与实践相关的数据，从而为跟踪实践进展、发现实践问题、考评实践成绩提供依据。

（4）独立提交成果

分析和维护开源软件实践虽然采用结对、分组的组织形式，要求通过多人相互交流与合作来共同完成该实践任务，如绘制开源软件体系结构的 UML 模型、撰写开源软件的质量分析报告等，但是在实践实施过程中，每个实践人员都应有其各自的任务，需要独立完成各自的分析和维护工作，并产生各自的实践成果。例如，每个实践人员根据任务分工开展代码标注、根据分配的维护任务编写相应的程序代码。为此，要求每个实践人员借助软件工具独立提交实践的成果，如代码注释、程序代码等。Trustie-Forge 借助 Git 工具提供了 Issue、Pull Request 和版本库等机制和功能来支持实践任务的分派、代码提交和合并。独立提交成果既有助于掌握每个实践人员的进展及成果，根据其具体情况进行针对性点评和指导，还可以有效防止软件工程实践中普遍存在的"吃大锅饭""打酱油"等现象。

6.1.3　实践输出及成果

本实践任务完成之后，将输出以下多种形式的实践成果，包括软件模型、软件文档和程序代码，具体如表 6.1 所示。

表 6.1 分析和维护开源软件实践的输出成果

实践成果形式	实践成果内容	提交时机
软件模型	开源软件架构模型	阅读开源代码
软件文档	开源软件质量分析报告	分析代码质量
	实践总结报告	实践结束之时
	技术博客	周期性或在特定里程碑
程序代码	程序代码	维护开源软件
	代码注释	标注开源代码

① 软件模型,包括用UML来刻画和描述的开源软件架构模型,可借助Microsoft Visio、Rational Rose等软件工具来绘制。

② 软件文档,包括开源软件质量分析报告,描述和分析了开源软件的整体质量情况,包括质量水准、高质量代码及其特征、代码中存在的质量问题等;实践总结报告,介绍分析和维护开源软件实践完成情况;技术博客,记录和总结实践的心得、体会、感受和成果。

③ 修改和新增的程序代码,它们实现了对开源软件的纠正性和完善性维护,形成了开源软件的新版本。

④ 代码标注,用于对开源软件代码进行注释。

实践的所有上述输出成果都可保存在Trustie-Forge的版本库之中。

6.2 实践实施的准备工作

在开展分析和维护开源软件实践之前,需要完成一系列准备工作,包括选择待分析和维护的开源软件、组织实践人员、布置实践任务、准备软件工具等。图6.2用UML的活动图描述了这些准备工作及其流程。

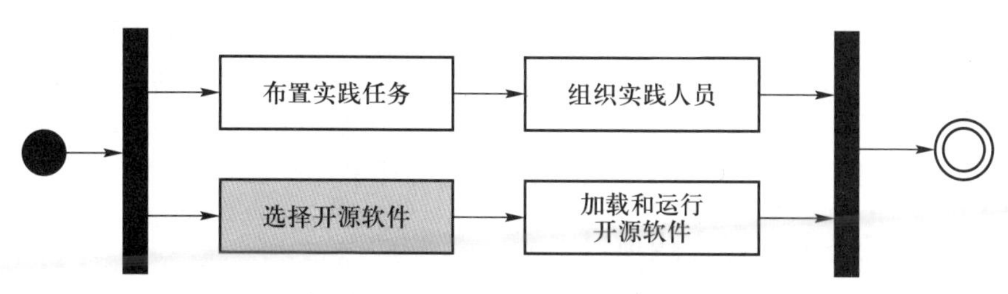

图 6.2 分析和维护开源软件实践的准备工作及其流程

6.2.1　选择开源软件

分析和维护开源软件的前提是要到开源软件社区去寻找合适的开源软件（具体要求见 4.3.2 小节）。这一工作通常由指导教师来完成，以确保所选择开源软件的质量以及针对所选择开源软件进行分析和维护的可行性。

在选取开源软件过程中，指导教师既可以到相关的开源软件托管社区中直接寻找，也可以通过 Trustie-Ossean 工具来查看开源软件的排行榜、查询所需的开源软件。根据开源软件托管社区所提供的开源软件信息，指导教师可以大致了解开源软件的实现语言、提供的功能、代码的规模、开源软件项目的活跃情况、被用户下载的次数等基本信息，还可以进一步阅读开源软件代码，初步掌握其代码的质量、注释数目、编程风格等更为翔实的情况，综合上述信息来选定供分析和维护的开源软件。

6.2.2　组织实践人员

为了确保分析和维护开源软件实践的成效，加强实践人员间的交互和协同，促进实践活动的开展，共同解决实践过程中遇到的困难和问题，需要对参与实践的人员进行有效的组织和管理。

（1）个体层次

在实践过程中，每个实践人员需要独立完成各自的代码阅读、理解、分析和标注任务，结合维护要求编写相应的程序代码，确保所编写代码的质量，并单独提交各自的实践成果。为此，需要借助实践支撑软件工具对每个实践人员进行有效的管理和跟踪，包括创建实践人员的账户、针对实践活动提供相应的功能支持，如标注开源软件代码、布置实践任务、提交编写的代码等。指导教师也可以由此对每个实践人员的工作情况和成果进行跟踪。结合小米标签开源软件的分析和维护实践任务，要求每个实践人员完成 1 000 ～ 2 000 行的开源软件代码的精读和标注工作，编写 300 ～ 500 行的程序代码。

（2）结对层次

在阅读、分析、标注和维护开源软件的过程中，由于在程序设计知识、技能和经验等方面的不足，实践人员需要与他人进行交流和讨论，得到他人的帮助和建议，与他人一起克服实践中遇到的困难，解决各种软件开发问题。为此，分析和维护开源软件实践以两人为一个基本单位进行结对，共同完成实践任务。结对模式在软件开发中得到广泛应用，它强调通过两个人之间的相互合作来开展工作、完成任务，具有管理简单、易于实施等优点。将结对组织模式引入分析和维护开源软件实践之中，可以帮助实践人员克服畏惧实践的心理，遇到困难和问题时能够找到可以交流和讨论的对象。结合小米标签开源软件的分析和维护实践任务，要求每个结对完成 2 000 ～ 4 000 行的代码精读和标注工作，编写 600 ～ 1 000 行的程序代码。

6.2.3　布置实践任务和创建实践项目

为了支持实践人员开展分析和维护开源软件实践，需要借助有效的软件工具，以布置实践任务、组织实践人员、创建实践项目等。图 6.3 描述了基于实践支撑软件工具 Trustie-Forge 来布置实践任务的大致流程，其中灰色背景的活动由指导教师来完成，包括创建课程、创建授课班级和布置实践任务，白色背景的实践活动由实践人员来完成，包括加入课程班级和创建实践项目。

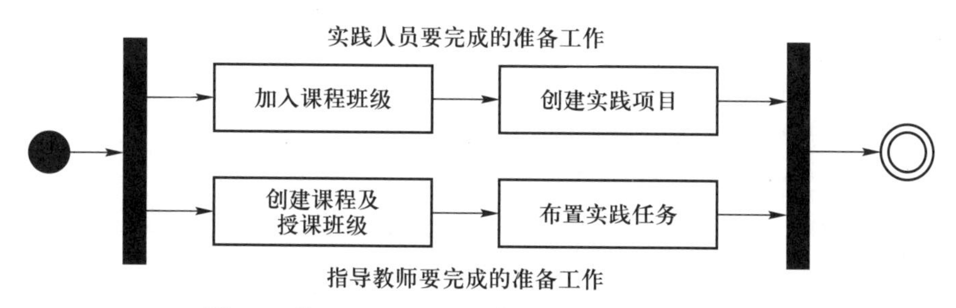

图 6.3 基于 Trustie-Forge 布置实践任务的工作流程

1. 创建课程和授课班级

实践教学通常依托于某门课程，因此在布置实践任务之前首先需要创建相应的课程。具体步骤描述如下：指导教师首先访问 Trustie-Forge 网站，登录成功后在主界面上点击“新建课程”即可以教师的身份创建一门课程，其界面如图 6.4 所示，输入课程名称（如“软件工程”），提交后即可完成课程创建工作。

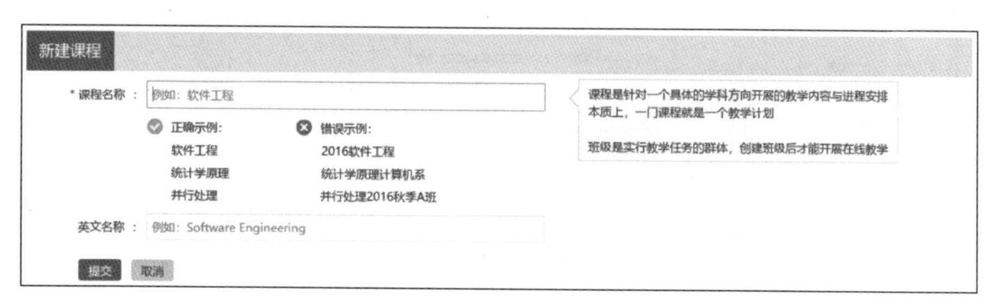

图 6.4 创建课程示意图

通常同一门课程可以有多个不同的授课班级。例如软件工程课程可针对不同专业的学生，由不同的教师、在不同的学期、分多个授课班级进行讲授。因此，指导教师还需要根据课程授课的具体情况，点击主界面的“新建班级”来创建课程的授课班级，其界面如图 6.5 所示，选择课程名称、输入班级名称、提供授课的学时和时间等信息、配置课程授课班级的选项，即可完成课程班级的创建工作。

一旦课程授课班级创建成功，Trustie-Forge 将自动产生一个课程邀请码（见图 6.6），指导教师可以将该邀请码告知学生，学生可借助该邀请码加入该班级的课程授课。

Trustie-Forge 将为新创建的课程授课班级提供一系列功能和服务，以支持交流和讨论、布置实践任务和作业、提供和分享资源、统计和分析实践人员及其行为等（见图 6.7）。

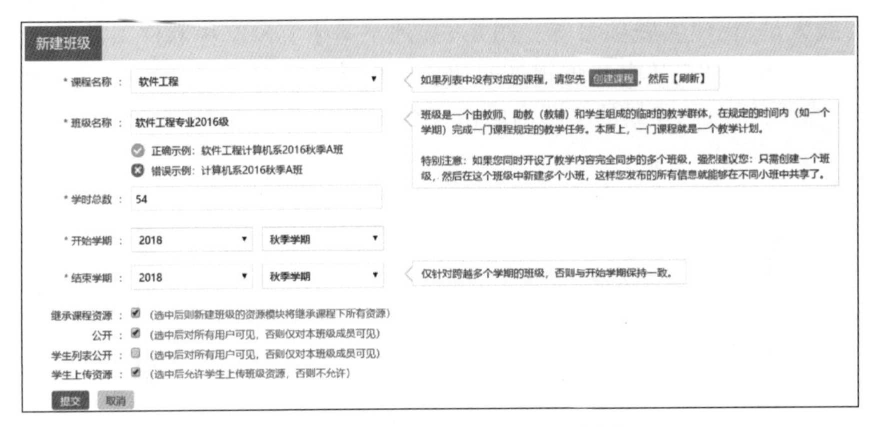

图 6.5　创建课程授课班级的示意图

图 6.6　加入课程班级的邀请码

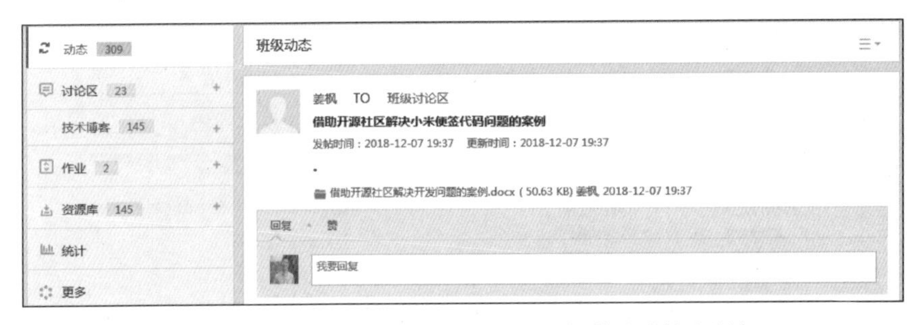

图 6.7　Trustie-Forge 为课程授课班级提供的功能和服务

2. 布置实践任务

在课程班级创建好之后，指导教师就可在该班级中布置课程实践任务（如图 6.8 所示）。对于分析和维护开源软件实践而言，该实践任务采用分组的方式来组织实践人员（两人结对为一个小组），并采用项目的形式来组织实践的实施。

一旦实践任务布置成功之后，Trustie-Forge 将显示如图 6.9 所示的实践任务信息，并提示实践人员可以针对该实践任务创建实践项目，从而开展相应的实践工作。

3. 加入课程班级

参与实践任务的实践人员首先需要在 Trustie-Forge 上注册，成为合法的用户，随后登录到 Trustie-Forge。一旦成功登录，就可以利用教师提供的邀请码，加入相应的课程班级（如图 6.10 所示）。

图 6.8 布置分析和维护开源软件实践任务的示意图

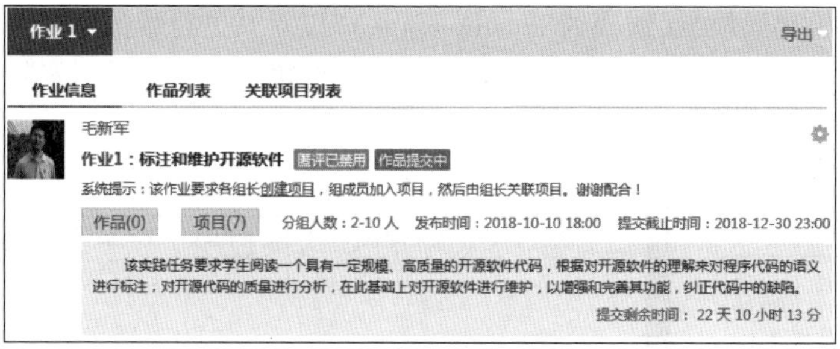

图 6.9 分析和维护开源软件实践任务示意图

图 6.10 学生加入课程班级的示意图

4. 创建实践项目和版本库

一旦加入课程班级，成为课程班级的合法成员，学生就可查看在该课程班级中指导教师布置的实践任务，并针对实践任务创建实践项目（如图 6.11 所示），建立起相应的项目版本库，从而可以据此开展软件开发和管理工作，包括任务分派、代码管理、分布式协同开发等。

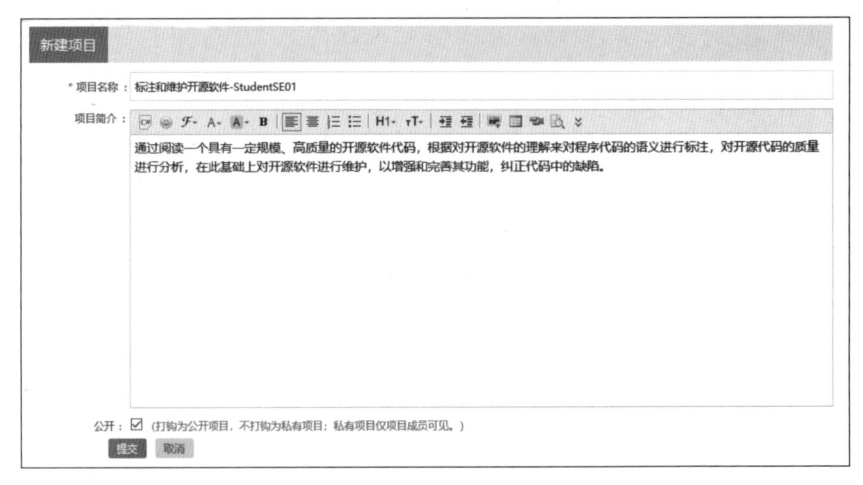

图 6.11　学生针对课程实践任务创建实践项目示意图

6.2.4　加载开源代码和运行开源软件

为了进行开源软件的阅读、分析、标注和维护，首先需要从开源软件托管社区中获取开源软件代码，然后将这些代码加载到 Trustie-Codepedia 软件工具中以对其进行阅读和标注，加载到 SonarQube 中以分析代码质量，加载到 Trustie-Forge 中以对其进行维护。此外，为了理解开源软件的功能，需要对开源软件代码进行编译，将编译后的可执行代码部署到实际的运行环境之中，运行和使用该软件系统，进而理解开源软件的功能（见图 6.12）。

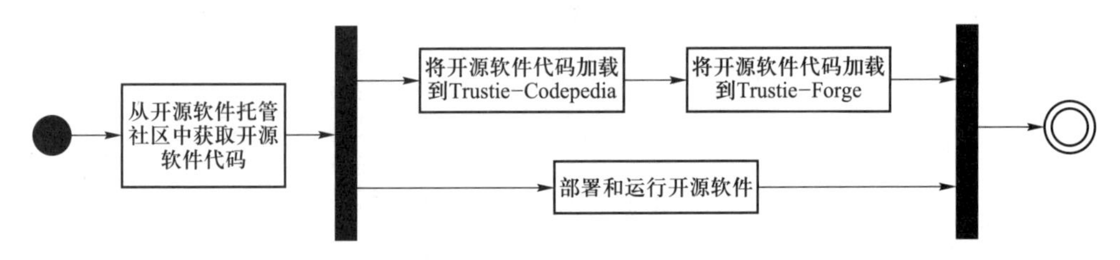

图 6.12　加载和运行开源软件的流程

1. 从开源软件社区中下载开源软件代码

一旦在开源软件托管社区中选定了待分析和维护的开源软件，就可以在开源软件托管社区中克隆和获取其源程序代码。下面以小米便签开源软件为例，介绍如何从开源软件托管社区 GitHub 中克隆和下载其源程序代码。

示例：从 GitHub 中查询和克隆小米便签开源软件代码

访问 GitHub 开源软件托管社区，在查询栏输入待查找的开源软件名称（如“小米便签”），GitHub 将返回如图 6.13 所示的查询结果。该结果列举了所查找到的与“小米便签”相关的开源软件集合，共有 17 项。其中，第一项显示为“小米便签社区开源版”，该软件就是我们所要寻找的小米便签开源软件。

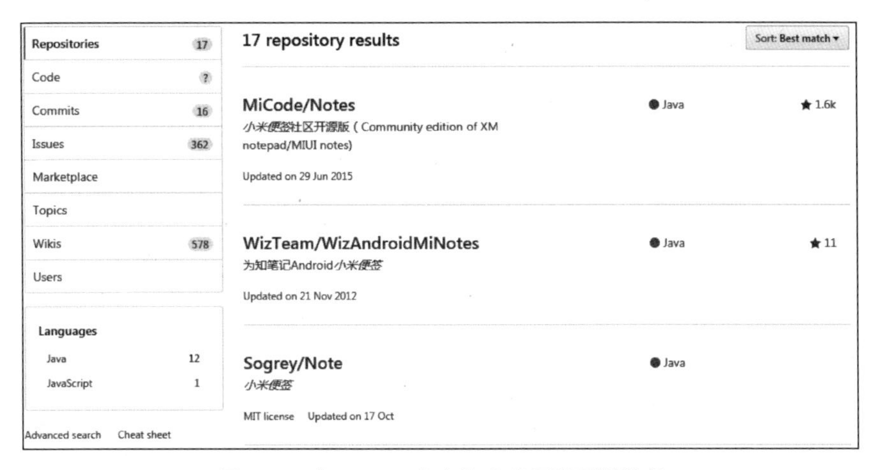

图 6.13 在 GitHub 上查询小米便签开源软件

点击“MiCode/Notes”进入小米便签开源软件项目(见图 6.14),显示该开源软件的诸多基本信息,包括原始开源代码、经过修改后的开源代码、Watch 数量、Star 数量、Fork 数量、Pull Request 数量等;点击“Clone or download”按钮,就可以将该开源软件代码(Notes-master.zip 压缩文件)下载到本地计算机中。

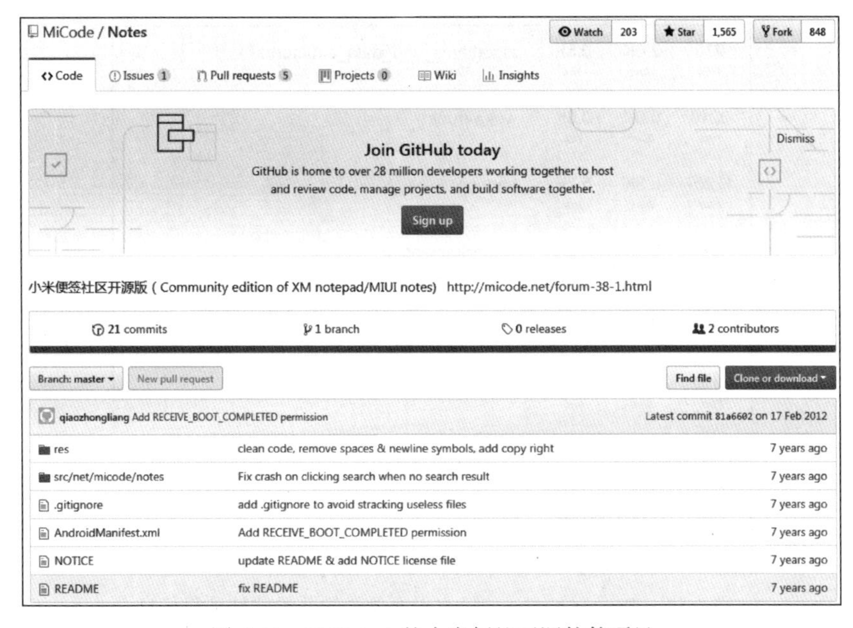

图 6.14 GitHub 上的小米便签开源软件项目

开源软件项目提供的 README 文件非常重要,从中可以获取有关开源软件的更多信息。例如,小米便签开源软件项目的 README 显示了对该开源软件进行 Bug 反馈和跟踪、功能建议和讨论等社区信息(见图 6.15)。

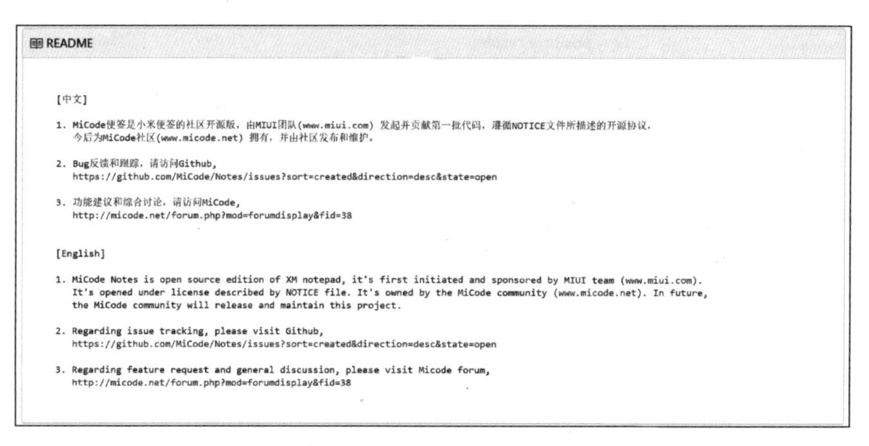

README

[中文]

1. MiCode便签是小米便签的社区开源版，由MIUI团队(www.miui.com) 发起并贡献第一批代码，遵循NOTICE文件所描述的开源协议，今后为MiCode社区(www.micode.net) 拥有，并由社区发布和维护。

2. Bug反馈和跟踪，请访问Github，
https://github.com/MiCode/Notes/issues?sort=created&direction=desc&state=open

3. 功能建议和综合讨论，请访问MiCode，
http://micode.net/forum.php?mod=forumdisplay&fid=38

[English]

1. MiCode Notes is open source edition of XM notepad, it's first initiated and sponsored by MIUI team (www.miui.com). It's opened under license described by NOTICE file. It's owned by the MiCode community (www.micode.net). In future, the MiCode community will release and maintain this project.

2. Regarding issue tracking, please visit Github,
https://github.com/MiCode/Notes/issues?sort=created&direction=desc&state=open

3. Regarding feature request and general discussion, please visit Micode forum,
http://micode.net/forum.php?mod=forumdisplay&fid=38

图 6.15　小米便签开源软件的 README 信息

2. 将开源软件程序代码加载到 Trustie-Codepedia

为了阅读和标注开源软件代码，需要将下载后的开源软件代码加载到 Trustie-Codepedia 工具中。一旦加载成功，Trustie-Codepedia 工具将会在主界面显示已加载的开源软件项目信息（见图 6.16）。图中最后一个开源软件项目“Notes”就是小米便签开源软件。

Files	Stars	fork	
270	2.6K	0.5K	algorithms_and_data_structures
3210	0.0K	0.0K	weka-trunk
17257	8.3K	5.2K	hadoop
4671	2.4K	2.2K	OpenStack-nova
1391	32.2K	15.9K	scikit-learn
5152	22.2K	5.3K	pytorch
14089	116.2K	70.4K	tensorflow
212	1.6K	0.8K	Notes

图 6.16　Trustie-Codepedia 主界面显示的开源软件项目信息

点击“Notes”超链接，就可进入 Trustie-Codepedia 阅读和标注代码的主界面（见图 6.17）。界面的左部用树形方式显示了开源软件代码的组织结构，包括有哪些程序包和子包，每个包中有哪些类等；点击具体的类，就可以在界面的中部显示出该类的具体代码信息。界面的右部显示一些提示信息。

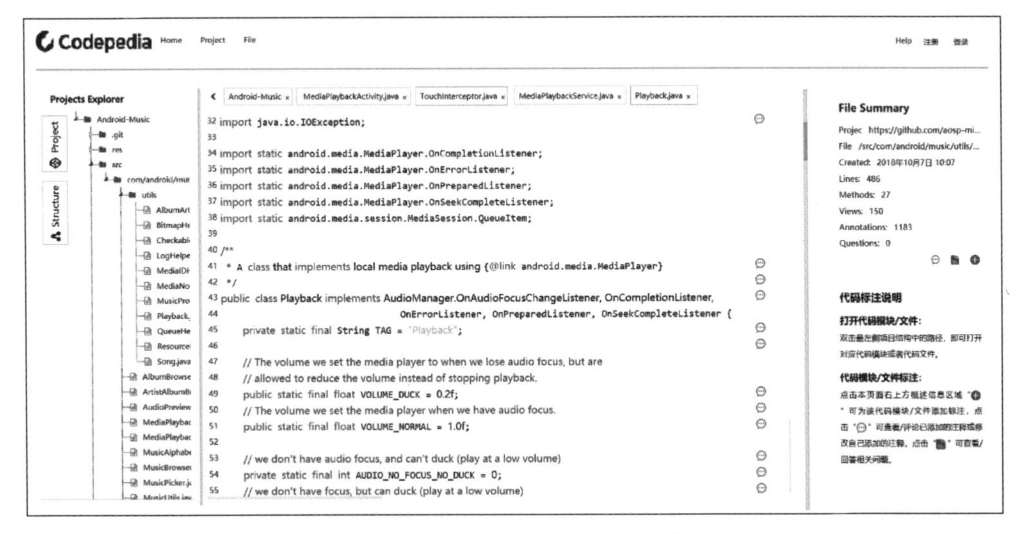

图 6.17　Trustie–Codepedia 阅读和标注代码的主界面

3. 将开源软件代码加载到 Trustie–Forge 的版本库中

为了对开源软件进行纠正性和完善性维护，需要将开源软件代码纳入版本管理，为此需要将原始的开源软件代码加载到 Trustie–Forge 的版本库中。

首先，实践人员需要在 Trustie–Forge 的新创建项目中点击“版本库”按钮，建立起项目的版本库，创建成功后 Trustie–Forge 将返回版本库的 URL 地址信息，如 http://git.trustie.net/tanghaoranzhang/minote.git。其次，实践人员需要将已下载到本地计算机上的开源软件代码克隆到远端 Trustie–Forge 的版本库之中，为此需要在本地计算机上安装 Git 的客户端软件工具 TortoiseGit，然后在小米便签开源软件存放的目录下点击右键显示菜单，点击“Git Clone”菜单项，软件工具将弹出界面要求输入开源软件代码的本地存放目录以及远端版本库的 URL 地址，点击确认即可将本地的开源软件代码克隆到远端的版本库中。图 6.18 描述了加载小米便签开源软件后 Trustie–Forge 显示的版本库界面。

4. 部署和运行开源软件

为了更为直观地理解开源软件的功能及业务操作流程，需要将开源软件部署到模拟或实际的运行环境，操作和使用该软件。下面以小米便签开源软件为例，介绍如何对其代码进行编译，生成可运行的 APP 应用，并将其安装和部署到 Android Studio 或智能手机上，进而运行该软件系统。

首先需要对 Android Studio 的 JDK 和 SDK 信息进行配置，设置正确的 JDK 和 SDK 路径信息（见图 6.19）。需要注意的是，其路径名称应为全英文，否则在编译时会产生错误。

随后将小米便签开源软件代码导入 Android Studio 中，对其进行编译，产生可运行的程序代码。此时可以通过两种方式支持小米便签软件的运行（见图 6.20）。一种是在 Android Studio 自带的 Android 虚拟设备上运行，其运行效果如图 6.21 所示；另一种是在安装了 Android 操作系统的实际智能手机上运行，其运行效果如图 6.22 所示。

图 6.18　Trustie-Forge 版本库中显示的开源软件代码信息

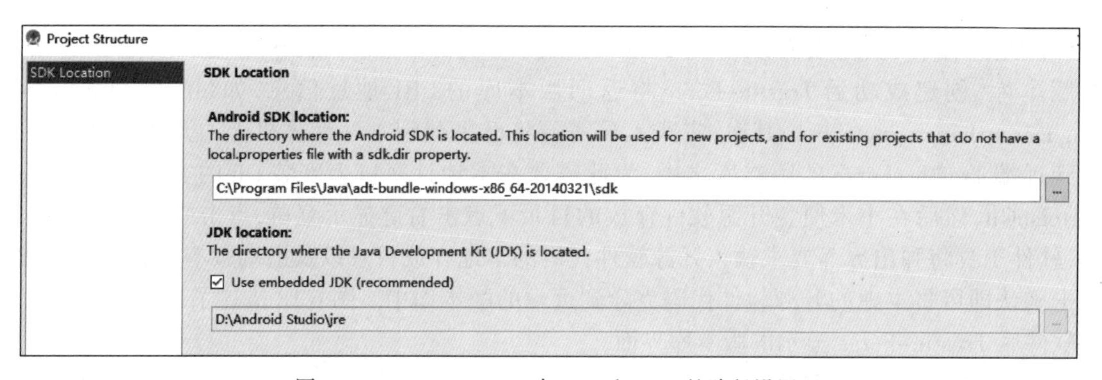

图 6.19　Android Studio 中 JDK 和 SDK 的路径设置

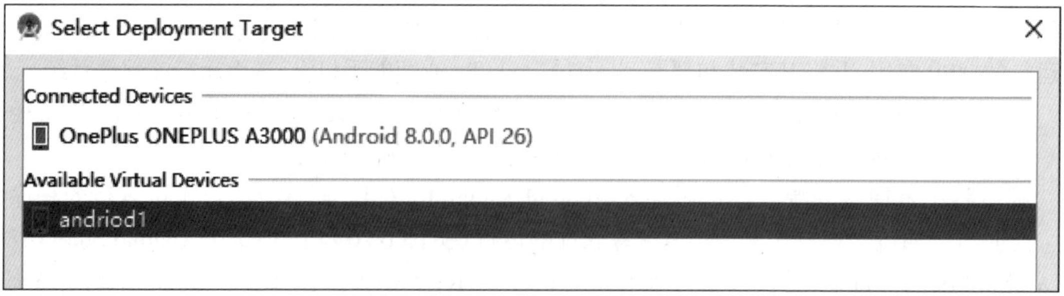

Select Deployment Target
Connected Devices
OnePlus ONEPLUS A3000 (Android 8.0.0, API 26)
Available Virtual Devices
andriod1

图 6.20　选择小米便签软件的运行环境

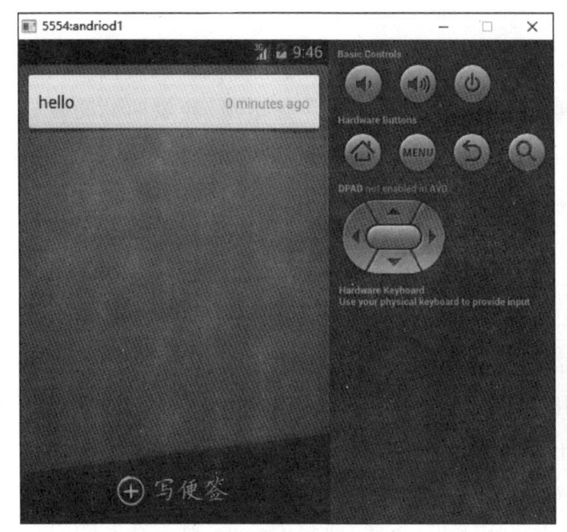

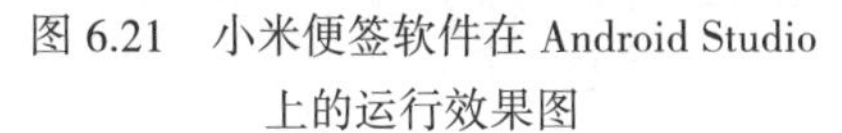
图 6.21　小米便签软件在 Android Studio 上的运行效果图

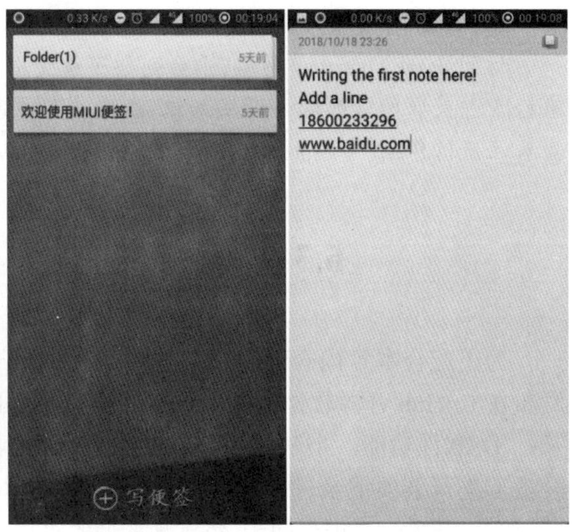

图 6.22　小米便签软件在实际智能手机上的运行效果图

6.2.5　访问和加入开源社区

分析和维护开源软件实践任务的人员需要加入相关的开源社区（包括开源软件托管社区和软件开发知识问答社区），与社区中的软件开发者群体进行交互，分享他们的软件开发知识，重用他们的开源软件或代码片段，从而来解决实践过程中遇到的各类问题，学习和借鉴高水平软件开发者的经验和技能，促进对开源软件的维护。

目前开源社区数目众多，提供的资源规模和质量不一，服务对象也有所差异。实践人员需要结合实践任务以及实践过程中遇到的实际问题，有针对性地访问和加入相关开源社区。

示例：访问和加入 GitHub 开源软件托管社区

访问 GitHub 网站，在门户网页上输入待查询的开源软件信息，从而获取相关的开源软件项目。用户也可选择门户网页右上方的"sign up"菜单项，按照 GitHub 的提示输入注册信息，成为 GitHub 的注册用户，从而获得 GitHub 提供的高级服务，如参与 GitHub 的开源软件项目并做出贡献等。

示例：访问和加入开源中国社区

访问开源中国网站，在该门户也可以获取有关开源软件、软件开发技术等方面的咨询性信息，获得码云推荐开源软件、技术问答等基础服务，也可以通过其提供的查询功能来检索所需的开源软件。用户也可以注册成为开源中国的用户，从而获得更多的服务和功能，如代码托管、软件众包、代码质量分析等。

示例：访问和加入 CSDN

访问 CSDN 网站这一 IT 专业技术社区，获得与 IT 技术有关的诸多资源和服务，包括博客、问答、论坛、咨询、课程等。用户可以在该平台上检索所需的资源，也可注册成为 CSDN 的用户以获得更多的服务。

示例：访问和加入 Stack Overflow

访问 Stack Overflow 网站，平台列举了最受用户关注的若干个问题。用户可直接利用门户网页来检索并获取所需的软件开发知识，或点击门户网页右上方的“sign up”菜单项，按照网站的提示输入注册信息，成为 Stack Overflow 的注册用户，从而获得诸如提问、交流、讨论等功能和服务。

6.3 实践案例介绍：小米便签开源软件

为了配合本章内容的介绍，本节介绍一个开源软件案例——小米便签。该开源软件托管和发布在 GitHub 开源软件社区上，最初由小米公司的 MIUI 专业团队开发并贡献了第一批代码。

① 软件功能。小米便签是一款部署和运行在 Android 环境下的备忘录工具，提供了在移动设备上进行事项记录、提醒等功能。与其他类似备忘录软件不同的是，小米便签提供了云服务，可与 Google Task[①] 进行同步，将本地的便签事项上传到远端服务器，或将 Google 服务器上的事项表单下载到本地；可以自动识别备忘录中的电话号码和网址等信息。概括而言，小米便签软件为移动用户提供了创建和管理便签的功能，包括建立、保存、删除、查看及修改便签；创建保存便签的文件夹，支持便签文件夹的删除和修改；设置便签字体的大小和颜色等；实现便签的分享等。这些功能较为直观且易于理解。

② 编程语言。小米便签开源软件用 Java 程序设计语言编写。Java 是一个在教育界和工业界都十分流行的程序设计语言，具有广泛的认可度。与其他程序设计语言相比较，Java 语言更易于学习和掌握。许多高校的计算机程序设计课程就是针对 Java 语言来进行讲授的。对于大部分实践人员而言，在开展该实践之前可能就已经具有 Java 语言的学习经历和初步的编程经验。即使没有，在分析和维护小米便签开源软件的过程中掌握 Java 程序设计语言也是较为容易做到的。

③ 代码规模。小米便签开源软件大致有 10 000 多行程序代码，去除无效的代码行（如空行、单独的注释行等），其有效的代码行大约有 7 700 多行。这些代码分布在 6 个程序包、170 个程序文件、41 个 Java 类、471 个类方法之中。整体而言，小米便签的代码规模适中，适合于对其进行阅读、分析、标注和维护。

④ 软件质量。小米便签开源软件由小米公司 MIUI 专业团队中的软件工程师开发。通过对小米便签程序代码的初步阅读和分析可以发现，不管是软件设计还是程序代码，该软件均表现出较高的质量，体现出良好的软件开发水准，反映了开发者较好的软件工程素质，值得学习和借鉴。此外，该开源软件程序代码中注释较少，便于实践人员开展代码的标注工作。

⑤ 开源社区。小米便签开源软件最初托管在 GitHub 开源软件社区上，目前在开源中国的码云中有其代码镜像。该开源软件在 GitHub 上有相应的开源社区，支持问题跟踪、功能讨论等，积累了关于该开源软件的一些软件开发知识。

---

① 这是一款由 Google 提供的移动任务管理应用 APP

6.4 阅读开源代码

阅读开源软件是分析和维护开源软件实践任务的基础，其目的是通过对开源软件代码的阅读和理解，掌握开源软件的整体情况，包括开源软件提供的功能和服务、软件系统的体系结构、软件模块与软件功能间的对应关系等。我们也将这一活动称为泛读开源软件代码。本节将结合小米便签开源软件，介绍如何通过阅读开源软件代码来理解开源软件的功能及其整体软件模型。

6.4.1 泛读开源代码

泛读开源软件的目的是要从整体上了解和掌握开源软件的两方面情况，一是外在情况，即开源软件为外部用户提供的功能和服务；二是内部情况，即开源软件内部的代码组织和体系结构，在此基础上建立起开源软件的内部代码与外在功能之间的对应关系。概括起来，该阶段主要是从宏观层次、全局视点来理解和掌握开源软件，因而在开展该项活动时不要陷入具体的代码细节。具体而言，泛读开源软件代码包含以下三方面的实践活动。

1. 掌握开源软件代码的整体情况

该活动首先要理解开源软件代码的整体组织结构，具体包括开源软件有多少行程序代码，这些代码组织为哪些软件包，每个软件包又包含哪些子包或对象类。在该阶段，实践人员暂时不要尝试去阅读具体的程序代码，以免陷入具体实现细节。

实践人员可以借助各种软件工具来分析开源软件代码的整体情况。例如，将开源软件代码加载到代码标注软件工具 Trustie-Codepedia 之中，该工具会对开源软件代码的整体情况进行统计分析，给用户显示代码文件数目、开源软件代码行数、类方法数目等。

示例：小米便签开源软件的概况

小米便签开源软件共有 10 334 行程序代码，其中有效代码行（非空行、非注释行等）占 75%，约为 7 714 行。该软件共有 6 个程序包，每个程序包各包含一组对象类和子包，其中 gtask 程序包中有 3 个子包。整个软件系统共有 41 个类，170 个文件，471 个类方法。

需要注意的是，该步骤不仅要基于数据统计来了解开源软件代码的整体情况，还要分析开源软件的整体组织结构，尤其是开源系统的体系结构，理解软件系统中不同程序包之间、类与类之间的逻辑关系。

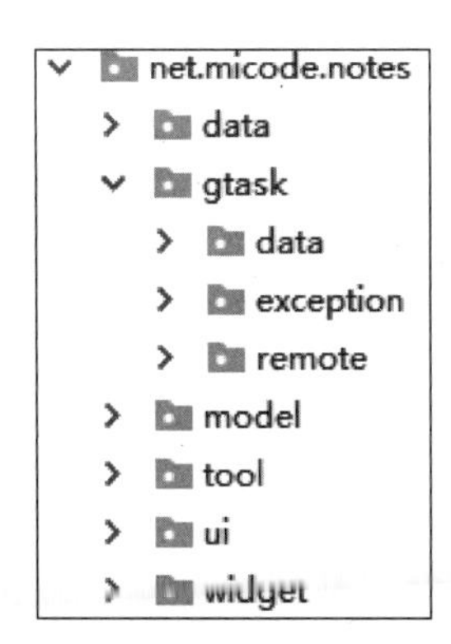

图 6.23 小米便签开源软件代码的组织结构

示例：小米便签开源软件的代码组织结构

小米便签的代码组织为 6 个程序包（见图 6.23），分别为 data、

gtask、model、tool、ui 和 widget，其中 gtask 程序包有三个子包 data、exception 和 remote。

示例：小米便签开源软件的体系结构

基于对小米便签代码组织结构、每个程序包在软件系统中的地位和作用、不同程序包之间的关系等方面的理解，可以用 UML 的包图绘制出小米便签开源软件的体系结构（见图 6.24）。它整体上是一个层次性的体系结构，由界面层、业务层、模型层和数据层 4 层构成，每层包含若干个程序包。相邻层次的程序包之间存在交互。

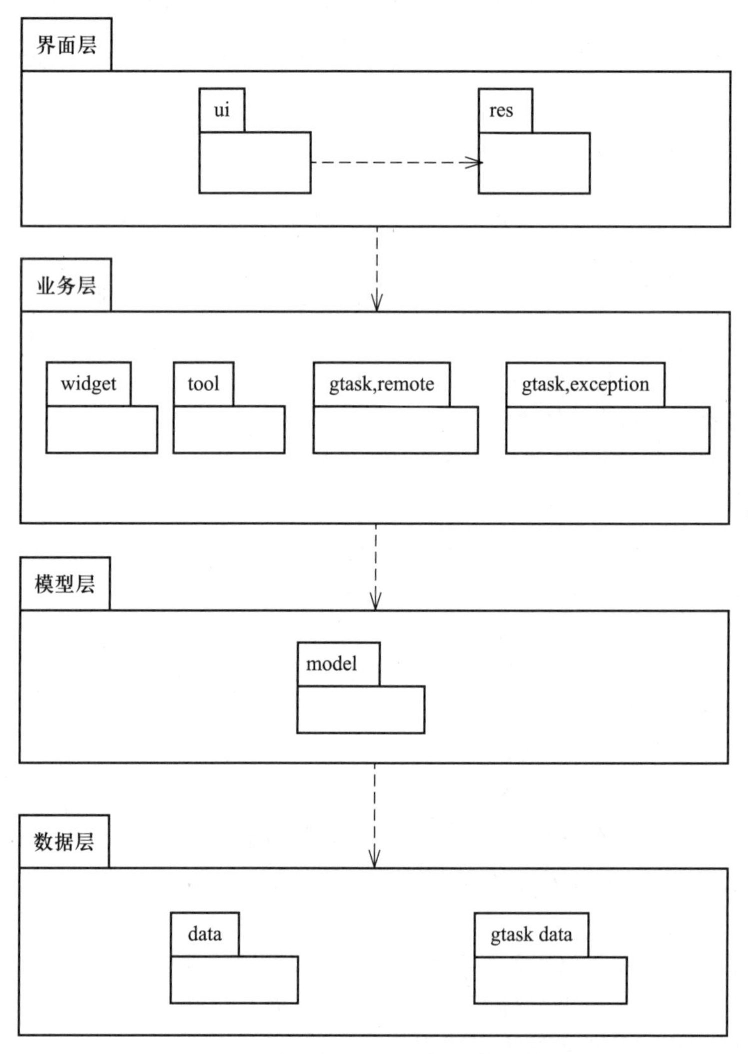

图 6.24　小米便签开源软件的体系结构

① 界面层。位于体系结构的最上层，为用户提供交互式的操作界面，其提供的主要功能包括应用图标的显示、各个操作界面元素的显示等。该层主要通过主包下的 AndroidManifest.xml

文件、res 库中的文件以及 ui、res 程序包中的类加以实现。

② 业务层。该层是小米便签系统体系结构的核心，用于连接界面层和模型层、数据层，起到数据交换的作用。其提供的主要功能和服务包括定义软件的业务流程，接收界面层的用户请求，与模型层、数据层进行交互，将处理结果返回界面层。该层主要通过 tool 包、widget 包和 gtask 包中的 exception 和 remote 子包以及其他相关部件加以实现。

③ 模型层。该层负责对小米便签的单个便签项进行建模，提供了便签项的基本操作功能和服务，并与数据层进行交互，以支持便签的创建、访问和修改。该层主要通过 model 程序包中的 Note 类、WorkingNote 类等加以实现。

④ 数据层。该层负责组织和存储小米便签的相关数据，提供数据访问、数据合法性检验、数据访问缺失异常处理等功能和服务。该层主要通过 data 和 gtask.data 程序包加以实现。

2. 理解开源软件的主要功能

任何软件系统都提供了特定的功能和服务，并通过程序代码加以实现。阅读开源代码实践活动的另一项重要工作是，要理解开源软件提供了哪些功能。该实践活动可以通过以下多种方式来完成。

- 阅读开源软件托管网站中所提供的关于开源软件项目的具体描述。
- 如果开源软件有相应的社区，也可参与到社区中掌握开源软件的情况。
- 部署和运行开源软件系统，通过对软件系统的操作来理解其功能。

示例：小米便签开源软件的功能

根据小米便签开源软件在 GitHub 托管网站上提供的说明，通过运行和操作该软件系统，可以发现小米便签提供了如下一组功能。

① 编辑 / 创建 / 删除 / 移动便签，支持用户管理便签，具体包括：

- 创建和编辑便签，将创建好的便签置于文件夹中。
- 删除一个已创建的便签。
- 将便签从一个文件夹移动到另一个文件夹。

② 新建 / 查看 / 删除文件夹，支持用户管理便签文件夹，具体包括：

- 创建一个存放便签的文件夹。
- 查看和修改便签文件夹的名称。
- 删除一个已有的便签文件夹。

③ 导出便签文本，将便签内容转化为 .txt 文本文件，并将其导出到其他存储介质中。

④ 便签同步，实现与 Google Task 中的备忘录同步，具体包括：

- 将小米便签的事项上传到 Google Task 服务器。
- 将 Google Task 服务器上的事项下载到本地。

⑤ 便签搜索，支持用户输入关键词以查找包含该关键词的便签。

⑥ 添加 / 删除提醒，具体包括：

- 增加一个提醒，到了提醒设定时间系统便会弹出对话框以显示提醒的内容并响铃。
- 可删除一个已有的提醒。

⑦ 识别便签中的电话号码和网址，对便签编辑页面上用户输入的文本进行分析，如果识别出是一段电话号码或者网址字符串，则把这些电话号码或网址自动标识为超链接。一旦用户点击这些链接，系统将自动拨打电话号码或者启动浏览器来访问相关的网址。

⑧ 便签分享，将用户所创建的便签内容分享给 Google Task、QQ、微信等应用程序。

此外，小米便签软件还提供了其他一组辅助功能，如将创建的便签发送到桌面、设置便签编辑的字体大小、设置便签显示的背景颜色等。

3. 分析模块与功能之间的对应关系

开源软件所提供的任何功能最终都要通过程序代码来加以实现。阅读开源软件代码实践活动需要针对开源软件提供的每一项功能，分析这些功能对应于哪些代码（具体表现为哪些程序包、类及类方法）来加以实现；或者反过来，针对开源软件的主要模块（如程序包和类），分析它们大致实现了软件系统的哪些功能。该步骤将建立起开源软件功能与软件模块之间的大致对应关系。

示例：小米便签开源软件功能与模块间的对应关系

基于对小米便签开源软件的代码组织结构和功能的上述分析，以及对开源软件代码结构的理解，可以发现小米便签的功能与其模块之间有表 6.2 的对应关系。

表 6.2 小米便签开源软件的模块与功能对应关系

程序包	子包	类	实现的功能
data		Contact	联系人数据库
		Notes	便签数据库
		NotesDatabaseHelper	便签数据库帮助类
		NotesProvider	便签信息提供类
gtask	data	MetaData	关于同步任务的元数据
		Node	同步任务的管理节点
		SqlData	数据库中基本数据
		SqlNote	数据库中便签数据
		Task	同步任务
		TaskList	同步任务列表
	exception	ActionFailureException	动作失败异常
		NetworkFailureException	网络失败异常

续表

程序包	子包	类	实现的功能
gtask	remote	GTaskASyncTask	GTask 异步任务
		GTaskClient	GTask 客户端类,提供登录 Google 账户,创建任务和任务列表,添加和删除节点,提交、重置更新,获取任务列表等功能
		GTaskManager	GTask 管理者类,提供初始化任务列表,同步便签内容和文件夹,添加、更新本地和远端节点,更新本地同步任务 ID 等功能
		GTaskSyncService	GTask 同步服务
model		Note	单个便签项
		WorkingNote	当前工作便签项
tool		BackupUtils	备份工具类
		DataUtils	便签数据处理工具类
		GTaskStringUtils	同步中使用的字符串工具类
		ResourceParser	界面元素的解析工具类
ui		AlarmAlertActivity	闹铃提醒界面
		AlarmInitReceiver	闹铃启动消息接收器
		AlarmReceiver	闹铃提醒接收器
		DateTimePicker	设置提醒时间的部件
		DateTimePickerDialog	设置提醒时间的对话框界面
		DropdownMenu	下拉菜单界面
		FoldersListAdapter	文件夹列表链接器(链接数据库)
		NoteEditActivity	便签编辑活动
		NoteEditText	便签的文本编辑界面
		NoteItemData	便签项数据
		NotesListActivity	主界面
		NotesListAdapter	便签列表链接器(链接数据库)
		NotesListItem	便签列表项
		NotesPreferenceActivity	便签同步的设置界面
widget		NoteWidgetProvider	桌面挂件
		NoteWidgetProvider_2x	2 倍大小的桌面挂件
		NoteWidgetProvider_4x	4 倍大小的桌面挂件

示例：小米便签程序包的实现类图

针对小米便签开源代码的各个程序包，还可以进一步深入分析包中的类及其之间的关系，绘制其实现类图。图 6.25 以 ui 程序包为例，说明 ui 程序包中各个界面类之间的关系。

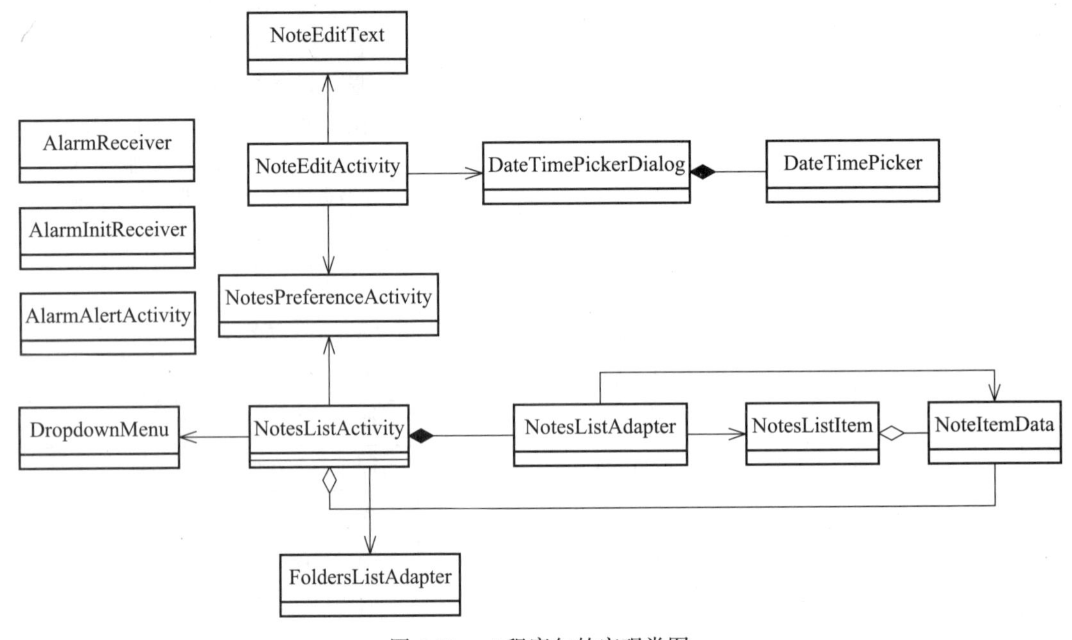

图 6.25　ui 程序包的实现类图

6.4.2　实践成果

阅读开源代码的工作完成之后，实践人员需要提交以下实践成果和软件制品：

- 用包图和类图描述的开源软件体系结构模型和实现类模型。
- 开源软件的功能描述文档。
- 描述软件功能和代码模块对应关系的文档。
- 记录实践心得、体会、感受和收获等的技术博客。

6.5　分析代码质量

对开源软件代码的质量进行分析，旨在理解高质量软件系统在代码层面和设计层面应具有哪些方面的特征，掌握编写高质量程序代码的方法和技巧，同时发现开源软件代码中尚存的质量问题。对开源软件代码的质量分析可以采用两种方法：人工分析和自动分析。

6.5.1 人工分析

人工分析方式建立在实践人员对开源软件代码的阅读和理解基础之上。可从以下几个方面来分析开源软件代码的质量特点及其编程技巧。

① 编程风格。分析开源软件遵循相关编码风格（如 Java 编程风格、C++ 编程风格）的程度和水平，包括标识符命名、代码缩进、代码注释等。

② 代码可读性。分析开源软件代码及其组织是否易于理解，关键语句、操作、方法和类等是否有必要的注释等。

③ 代码在设计层次的质量情况。例如，开源软件代码中各模块是否遵循模块化的设计原则，每个模块是否功能单一，模块内部是否高内聚度，模块之间是否低耦合度；每个类方法代码是否遵循单入口和单出口的设计原则，代码是否对异常进行了处理，类的属性和方法是否遵循信息隐藏原则以防止其他类对象的直接访问等。

尤其需要注意的是，在分析开源软件代码质量的过程中，实践人员需要尝试去理解开源软件开发者的目的和动机，结合软件设计和程序设计原则以及代码编写规范，从中总结出能够体现良好软件工程素质的软件开发经验和技能，并在后续的开源软件维护以及软件开发实践中加以运用。实践人员还可以进一步发现一些高质量、反映良好编程技巧的代码片段，在学习其编码技巧的同时，可以在后续的开源软件维护中重用这些代码片段。

在该阶段，实践人员还要尝试去发现开源软件代码中尚存的一些瑕疵和不足，结合软件工程原则及编码规范，指出这些代码存在问题的本质是什么，如何加以改进，并在后续的开源软件维护中对这些代码进行纠正。概括起来，对开源代码的质量分析不仅要分析开源软件代码中存在的质量问题，更为重要的是要借此来理解和领会高质量代码的基本特征，学习和掌握编写高质量代码的方法和技能，并能在后续的开源软件维护实践中运用所学的方法和技能来编写代码。

示例：通过人工方式分析小米便签开源软件代码的质量情况

通过对小米便签开源软件代码的阅读和分析，可以发现小米便签程序代码蕴含诸多值得学习的编程方法和技巧、编写高质量代码的规范和经验等。图 6.26 描述了 Note 类中方法 getNewNoteId()的部分程序代码，可以发现该代码具有以下优点。

① 较好地遵循了 Java 编程规范，如方法的命名、常量和变量的命名（如 TAG、folderID）等。

② 程序代码具有良好的封装性、可重用性、可扩展性和可维护性，体现了高内聚、低耦合度的模块化设计思想。例如，方法 getNewNoteId()所封装的功能具有良好的独立性。

③ 对可能出现的异常进行了处理。例如在图示的代码中，对 NumberFormatException 异常进行了处理。

④ 对方法进行了必要的注释，如提供了“create a new note id for adding a new note to database”注释以描述该方法的功能，且注释简洁、直观、易于理解。但是从质量的视角，该开源软件代码尚存在一些美中不足之处，具体表现为：关键语句缺乏必要的注释。例如，语句“if (noteId == -1){”缺乏必要的注释以解释此处“-1”表示何意，进而影响对该关键语句的理解，导

致后期对该语句的维护会较为困难。这一问题同样出现在“…get(1)…”语句中，其中的符号“1”表示何意，这些程序代码需要提供必要的注释以解释清楚这些符号的内涵。

```
private static final String TAG = "Note";
/**
 * Create a new note id for adding a new note to databases
 */
public static synchronized long getNewNoteId(Context context, long folderId) {
    // Create a new note in the database
    ContentValues values = new ContentValues();
    long createdTime = System.currentTimeMillis();
    values.put(NoteColumns.CREATED_DATE, createdTime);
    values.put(NoteColumns.MODIFIED_DATE, createdTime);
    values.put(NoteColumns.TYPE, Notes.TYPE_NOTE);
    values.put(NoteColumns.LOCAL_MODIFIED, 1);
    values.put(NoteColumns.PARENT_ID, folderId);
    Uri uri = context.getContentResolver().insert(Notes.CONTENT_NOTE_URI, values);

    long noteId = 0;
    try {
        noteId = Long.valueOf(uri.getPathSegments().get(1));
    } catch (NumberFormatException e) {
        Log.e(TAG,  msg: "Get note id error :" + e.toString());
        noteId = 0;
    }
    if (noteId == -1) {
        throw new IllegalStateException("Wrong note id:" + noteId);
    }
    return noteId;
}
```

图 6.26 小米便签开源软件中 Note 类的部分代码

6.5.2 自动分析

自动分析方法是指借助软件工具来自动分析开源软件代码的质量情况，发现代码中存在的质量问题。目前有许多软件工具支持对代码的质量情况进行自动分析，如 SonarQube、CheckStyle、FindBugs、PMD、JTest 等。其中，SonarQube 是一个静态代码检查工具，支持对用 Java、C、C++、JavaScript 等语言编写的程序代码及其质量进行检测和分析。实践人员可以借助诸如 SonarQube 等工具对开源软件代码进行质量审查和分析，形成关于软件系统质量的分析报告，以发现代码中存在的质量问题，提供解决问题的修复建议。

一般地，根据严重程度的差异性，可以将程序代码中的缺陷和问题分为以下几个不同的等级。

- Blocker：严重程度最高，极有可能造成系统和应用程序崩溃和功能丧失，比如死循环问题。
- Critical：严重程度较高，可能存在影响程序运行的错误或者安全缺陷。
- Major：严重程度一般，如存在部分次要功能没有完全实现。

- Minor：严重程度较低，在一定程度上给用户带来不便。
- Info：严重程度最低，大多为代码质量分析软件提出的一些改进和建议。

示例：借助 SonarQube 分析小米便签开源软件的代码质量

在 SonarQube 软件工具中加载小米便签程序代码，通过分析，SonarQube 反馈该开源软件代码中存在以下质量问题：共审查出 35 个文件中的 558 个问题，其中有 308 个 Critical Issues 为 R.java 类中的常量命名问题。下面通过示例解释说明小米便签代码中存在的质量问题及其根源。

问题 1　功能实现的方式不恰当，易出现质量问题。

严重程度：Blocker

如下所示的 BackupUtils.java 代码中出现了资源对象在使用完之后未被关闭的现象，从而易发生内存泄漏的问题。资源对象的创建应采用“try-with-resources”的模式，以防止出现上述问题，为此需在 finally 块中添加 fos.close()语句。

```
......
try{
    FileOutputStream fos = new FileOutputStream(file);
    ps = new PrintStream(fos);
} catch(FileNotFoundException e){
    e.printStackTrace();
    return null;
} catch(NullPointerException e){
    e.printStackTrace();
    return null;
}
......
```

问题 2　方法内部的实现代码过于复杂，不易理解和维护。

严重程度：Critical

在如下所示的 BackupUtils.java 代码的 exportNoteToText 方法中，有多个嵌套的 If 语句，使得整个程序的控制流嵌套层数太多，导致程序控制结构较为复杂，影响程序代码的可理解性和可维护性。

```
private void exportNoteToText(String noteId, PrintStream ps){
    ......
    if(dataCursor != null){
        if(dataCursor.moveToFirst()){
            do {
```

```
                    ......
                } while(dataCursor.moveToNext());
            }
        }
    }
```

问题 3. 常量的命名标识符应该用大写字符。

严重程度: Major

在如下所示 R.java 的代码中,常量名 format_for_exported_note 和 menu_share_ways 用小写字符来表示,没有遵循 Java 编码规范,建议将常量名的所有字符改为大写。

```
public static final int format_for_exported_note=0x7f010000;
public static final int menu_share_ways=0x7f010001;
```

6.5.3　实践成果

分析开源代码质量的实践活动完成之后,实践人员需要提交以下的实践成果:

- 开源软件代码的质量分析报告。
- 记录实践心得、体会、感受和收获等的技术博客。

6.6　标注开源代码

在掌握开源软件整体功能、代码组织结构以及质量情况的基础上,本实践活动将通过对开源软件代码的精读和细读,理解相关代码的语义和内涵,据此对代码进行标注,以加强对代码的理解,提高代码的可理解性和可维护性,为后续的维护开源软件实践打好基础。

6.6.1　理解代码语义

要标注代码首先要精读代码,理解代码的内涵。所谓的精读代码就是要细读,深究代码的语义和意图,不仅要知道代码能做什么,从而知其然,而且还要理解开发者的意图,即明白为什么这么做,从而知其所以然。只有这样才能正确、准确地对代码进行标注,产生有效的代码注释。对程序代码的精读和理解可以在以下 4 个层次展开,并采用自顶向下和自底向上相结合的方式来实施。

1. 类层次

在面向对象程序设计中,类是用于实现软件功能、封装属性和操作、支持软件重用的基本编程单元。通常一个软件系统由一组在语义上相互关联的类来组成,每个类提供了特定的功能和服务,并依赖于其内部公开的方法对外提供服务。类的理解对于掌握整个软件系统的全局结构、布局、封装和组织而言极为重要。根据对类所封装的属性、操作、方法等的理解,可以进一步掌握类所实现的功能以及对外提供的关键服务。

示例:在类层面理解代码的语义

① NoteEditActivity 类处于 ui 程序包中,它继承了父类 Activity 并实现了三个不同的接口,分别是 OnClickListener、NoteSettingChangedListener 和 OnTextViewChangeListener,提供了一组方法以实现编辑便签、修改便签样式等功能。

② NoteEditText 类处于 ui 程序包中,它继承了 Android 控件 EditText,提供了一组方法以实现文本编辑的功能。

③ DateTimePickerDialog 类处于 ui 程序包中,它继承了父类 AlertDialog 并实现了接口 OnClickListener,提供了一组方法以实现便签提醒的功能。

④ DropdownMenu 类处于 ui 程序包中,它提供了一组方法以实现对便签下拉菜单的管理以及用户与菜单间的交互。

2. 方法层次

无论是结构化程序设计还是面向对象程序设计,函数、过程、操作和方法等都是构成软件系统的基本模块单元。这些模块在编程时都有明确的名称、输入参数集和返回结果,其内部封装了若干语句,实现某个相对独立的功能。由于方法封装了操作语句,它是构成类的基本单元,因而对方法的理解将有助于促进对类的理解。通常,对方法的理解包括多个方面,包括方法实现的功能、访问的方式、返回的结果等。

示例:在方法层面理解代码的语义

NoteEditActivity 类总共封装了 39 个方法以实现该类的职责,即提供便签编辑的用户界面,对其中部分方法的理解描述如下。

① initActivityState()方法,实现便签编辑界面的初始化功能。它需要一个参数 intent,用于描述其他组件传递给 NoteEditActivity 类对象的消息,包括执行动作、文件夹标识、挂件标识等信息,操作的返回值为 boolean 类型。如果返回值是 true 则表示成功完成界面的初始化,如果返回值为 false 则表示在初始化过程中出现了问题,比如未明确动作、未指明便签标识符等。

② initNoteScreen()方法,实现初始化便签外观的功能。它没有附带的参数,也没有返回值。该方法通过设置便签的标题栏、文本编辑的样式和风格等,进而实现对便签外观的初始化。

③ inRangeOfView()方法,实现判断触摸点是否在视图内部的功能。它附带有两个参数,分别是 View 类型的变量 view 和 MotionEvent 类型的变量 ev。view 参数用于提供视图的位置和大小属性信息,ev 参数用于提供当前触摸点的坐标信息。该方法返回值为 boolean 类型,如果返回值为 true 则表示触摸点在视图内部,返回 false 则表示触摸点在视图外。

④ updateWidget()方法,实现更新桌面挂件的功能。它没有附带任何参数,也没有返回值。该方法根据不同的桌面挂件类型,设置接收 Intent 的目的组件,并将该 Intent 消息作为广播发出。

3. 语句块层次

在模块内部，通常将一组高内聚度的语句组织在一起，形成一个代码块，以实现某个具体的功能。一个代码块中的若干语句在语义上是紧密相关的，例如后一条语句需要借助于前一条语句处理的结果，前一条语句输出的结果作为后一条语句的参数输入等。显然对这些代码块的语义注释有助于理解为什么要将这些语句组织在一起，以及整个代码块实现了什么样的功能。

示例：在代码块层面理解代码的语义

在 WorkingNote 类的 saveNote() 方法中有以下代码块。该代码块由一组嵌套语句组成，通过对这些语句的语义以及代码块上下文的理解，可知该代码块的功能是实现便签的修改和保存。具体的实现途径为：通过 isWorthSaving() 和 existInDatabase() 方法来判定便签是否需要保存。如果需要保存，即 (isWorthSaving()==1) 且便签没有在数据库中，则判断 mNoteId 是否和新创建的便签的标识符相一致，如果不一致则返回 false；否则进行同步。如果便签挂件的标识、类型和状态合法，则调用桌面挂件管理函数并返回 true。

```
public synchronized boolean saveNote() {
        .......
        if(isWorthSaving()) {
                if(!existInDatabase()) {
                        if((mNoteId = Note.getNewNoteId(mContext, mFolderId)) == 0) {
                                Log.e(TAG, "Create new note fail with id:" + mNoteId);
                                return false;
                        }
                }
                mNote.syncNote(mContext, mNoteId);
                if(mWidgetId != AppWidgetManager.INVALID_APPWIDGET_ID
                                && mWidgetType != Notes.TYPE_WIDGET_INVALIDE
                                && mNoteSettingStatusListener != null) {
                        mNoteSettingStatusListener.onWidgetChanged();
                }
                return true;
        } else {
                return false;
        }
}
```

上述代码块体现了开发者的以下设计意图：将便签修改、同步和便签挂件修改等这些功能相似、内聚度高的代码组织在一起，通过对便签数据的比对，实现小米便签修改的功能。这种处理方式在一定程度上提高了代码的可读性和可维护性。

4. 语句层次

语句是构成程序代码的最为基本的要素。通常一个程序模块(如类和方法)由若干语句组成,每一个语句都有其特定的意义,如定义变量、实施操作等。对程序模块的理解和维护,必须建立在对模块中每条语句的正确理解基础之上。

对语句的理解需要清晰、准确地掌握程序中每一行代码(或某些关键代码)的语义和内涵,洞悉其作用和功效。为此,不仅需要正确理解语句的语法和语义,还需要理解语句中所包含的过程 / 函数调用、消息传递、对基础设施和服务的访问等相关内容。

示例:在语句层面理解代码的语义

在 NoteEditActivity 类的 updateWidget()方法中有以下一组 Java 语句。通过对语句自身的语法和语义以及语句上下文的理解,可知该语句具有如下内涵信息。

```
private void updateWidget(){
        Intent intent = new
                Intent(AppWidgetManager.ACTION_APPWIDGET_UPDATE);
        if(mWorkingNote.getWidgetType()== Notes.TYPE_WIDGET_2X){
            intent.setClass(this, NoteWidgetProvider_2x.class);
        } else if(mWorkingNote.getWidgetType()== Notes.TYPE_WIDGET_4X){
            intent.setClass(this, NoteWidgetProvider_4x.class);
        } else {
            Log.e(TAG, "Unspported widget type");
            return;
        }
        intent.putExtra(AppWidgetManager.EXTRA_APPWIDGET_IDS, new int[]{
            mWorkingNote.getWidgetId()
        });
        sendBroadcast(intent);
        setResult(RESULT_OK, intent);
    }
```

① 语句 Intent intent = new Intent(AppWidgetManager.ACTION_APPWIDGET_UPDATE);该语句旨在实例化一个 Intent 对象,并通过构造方法初始化该对象的动作为 ACTION_APPWIDGET_UPDATE,此动作在 AndroidManifest.xml 的 AppWidgetManager 中定义。

② 语句 if(mWorkingNote.getWidgetType()==Notes.TYPE_WIDGET_2X);该语句旨在判断当前工作便签的桌面挂件类型是否为 Notes.TYPE_WIDGET_2X。

③ 语句 intent.setClass(this, NoteWidgetProvider_2x.class);该语句旨在指定 Intent 对象的目的组件为 NoteWidgetProvider_2x。

④ 语句 intent.putExtra(AppWidgetManager.EXTRA_APPWIDGET_IDS, new int[] { mWorkingNote.getWidgetId() });该语句旨在指定 Intent 对象的附加属性，将挂件的标识符写入 Intent 中。

⑤ 语句 sendBroadcast(intent)；该语句旨在通过广播方式将 Intent 对象发送出去以启动相应的 Activity。

⑥ 语句 setResult(RESULT_OK, intent)；该语句旨在设置当前 Activity 结束后将结束信息发送给其父活动。

需要特别说明的是，对开源软件代码的理解不仅需理解不同层次代码的语义信息，进而掌握程序代码的内涵，也要理解开发者的意图，即为什么要这么来设计和实现软件系统，在此基础上进一步学习程序代码中所蕴含的软件设计和程序设计的方法和技能。具体包括：

- 如何通过程序包组织软件系统中不同的类。
- 如何确保类和方法的功能独立性。
- 如何通过类和方法的可见性实现信息隐藏。
- 如何遵循编码规范编写高质量的代码。
- 如何利用类封装属性和方法。
- 如何通过方法对外提供服务。
- 如何根据功能和服务抽象操作与方法。
- 采用什么样的操作模式实现特定的功能等。

通过对上述问题的分析和思考，实践人员不仅可以学习到超越代码语义的许多软件开发经验、技巧和方法，还可以发现开源软件中的一些高质量、可重用的代码片段，并在后续实践中运用这些经验和方法、重用这些代码片段来开发高质量的软件系统。实践人员可以将对开源软件代码的理解、对高质量编程方法和高水平程序设计技能的认识等，以技术博客的形式加以总结和记录，并通过实践支撑软件工具进行交流和分享。

6.6.2　标注代码

在理解开源软件代码的基础上即可对代码进行标注。所谓代码标注，就是采用自然语言表示方式解释和说明程序代码的相关信息，以帮助编程人员和维护人员更好地理解代码的语义及编写意图，促进后续对代码的维护。一般地，对程序代码的标注主要聚焦于以下三个方面：

- 功能(What)，即代码的语义，或者说代码用于做什么。
- 意图(Why)，即编写该代码的动机，或者说为什么需要这么做。
- 注意事项，即有什么需要特别注意或强调的内容。

对代码标注的最终目的是要便于软件开发人员对代码的理解，为此代码标注要遵循以下一组基本原则。

① 代码的注释无需解释程序代码是如何做的(How to do)，因为有关该方面的信息可以通过代码语句序列就可以得知。

② 代码的注释要言简意赅,不要繁琐;要表述清晰,不要令人费解。

③ 代码的注释要准确和正确,不要让读者产生歧义。

④ 太少和过多的代码注释均不可取,要防止两个极端。一个极端是对绝大部分甚至所有代码都进行注释,这样做既没有必要也浪费大量的工作投入;另一个极端是许多重要的代码没有相应的注释,导致很难通过阅读代码就清晰、准确地理解其意义,使得后期对代码的维护较为困难。那么,按照什么样的标准来评判需要给哪些代码做标注呢?一个基本的原则是"按照理解和维护代码的需要"。如果某些程序代码不好理解、编程意图不是很清晰、变量命名有特别的内涵且这些代码又很重要和关键等,那么就需要对其进行标注。

⑤ 对代码的标注要分层次来进行,要针对单独的语句、语句块、方法和类等多个不同的层次进行标注。

⑥ 对代码的注释要放在恰当的位置。对关键语句的注释通常置于语句的后面,对语句块、方法、类的注释通常置于语句块、方法、类的前面。

⑦ 代码的注释应随代码的修改而修改,以确保注释与代码间的一致性。

下面结合小米便签开源软件的阅读、理解和标注,示例如何对代码进行标注。

示例:对类进行标注

根据 6.6.1 小节对小米便签开源软件代码中类的理解和分析,下面针对其中部分类给出类层次的代码标注,以描述这些类实现的功能和提供的服务,并将注释置于该类代码之首。

① NoteEditActivity 类的注释如下。

```
/**
* 该类实现了便签编辑的界面,提供了文本编辑、样式修改、设置提醒等功能。
*/
public class NoteEditActivity extends Activity implements OnClickListener,
        NoteSettingChangedListener, OnTextViewChangeListener {
        ……
}
```

② EditText 类的注释如下。

```
/**
* 该类实现了便签文本编辑功能,提供了监视屏幕触摸、按键按下抬起等功能。
*/
public class NoteEditText extends EditText {
        ……
}
```

③ DateTimePickerDialog 类的注释如下。

```
/**
* 该类实现了设定便签提醒的功能。
*/
public class DateTimePickerDialog extends AlertDialog implements
    OnClickListener {
    ……
}
```

④ DropdownMenu 类的注释

```
/**
* 该类实现了下拉式菜单管理功能,提供了监视用户点击菜单事件的服务。
*/
public class DropdownMenu {
    ……
}
```

示例：对类方法进行标注

根据 6.6.1 小节对小米便签开源软件代码中相关类方法的理解和分析，下面针对其中部分类方法给出注释，以描述这些方法实现的功能、参数的形式和返回的值，并将注释置于方法的代码之首。

① NoteEditActivity 类中 initActivityState( ) 方法的注释如下。

```
/**
* 该方法用于初始化便签编辑界面,其参数信息如下:
* @param intent 描述了其他组件传递给"NoteEditActivity"类对象的消息;
* @return boolean,如果返回值为 true 则表示成功完成初始化,如果返回值为
* false,则表示初始化失败。
*/
private boolean initActivityState( Intent intent ){
    ……
}
```

② NoteEditActivity 类中 initNoteScreen( ) 方法的注释如下。

```
/**
* 该方法用于初始化便签外观,包括设定标题栏和文本编辑的样式和风格。
*/
```

```
private void initActivityState(){
    ……
}
```

③ NoteEditActivity 类中 inRangeOfView()方法的注释如下。

```
/** 该方法用于判断触摸点是否在视图内部,其参数信息如下:
* @param view 描述了视图的位置和尺寸的信息;
* @param ev 描述了当前触摸点的位置信息;
* @return boolean,如果返回值为 true 则表示触摸点在视图内部,如果返回值为
* FALSE,则表示触摸点在视图外部。
*/
private boolean inRangeOfView(View view, MotionEvent ev){
    ……
}
```

④ NoteEditActivity 类中 updateWidget()方法的注释如下。

```
/**
* 该方法用于更新桌面的便签挂件,设置接收该消息的目的组件。
*/
private void updateWidget(){
    ……
}
```

示例:对语句块进行标注

根据 6.6.1 小节对小米便签开源软件代码中相关类中重要语句块的理解和分析,下面针对其中部分语句块给出注释,并将注释置于语句块之首。

① NoteEditActivity 类 showAlertHeader()方法中重要语句块的注释如下。

```
……
/** 若当前时间超过活动便签的提醒时间,则将便签标头设置为过期,否则将显
* 示当前时间距离提醒时间还有多久。
*/
if(time > mWorkingNote.getAlertDate()){
    mNoteHeaderHolder.tvAlertDate.setText(R.string.note_alert_expired);
} else {
    NoteHeaderHolder.tvAlertDate.setText(DateUtils.getRelativeTimeSpanString(
```

```
        mWorkingNote.getAlertDate(), time,
        DateUtils.MINUTE_IN_MILLIS));
}
mNoteHeaderHolder.tvAlertDate.setVisibility(View.VISIBLE);
mNoteHeaderHolder.ivAlertIcon.setVisibility(View.VISIBLE);
```

② NoteEditActivity 类 onEditTextDelete()方法中重要语句块的注释如下。

```
......
/**
* 如果编辑文本块的索引值为 0 则继续编辑当前索引指向的文本块,否则编
* 辑前一行(当前索引值 -1)的文本块。
*/
if(index == 0){
        edit = (NoteEditText) mEditTextList.getChildAt(0).findViewById(
                R.id.et_edit_text);
} else {
        edit = (NoteEditText) mEditTextList.getChildAt(index - 1).findViewById(
                R.id.et_edit_text);
}
......
```

③ NoteEditActivity 类 deleteCurrentNote()方法中重要语句块的注释如下。

```
......
/**
* 如果当前处于非同步模式则直接删除便签,否则将便签移入回收站中。
*/
if(!isSyncMode()){
        if(!DataUtils.batchDeleteNotes(getContentResolver(), ids)){
                Log.e(TAG, "Delete Note error");
        }
} else {
        if(!DataUtils.batchMoveToFolder(getContentResolver(), ids,
                Notes.ID_TRASH_FOLER)){
                Log.e(TAG, "Move notes to trash folder error, should not happens");
        }
}
......
```

④ NoteEditActivity 类 onPrepareOptionsMenu()方法中重要语句块的注释如下。

```
......
/**
* 在菜单上显示当前工作便签的模式。
*/
if(mWorkingNote.getCheckListMode() == TextNote.MODE_CHECK_LIST){
    menu.findItem(R.id.menu_list_mode).setTitle(R.string.menu_normal_mode);
} else {
    menu.findItem(R.id.menu_list_mode).setTitle(R.string.menu_list_mode);
}
......
```

示例:对关键语句进行标注

根据 6.6.1 小节对小米便签开源软件代码中关键语句的理解和分析,下面给出其中部分关键语句的代码注释,以描述这些语句的语义,并将注释置于语句之尾。

① NoteEditActivity 类封装有方法 updateWidget(),该方法有一条关键语句用于实现将指定好参数的 Intent 对象通过广播方式发送出去,以启动相应的 Activity 功能。该语句对于理解整个方法非常重要,为了加强对该语句的理解,需要对其进行注释。

```
......
sendBroadcast(intent); // 广播发送 Intent 对象以启动相应的 Activity
......
```

② NoteEditActivity 类中封装有方法 initActivityState(),该方法有一条关键语句用于实现将工作便签转换为通话记录便签的功能。该语句对于理解整个方法非常重要,为了加强对该语句的理解,需要对其进行注释。

```
......
// 将工作便签转换为通话记录便签
mWorkingNote.convertToCallNote(phoneNumber, callDate);
......
```

③ NoteEditActivity 类封装有方法 onClick(),该方法有一条关键语句用于实现切换工作便签模式的功能。该语句对于理解整个方法非常重要,为了加强对该语句的理解,需要对其进行注释。

```
......
switchToListMode(mWorkingNote.getContent()); // 转换工作便签模式
......
```

④ NoteEditActivity 类封装有方法 getHighlightQueryResult( )，该方法有一条关键语句用于实现在全部文本中匹配正则表达式的功能。该语句对于理解整个方法非常重要，为了加强对该语句的理解，需要对其进行注释。

```
......
Matcher m = mPattern.matcher(fullText); // 在全部文本中匹配正则表达式
......
```

6.6.3　实践成果

标注开源代码的实践活动完成之后，实践人员需要提交以下实践成果：

- 开源软件代码的注释。
- 记录实践心得、体会、感受和收获等的技术博客。

6.7　维护开源软件

维护是软件生命周期中的一项重要工作。绝大部分软件系统交付用户使用之后将进入漫长的维护阶段。对于现代的绝大部分软件系统（尤其是部署在互联网平台上的软件系统）而言，软件系统的维护将和软件系统的使用同时进行，也就是说在对软件系统进行维护的同时，必须保证软件系统仍然能够正常工作并能为用户提供服务。

对软件系统进行维护的原因有多种，如软件运行出现了故障、用户对软件系统提出了新的需求、软件系统需要从一个平台移植到另一个平台等，因此软件维护表现为多种形式。具体包括：

- 纠正性维护，其目的是要纠正软件系统中存在的错误和缺陷。
- 改善性维护，其目的是要对软件系统进行改造以增加新的功能、修改已有的功能。
- 适应性维护，其目的是对软件系统进行改造，使其适应新的运行环境和平台，如操作系统、数据库管理系统等。
- 预防性维护，其目的是对软件系统的整体架构等进行改造以提高其可靠性、可维护性、可扩展性等。

纠正性维护的主体工作是要修改代码以纠正代码中存在的问题和缺陷。这一实践活动任务明确，针对性强，可以与前面的分析代码质量实践活动及其成果相衔接，对于实践人员而言易于实施和操作。通过该维护活动能够帮助实践人员更好地理解高质量代码的特点，在具体的实践中感受编写高质量代码的具体方法。

完善性维护的主体工作是要编写代码以增强开源软件的功能，实现新的需求。相对于全新开发一个软件系统而言，增强一个已有的软件系统相对较为容易，并且这一实践活动可以与前序的阅读开源软件、分析代码质量、标注开源代码等衔接,帮助实践人员理解开源软件的代码组织、体系结构、模块与功能之间的对应关系、相关模块和语句的语义等。此外,该实践活动有助于实践人员运用所学的软件开发方法和技能来编写代码,帮助其进一步掌握和巩固所学到的知识。

适应性维护要求对软件系统进行改造以适应新的运行环境和平台。它涉及多个运行平台和环境的学习问题,可能会给维护工作带来其他额外的工作,尤其是理解底层的运行基础设施等,实践的焦点可能会聚集于对运行基础环境的理解以及在此基础上对开源软件的改造,导致开发工作量会非常大,对实践人员要求比较高,实践的成效难以保证。

预防性维护是对开源软件的整体架构进行改造,以提高软件系统的整体质量。相比较而言,该维护形式聚焦于软件的整体设计,涉及软件架构设计等方面的内容,对实践人员的要求更高,开展和实施该实践活动并确保其成效较为困难。

无论哪种维护形式,都将涉及对软件系统程序代码的修改。对开源软件进行维护旨在通过对开源软件进行改造,以理解软件质量对软件维护的重要性,运用在阅读、标注、分析代码过程中所掌握的高质量编程规范和高水平的开发技能来改造开源软件,积累软件开发经验,掌握、运用和巩固所学到的实践成果。

基于这一实践目标,考虑到实践人员在软件开发经验和能力方面的具体情况,维护开源软件实践主要围绕两方面的维护工作展开,一项是纠正性维护,另一项是完善性维护。

6.7.1 纠正代码缺陷

在分析开源软件代码质量的实践中,通过人工和自动方式可以发现开源软件代码中潜在的问题和缺陷。它们的存在显然影响了开源软件的质量,导致软件系统的运行会出现潜在的故障,使得软件系统不易于理解、可维护性差、代码难以扩展等。

针对开源软件代码中发现的问题和缺陷,运用所掌握的高质量编写方法和技能,对存在问题和缺陷的代码进行改进,使得改进后的代码能够消除这些问题和缺陷。

示例:标注关键代码

根据6.5节的示例分析,Note类的getNewNoteId()方法中存在部分关键语句缺乏必要的注释,影响了对程序代码的理解,导致相关代码存在质量问题。例如,语句“if(noteId == -1){”缺乏必要的注释以解释此处“-1”表示何意,进而影响对该关键语句的理解。为此,需要定义相应的常量并添加针对该语句的必要注释。

```
public static final int FIRST_MODIFIED = 1;          // 表示便签首次被修改
public static final int UNASSIGNED_NOTE_ID = 0;  // 表示便签未分配到 NoteId
public static final int ILLEGAL_NOTE_ID = -1;      // 表示非法的 NoteId
/**
```

```
 * Create a new note id for adding a new note to databases
 */
public static synchronized long getNewNoteId(Context context, long folderId){
    // Create a new note in the database
    ContentValues values = new ContentValues();
    long createdTime = System.currentTimeMillis();
    ......
    Uri uri = context.getContentResolver().insert(Notes.CONTENT_NOTE_URI, values);
    long noteId = UNASSIGNED_NOTE_ID;    // 便签未分配到 NoteId
    try {
        noteId = Long.valueOf(uri.getPathSegments().get(1));
    } catch(NumberFormatException e){
        Log.e(TAG, "Get note id error :" + e.toString());
        noteId = UNASSIGNED_NOTE_ID;    // 便签未分配到 NoteId
    }
    if(noteId == ILLEGAL_NOTE_ID){      // 非法的 NoteId
        throw new IllegalStateException("Wrong note id:" + noteId);
    }
    return noteId;
}
```

示例：纠正功能实现方式不恰当的缺陷

在 BackupUtils.java 代码中，生成的资源对象在使用完之后未被关闭，易发生内存泄漏问题。为此需在 finally 块中添加 fos.close()语句，以修复该代码缺陷。

```
......
try{
        FileOutputStream fos = new FileOutputStream(file);
        ps = new PrintStream(fos);
} catch(FileNotFoundException e){
        e.printStackTrace();
        return null;
} catch(NullPointerException e){
        e.printStackTrace();
        return null;
}finally {
```

```
        fos.close();    // 释放资源
    }
    ......
```

示例：纠正代码中常量的不规范命名方式

在 R.java 代码中，许多常量名采用小写的标识符来表示，这不符合 Java 代码的编程规范。为此，需要对这些常量标识符进行修改，全部用大写的字符来表示。

```
public static final int FORMAT_FOR_EXPORTED_NOTE = 0x7f010000;
public static final int MENU_SHARE_WAYS = 0x7f010001;
```

6.7.2　完善开源软件的功能

任何软件系统都很难做到完美无缺。即使在软件系统交付运行之后，用户仍然会对软件系统提出调整要求以弥补之前对软件系统认识上的欠缺，或提出新的软件需求以满足变化的业务要求。对软件系统进行完善性维护是软件系统最为常见的维护形式。

对于开源软件而言，对其进行完善性维护同样非常重要。基于对开源软件的理解、分析和使用，可以发现开源软件系统的功能需要增强，比如增加新的需求以完善软件系统的功能，或改变已有的操作流程以优化功能的实现方式和服务提供方式等。为此，需要构思开源软件的新需求，通过对开源软件的完善性设计，编写相关的程序代码，进而开发出满足新需求的开源软件，产生开源软件的新版本。

1. 构思软件需求

在理解开源软件的体系结构、所提供的功能和服务、程序代码的语义等基础上，构思开源软件系统的新需求，以增强开源软件系统的功能，完善其操作流程，改进业务服务。实践人员可以发挥自己的想象力，结合自己在使用该软件系统时的心得和体会，甚至参考其他软件系统的用户界面、操作模式和业务功能，站在用户的视角，通过回答以下一组问题来构思和完善开源软件的新需求。

- 现有的业务流程是否还可以做进一步优化？
- 用户界面能否做进一步调整以提升软件系统的可操作性？
- 软件系统是否需要增加新的功能以及增加哪些方面的功能？

需要注意的是，所构思的开源软件需求在功能方面要尽可能简单和明确，确保实践人员能够根据其掌握的软件开发技术，在已有程序代码的基础上，通过改进程序代码、编写新的程序代码就可以加以实现。其次，新增软件功能的数目不要太多，以确保实践人员在有限时间内就可以完成相关的完善性维护工作。

示例：构思开源软件系统的新需求

根据对小米便签开源软件功能的理解，用户所创建的便签是对其他用户可见的，没有相应的访问控制，不利于保护用户的个人隐私，因此可以考虑给便签访问提供密码保护的功能。该功能允许用户对便签设置访问密码，用户要访问便签时必须输入正确密码才能看到相关的便签内容。具体的，该功能包括如下几个子功能：

① 设置便签访问密码：为便签的访问设置相应的密码。

② 解除便签访问密码：解除便签访问的密码保护。

③ 根据密码访问便签：在访问便签时要求输入密码，验证正确后才可以访问便签。

2. 完善软件设计

为了实现新增的功能和需求，需要对小米便签开源软件的原有设计（如体系结构设计、用户界面设计、类设计等）进行必要的改造和完善，具体表现为：

① 在体系结构层次，增加新的程序包及其设计类，或在已有的程序包中增加设计类，以实现新增的需求和功能。

② 在类设计层次，对于新增的设计类，设计其属性和方法；对于已有的设计类，调整和完善其属性和方法，以满足新增功能和需求实现的需要。

实践人员可以在开源软件原有体系结构模型的基础上，对开源软件进行完善性设计，绘制出改造后的开源软件体系结构模型和类设计模型，形成新的体系结构包图和相关的设计类图，并显式标注出新增或修改过的设计元素，如程序包、设计类、属性或者方法。

需要强调的是，在开展上述设计的过程中，要遵循软件工程的设计原则，将阅读、分析和标注开源软件中所学到的高质量、高水平的软件设计和程序设计方法应用到针对开源软件的完善性设计之中，具体要点描述如下。

① 尽可能用独立的模块（如包和类）来封装新增的功能和需求。

② 确保新增程序包、类及其方法的功能独立性。

③ 确保新增类及其属性和方法的高内聚性。

④ 运用信息隐藏原则，恰当地设置新增属性和方法的可见性。

⑤ 考虑新增类及其方法与已有模块间的集成，确保它们能够通过交互来完成新增的功能和需求。

⑥ 尽可能通过重用已有的开源软件或其代码片段（如部分类代码）来实现新增的功能和需求。

示例：结合新增需求对开源软件进行完善性设计

根据新增的软件需求和功能，对小米便签开源软件的相关程序包进行完善性设计，受此影响的程序包包括界面层的 ui 包和 res 包，模型层的 model 包和数据层的 data 包。

(1) 界面层 ui 包的调整

图 6.27 描述了经完善性维护后的 ui 程序包的设计类图，图中斜体字表示受影响的设计类、方法和属性。

图 6.27 中主要对以下设计元素进行了调整：

① 新增了 PasswordView 类，负责对用户在密码输入界面输入相关的信息，并对其进行处理。

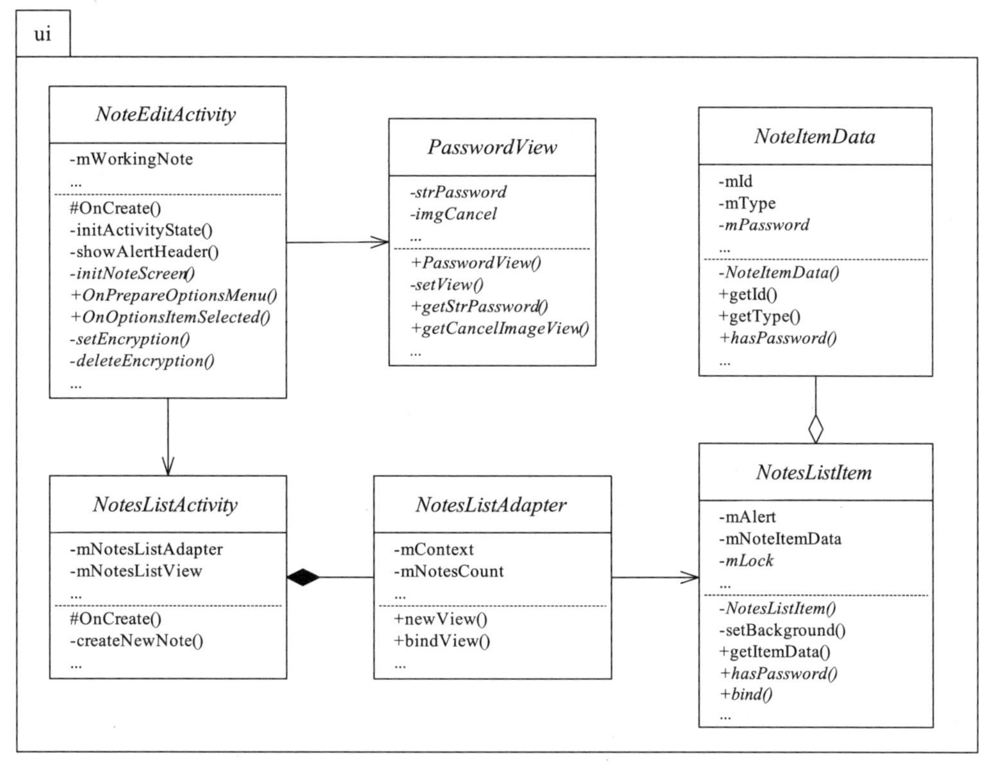

图 6.27 经完善性维护后的 ui 程序包的设计类图

② 对 NoteEditActivity 类 initNoteScreen()方法的内部实现算法进行了调整，以支持根据密码访问便签的功能。

③ 对 NoteEditActivity 类 OnPrepareOptionsMenu()方法的内部实现算法进行了调整，以支持在菜单中显示设置便签访问密码和解除便签访问密码选项的功能。

④ 对 NoteEditActivity 类 onOptionsItemSelected()方法的内部实现算法进行了调整，对用户点击菜单中设置便签访问密码和解除便签访问密码选项的操作进行响应。

⑤ 在 NoteEditActivity 类中新增了 setEncryption()和 deleteEncryption()方法，以支持设置便签访问密码和解除便签访问密码的界面跳转功能。

⑥ 在 NoteItemData 类中新增了 mPassword 属性，并对其构造方法 NoteItemData()进行了调整，以保存便签的访问密码。

⑦ 在 NoteItemData 类中新增了 hasPassword()方法，以判断便签是否具有访问密码。

⑧ 在 NotesListItem 类中新增了 mLock 属性并对 NotesListItem()和 bind()方法的内部实现算法进行了调整，以突出显示具有访问密码的便签。

(2) 界面层 res 包的调整

针对 res 包中的 layout 子包，新增了 note_encryption.xml、note_encryption_repeat.xml 和

note_decryption.xml 布局文件，分别用于设计设置便签访问密码界面，确认设置访问密码界面和根据密码访问便签界面，同时对 drawable 和 value 子包添加了设计元素，见图 6.28 所示。图中斜体字表示受影响的设计类、方法和属性。

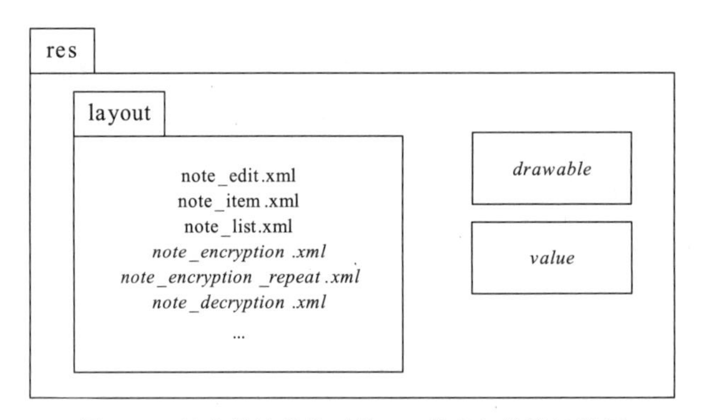

图 6.28　经完善性维护后的 res 程序包的设计类图

(3) 模型层 model 包的调整

图 6.29 描述了经完善性维护后的 model 程序包的设计类图，图中斜体字表示受影响的设计类、方法和属性，主要就以下设计元素进行了调整。

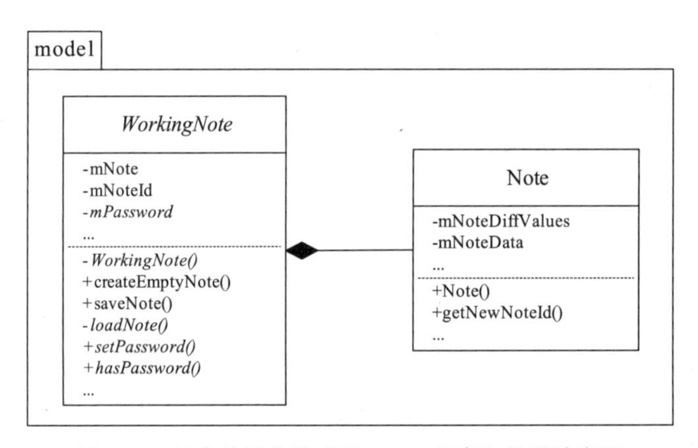

图 6.29　经完善性维护后的 model 程序包的设计类图

① 在 WorkingNote 类中新增了 mPassword 属性，并对其构造方法 WorkingNote( ) 的内部实现算法进行了调整，用于保存便签的访问密码。

② 对 WorkingNote 类 loadNote( ) 方法的内部实现算法进行了调整，用于从便签数据库中获取便签的访问密码。

③ 在 WorkingNote 类中新增了 setPassword( ) 方法，用于设置便签的访问密码。

④ 在 WorkingNote 类中新增了 hasPassword( ) 方法，用于判断便签是否已设置访问密码。

(4) 数据层 data 包的调整

图 6.30 描述了经完善性维护后的 data 程序包的设计类图,图中斜体字表示受影响的设计类、方法和属性,主要就以下设计元素进行了调整。

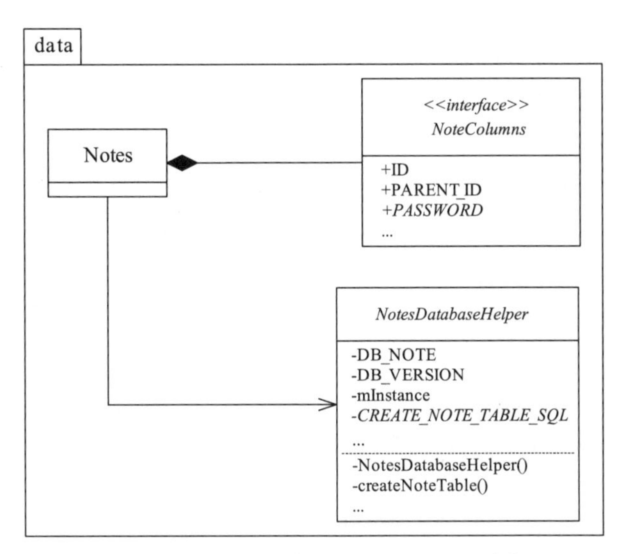

图 6.30 经完善性维护后的 data 包的设计类图

① 对 Notes 类的 NoteColumns 接口内部实现进行了调整,以支持在数据库中查找便签访问密码。

② 对 NotesDatabaseHelper 类的 CREATE_NOTE_TABLE_SQL 字符串实现进行了调整,以支持在数据库中记录便签访问密码。

3. 实现软件系统

根据所构思的软件新需求以及针对体系结构、子系统等开展的完善性设计,选用适当的程序设计语言,编写相应的程序代码,以实现新增的功能和需求,完成完善性维护工作。在该步骤中,尽可能选用与开源软件中所采用的程序设计语言和平台来编写代码,以确保所编写代码与原有代码间的集成和互操作,提高软件系统的可维护性。

对开源软件代码的维护要做到"学以致用",即将在阅读、分析和标注开源软件代码过程中所掌握的高质量代码编写方法和高水平的开发技能应用到代码的编写之中,确保所产生的程序代码不仅是高质量的,而且与原有代码保持一致的风格。具体的,针对开源软件的代码编写需要注意以下一组事项。

① 依据调整后的开源软件设计(包括体系结构设计、类设计等)来编写代码。

② 按照开源软件的原有编码风格来编写代码。

③ 遵循相关程序设计语言的编码规范来编写代码。

④ 对关键语句、语句块、方法和类等做必要的注释。

⑤ 确保所编写程序代码的质量。

示例：根据完善性维护要求编写开源软件的实现代码

根据所构思的软件新需求以及针对小米便签开源软件的完善性软件设计，借助 Java 程序设计语言，遵循 Android 编程规范，按照小米便签开源软件的原有编码风格，编写相应的程序代码，以实现新增的功能和需求，下面描述部分新增的代码及其注意要点。

(1) 编写"setPassword()"方法的程序代码

在 WorkingNote 类中新增 setPassword() 方法的程序代码（见图 6.31 所示）。该方法旨在完成便签访问密码设置的功能，首先为 WorkingNote 类的属性 mPassword 赋予新的密码，然后访问 Note 类中方法 setNoteValue()，以将修改后的便签密码写入便签数据库中，实现持久保存。

```
/**
* 设置便签的访问密码
* @param password 新的访问密码
*/
public void setPassword(String password){
// 将该类的 mPassword 属性设置为新的访问密码
    mPassword = password;
    // 将修改后的便签密码写入到便签数据库中
    mNote.setNoteValue(NoteColumns.PASSWORD, mPassword);
}
```

图 6.31　WorkingNote.java 类 setPassword() 方法的程序代码

(2) 编写 PasswordView 类及其方法的程序代码

图 6.32 描述了新增的 PasswordView 类的构造方法的实现代码，该方法用于在 APP 界面的上方创建一个便签密码输入界面。该构造方法有三个参数，参数 context 表示便签密码输入界面的上下文，参数 attrs 表示便签密码输入界面的控件参数，参数 mode 表示将创建的便签密码输入界面的序号。当 mode 值为"0"时表示设置便签访问密码界面，值为"1"时表示确认便签访问密码界面，值为"2"时表示根据密码访问便签界面。

```
// 声明整型常量用于描述三种不同的口令输入界面序号
public static final int NEW_PWD_VIEW = 0; // 表示设置便签访问密码界面的序号
public static final int RPT_PWD_VIEW = 1; // 表示确认便签访问密码界面的序号
public static final int CUR_PWD_VIEW = 2; // 表示根据密码访问便签界面的序号
public PasswordView(Context context, int mode){
        this(context, null, mode);
}
/** 该构造方法用于在界面上方创建便签输入的界面
```

```
* @param context 便签密码输入界面的上下文
* @param attrs 便签密码输入界面的控件参数
* @param mode 便签密码输入界面的序号
*/
public PasswordView(Context context, AttributeSet attrs, int mode){
    super(context, attrs); // 调用父类方法处理参数
    this.context = context;
    View view;
    switch(mode){  // 根据输入参数 mode 跳转到不同的界面
      case NEW_PWD_VIEW:
          view = View.inflate(context, R.layout.note_encryption, null);
          break;
      case RPT_PWD_VIEW:
          view = View.inflate(context, R.layout.note_encryption_repeat, null);
          break;
      case CUR_PWD_VIEW:
          view = View.inflate(context, R.layout.note_decryption, null);
          break;
      default:
            view = View.inflate(context, R.layout.homepage, null);
      }
      …
}
```

图 6.32 PasswordView 类的构造方法的程序代码

(3) 编写 NoteEditActivity 类中 initNoteScreen()方法的程序代码

图 6.33 描述了针对 NoteEditActivity 类中 initNoteScreen()方法所添加的代码块,用于判断便签访问密码是否正确。

```
pwdView.setOnFinishInput(new OnPasswordInputFinish(){
    @Override
    public void inputFinish(){
        final AlertDialog.Builder builder_c0 =
            new AlertDialog.Builder(NoteEditActivity.this);
        builder_c0.setTitle(getString(R.string.alert_title_encrypt));  // 设置对话框标题
        builder_c0.setIcon(android.R.drawable.ic_dialog_info);         // 设置对话框图标
```

```
            if(pwdView.getStrPassword().equals(mWorkingNote.getPassword())){
                // 如果密码正确
                // 设置对话框消息为“密码输入正确，即将进入便签”
                builder_c0.setMessage(getString(R.string.alert_message_decrypt));
                // 设置对话框确认按钮的功能
                builder_c0.setPositiveButton(android.R.string.ok, new
                  DialogInterface.OnClickListener()
                  {
                  ......
                  });
                } else {
                // 如密码输入错误，则设置对话框消息为“密码输入错误，请重新访问”
                builder_c0.setMessage(getString(R.string.alert_message_decrypt_error));
                // 设置对话框确认按钮的功能
                builder_c0.setPositiveButton(android.R.string.ok, new
                    DialogInterface.OnClickListener(){
                    @Override
                    public void onClick(DialogInterface dialogInterface, int i){
                        finish();
                    }
                });
            }
            builder_c0.show();  // 在界面上显示对话框
        }
});
```

图 6.33　NoteEditActivity 类中 initNoteScreen()方法示意图

6.7.3　演示维护后的开源软件

经过一系列完善性维护工作之后，实践人员将产生开源软件的新版本程序代码。通过 Trustie-Forge 工具将这些程序代码提交到代码版本库中。每个实践结对小组需要将各个人员所提交的程序代码进行合并，形成经维护后的完整程序代码，通过对这些代码进行编译，生成可运行的目标软件系统，并演示所实现的功能。

示例：运行和演示经维护后的开源软件

(1) 设置便签访问密码

图 6.34 描述了经维护后小米便签的设置密码功能的用户操作界面。用户在便签编辑界面

的菜单中点击“设置密码”菜单项(见图 6.34(a)),系统将弹出“设置便签访问密码”用户界面,用户在该界面下使用数字键盘输入 4 位密码(见图 6.34(b)),随后系统将弹出“确认便签访问密码”界面(见图 6.34(c)),用户在该界面下再次输入密码。如果两次输入的密码相同,则弹出对话框显示“便签访问密码设置成功,密码是…”的信息,否则系统将弹出对话框显示“便签访问密码设置失败,两次密码输入不一致”,随后系统返回到便签列表界面。

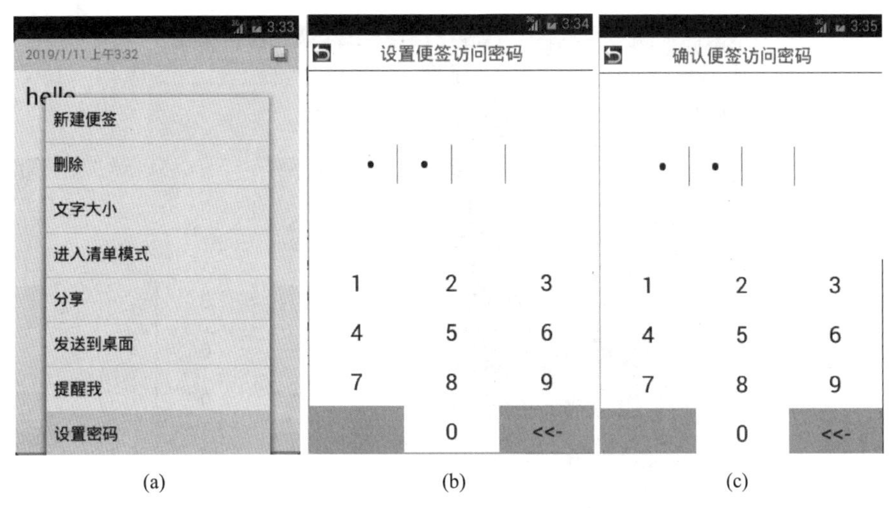

(a) (b) (c)

图 6.34 设置便签访问密码的界面

(2) 解除便签访问密码

用户在便签编辑界面的菜单下点击“解除密码”菜单项,系统将弹出对话框提示“解除便签访问密码成功”的提示信息(见图 6.35),随后系统将返回到便签列表界面。

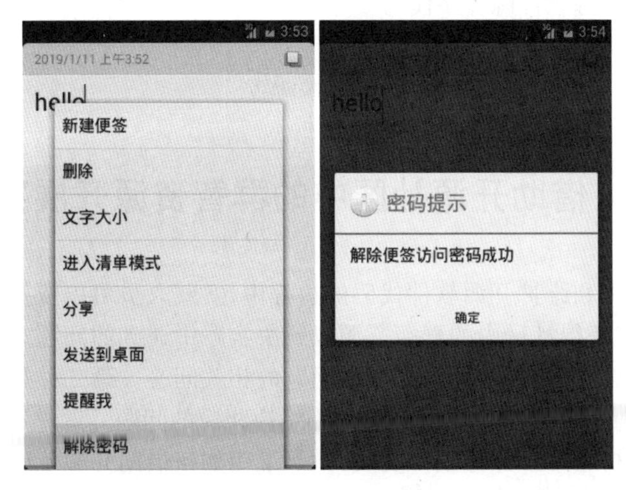

图 6.35 解除便签访问密码的用户界面

(3) 便签访问

用户在便签列表界面点击欲访问的便签，系统将弹出对话框要求用户输入便签访问的密码（见图 6.36）。如果输入的密码正确，系统则会弹出对话框显示“密码输入正确，即将进入便签”，随后进入便签编辑界面；如果输入的密码错误，系统会弹出对话框显示“密码输入错误，请重新输入”，随后返回到便签列表界面。

图 6.36　便签访问的密码验证界面

6.7.4　实践成果

维护开源软件实践活动完成之后，实践人员需要提交以下实践成果和软件制品：

- 经过维护后的开源软件源程序代码。
- 经过维护后可运行的开源软件系统。
- 记录实践心得、体会、感受和收获等的技术博客。

6.8　借助开源社区中的群智资源开展实践

在阅读、分析、标注和维护开源软件代码的过程中，实践人员可以依托软件开发知识分享社区，通过以下两种方式获得社区中的群智资源以解决实践中遇到的问题。第一种是在社区的检索栏中输入相关的问题，在社区中寻找针对该问题的相关问答。第二种是在社区中针对具体的问题进行提问，以期获得社区中成员的回答，进而解决相应的问题。

下面结合具体分析和维护开源软件实践，举例说明如何借助开源社区来解决软件工程实践实施中遇到的多样化问题。

示例：理解语句的语义

(1) 问题描述

在阅读小米便签开源软件代码的过程中，FoldersListAdapter 类的 bindView( )方法中有一条 Java 语句 **if**(view **instanceof** FolderListItem)，不知该语句是何含义。

(2) 获取社区中的群智资源

访问 Stack Overflow 开源社区，在网页的检索输入框中输入"Instanceof in Java"，系统将查询社区中与此相关的提问"what is the 'instanceof' operator used for in Java"。这一提问与遇到的问题相一致。进一步，在 Stack Overflow 社区中点击该提问以查询和获取针对该提问的相关回答，其中获得大众高度认可的回答如图 6.37 所示。

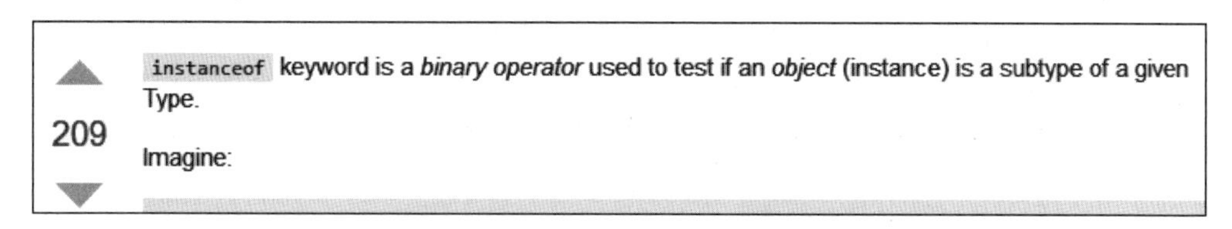

图 6.37 Stack Overflow 中的回答

根据这一回答，得知 instanceof 二元运算符用于判断某对象是否为属于某类的实例。结合小米便签中遇到的具体问题可知，语句 if(view instanceof FolderListItem)的含义是，判断 view 对象是否为 FolderListItem 类的实例。

示例：理解方法中参数的含义

(1) 问题描述

小米便签开源软件代码的 NoteEditText 类中，void onFocusChanged(boolean focused, int direction, Rect previouslyFocusedRect)方法中 Rect 类型的参数 previouslyFocusedRect 不知是何含义，也不清楚该方法重载使用的目的。

(2) 获取社区中的群智资源

访问 CSDN 开源社区，检索"onFocusChanged"，查询到相关的技术博客 https://blog.csdn.net/lovemy_baby/article/details/49786013 指出，"previouslyFocusedRect 参数是指触发事件视图中前一个获得焦点的矩形区域，即表示焦点是从哪里转移来的，如果没有则该参数值为 null"。根据这一解释，得知重载该方法是为了处理当前视图下的焦点改变事件。

示例：掌握构件的使用

(1) 问题描述

小米便签开源程序代码中的 NoteEditActivity 类中，public void onClockAlertChanged(long date, boolean set)方法的内部实现代码中用到了 Android 组件 PendingIntent，不知该组件的功能以及使用方法。

(2) 获取社区中的群智资源

开源社区 CSDN 的技术博客 https://blog.csdn.net/qq_28330221/article/details/61616081 指出，“PendingIntent 是一种特殊的 Intent 组件，它与 Intent 不同之处在于 Intent 是即时启动，随启动它的 Activity 消失而消失；而对于 PendingIntent 而言，当前 Activity 不能立刻启动它，而是需要延迟执行。PendingIntent 封装了 Intent，当该 Intent 执行完毕或当前应用已经停止，它仍可以通过其内部保存的 Context 启动相应 Intent 执行”。根据这一解释，在小米便签开源软件中 PendingIntent 用于设置闹钟提醒，预期产生的效果是：即使小米便签没有运行，基于之前注册的闹钟仍会被保留，即使设备处于休眠状态也可以响铃。

示例：学习 Sonar 插件的安装

(1) 问题描述

为了分析小米便签开源代码的质量，需要安装 Sonar 插件。该插件可通过 Eclipse 工具中“help”工具栏下的“Eclipse Marketplace”进行安装和配置。但是有的 Eclipse 在安装完之后并没有“Eclipse Marketplace”菜单项，因此需要解决如何安装 Eclipse Marketplace 问题。

(2) 获取社区中的群智资源

访问 CSDN，在检索输入框中输入“eclipse 的 help 没有 Eclipse Marketplace”，CSDN 将返回多个与此相关的信息项，选择其中阅读量较高的信息项。从提供的信息中得知，安装 Eclipse Marketplace 的具体步骤如下：首先借助“help”工具栏下的“install new software”，然后再加入一个 Eclipse Marketplace 的在线安装地址，按步骤进行安装即可。安装好 Eclipse Marketplace 后，再利用它来安装 Sonar 插件。

示例：学习关键代码类的功能及使用方法

(1) 问题描述

小米便签开源代码中用到了两个关键性的类 SQLiteDatabase 和 SQLiteOpenHelper，在阅读和分析代码的过程中，不清楚这两个类的具体功能及使用方法。

(2) 获取社区中的群智资源

访问 Stack Overflow 开源社区，在检索框中输入“SQLiteDatabase and SQLiteOpenHelper”，系统将返回与此相关的提问，从中发现以下提问与关心的问题密切相关“Why use SQLiteOpenHelper over SQLiteDatabase?”，进一步点击该提问，可在 Stack Overflow 社区中获得针对该提问的相关回答，其中图 6.38 所示的回答具有较高的认可度。

根据图中的问答得知，SQLiteDatabase 类提供了创建、删除、执行 SQL 命令等功能，可以通过其提供的方法来获得相关的服务；SQLiteOpenHelper 类是一个针对管理数据库创建和版本管理的帮助程序类。

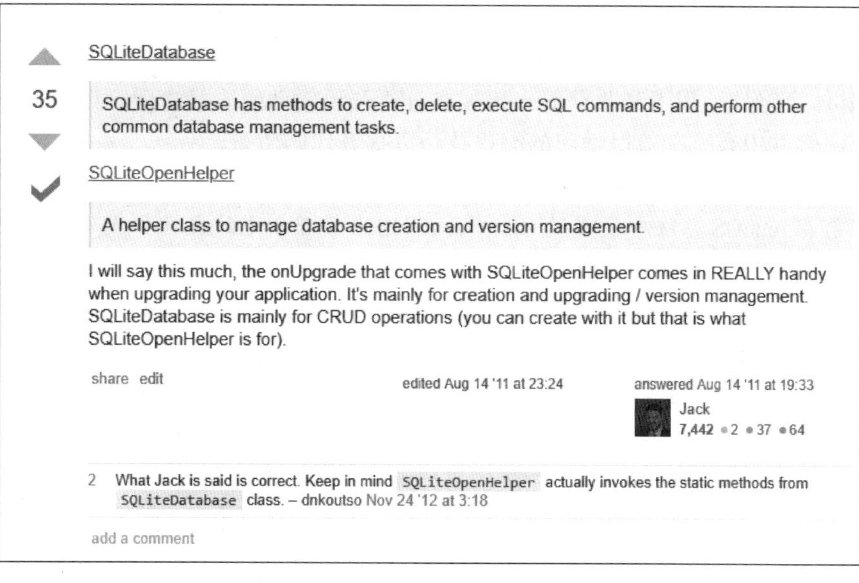

图 6.38 Stack Overflow 中问题的回答

6.9 实践总结

对于软件工程课程实践而言，在实践过程中进行持续性总结非常重要。一方面，通过总结可以帮助实践人员梳理、提炼其实践过程和成果，记录其经历和收获，它给实践人员提供了一个思考的环节，有助于他们“固化”其能力和素质。另一方面，实践人员通过总结所产生的资料可以成为重要的实践资源，通过对这些资源的分享和交流，可以促进实践人员之间的相互学习，也可以成为后续学习者的重要学习资料。实践总结不仅有助于实践人员记录实践的点点滴滴，总结其收获和成果，防止遗忘，更为重要的是它还有助于培养学生的语言表达、归纳总结、报告展示、交流讨论等方面的能力以及严谨、务实的工程素养。

在分析和维护开源软件的过程中，实践人员需要围绕以下两个方面的内容进行持续性总结。一方面是总结个人的实践经验和经历及所取得的收获，要求完整地梳理和记录实践的经历，详细记录阅读、分析、标注和维护开源软件过程中遇到的问题及其解决的方法和结果，深入提炼实践的心得、体会和感受，系统概括分析和阅读开源软件过程中所学到的软件开发技能、方法、策略和原则。另一方面是总结实践任务所取得的具体成果，包括阅读的代码量、提供的标注量、提交的质量分析报告、绘制的软件体系结构模型、纠正的代码缺陷、新增的开源软件功能、编写的程序代码及其质量等，并运行和演示经维护后的开源软件。

实践人员可以通过技术博客的形式来记录其个人的实践总结，针对实践任务的总结则可以通过相关的总结报告、汇报 PPT 等方式来完成。

1. 针对个人的实践总结

要求实践人员撰写技术博客，记录其阅读、分析、标注和维护开源软件实践过程中的历程和感受，总结其体会、经验、思考和收获等。比如在分析开源软件的质量之后，可以通过技术博客介绍和总结开源软件中有哪些值得学习的编程技巧以提升代码质量。

示例：学生“关于 Git 使用心得体会”的技术博客

我曾以前在 macOS 系统中使用过 Git 工具，用它来管理本地的文档和代码文件，因为它可以在服务器上保存本地文件的副本，并且在每次提交时可以看到文件的修改历史，从而为管理本地文件提供了诸多便利。通过本学期软件工程课程的学习和软件开发实践，我对 Git 工具有了更深的理解，尤其是版本控制系统的思想和 Git 命令的使用。

首先，作为一种版本控制系统，Git 可以在本地和服务器上保存多个版本的文件副本。在完成软件系统部分功能的编写后，应使用 Git 工具将软件制品提交到仓库中进行管理，再进行其他部分的编写。这样做的目的是防止在修改代码的过程中对已有功能造成破坏。即使软件需求出现了变化，也可以通过 Git 工具恢复到以前的版本。与人工恢复相比，它既能节省精力，又能减少错误。不过需要注意的是，在恢复之前，一定要通过 –git add 命令将已修改的文件添加到 Git 仓库的管理中，并使用 –git commit 命令进行一次提交。之后便可以通过 –git reflog 命令和 –git reset 恢复到以前的版本。

其次，Git 是一种分布式管理系统，可以为多个用户提供软件项目管理。在本学期的实践任务中，Git 工具为我们团队的协同开发提供了很大的帮助。我作为项目组的组长，可以在 develop 分支上对各成员的开发成果进行合并，并把软件系统的稳定版本推送到 master 分支。在协同开发的过程中需要注意，软件开发人员需要在正确的分支下进行工作。如果直接在 develop 分支或在 master 分支上进行修改，一旦出现失误，将有可能造成整个项目的崩溃，为项目管理增添负担。因此在打开项目文件之前，切记确认当前所在分支，尽量避免出现这种人为的低级错误。

Git 工具为不同类型的软件开发人员提供了相应的权限和功能支持。比如在某个软件系统开发的过程中，有核心开发人员也有外围开发人员。Git 工具为核心开发人员提供 –git merge 命令对分支进行合并，而外围开发成员只能通过 Git 提供的“Pull Request”功能提交代码，只有在核心开发人员审核后才能合并到分支中去，以保证代码的安全性。

此外，可以使用诸如 TortoiseGit 这样的可视化工具，降低 Git 使用的难度。

综上所述，Git 工具为软件项目管理提供了诸多的支持。熟练使用 Git 工具、借助版本控制的思想对软件项目管理而言非常重要，也是软件开发人员一项重要的技能。

示例：学生关于“分析和维护开源软件”实践心得体会的技术博客

在分析和维护小米便签开源软件的实践过程中，对软件开发有了更深的理解和认识，下面描述在实践各阶段的一些体会和认识。

(1) 熟练配置和使用 Android 开发工具和环境

软件开发工具和环境的配置涉及多方面的知识，需要投入很多精力去探索与实践。小米便签开源软件运行于 Android 系统之上，采用 Android Studio 平台进行开发。

在PC上配置Android运行环境的过程中，会涉及Android SDK的配置和Gradle编译工具的使用。首先要熟悉Gradle工具创建的文件目录结构，了解其中每个文件分别实现了什么功能，从中可以获取到一些有用的信息，比如关于SDK和其他工具包的版本信息，这样可以更加得心应手地调整开发环境。

其次，要及时解决并记录环境配置过程中出现的问题。不仅需要搞清楚IDE给出的错误代码的含义，而且需要熟悉如何解决这些问题。在借助开源社区解决问题时，需要注意不要简单照抄照搬他人经验，而是要先思考问题产生的原因，再去寻找合适的解决方案。

最后，要结合自身情况来安装、使用软件开发工具，初学时应依靠工具进行开发，在实践过程中逐步摆脱对工具的依赖，最后理性选择、使用适合的工具以进一步提高开发效率。

(2) 解剖和学习小米便签开源软件代码，分析和掌握其功能

对开源代码的阅读和分析要采用自顶向下的方式来进行。一方面，在对编程语言、运行环境和软件工程知识都不太熟悉的情况下，最好采取逐步深入的策略。另一方面，自顶向下的分析策略有助于降低代码阅读和分析的复杂度。

关于理解和分析开源代码的功能，建议要从用户的角度对功能进行审视，了解功能是什么，功能之间有什么关系，每个功能是在哪个界面实现的，然后通过对开源代码的阅读，寻找相关功能在开源软件中的哪个包、哪个类中，由类中的哪个方法来实现。小米便签的代码结构比较清晰，可以很快地在代码中定位某个功能实现代码的位置。

(3) 掌握小米便签开源软件的体系结构，理解各个类的详细设计

该部分是小米便签开源软件分析和维护的核心任务，起到了承上启下的作用。因为一个软件的体系结构确定了软件的整体框架，也是实现软件功能的基础。

在绘制小米便签体系结构图的过程中，在了解和分析了软件各层次间的关系和每个程序包的核心功能后，才明白软件设计的关键在于对软件系统进行"模块化"封装和分解。在绘制类图的过程中，真正了解到类间的关系最终是通过代码来加以实现的。整个小米便签的软件体系结构具有良好的健壮性和可扩展性，加深了对软件设计有关"抽象、模块化、信息隐藏、多视点"等原则的理解。

(4) 分析小米便签开源软件的代码质量

在分析小米便签开源软件质量的过程中，首先借助Android Studio中的SonarLint插件进行分析，从而了解代码遵循编码风格的情况，发现该代码存在诸多控制语句块具有多出口、没有default语句块等常见问题。另外，缺少对关键类方法、关键常数的注释也是该代码的常见问题。

(5) 标注小米便签开源软件

这一部分的实践需要深入和详尽了解小米便签开源软件代码的实现细节，具体包括类中每个属性和方法的作用，方法中各个参数及方法返回值的含义，每条语句的语义等；要结合软件实现的功能，按照包、子包、类、方法、代码块、语句的顺序进行阅读和标注，带有目的性和针对性地进行代码的阅读、理解和标注，这样不仅阅读起来很轻松，还有助于加深对软件体系结构和功能实现方法的理解。

(6) 维护小米便签开源软件

在对小米便签维护过程中，真正理解了对代码的改动可谓是“牵一发而动全身”，从软件的顶层到底层都可能会受到影响。通过该实践，学会了如何对软件中创建、使用的数据库中的数据进行查看和分析，如何设计软件界面元素及界面间的跳转关系等。有一些遗憾的是，我的用户界面设计得还不够美观。

完成上述实践之后，我找到一点自信，以应对具有一定规模软件的开发和维护工作，希望能够将所学和所感应用到今后的软件开发过程中。

2. 针对任务的成果报告

要求实践人员撰写分析和维护开源软件实践任务的总结材料，以总结任务的完成情况以及所取得的成果。总结材料既可以采用书面的文字报告形式（如专门撰写一个实践任务的总结报告文档），也可以表现为书面的汇报 PPT 形式（如要求实践人员提供一个实践总结汇报 PPT）。所撰写的总结材料可以作为实践成果的一个组成部分进行交流和分享，也可作为对实践进行考评的依据。一般地，分析和维护开源软件的总结材料需要概述以下几方面的内容。

① 代码阅读的整体情况及开源软件的体系结构。

② 开源软件代码的质量分析方法及其质量情况介绍。

③ 高质量软件代码的基本特征和编写要求。

④ 代码精读和标注的具体成果，包括对哪些代码进行了精读和标注、标注的质量分析等。

⑤ 对开源软件代码的缺陷进行纠正性维护的情况，包括纠正了多少缺陷、哪些类型的缺陷等。

⑥ 对开源软件代码进行完善性维护的情况，包括增加了什么样的功能、设计哪些类和方法、编写了多少行程序代码、重用了多少行程序代码等。

⑦ 所编写程序代码的质量情况，包括利用 SonarQube 对编写代码进行的分析及结果等。

⑧ 在实践过程中借助群智资源解决实践中遇到的问题、重用开源软件代码维护软件的情况。

⑨ 运行维护后的开源软件并演示新增加的功能。

6.10　实践设计的剪裁

针对分析和维护开源软件实践的任务，本章介绍了支撑该任务实施的具体活动和要求。例如，明确了实践任务要实施阅读、分析、标注和维护等一系列活动，每个活动又包含了一组子活动，如标注代码需要首先精读代码，理解代码的语义和动机，然后再进行标注；此外还对相关活动的实践内容和质量等提出了明确的要求，如要求阅读具有一定规模（比如要求有 5 000 行以上的代码量）、高质量（比如具有良好的编码风格、体现了良好的设计原则等）的开源软件代码，要求实践人员至少精读 2 000 行以上的开源软件代码等。

显然，实践教学的实施需要做到具体问题具体分析，要结合各个施教对象的具体情况及其约束和限制来制定合理的实践教学任务和要求，只有这样才能使实践教学的目标得以达成，实践任务得以完成，实践要求得以满足，否则就会出现好高骛远、理想很远大但是现实做不到等问题。比如，实践任务和要求的设计要充分考虑到参与实践教学的学生的学习能力，要兼顾学生可以投入的时间和精力，要综合考虑课程实践教学的学时等因素。为此，本节讨论如何结合具体情况对实践任务和要求进行适当的剪裁（见表 6.3 所示），以适应特定实践教学环境的具体约束和限制。

表 6.3 分析和维护开源软件实践的剪裁说明

实践目标	实践任务	实践要求	剪裁说明
基本目标：学习高质量程序代码的基本特点和要求，学习高水平软件设计和程序设计的技能	阅读、分析和标注开源软件代码	精读的开源软件代码数量及对开源软件代码的质量分析	无需完成维护开源软件任务，也无需绘制开源软件的体系结构
中级目标：将所学的高质量、高水平编程方法和技能用于解决实际问题，并积累一定的软件开发经验	阅读、分析、标注和维护开源软件，且主要针对纠正性软件维护工作	对纠正性维护工作量及其质量提出明确要求，如纠正多少类型的代码缺陷、纠正多少个代码缺陷等，并要确保纠正后代码的质量	无需完成完善性维护任务，也无需绘制开源软件的体系结构
高级目标：培养软件工程的素质，提升运用工程化方法开发高质量软件系统的能力	阅读、分析、标注和维护 4 方面的任务，且要强化完善性维护工作的任务	聚焦开源软件的完善性维护任务，对所构思的软件需求创意、编写的规模及质量提出明确要求，如要求编写多少行代码，编写代码的质量水平	—

（1）实践教学目标的剪裁

分析和维护开源软件实践可以有多个不同层次的目标。最基本的目标就是要通过该实践来学习高质量程序代码的基本特点和要求，学习高水平软件设计和程序设计的技能。中级目标是能够将所学的高质量、高水平编程方法和技能运用于解决实际问题（具体表现为开源软件维护），并在此过程中积累软件开发经验。高级目标是要能够通过本实践，加强对软件质量的认识，理解变化对软件开发及质量的影响，在实践中培养软件工程素质，提升其借助工程化方法和手段进行软件开发的能力和水平。

可以结合实践教学的具体情况来设计和确定实践教学的目标。首先必须要确保本实践基本目标的达成；如果实践条件允许（如有足够的学时、学生有足够的时间投入等）或者有实践任务的需要，可以将实践目标定位为中级或者高级目标。

（2）实践任务和活动的剪裁

根据实践目标的不同，可以对实践任务以及达成任务的实践活动进行必要的剪裁，以确保在受限的条件和约束下达成实践目标。如果实践只期望达成基本目标，那么可以只要求实践人员完成阅读、分析和标注开源软件代码三方面的实践任务及其相应的活动，而无需开展维护开源软件的实践工作。如果要达成中级实践目标，则要求实践人员必须完成阅读、分析、标注和维护开源软件代码 4 方面的任务，且维护开源软件的任务主要聚焦于纠正性的软件维护工作。对于高级实践目标而言，则要求实践人员完成开源软件代码的阅读、分析、标注和维护 4 方面的任务，尤其是要强化完善性维护工作的任务。

(3) 实践要求的剪裁

实践目标的不同也必将影响实践的具体要求。对于基本实践目标而言，要将实践要求聚焦于两个方面：实践人员需要阅读（尤其是精读）的开源软件代码数量以及对开源软件代码的质量分析，要求实践人员对代码的质量和编写方法有所认识和感悟，比如要求至少精读多少行代码、提供多少行代码的注释。对于中级实践目标而言，要对实践人员开展代码纠正性维护工作及其质量提出明确的要求，比如要求纠正多少类型的代码缺陷、纠正多少个代码缺陷等，并要确保纠正后代码的质量，使得它们与原有的代码具有相同的编码风格等。对于高级实践目标而言，要求实践人员将注意力和精力聚焦于开源软件的完善性维护，要强化对开源软件的需求构思和创意，要对所创意的软件需求规模及其实现代码的质量提出明确的要求，比如要求完成多少行的代码编写，要求所编写程序代码的质量水平等。

示例：针对分析和维护开源软件实践任务的剪裁和设计

为了培养学生的软件质量意识，掌握运用软件工程方法和原则进行软件开发的基本能力，初步培养良好的软件工程素质，计划用 6 周时间开展分析和维护开源软件实践，实践进度安排见图 6.39 所示，实践的具体任务和要求描述如下。需要说明的是，这 6 周的时间并非每天所有课时都用于课程实践，而是每周投入 1~2 个学时的课堂时间，其他实践时间由学生在课后投入。

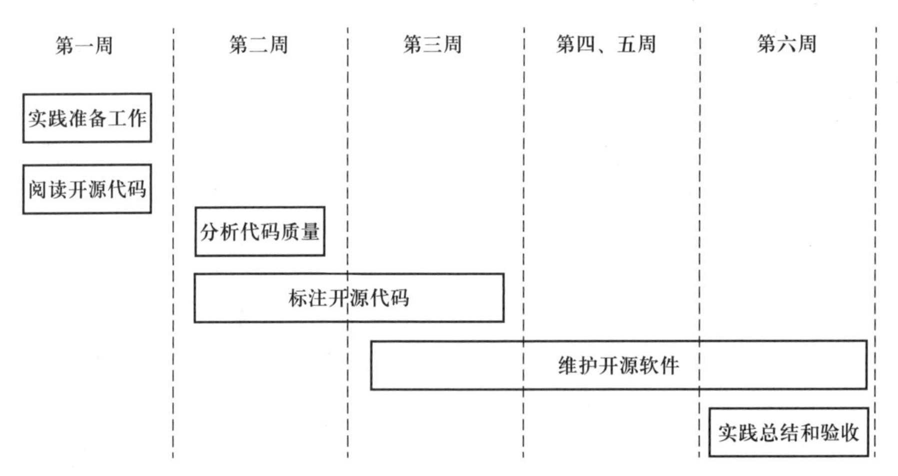

图 6.39　分析和维护开源软件实践教学任务实施计划的示例

(1) 实践任务

要求完成阅读、分析、标注和维护 4 项具体的实践任务和活动，其中阅读代码任务要求绘制开源软件的体系结构模型，分析代码质量任务要求撰写代码质量分析报告，要在精读代码的基础上给出代码的注释，维护开源软件要完成纠正性维护和完善性维护工作，并提交维护后所修改和编写的程序代码。

（2）实践要求

实践任务和活动的具体要求如下：完成大约 8 000 行代码的代码泛读工作，完成大约 1 000 行左右代码的精读和标注工作（说明，并非要求对每一行代码进行标注，而是针对关键性的语句和语句块、重要的方法和类进行标注），完成大约 500 ～ 1 000 行的代码维护工作。

本 章 小 结

本章介绍了软件工程课程实践任务一（分析和维护开源软件实践）的实施过程、活动、要求、策略、方法和成果。从整体上看，可以将该实践视为是软件工程实践任务二的前导任务，其目的是帮助实践参与人员在代码层面上理解大规模、高质量软件应具有的基本要求和特征，掌握编写高质量软件系统的设计方法和实现技能，领会需求变化对软件开发以及软件制品及其质量所带来的影响，进而建立起注重代码质量、关注代码风格等基本观念，同时掌握利用群智方法、借助群智资源来解决问题、促进软件开发的基本技能。

分析和维护开源软件的前提是要选择一个恰当的开源软件，通常要求所选择的开源软件具有代码规模适中、质量水平高、功能易于理解等特点。该项实践可以分为 4 个逐层递进的任务完成。首先要在宏观层面阅读和描述开源软件，从整体上掌握开源软件的功能、结构和质量；其次要分析开源软件的整体质量情况，掌握高质量程序的特征及其实现方法；再次要在微观层面精读和标注开源软件，在语句、语句块、方法、类等方面理解程序代码的语义，并以此为基础给出代码的注释；最后要维护开源软件，对发现有问题的代码进行纠正，构思和完善开源软件的功能需求，并遵循代码规范和质量要求编写代码。

设计该实践的目的是要以高质量开源软件为媒介，让实践人员学习和掌握高水平的程序设计技巧及编写高质量程序代码的基本方法，并借助开源软件的维护实践，将所学的技巧、方法和规范等应用于软件开发，做到学以致用。需要强调的是，在分析和维护开源软件过程中，实践人员会遇到多样化、个性化的开发问题，借助群智资源、利用开源软件是解决问题的有效手段。这就要求实践人员加入开源社区，学会在开源社区中提问、寻求问题的解答、检索所需的群智知识等基本的群体化开发技能。

实 践 作 业

6-1　在开源软件托管社区和软件开发知识分享社区中注册成为其用户，登录相关的开源社区，熟悉开源社区的参与和使用模式。软件开发知识分享社区包括 Stack Overflow、CSDN、开源中国，开源软件托管社区包括

GitHub、SourceForge、码云等。

6-2　针对待分析和维护的开源软件，到相关开源软件托管社区去检索和下载开源软件代码，将开源软件编译、安装和部署到目标平台上运行，操作和使用开源软件，理解其功能。

6-3　将待分析和维护的开源软件的代码上传到 Trustie-Codepedia 和 Trustie-Forge 平台中，以便对其进行阅读、标注和修改。

6-4　阅读开源软件代码，用 UML 包图和类图描述开源软件的体系结构，描述开源软件的功能，分析开源软件的程序模块与其功能之间的对应关系。

6-5　借助 SonarQube、CheckStyle 等工具，分析开源软件代码的质量，通过人工阅读开源代码的方式，理解和掌握开源软件的编程风格和设计质量，撰写开源软件质量分析报告。

6-6　选取部分开源代码，精读代码，理解其语义，借助 Codepedia 工具，在关键语句、语句块、方法和类 4 个层面对该部分代码进行标注。

6-7　针对实践过程中遇到的各种问题，到软件开发知识分享社区去寻找相应的问答，或者在社区中进行提问，以获得问题解决的答案；将在开源社区中的体验和实践记录下来，以进行交流和分享。

6-8　利用 Trustie-Forge 中的 Issue 机制，在实践任务结对 / 团队中进行实践任务的分配和指派，跟踪实践任务的完成情况。

6-9　针对开源软件代码质量分析中发现的问题和缺陷，对相关的程序代码进行纠正，以修复缺陷，并确保修改后代码的质量。

6-10　对开源软件系统进行完善性维护，构思软件需求，并根据需求调整软件设计、编写相应的程序代码，产生可运行的目标软件系统，并演示维护后的开源软件功能。

6-11　撰写技术博客，以总结和记录实践的心得、体会、感受、收获等。

6-12　对实践进行总结，通过技术报告和汇报 PPT 的形式介绍实践的具体成果，包括开源软件的体系结构、阅读代码的数量、标注代码的情况、开源软件代码的整体质量情况、对开源软件进行纠正性维护和完善性维护的情况及成果等。

第 7 章　实践任务二：开发软件系统

开发软件系统实践旨在通过对有创意、上规模和高质量软件系统的开发，帮助实践人员深入理解软件工程的知识，系统掌握和运用软件工程的原则、方法和技术，在解决各种软件开发问题的过程中积累经验，培养解决复杂工程问题能力和软件工程素质。针对该实践任务和目标，实践人员需要完成一系列软件开发活动，包括需求获取与分析、软件设计与建模、代码编写与测试等，借助开源社区中的群智资源解决软件开发问题、重用开源软件，运用实践任务一所掌握的软件开发方法和技能促进软件系统的开发，并确保软件系统的质量。

开发软件系统的课程实践

微视频：
开发软件系统

本章介绍开发软件系统实践任务的实施方法，具体内容包括：

- 实践实施的过程、活动、原则、要求及输出的成果。
- 实践实施的准备工作，包括宣传和动员、实践人员组织、实践任务布置等。
- 空巢老人智能看护系统应用案例的介绍。
- 需求获取与分析、软件设计与建模、代码编写与测试等软件开发活动的实施方法、输出成果和具体要求。
- 基于群智方法、借助群智资源解决实践中遇到的问题，促进软件系统的开发。
- 实践总结，以记录、交流和分享实践成果、心得和体会。
- 针对实践教学的具体情况对实践设计进行剪裁的方法。

7.1　实践实施过程及原则

7.1.1　实施过程和活动

开发软件系统实践任务需要采用迭代的方式来完成（见图 7.1 所示），其原因有 4 个方面。首先，对于刚刚步入软件工程领域、缺乏软件开发经验的实践人员而言，要一次性、高质量地开发出一个具有一定规模和复杂度的软件系统而言是极为困难的。现代软件工程的成功实践表明，迭代开发是应对复杂软件系统的一种行之有效的工程化方法。其次，对复杂工程问题的理解及解决也是一个持续深入的过程，比如随着软件开发工作的推进，软件开发人员不断加深对软件需求的认识，进而持续改进和完善软件需求；随着软件开发经验的积累，软件开发人员不断优化和完善软件设计和程序代码，以满足变化的需求、提高软件系统的质量。再次，迭代开发使指导教师可以对实践成果进行持续点评，发现其中存在的问题和不足，指导和引导学生在迭代的过程中对实践成果进行持续改进。最后，软件开发能力的培养、软件开发经验的积累也是一个循序渐进的过程，需要在持续迭代的软件开发过程中不断进行体验、感悟、巩固和深化。

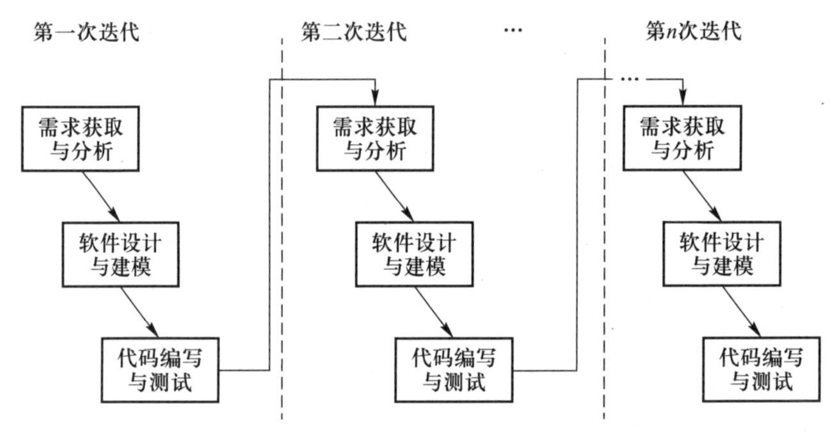

图 7.1　迭代软件开发示意图

迭代软件开发的思想已深入现代软件工程实践，如螺旋模型、敏捷开发都体现了迭代开发的思想。就开发软件系统实践而言，螺旋模型、敏捷开发等方法对于缺乏软件开发经验的初学者而言显得较为复杂，难以掌握和运用。采用纯粹的迭代模型有助于简化软件开发过程，减少实践管理的成本，降低实践实施的复杂度和难度。

基于迭代开发的思想，开发软件系统实践的实施过程如图 7.2 所示。图中上部分的流程刻画了实践实施的大致迭代过程。实践任务的开展分为若干次迭代，每次迭代包含了需求获取与分析、软件设计与建模、代码编写与测试等开发活动。在整个实践过程中，实践人员需要借助开源社区中的群智资源以促进软件开发工作，指导教师需要通过持续点评和考核来推进实践的开展。

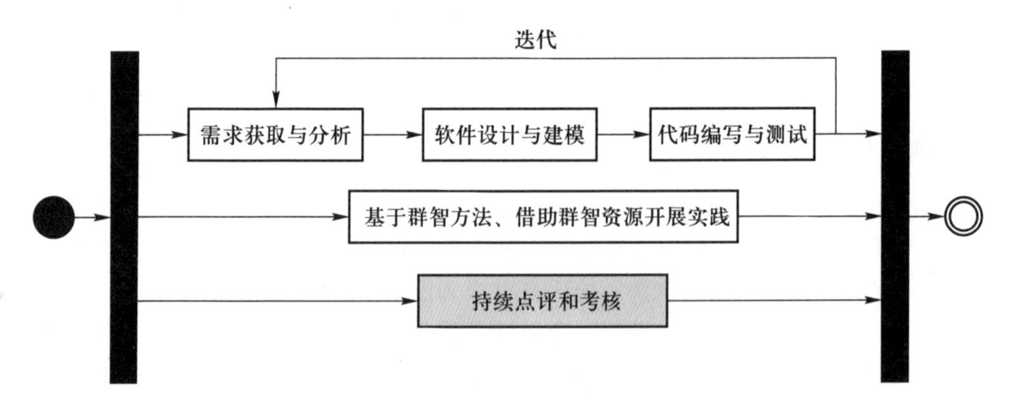

图 7.2　开发软件系统实践的实施过程

(1) 需求获取与分析

为了取得预期的实践成效，达成能力和素质培养的目标，需要对实践待开发软件系统的创意性、规模性、复杂性、集成性和综合性等方面提出明确的要求（具体见4.4.2小节）。针对这些要求，实践人员需要针对特定的应用领域（如家庭服务、信息管理、生活娱乐、社交服务等），结合具体的问题来构思软件需求，包括软件系统的功能性需求和非功能性需求，从所需工作量、开发技术、工具和设备等多方面评估所构思软件需求的实现可行性，并以此来调整、优化和固化软件需求。在此基础上，对所构思的软件需求进行建模，形成用UML描述的软件需求模型，并对需求模型进行分析以发现和纠正不准确、不一致和模糊的软件需求，撰写软件需求文档并对其进行评审，以确保软件需求的正确性、准确性、完整性、一致性等，以此作为软件开发的依据。

在整个实践过程中，不要求一次性形成软件系统的需求，而是允许在每一次迭代开发中持续构思、调整和完善软件需求。随着软件开发的不断推进，实践人员对软件需求的理解和认识会发生变化，可能会发现一些新的、有创意、有价值的软件需求，需要加以增补；也有可能会发现原先构思的部分软件需求存在可行性等方面的问题，需要将其剔除；或者部分软件需求细节需要进行适当的调整等。基于迭代软件开发的思想，每一次迭代仅实现部分软件需求，从而确保整个实践是以一种循序渐进的方式加以推进，以免由于软件需求数量多、实现难度大，难以通过一次迭代来完成。

在需求获取和分析阶段，实践人员还可以基于开源社区，通过与开源社区中软件开发者群体的交互和协作发现有价值的软件需求，或对已有的软件需求进行调整和优化，进而推动需求的创意和获取。

(2) 软件设计与建模

针对某次迭代需实现的软件需求，遵循软件工程的设计原则，采用诸如面向对象的软件设计方法，对该软件系统进行设计，包括体系结构设计、数据设计、人机界面设计、子系统 / 构件设计、类设计等，产生支持软件需求实现的解决方案，建立基于UML的软件设计模型，撰写软件设计文档并对其进行评审，以确保软件设计方案的正确性、准确性、完整性、一致性、可追踪性等，以此作为指导软件编码和测试的依据。

实践人员需要将在实践一中所学到的高质量软件设计方法应用到本实践的软件设计之中，以确保软件设计的质量。在软件设计与建模阶段，实践人员还需借助开源社区中的群智资源促进软件设计和建模，利用开源社区中的软件开发知识解决设计过程中遇到的问题，重用和集成开源社区中的开源软件来设计和实现目标软件系统。

(3) 代码编写与测试

以软件设计模型和文档为基础，采用诸如面向对象程序设计方法，借助特定的程序设计语言，编写目标软件系统的程序代码，并对所编写的代码进行一系列软件测试，包括单元测试、集成测试、确认测试等，根据测试所发现的问题来定位和纠正代码中的缺陷，最后产生可运行的目标软件系统。

在该阶段，实践人员需要将在实践一中所学到的编码风格和高质量编程经验应用于本实践的代码编写与测试之中，以产生高质量的程序代码。实践人员同样需要借助开源社区中的群智资源促进代码的编写与测试，利用开源社区中的软件开发知识解决程序设计中遇到的多样化问题，将选定用于实现特定功能的开源软件或其代码片段集成到目标软件系统之中。

(4) 基于群智方法、借助群智资源开展实践

在整个实践过程中，实践人员需要加入开源软件托管社区和软件开发知识问答社区，以借助群智资源促进软件系统的开发。具体表现为以下几个方面。首先，在开源软件托管社区中寻找可有效支持软件系统（部分）需求实现的开源软件或其代码片段，通过对其重用促进目标软件系统的开发。其次，针对软件开发过程中遇到的多样化和个性化技术问题，到软件开发知识问答社区寻找相关的答案，从而分享开源社区中软件开发者群体的知识和经验，高效、快捷地解决软件开发问题。

(5) 持续点评和考核

在整个实践过程中，指导教师需要借助支撑软件工具，及时、持续地跟踪和掌握实践人员开展实践的情况，包括项目团队及个人的实践投入及贡献情况，提交的实践成果（如模型、代码和文档）及其质量情况，实践人员面临的困难和问题及其解决情况等，并以此来开展以下两方面工作。

① 对实践成果进行持续、针对性点评，明确、显式地指明实践活动和成果中存在的不足，帮助实践人员及时发现实践成果中存在的问题，提供问题解决的方法和建议，并为后续实践工作的开展提供建设性意见。

② 分阶段、分步骤地对实践成绩进行评定，通过持续点评和考核推动实践人员的持续性投入，要求并激励实践人员不断改进实践成果，起到“以评促改”的功效。

7.1.2　实施原则和要求

为了确保实践成效，达成能力和素质培养的目标，开发软件系统实践的实施需要遵循以下一组原则。

(1) 精心构思软件需求

开发软件系统实践要求所开发的软件系统要有创意，具备一定的规模和复杂性，且具有集成性、综合性、演变性等特点。实践人员需要针对这些要求精心构思待开发的软件系统，确保所构思的软件系统满足上述要求。为此，实践人员要针对特定的应用领域，构思有意义和有新意的问题以及基于计算机软件的独特、新颖的问题解决方法，由此导出待开发软件系统的需求。概括起来，对软件需求的构思需注意以下三点。首先，确保构思的软件需求有创意，具体表现为软件系统欲解决的问题、解决问题的方法等方面要有新意和独特性。其次，确保所构思的软件系统具有一定的复杂性，具体表现为具备一定的规模，且具有综合性、集成性等特点。最后，确保所构思的软件系统在工作量、技术、经济等方面存在可行性，基于课程实践所能提供的时间、资源以及学生

所具备的知识前提下,能够开发出该软件系统。

(2) 持续迭代和循序渐进的开发

开发有创意、上规模和高质量软件系统是一项较为复杂的过程,需要长期、持续的实践才能得以完成。考虑到实践人员大多初涉软件工程领域,缺乏软件开发经验,他们很难做到一次性就开发出令人满意的软件制品,为此建议开发软件系统实践需要以一种循序渐进、持续迭代的方式来进行。整个实践通过多次迭代来完成,每次迭代实现软件系统的部分需求。在每一次迭代开发中,实践人员可以在前一次迭代开发的基础上,不断深化对软件需求的理解和认知,循序渐进地实现软件系统的需求,持续完善和优化软件系统的设计,逐步解决软件开发中遇到的问题,进而渐进地积累软件开发经验,培养解决复杂工程问题能力和软件工程素质。

(3) 持续点评和改进

对于参与开发软件系统实践的人员而言,要严格遵循软件工程原则、灵活运用软件工程方法开发出高质量的软件系统是非常困难的。在这种情况下,指导教师需要对实践人员的开发行为和开发成果进行持续性点评,明确指明存在的问题和不足,提供修改的意见和建议,并要求实践人员据此进行不断的改进,在改进的过程中加强对软件工程思想、原则和方法的理解,提高实践成果的质量,提升解决复杂工程问题能力,逐步具备良好的软件工程素养。

(4) 学以致用

实践人员要将在分析和维护开源软件实践中所掌握的软件开发技能、方法和质量意识及保证手段等运用到开发软件系统实践之中,用于指导软件系统的设计和实现、编写高质量的程序代码、提供高水准的代码注释、降低代码的复杂度等。尤其是,如果在软件开发过程中遇到问题和困难,能够独立、自主地到开源社区去寻找解决问题的答案,或者与开源社区中的软件开发者群体进行交流,以获得解决问题的思路和建议,真正将前一实践任务中所学到的知识、经验、方法、素质等用到本实践任务之中。

(5) 关注多方面能力和素养的培养

尽管开发软件系统实践将培养解决复杂工程问题能力作为其主体目标,但是一个合格的软件工程师需要具备多方面的能力和素质,包括文字和语言表达、撰写规范化文档、成果总结和提炼、汇报和报告、宣传和演示、沟通和交流、检索和获取信息、自我学习等。

(6) 借助群智力量

要充分发挥开源社区中海量、高水平软件开发者的智慧和成果,借助他们的软件开发经验和技能来指导实践的开展,帮助实践人员解决实践过程中遇到的多样化问题;利用他们开发的高质量开源软件来实现目标软件系统的功能,指导软件系统的构造。在实践过程中,如果实践人员遇到软件开发问题和困难,可以到开源社区去分享软件开发者群体所提供的软件开发知识。

与此同时,为了确保开发软件系统实践的成效,强化能力和素质的培养,对参与本实践的人员提出如下要求。

（1）加入开源社区

要求实践人员加入相关的开源社区以分享软件开发知识、重用开源软件，从而解决实践过程中的问题，促进目标软件系统的构建。

（2）借助分布式协同软件开发技术

要求运用基于互联网平台的分布式协同技术来开展开发软件系统实践，具体表现为：借助 Issue 机制分配和跟踪开发任务、利用 Pull Request 机制合并程序代码、通过持续集成保证代码质量。这些现代软件开发技术不仅可以高效地帮助实践人员组织和管理好软件项目，还可以有效地降低软件开发的复杂性。

（3）撰写技术博客

要求学生周期性（如每周一次）或者针对特定的软件开发里程碑（如完成了编码等）来撰写技术博客，以记录实践过程中的心得、体会和感受。在开发软件系统实践中，实践人员可以针对三方面内容撰写技术博客。一是在实践中遇到的问题以及问题的解决方法，比如针对某个故障的测试和调试、针对某个软件工具的使用等。二是软件开发的经验和成果，包括软件开发技术、项目管理、人员组织、质量保证等方面，例如如何借助开源社区寻找问题解决的方法、如何根据设计模型进行程序设计、如何进行软件单元测试等。三是对软件工程的感受和体会，实践必然会加深对软件工程理论、方法和技术等的理解和认知，例如为什么现代软件工程需要采用迭代、敏捷的方法，为什么需求变化会对软件开发带来一系列问题和挑战等。技术博客不仅有助于学生总结实践过程中的问题、解决问题方法、软件开发经验等，促进不同人员之间的交流和分享，形成宝贵的软件开发知识库，还有助于训练学生的语言表达能力。实践人员所撰写的技术博客要求在实践支撑平台上发布以实现分享。

（4）借助工具和平台

要求借助实践支撑工具和软件开发工具来辅助实践，以加强实践的组织和管理，提高软件开发的效率和质量、记录实践的行为和成果、跟踪和发现实践中存在的问题等。典型的实践支撑软件工具包括分布式协同开发工具 Trustie-Forge、开源软件检索和分析工具 Trustie-Ossean、技术博客交流和经验分享工具 LearnerHub 等。典型的软件开发工具包括 UML 建模工具 Rational Rose 或 Microsoft Visio、代码质量分析工具 SonarQube、代码编写 IDE 如 Microsoft Visual Studio 和 Eclipse、单元测试软件工具 JUnit 等。

（5）重用开源软件

鼓励实践人员根据待开发软件系统的需求，到开源软件托管网站中寻找支撑其功能实现的开源软件，并将这些开源软件集成到目标软件系统之中。重用开源软件是现代软件工程的一项重要实践，也是提高软件开发效率和质量的重要手段。

（6）持续改进

实践人员要有一种精益求精、追求卓越的精神，针对实践中存在的问题和不足，根据指导教师的意见反馈和建议，对实践产生的软件制品进行持续的改进和完善，不断提升软件制品的质量，从中培养良好的软件工程素质以及解决复杂工程问题的能力。

（7）独立提交各自的实践成果

与分析和维护开源软件实践相同，开发软件系统实践虽然采用团队的方式来开发软件系统，但是同样要求每个参与人员在软件开发过程中独立做出贡献，产生相应的模型、代码和文档。为此，实践要求利用 Trustie-Forge 工具来独立提交各自编写的代码，并将其合并到目标软件系统之中，形成最终的软件制品。

7.1.3 实践输出及成果

每次迭代软件开发完成之后，实践人员需要根据实践任务的具体要求，交付以下几类软件制品（见表 7.1 所示）。

表 7.1 “开发软件系统”实践的输出成果

实践成果形式	实践成果内容	提交时机
模型	软件需求模型	需求获取和分析
	软件设计模型	软件设计与建模
文档	软件需求规格说明书	需求获取和分析
	软件设计规格说明书	软件设计与建模
	总结报告	实践完成时
	技术博客	周期性或在特定里程碑
代码	程序代码	代码编写与测试
数据	软件测试用例	需求获取和分析、软件设计与建模
辅助材料	宣传彩页、演示视频、汇报 PPT	每次迭代结束时

① 模型（model）：用 UML 刻画和描述的软件需求和设计模型，该模型可用 Microsoft Visio、Rational Rose 等软件来绘制。

② 文档（doc）：用文字和图符等刻画的有关软件需求、设计等记录性信息，包括软件需求规格说明书、软件设计规格说明书、技术博客、实践总结报告等。针对开发软件系统实践任务，我们提供了规范化的文档编写模板，要求实践人员对照规范来编写文档。

③ 代码（src）：用程序设计语言描述的程序代码，这些代码要求按照某种方式加以组织（如树形结构），包含多个代码文件（如有若干个程序包和子包，每个包下面包含了若干的程序文件）。程序代码可以用不同的程序设计语言来编写。在该部分，除了源程序代码之外，可能还包含了一些用于刻画程序代码的元数据文件，如 xml 文件等。

④ 数据（data）：针对集成测试和确认测试等设计的测试用例。

⑤ 辅助材料（aux）：用于支撑实践成果的介绍和宣传，包括软件系统的宣传彩页和材料、实践成果汇报 PPT、软件系统的演示视频等。

所有实践输出成果都可以保存在实践支撑工具（如 Trustie-Forge）的版本库之中。

7.2　实践实施的准备工作

在开展开发软件系统实践之前，需要预先就实践宣传和动员、人员组织、项目创建等方面做好准备工作（如图 7.3 所示），从而为实践任务的顺利开展奠定基础。

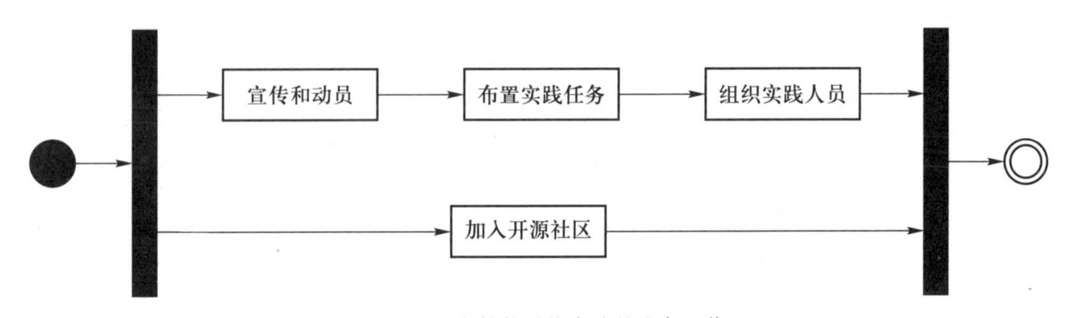

图 7.3　开发软件系统实践的准备工作

7.2.1　宣传和动员

开发一个有创意、上规模、高质量的软件系统是一项挑战性的工作，要完成这项工作需要参与实践的所有人员齐心协力，明确实践任务和目的、实践过程和方法、实践难点和要点以及考评方式和要求。为此在实践实施之前，指导教师需要针对上述几方面进行必要的宣传和动员，以帮助实践人员围绕目标、聚焦关键、抓住要点，有针对性和高效地开展实践。

（1）实践任务和目标

实践人员必须明确开发软件系统实践的任务和目标，确保根据任务开展工作，针对目标来实施实践行为。开发软件系统实践的任务是要运用软件工程的方法、技术和工具开发出一个有创意、上规模和高质量的软件系统。其目标是要帮助实践人员更为深入地理解软件工程的知识，掌握和运用软件工程方法和技术开发具有一定规模和复杂性的软件系统，在此基础上进一步培养其解决复杂工程问题能力和软件工程素质。

（2）实践过程和方法

实践人员必须明白完成实践任务、达成实践目标的途径，包括实践的详细实施过程、指导实践实施的具体方法、开展实践需要借助的软件工具等，这样实践人员才会感到踏实，不会心中发虚；做到胸有成竹，不会茫然不知所措。指导教师需要给予实践人员以信心，要以往届的成功实践来激励实践人员，帮助他们克服畏惧的心理。

（3）实践要点和难点

开发软件系统实践的开展面临一系列关键性工作，在此过程中会遇到诸多难点和挑战，具体包括：

① 如何针对特定领域的问题来构思有创意的软件及其需求？如何确保所构思的软件系统在规模性、集成性、综合性等方面满足实践的要求？如何使所构思的软件系统在技术、时间等方面具备可行性？

② 如何将所学到的软件工程理念、原则、思想、方法和技术等应用于软件系统的开发，并且确保所开发软件系统的质量？

③ 如何综合多种技术、工具、语言和平台来支持软件系统的开发？如何确保它们之间有效集成和融合？如何学习和掌握相关的技术、语言和工具？

④ 如何解决实践过程中遇到的多样化、个性化软件开发问题？

（4）考评方式和要求

考评无疑是激励实践人员的一种重要方式和途径，也是推进其开展实践的主要动力。为了激发实践积极性、鼓励学生高质量地开展实践、减少学生的侥幸和逃避心理，在实践开始之初有必要向他们讲清楚实践的考评方式、手段和要求。

① 主观和客观、定性和定量相结合。教师除了对学生的实践成果（如模型和文档）进行主观、定性考评之外，还将借助实践支撑软件工具所搜集的实践数据，通过定量分析的手段来产生考评结果（如分析编写代码的规模和质量）。这就要求实践人员要在实践支撑工具上开展实践，各自独立提交所产生的软件制品及开发成果（如程序代码）。

② 团队和个人考评相结合。在考评时不仅要从整体上考核团队所开发的软件系统及其成果，还要针对团队中每个开发人员的软件开发和贡献情况进行考核，通过将这两项成绩相结合，形成每个实践人员的课程实践成绩。这就意味着每个学生的实践成绩不仅与整个团队的成绩密切相关，还与他在团队中所做出的实质性贡献和所取得的实践成果密切相关。

③ 自评、互评和教师面评相结合。在每次迭代开发结束之后，各团队和个人可以自评自己开发的软件制品和实践成果，不同实践团队之间也可以相互评议。指导教师需根据自评和互评的具体情况对各团队和个人进行面对面的考评，以确认数据的真实性、实际掌握每个团队和个人的贡献和成果。这意味着学生要抛弃幻想，必须真干实做才有可能取得好的成绩。

④ 持续考评和改进。在整个实践过程中，将把实践任务分解为若干个子任务，并针对这些子任务进行持续考评。对同一项实践任务的考评可以有多次，每次考评过后可以根据反馈的问题和提出的意见及建议，对实践成果进行改进和提高，指导教师将针对改进后的实践成果进行再次考评。这意味着实践成绩不是“一锤子买卖”，一次考评成绩不理想，只要能吸取教训、听从建议、持续改进，还可以取得好的成绩。

7.2.2　布置实践任务

为了开展开发软件系统实践，实践人员需要借助有效的支撑软件工具，以创建课程、创建课程班级、布置实践任务、加入课程班级、创建实践项目等，其要开展的工作与分析和维护开源软件实践相同，具体可以参阅 6.2.3 小节。

（1）创建课程和授课班级

针对开发软件系统实践所依托的课程，在 Trustie-Forge 上创建该课程以及课程授课班级。

（2）布置实践任务

要求描述具体的任务名称和要求（如组织方式、完成日期等），创建实践任务，并将该任务布置给学生来完成。其具体操作界面和结果见图 7.4 和图 7.5 所示。

图 7.4　布置开发软件系统实践任务示意图

（3）加入课程班级

实践人员需要在 Trustie-Forge 平台上注册成为合法用户，随后登录到工具之中，选择待加入的课程班级，输入教师提供的课程班级邀请码，从而加入相应课程班级。

（4）创建实践项目

一旦成为课程班级的成员，实践人员就可以查看该课程布置的实践任务，并针对实践任务创建实践项目，以开展相应的实践工作。

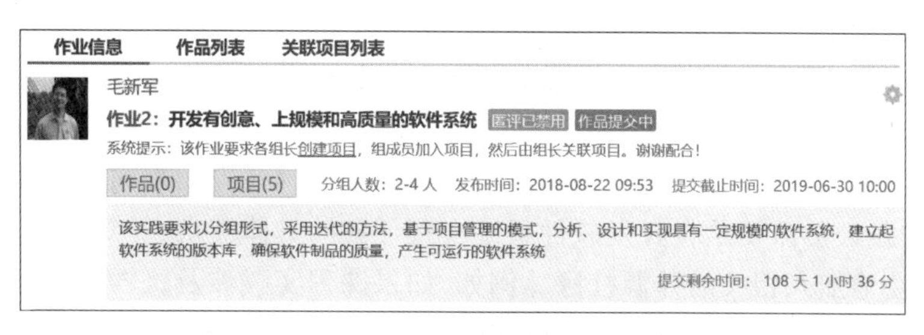

图 7.5 开发软件系统实践任务示意图

7.2.3 组织实践人员

开发软件系统实践需要对参与实践的人员进行合理、有效的组织，以确保实践任务的实施和开展。

（1）团队组织

将参与本实践任务的人员按照项目团队的方式加以组织，每个团队由若干个实践人员组成，他们共同针对具体的实践任务，协同完成软件开发工作。

在软件开发过程中，团队中的实践人员需要担任不同的项目角色，例如某些实践人员担任组织者的角色，负责任务的分配；某些实践人员担任问题协调者的角色，负责跟踪问题及其解决落实情况。在多次迭代开发过程中，软件项目团队中的人员可以轮流担任组织者、管理者、协调者、开发者等角色，从而体验、训练和培养其团队组织和协调能力。

针对具体的实践任务，团队中的每个实践者都要求担任需求分析人员、软件设计人员、程序员、软件测试人员等技术性职务，并开展文档撰写、代码编程、模型绘制等具体的技术性工作，目的是要让每一个实践人员都有机会参与具体的软件开发活动并产生多样化的软件制品。

（2）群体组织

实践还要求项目团队中的每个成员根据实践任务的需要，加入开源软件托管社区或软件开发知识分析社区，与互联网上的软件开发者群体一起形成群体组织，并以此分享群智组织中的软件开发知识和程序代码、相互交流软件开发经验和技能、共同协作解决软件开发中遇到的困难和问题。

对于实践项目的大部分实践人员而言，他们更多是利用开源社区中的软件开发知识和开源软件来解决在实践过程中遇到的问题，推动软件系统的开发。就开发软件系统实践任务而言，群体组织是对团队组织的一种补充，其目的是让项目团队中的每个成员都能从开源社区中获得软件开发者群体的支持和帮助，就项目开发中遇到的困难和问题与团队之外的群体进行交流和合作，因而可以解决传统团队组织中参与人员的封闭性、可用资源有限性等问题。

7.2.4　访问和加入开源社区

参与开发软件系统实践任务的人员需要加入开源软件托管社区和软件开发知识问答社区,以利用群智的智慧和成果来开展实践,解决软件开发过程中遇到的各种问题,借助开源软件或其代码片段来实现软件系统。目前开源软件托管社区和软件开发知识问答社区数目众多,各有特色和优势。实践人员需要结合开发软件系统实践任务的具体需求,针对实践过程中遇到的实际问题,有针对性地加入相关的开源社区。例如,如果课程实践涉及机器人编程,那么可以加入ROS,以获得与机器人软件开发相关的知识和问答。有关访问和加入开源社区的具体方法可参见 6.2.5 小节,在此不再赘述。

7.3　实践案例介绍:空巢老人智能看护系统

为了配合本章内容的介绍,本节介绍一个应用软件案例——空巢老人智能看护系统(Elder Carer System, ECS)。该案例源自软件工程课程实践教学中学生开发的一个软件系统。

随着社会老龄化的加剧,大量孤寡老人在家独居。如何针对这些老人进行适当看护,帮助其子女和医生及时掌握老人在家的起居情况,出现突发情况时能够及时掌握情况并采取有效的措施等,成为当前和未来社会高度关注和急需解决的问题。

空巢老人智能看护系统是一个将计算机软件、自主机器人、智能手机等设备紧密结合在一起的信息物理系统(如图 7.6 所示)。它借助机器人对独居老人进行监护,包括监视老人在家中的情况,及时发现老人出现的异常状况(如摔倒、突发疾病等),提醒和帮助老人按时服药,将老人在家的状况和异常信息(包括图像和视频)通过移动互联网实时传送到远端的家属或医生的智能手机上,支持老人与远端的家属进行语音和视频交互。

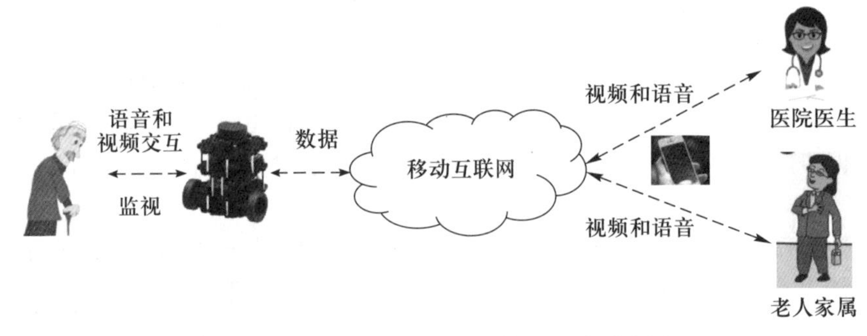

图 7.6　空巢老人智能看护系统(ECS)示意图

空巢老人智能看护系统是一个典型的信息—物理—社会相互交融的软件密集型系统,它需要通过计算机软件系统将物理系统(如机器人和智能手机)和社会系统(如老人、医生、家属等)

紧密地结合在一起,实现老人的监护等目的。计算机软件系统需要实现自主控制机器人、处理感知到的老人信息、评估老人的状况及异常、与远端智能手机进行语音和视频交互等一系列功能。

本章的后续部分将结合空巢老人智能看护系统案例,通过示例的方式详细介绍如何构思和分析软件需求,开展软件设计和建模,编写程序代码并进行测试,以及如何借助群智的方法促进该系统的开发。

7.4 需求获取与分析

从本节开始将系统、详尽地介绍开发软件系统实践的实施过程及方法。本节将结合空巢老人智能看护系统应用案例,介绍如何针对选定的应用领域,借助群智力量构思有价值、有意义的应用问题,导出软件需求,建立软件需求模型,撰写软件需求规格说明书,并对输出的成果进行评审以确保其质量;阐明软件需求获取与分析的原则、方法、策略及输出的软件制品。

7.4.1 任务、过程与输出

获取和分析软件需求是软件开发的前提,只有明确了软件需求,后续的软件设计与建模、代码编写与测试等软件开发活动才有基础和依据,因而需求获取和分析在整个软件开发过程中发挥着前导性、关键性的作用。

软件需求是指用户对目标软件系统在功能、性能、质量等方面的期望和要求,具体表现为两方面。一方面是功能性需求,即用户对软件系统能够完成何种功能以及在某些场景下软件系统能够展现何种外部可见行为或效果的要求。另一方面是非功能性需求,即用户对软件系统的质量属性、运行环境、资源约束、外部接口等方面的要求,包括运行性能、可靠性、易用性、安全性、对外接口、可维护性等。

软件需求获取和分析的任务是通过与用户的沟通和交互,获得用户关于软件系统的期望和要求,即软件需求;在此基础上对软件需求进行建模和分析,产生准确、一致、直观、可视化的软件需求模型,并形成规范化的软件需求文档。软件需求获取和分析的过程如图 7.7 所示,它包含以下三项软件开发活动。

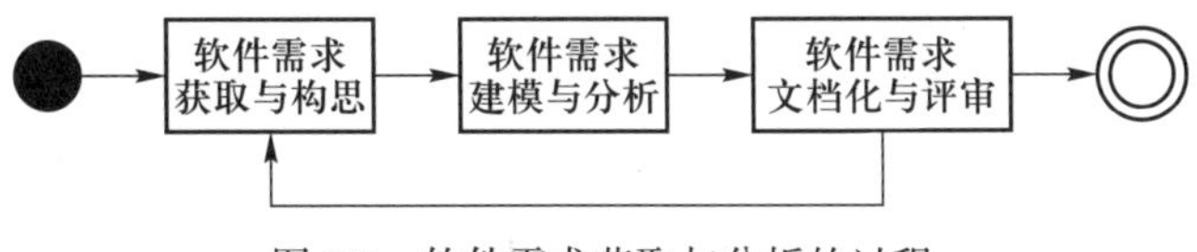

图 7.7 软件需求获取与分析的过程

① 软件需求获取与构思。明确软件系统欲解决的应用问题及其潜在的用户,通过对相关应用领域的调研和分析以及与软件系统目标用户的沟通和交流,明确用户的期望和要求,获取软件系统的需求。在某些情况下(如暂时找不到合适的目标用户),软件开发人员可代表用户来构思

软件系统的需求。该活动的输出是用自然语言描述的软件需求。

② 软件需求建模与分析。基于所获取和构思的软件需求，用比自然语言更为清晰、直观和准确的方式（如 UML 用例图、顺序图、类图等）来对软件需求进行建模和精化，以加深对软件需求的理解和认识，获得软件需求更为精确的表示和描述。该活动的输出是用 UML 描述的软件需求模型。

③ 软件需求文档化与评审。基于软件需求模型，撰写软件需求规格说明书，更为系统、全面、详尽地描述软件系统的需求，并对所产生的软件需求文档进行评审，以确保软件需求的准确性、一致性、完整性等。该活动的输出是软件需求规格说明书。

获取、构思、导出、描述、分析、文档化和评审软件需求无疑不是一次性就可以完成的，需要经过多次迭代，反复与相关人员（如用户等）进行持续讨论、深入沟通、不断权衡与认真评估，才有可能加深对问题的认识和对需求的理解，形成直观、准确和一致的软件需求模型以及相应的软件需求文档。

通过上述步骤，需求获取与分析阶段将输出软件系统的需求模型和文档。表 7.2 描述了该阶段的各项活动及其任务和输出。

表 7.2　软件需求获取与分析的活动、任务和输出

活动	任务	输出
需求获取与构思	明确软件系统的需求，包括功能性需求和非功能性需求	软件需求构思和描述文档 软件需求的用例模型
需求建模与分析	建立用 UML 描述的软件需求模型	用 UML 描述的用例交互模型、分析类模型、状态迁移模型、活动图模型等
需求文档化与评审	撰写软件需求文档	软件需求规格说明书

7.4.2　实践要求与原则

在具体的软件项目实施过程中，待开发软件系统通常有其明确的用户或客户（如系统的使用者、管理者、维护人员、投资方等），因而软件开发人员可以通过与这些人员的沟通、交互、调研、访谈、观摩、问卷调查等，了解其期望和要求，进而获取软件需求。但是也有一些软件项目一开始并没有明确、具体的用户或客户来提出软件开发的要求。在这类软件项目中，软件开发人员需要充当软件系统的用户或者客户来构思和提出软件需求，因而他们既要负责软件系统的开发，也要负责构思和导出软件系统的需求。在互联网时代，越来越多的软件系统采用后者方式来开展软件项目的开发，研制出许多有影响力的软件产品，如微信、淘宝、大众点评、摩拜单车、抖音短视频等。

对于软件工程课程实践而言，可以要求实践人员充当用户的角色来构思软件系统，明确软件需求，并以此来指导软件系统的开发。采用这种需求导出方式有以下三个原因。

① 在软件工程课程实践中,要找到具有特定应用领域背景、明确的用户或客户的软件项目,并由他们给实践人员提供具体详尽的软件需求,这种情况并不现实。让指导教师充当用户来提出软件需求,并据此要求学生开展软件开发实践,这会给指导教师带来极大的负担,常会使他们重复性提出以往项目的软件需求,导致软件工程课程实践的内容缺乏新意,导致学生缺乏实践的激情。

② 由实践人员来构思软件需求也是培养其创新实践能力的一个重要方面。构思软件需求不仅可以培养实践人员开展调查研究、提出问题和分析问题、构想解决问题方法、开展可行性分析等方面的工程能力,还有助于培养他们开展创新性实践和探索的能力。

③ 让实践人员自己针对实际问题构思软件系统需求,可调动他们参与软件工程课程实践的热情和积极性。由实践人员提出自己真正感兴趣的问题,并围绕该问题寻求解决的方法,进而开展相应的软件开发实践,可以极大地激发他们的实践积极性,带动他们加大实践投入,主动去解决实践中遇到的困难和问题。

7.4.3　软件需求获取与构思

软件需求的获取和构思旨在明确目标软件系统欲解决的问题,以及如何通过计算机软件来解决问题,进而导出软件系统的需求,形成目标软件系统的用例模型。其过程如图 7.8 所示。

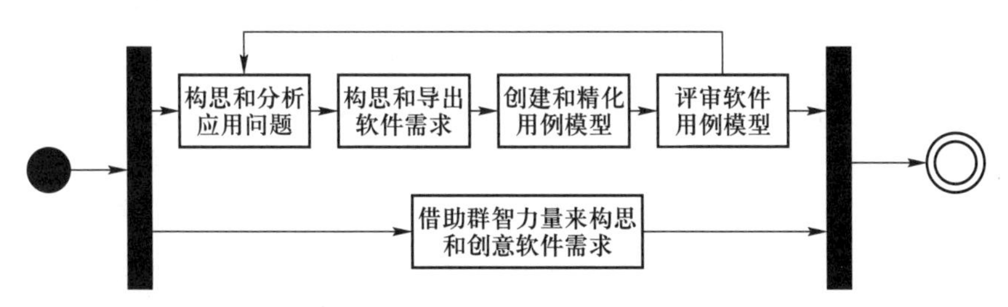

图 7.8　软件需求获取与构思的过程

首先,软件开发人员要充当用户的角色来构思有意义、有价值的应用问题,在此基础上考虑如何构建计算机软件系统以解决问题,并寻求问题及其解决方法的创意性。其次,软件开发人员应根据应用问题及基于计算机软件的解决方法,导出软件系统的需求,包括功能性需求和非功能性需求。再次,软件开发人员要创建、精化和评审软件需求用例,以加强对软件需求的认识,获得关于软件需求更为准确的理解和描述。最后,软件开发人员要对软件需求用例模型进行评审,以发现和解决其中的问题,确保用例模型的质量。在整个需求获取和构思过程中,实践人员可以借助开源社区中的群智理念来帮助其构思和创意软件需求。该阶段的结果需要充分考虑并满足课程实践对软件系统在需求创意性、规模性、集成性等方面的要求。

1. 构思和分析应用问题

软件系统的需求创意对于其建设而言至关重要。一个有创意的软件系统才有可能吸引用户使用,帮助用户解决实际问题,进而获得用户的认可和青睐。这样的软件系统才有实际意义和价值，也才有可能带来市场和利润，具备发展空间。一个在功能和需求方面有创意的软件系统，必然试图去解决有意义、有价值的应用问题，并在解决问题的方法和手段方面表现出新颖性和独特性。因此，构思有创意的软件系统需要从以下两方面入手。

（1）构思软件系统欲解决的问题，确保问题要有意义和价值

将计算机软件引入一些新的应用领域，聚焦于这些领域中有现实意义和有价值的问题，探索针对这些问题基于计算机软件的解决方法，从而为应用问题的解决寻求基于计算机软件的新途径。从计算机软件的角度看，这些问题有助于发挥计算机软件的优势，拓展其应用领域和范畴，体现其价值，最终反映在问题层面表现出新意。

例如，针对空巢老人智能看护系统案例，传统上人们主要依靠保姆、家人等来看护老人，现在将基于计算机软件的信息系统引入这一领域，使得可以通过计算机软件以及相应的信息系统（包括机器人和智能手机等）来解决这一问题，并且老人看护在现实社会中具有实际意义和迫切需求，因而这一应用问题的提出具有一定的新颖性和重要的应用价值。

（2）构思如何利用计算机软件来解决问题，确保解决问题的方法和途径有新意

探索如何借助计算机软件或信息系统来解决问题，使得解决问题的方法有别于现有的手段，能够取得更好的解决效果，比如提高了效率和质量、降低了成本、减少了人的介入和干预等。实际上，将计算机软件作为工具，并与其他物理设备（如可穿戴设备、机器人、无人飞机、物联网、智能手机等）或信息系统（如云服务、遗留系统、大数据中心等）进行集成和综合，可为各类问题的解决提供多样化、独特的解决途径。

例如，在空巢老人智能看护系统案例中，可以将计算机软件与机器人、移动智能手机等设备相结合来寻求新颖的解决方案。机器人在家中负责自主跟随老人，获取有关老人的图像、语音和视频信息，提醒老人按时服药等。智能手机可以及时获取并播放老人在家的视频、图像和语音信息，实现与老人的视频和语音交互，并对远端的机器人进行远程控制，如调整观察角度、运动方向和速度等，以更好地获取和掌握老人的状况。在该系统中，计算机软件负责将机器人和智能手机紧密地连接在一起，将机器人感知的信息发送给智能手机，或将手机端的控制命令发送给机器人，并通过对老人语音和图像数据的分析来判别老人在家的状况，当出现异常或突发情况时可与远端的智能手机进行交互和报警。

基于上述解决方案，对老人的看护是由基于计算机软件的信息系统来完成的，而非依靠家人或者保姆。这一方法不仅可以帮助老人家属解决不能在家照看老人、无法及时掌握老人状况的实际问题，而且实现了便捷、快速、持续、低成本的看护，减少了雇佣保姆的费用，并能够及时处理老人在家的突发情况（如摔倒、发病等），帮助老人获得快速的护理和救助。

构思有新意的应用问题以及问题的解决方法，要求实践人员思维活跃、思路开放，要有开阔的视野，不拘泥于现实；既要留意当前学习、生活和工作中的方方面面，并从中寻找有意义、有价值的应用问题和需求，也要着眼于未来的需求构思有新意的问题；既要了解和掌握现有问题的解决方法和手段，也要敢于想象如何借助于以计算机软件为核心的信息系统来解决问题。这对实践人员而言无疑将会是一个重大的挑战。

对问题及其解决方法的理解和认识将是一个持续深化、不断改进和提高的过程。在此过程中，实践人员需要围绕所构思的问题及解决方法进行反复的交流和讨论，寻求创意点，发现潜在的问题，调整关注点，开展权衡和折中，分析可行性等；需要积极鼓励实践人员提出各种问题及解决方法的设想，帮助实践人员理清和分析问题，发现真正有价值、有意义的问题，并进一步推动问题的解决。

在构思和分析应用问题的过程中，实践人员需要注意以下几个方面。

① 开展调研分析，切忌凭空想问题。实践人员必须针对相关应用领域以及相应的问题进行调查研究，查阅相关文献和资料，了解应用领域状况及需求，分析已有技术和产品，掌握问题解决的现有方式和方法，在综合分析文献资料的情况下形成自己对问题及其解决方法的理解、认识和判断，对问题的提出和分析要做到有理有据，不能靠凭空想象来构思问题及其解决方案。

② 不断反复论证，切忌不切实际的想象。构思问题及其解决方案既是一个头脑风暴的过程，也需要在此基础上进行缜密的论证。在构思过程中有时会突发奇想，有时会灵感突现，然而通过构思所提出的问题并不见得都有意义和价值，解决问题的方法也不一定就可行和有效。导致这种状况的原因是当注意力集中于构思问题时，往往会忽视或者没有关注问题的其他方面，如问题是否有现实的意义和需求；当注意力集中于构思问题的解决方法时，往往会关注于高层思想而忽略现实的条件和约束，如所需的技术和设备是否具备、现实条件是否满足等。为此，对问题及其解决方法的构思必须进行反复思考、推敲、研究和论证，放弃一些不现实、不切实际的问题，深化和拓展那些有价值、有意义、可实现、有解决条件的问题。

③ 寻求有意义、有价值的问题。在构思问题的过程中，必须尽可能确保所提出的问题是有实际意义的，对于用户或者客户而言有一定的价值，否则由此导出的软件需求就缺乏基石、没有新意，相关的软件系统也不值得去开发。这就需要结合对应用领域实际情况的理解和分析，从问题出发来判断其实际意义和价值。

针对以上要求，下面示例和描述一组应用问题，它们均来自软件工程课程实践中学生提出的问题构思，并以此导出相关的软件需求。

问题描述示例 1：空巢老人看护问题

近年来我国人口老龄化问题越来越严重，独居老人日益增多，对空巢老人进行有效看护成为全社会亟待解决的问题，有迫切的现实需求。空巢老人往往存在听力、视力不佳，记忆力衰退，无法熟练使用现代通信设备（如智能手机）等突出问题，具体表现为经常听不到来电铃声，看不清相关的文字和提示，忘记按时服药、定期检查身体等日常事务。对于空巢独居老人的家属而言，他们在老人的看护方面常常面临着诸多的困难，如没有足够的时间来陪护老人、不能实时掌握老人在家的情况、难以快速地联系到老人、无法及时提醒老人按时做事（如服药）等。有时老人在家中出现了突发情况（如摔倒、心脏病发作等），老人家属不能得知，失去了最佳救治时机，影响了医生对老人进行快速、有效的处置。因此，需要寻找一种有效的方法来对独居老人在家的状况进行实时掌控、对突发事件和异常情况进行有效分析和快速处理。

问题描述示例 2、3

问题描述示例 2：图书定位和借阅问题 [①]

问题描述示例 3：受害人员快速搜寻和定位问题

一旦明确了应用问题，下面需要做的另一项重要工作就是构思如何借助计算机软件以及相关设备或系统来解决问题，从而为导出软件需求打好铺垫、奠定基础。前面已阐明，软件系统的创意不仅来自软件系统欲解决的问题，还表现为如何适当地运用计算机软件来解决问题。对于计算机软件而言，它既可以完成各种复杂的计算，也可以作为一种黏合剂来连接不同的设备和系统，实现不同设备和系统之间的交互和协同，从而实现问题的解决。因此在构思问题的解决方法时，可以将计算机软件与多种设备以及系统集成在一起，发挥计算机软件在计算、连接和交互等方面的优势，为问题的解决寻求有创意的方案。

针对上述所提出的应用问题，下面介绍了一组示例，说明如何借助于计算机软件集成相关的设备和系统，形成一个较为复杂的软件密集型系统，进而构思出有新意、有特色的问题解决方法。

基于计算机软件的问题解决示例 1：空巢老人智能看护系统

针对问题描述示例 1，可借助于机器人、智能手机和计算机软件，组成一个依托互联网的信息物理系统，通过系统要素之间的相互交互和协同，从而为空巢老人的看护提供基于计算机软件的解决方法。在该系统中，机器人负责持续跟踪、感知和获取老人在家的信息（包括视频和图像等）；智能手机负责显示和播放机器人所感知到的老人视频、图像和语音信息，也可以实施对机器人的远程控制，以从不同的角度和距离来获取老人的状况信息；计算机软件负责控制机器人的运动以跟随老人，获取机器人传感器所感知到的视频、图像和语音信息，并通过对这些信息的分析以判断突发情况。此外，计算机软件还负责连接机器人和智能手机，以将机器人感知到的视频、图像信息传送到智能手机上，一旦出现突发情况，计算机软件还将负责快速联系医院的医生和老人家属，并提供相关的信息。

基于软件的问题解决示例 2、3

基于计算机软件的问题解决示例 2：基于机器人的无人值守图书馆系统

基于计算机软件的问题解决示例 3：基于无人机群的人员搜寻和定位系统

通过构思确立了欲解决的问题以及基于计算机软件的问题解决方法之后，接下来需要分析和评估基于此构想而欲建设的目标软件系统能否满足实践对软件项目在创意性、规模性、集成性、综合性和演进性等方面的具体要求。下面结合空巢老人智能看护系统案例进行分析和评估。

示例：空巢老人智能看护系统实践内容分析

① 创意性。该案例欲解决空巢老人的看护问题，掌控老人在家状况、及时发现突发情况、协助家属和医生进行处置，这类问题在当今社会非常普遍，具有现实的迫切需求和实际的应用价值。案例借助于自主机器人、智能手机等物理设备，通过计算机软件对这些物理设备的操纵以及对相关数据的处理和分析，支持对老人在家信息的准确掌控以及实时报警。该解决方法充分发

① 限于篇幅，本章部分示例可扫描二维码阅读。

挥了机器人、智能手机、移动互联网和计算机软件等技术的优势,并将它们有机地结合在一起解决问题,具有一定的新颖性和独特性。

② 集成性。空巢老人智能看护系统不是纯粹由计算机软件所构成的信息系统,而是将软件系统与机器人、智能手机等设备相互集成,服务于老人、家属、医生和医院等诸多用户的一类信息物理社会共生系统。在该系统中,计算机软件不是孤立地存在和独立地运行,而是需要与机器人、智能手机等进行交互,访问互联网云平台上的服务以获得诸如图像分析、手势识别等功能。该系统也不是一个集中部署的单一系统,而是一个分布式系统,包含了多个软件子系统,分别部署在机器人、智能手机、后端服务器之上。

③ 综合性。空巢老人智能看护系统的开发需要综合运用多方面的知识、技术和平台,包括软件工程、人工智能、机器人和移动计算等,因而体现了一定的综合性。例如,需要掌握机器人领域中的自主机器人软件结构和控制方法;利用人工智能领域的图像和语音分析算法来识别老人状况、接收老人的语音指令;能够开展基于 Android 或 iOS 的智能手机软件编程以实现与远端机器人的视频和语音交互等。该软件系统的开发将需要多种不同的程序设计语言,并需要在多个不同的开发环境下进行编程,所开发的软件也将部署在不同的基础设施和运行平台之上。

④ 规模性。对于空巢老人智能看护系统中的计算机软件而言,要达成系统的上述设计目标和要求,必然需要实现一系列功能性和非功能性需求,包括控制机器人运动以实现自主跟随老人、对感知的图像和语音数据进行分析、与智能手机进行视频交互、远程控制机器人的运动等。从功能点角度看,该软件系统具有一定的功能复杂性。从实现角度看,该软件系统涉及一组子系统,分别部署在不同的设备上,每个子系统包含了一系列模块、数据、交互等,因而具备一定的规模复杂性。

⑤ 演变性。空巢老人智能看护系统的需求来自实践人员的构想,在现实世界中并没有实际的系统可以参考、借鉴和模仿,因而对该软件系统的需求可能会存在认知不足、认识不深、认识不全的问题,比如有些软件需求没有考虑到、所构想的一些软件需求难以实现、对部分软件需求的内涵理解得不透彻,甚至一些需求没有实际的意义和价值等。随着软件系统开发的推进,实践人员会逐步加强对软件系统需求的理解和认识,进而导致软件需求的持续变化,并对整个软件系统的设计和实现产生影响,如提出新的软件需求、去除一些不切实际的需求、调整一些软件需求的内涵等。

2. 构思和导出软件需求

根据前面的构思,可以进一步导出计算机软件的需求。

(1) 明确软件系统的边界

问题的解决方法可能涉及多个不同的系统和设备,计算机软件仅仅是整个解决方案的某个部分,因此构思和导出软件需求的首要工作就是要清晰地界定计算机软件的边界,即明确哪些功能是要由计算机软件来完成,哪些功能是由其他的设备和系统来完成。在此基础上,围绕计算机软件来导出其需求。

例如,空巢老人智能看护系统涉及机器人、智能手机和计算机软件等,机器人负责通过运动跟随老人,感知老人的原始视频、图像和语音信息,智能手机作为终端设备负责与用户进行交互,计算机软件则负责将这两个设备连接在一起,并完成机器人控制、数据处理和分析、结果展示和提示等功能。

(2) 构思和导出软件的功能性需求

功能性需求是软件需求的主体，它刻画了软件系统具有哪些行为，可以提供什么样的服务，因此这里的主要任务就是要根据计算机软件在问题解决方案中的定位和角色，进一步构思其行为、功能和服务，进而导出软件的功能性需求。

根据软件系统的边界，可以发现在边界之外存在一组与软件系统建设密切相关的利益相关者（stakeholders），他们或者从软件系统的建设中受益（如用户），或者参与软件系统的建设（如软件开发人员），或者需要与软件系统发生交互（如其他的遗留系统）。因此，软件系统的利益相关者不仅包括多类人群（如用户、软件开发人员等），还包括其他系统和设备。可以站在这些利益相关者的角度来观察和分析软件系统需要具备哪些功能、实施什么样的行为、提供哪些方面的服务，以此为基础来导出软件需求。

例如，在空巢老人智能看护系统中的计算机软件有诸多的利益相关者，包括家属、医生、机器人等。其中家属和医生需要操作和使用计算机软件，机器人则需要与计算机软件进行交互。这些利益相关者从各自的角度出发分别对计算机软件提出期望和要求。对于家属和医生而言，他们希望通过计算机软件能够控制家中机器人的运动、获取老人的状况信息，当老人出现异常情况时能够得到及时提示和报警，并能方便地与老人进行视频和语音交互；对于机器人而言，它希望通过计算机软件来控制其运动，以实现对老人的自主跟随等。

可以用简洁的自然语言来描述所构思和导出的软件功能性需求，以便对这些软件需求的理解，促进实践人员之间的交流和讨论。基于上述方法，下面描述了空巢老人智能看护系统案例中构思和导出的软件功能性需求。

示例：空巢老人智能看护系统软件功能性需求

根据对空巢老人智能看护系统应用问题及解决方法的理解，可以导出该软件系统的一组利益相关者，包括老人、家属、医生、机器人、系统管理员等。从他们的视角，可以观察到空巢老人智能看护系统需要具备以下的功能性软件需求。

① 自主跟随老人。机器人随着老人的移动而自主地运动，并和老人保持在安全和可观察的距离，以实现对老人的持续跟踪和观察，准确获取老人的信息。

② 获取老人信息。获取机器人通过传感器（如摄像头、麦克风等）感知到的老人的图像、视频和语音等方面的信息。

③ 检测异常情况。对感知到的老人的视频、图像、语音等信息进行分析，检测和判断老人是否存在异常情况（如老人是否摔倒等）。

④ 通知异常情况。一旦通过分析发现老人出现了异常情况，能够及时将相关的信息通知给老人的家属和医院的医生。

⑤ 远程控制机器人。家属或医生可通过智能手机在远端来控制机器人的运动，以从不同的角度和距离来获取老人的信息。

⑥ 监视老人状况。家属和医生可通过智能手机在远端监视老人在家的状况，获得老人的视

频、图像和语音等方面的信息。

⑦ 视频/语音双向交互。实现老人、医生和家属之间的图像、视频、语音等信息的实时传送和交互。

⑧ 提醒服务。提醒老人按时服药、接受检查等事宜。

⑨ 用户登录。对于家属和医生而言,需要首先登录到系统中才能使用该软件系统。

⑩ 系统设置。系统管理员可以配置软件系统的运行参数和数据,如设置用户账号和密码、机器人移动时与老人的安全距离、机器人的 IP 地址和端口号、机器人的运动速度、提醒和报警的频率和次数等。

(3) 构思和导出软件的非功能性需求

软件系统的非功能性需求涉及用户对软件系统运行、使用、维护、保障等多个方面的期望和要求。对于现代软件系统而言,非功能性需求对于满足用户要求、实现持续运行和演化而言变得越来越重要,因为它决定了一个软件系统的运行是否高效可靠、是否好用和易用、能否给用户提供友好的操作界面、是否便于维护和演化等。具体的,软件系统的非功能需求通常包括以下几个方面。

① 性能,用户对软件响应速度、结果精度、运行时资源消耗量等方面的要求。

② 可靠性,用户对软件失效频率、严重程度、易恢复性,以及故障可预测性等方面的要求。

③ 易用性,用户对界面的美观性、可操作性,以及文档和培训资料等方面的要求。

④ 安全性,用户对身份认证、授权控制、私密性等方面的要求。

⑤ 运行环境约束,用户对软件系统运行环境的要求。

⑥ 外部接口,用户对待开发软件系统与其他软件系统或硬件设备之间的接口要求。

⑦ 可保障性,用户在软件系统的可理解性、可扩展性、可维护性、可移植性等方面的要求。

表 7.3 描述了空巢老人智能看护系统中,用户对软件系统提出的非功能性需求。

表 7.3 空巢老人智能看护系统的非功能性需求

类别	非功能性需求项	非功能性需求描述
性能	ECS-NFR-Performance-01	用户界面操作的响应时间应小于 1 s
可靠性	ECS-NFR-Reliability-01	软件系统每周 7 天、每天 24 小时可用; 在机器人和网络无故障前提下,系统正常运行时间的比例在 95% 以上
	ECS-NFR-Reliability-02	系统任何故障都不应导致用户已提交数据的丢失;发生故障后系统需在 10 分钟内恢复正常使用
易用性	ECS-NFR-EasyUse-01	老人通过语音方式与系统进行交互;家属、医生和管理人员通过操作手机 APP 来使用本系统,且 APP 界面操作简单和直观
	ECS-NFR-EasyUse-02	用户无需专门培训,只需通读安装手册即可通过安装向导完成本系统的安装

续表

类别	非功能性需求项	非功能性需求描述
安全性	认证需求 ECS-NFR-Safety-Authentication	所有用户（包括家属和医生）均需通过账号、密码相结合的方式，经系统验证通过后方可使用本软件系统
	权限控制需求 ECS-NFR-Safety-Control	医护人员只能在老人处于紧急状况、需要求助时可控制机器人查看老人的状况，家属可以在任何时候控制机器人查看老人的状况
运行环境约束	ECS-NFR-Env-Client-001	客户端 APP 运行在 Android 4.4 及以上版本
	ECS-NFR-Env-Server-001	服务器端软件运行在 Ubuntu 14.04 及以上版本； 考虑到机器人计算资源的有限性，本软件运行时占用的内存空间不得超过 128 MB
本地化与国际化	ECS-NFR-Internationalization-01	支持中文和英文两种用户界面
可移植性	ECS-NFR-Transplant-01	本软件将来需移植至 Linux+AutoRobot 环境中运行

ECS 软件需求构思及描述文档示例

上述工作完成之后，要求提交一个“软件需求构思和描述文档”。该文档描述了待开发软件系统欲解决的问题、基于计算机软件来解决问题的大致思路，以及软件系统的主要功能。在撰写该文档时，需要尽可能做到表达准确、语言简练、内容完整。

示例：空巢老人智能看护系统软件需求构思及描述文档

3. 创建和精化用例模型

为了系统、准确和直观地描述软件系统的功能性需求，分析和理清不同软件功能性需求之间的内在关系，需要采用用例驱动的方法来建立软件系统的用例模型，并通过对系统用例的分析和精化进一步加强对软件系统功能性需求的理解和认识。一般地，用例驱动的需求构思、导出、获取和分析的主要步骤如下。

（1）识别软件系统的外部执行者

软件系统的外部执行者是指使用软件系统的功能、与软件系统交换信息的外部实体。执行者可以是一类用户，也可以是其他软件系统或物理设备。实践人员可以从执行者的角度来观察和分析系统有哪些可被执行者触发的用例，或者与执行者进行信息交互的用例，因而可以进一步导出软件系统的用例。在某些实际应用中，有些用例不由任何物理实体或者逻辑系统触发，而是由特定时间或外部事件来触发。例如，如果空巢老人智能看护系统要给老人提供提醒服务，如到点叫醒、按时服药等，那么可设置定时器执行者或特定的事件为执行者。通过对空巢老人智能看护系统的分析，可以发现该软件系统具有以下执行者。

示例：空巢老人智能看护系统案例中的执行者

老人(Elder)：与系统通过语音方式进行交互，激活系统为其完成某些事务，如连通家属或医生。

医生(Doctor)：突发或紧急情景时接受呼叫，与系统进行交互以获取老人的状况信息。

家属(Family Member)：突发或紧急情景时接受呼叫，与系统进行交互以获取老人的状况信息，或者与老人进行视频语音交互。

管理员(Administrator)：对软件系统进行必要的配置和管理，如设置用户、配置运动参数、调整安全距离等。

机器人(Robot)：其运动受软件系统的控制，将感知到的老人的视频、图像和语音等信息反馈给软件系统。

定时器(Timer)：为老人提供提醒服务。

(2) 创建软件系统的用例

用例表示执行者为达成一项相对独立、完整的业务目标而要求软件系统完成的功能，可用于描述软件系统的功能性需求。对于执行者而言，用例是它们可以观察到的一组系统行为。在用例图中，执行者与用例之间的连接边表示它们之间的关系，意指执行者与用例之间存在交互。

该步骤针对所识别的软件系统执行者，从它们各自的视角来导出软件系统需要哪些基本的用例，分析这些用例与执行者之间大致存在什么样的交互，从而得到软件系统的用例列表以及这些用例的基本信息。该步骤要确保尽可能导出执行者的所有期望和要求，不要漏掉必需的用例，也不要无中生有地构思出没有执行者来源的用例。空巢老人智能看护系统有6类执行者，从它们的视角可以导出如表7.4所示的用例。

表7.4 “空巢老人智能看护系统”中的用例

序号	用例名称	用例标识	执行者	用例描述
1	监视老人状况	UC-MonitorElderStatus	家属、医生	监视和获取老人视频、图像和语音等信息，分析老人的状况，如果出现异常及时通知家属和医生
2	远程控制机器人	UC-ControlRobot	家属、医生	通过APP在远端控制机器人运动，以从不同视角和距离获取老人的视频、图像和语音等信息
3	自主跟随老人	UC-FollowElder	机器人	机器人随老人的移动而移动，以在安全距离观察老人
4	获取老人信息	UC-GetElderInfo	机器人	获取老人的视频、图像和语音等信息
5	视频/语音双向交互	UC-BiCall	家属、医生、老人	家属、医生、老人之间通过语音和视频进行交互

续表

序号	用例名称	用例标识	执行者	用例描述
6	用户登录	UC-UserLogin	家属、医生	用户通过账号和密码登录系统
7	提醒服务	UC-AlertService	定时器	提醒老人按时服药等
8	系统设置	UC-SystemSetting	管理人员	配置系统信息，如家属和医生的个人信息、移动速度等

针对列表中的每一个用例，大致分析其基本的交互动作序列，初步建立起关于用例的描述。在此步骤不必追究用例的细节，也无需考虑非典型的应用场景或异常处理。

其他用例描述

示例：空巢老人智能看护系统的用例描述

用例名：监视老人状况

用例标识：UC-MonitorElderStatus

主要执行者：家属、医生

目标：掌握老人状况，获取异常状况信息

范围：空巢老人智能看护系统

交互动作：

① 机器人感知老人的视频、图像和声音等信息

② 将感知的信息传送到远端手机 APP 上

③ 对感知信息进行分析，检测老人是否出现异常（如摔倒）

④ 如果出现异常，将该异常信息通知给远端手机 APP

用例名：用户登录

用例标识：UC-UserLogin

主要执行者：家属、医生

目标：通过合法身份登录系统以获得某些操作权限

范围：空巢老人智能看护系统

前置条件：使用系统之时

交互动作：

① 用户输入账号和密码

② 系统验证用户账号和密码的正确性和合法性

③ 如正确则登录成功，否则提示用户重新输入账号和密码

其他用例描述请见二维码内容

(3) 精化软件需求用例

该步骤需要对识别的用例进行进一步分析，开发用例的典型应用场景，获取更为详细的软件

需求细节；对用例进行必要的组织和分解以加强对用例的理解，如将业务上相关或功能上相似的多个用例合并为一个用例，通过用例之间的包含关系合并多个用例中的公共子过程等。此步骤结束之后将产生可供评审的用例模型，并获得更为详尽的用例信息。

① 分解或合并用例

对识别出的用例进行适当分解和合并。如果一个用例的粒度太大，包含的功能太多，可以对其进行适当的分解，以产生一组粒度较小、任务和目标更为明确的用例。反之，如果有多个用例较为独立和分散，可以考虑将它们加以组织以形成一个粒度更大的用例。通过对用例的分解或合并，可以帮助用户和软件开发人员更容易地理解和掌握软件系统的功能性需求。

示例：分解和合并用例

针对监视老人状况用例，它涉及的功能较多，如获取老人的信息、分析老人的信息、通知异常情况等。针对这种情况，可以将该用例分解为一组用例，包括获取老人信息、检测异常情况、通知异常情况等。

② 标识用例与用例之间、执行者与用例之间的关系

首先要分析执行者与用例之间的关系。如果一个执行者触发某个用例的执行，向用例提供信息或者从用例获取信息，那么执行者与用例之间存在某种关系，在用例图中表现为执行者与用例之间有一条连接边。

示例：标识执行者与用例之间的关系

对于家属执行者而言，它可触发监视老人状况用例的执行，在远程控制机器人用例中需要提供控制命令，在视频/语音双向交互用例中需要提供其语音和视频信息，在用户登录用例中需要提供登录账号和密码，并从系统中获得登录成功与否的反馈信息，因此家属执行者与监视老人状况远程控制机器人、视频/语音双向交互、用户登录等用例之间需要交互，它们之间存在连接边。

其次要对分解和合并的用例进行分析，标识用例与用例之间的关系，以帮助用户和软件开发人员更好地理解用例之间的交互，促进对软件需求的理解。根据第 2 章的介绍，用例之间的关系大致有三种：包含、扩展和继承。

示例：标识用例之间的关系

通过对监视老人状况用例进行分解，产生获取老人信息、检测异常情况、通知异常情况等用例，那么监视老人状况用例与所分解的这三个用例之间存在包含关系，在用例图中表现为它们之间存在连接边。

③ 精化和描述用例的基本交互动作序列

一个用例通常包含一系列交互动作序列，它刻画了为达成用例目标，用例的执行者与软件系统之间的一系列交互事件，反映了两者之间的分工与协作。用例的基本交互动作序列是指在不考虑任何例外的情况下，最简单、最直接的交互动作序列。在描述交互动作序列时，要从执行者的视角描述系统行为的外部可见效果，尽量避免描述系统内部的动作。

示例：精化和描述用例的基本交互动作序列

针对远程控制机器人用例，其基本的交互动作序列包括用户发出机器人控制命令，软件系统

根据命令向机器人发出执行指令，机器人通过软件系统将运动的状况和结果反馈给用户。在此过程中，软件系统分析和解释命令属于内部动作，可以不在交互序列中表述。

④ 扩展交互动作序列

一般情况下，执行者和软件系统之间会按照基本交互动作序列来执行，但是当某些特殊情形出现时，两者之间的交互会出现其他分支，或者说会采用其他方式来进行交互。扩展交互动作序列是指在基本交互动作序列的基础上，对特殊情形引发的动作序列进行描述，以分析执行者与软件系统之间的其他交互情况。

一般地，导致出现执行分支的原因主要来自两种情况，一是存在不同于基本交互动作序列的非典型应用场景，二是执行者在交互过程中产生了基本交互动作序列无法处理的异常情况。实践人员可以基于上述两种情况来扩展交互动作序列，从而获得关于用例新的交互动作序列。严格分离基本的交互动作序列和扩展的交互动作序列，既可以防止过早陷入用例中的处理细节，也可以保持用例描述的简洁性。扩展交互动作序列可以帮助实践人员获得关于软件需求更为详尽的细节，进一步促进对软件需求的理解和认识。

示例：扩展交互动作序列

针对远程控制机器人用例，在执行者与软件系统的交互过程中可能会存在若干非正常的情景，例如手机 APP 与远端控制软件没有建立连接，导致控制命令不能正常传送给远端控制软件；远端控制软件没有与机器人建立正常的连接，导致控制软件不能将指令发送给机器人；虽然用户的控制命令和指令（如向前移动）正确地发送给了机器人，但是外部环境的限制导致机器人不能按照命令来执行（如前面存在障碍物）。针对这些情况，可以扩展出其他交互动作系列。例如，如果远端控制软件没有与机器人建立正常的连接，那么系统需要提醒用户采用手工方式建立连接。

⑤ 描述执行者和用例间的交互内容

针对基本和扩展交互动作序列中的每一项交互，需要描述执行者与软件系统进行交互的信息项内容，以便清晰地掌握它们之间交互什么或者针对什么进行交互。这些信息的提供有助于在后续阶段绘制软件系统的交互图，建立软件系统更为详尽的需求模型。

示例：描述执行者和用例间的交互内容

家属和医生在执行用户登录用例中，用户需要向系统提供账号和密码两项信息，系统完成必要的验证后需要向用户返回登录是否成功的信息，如果不成功还需要提供具体的问题描述信息，如什么原因导致不成功。

⑥ 精化用例、执行者和交互的描述

上述工作完成之后，实践人员将逐步深化对软件需求的掌握和理解，在此基础上需要进一步仔细推敲用例、执行者、交互等的名称表述，尽可能用应用领域的业务术语、简洁的词汇、准确的表述来刻画用例、执行者和交互，采用名词或名词术语来表述执行者和交互信息项，用动词或动词短语来表述用例与执行者间的交互，采用业务而非技术术语描述每个动作和行为。该步骤的目的是加强对软件需求的理解，促进不同人员之间关于软件需求的交互和讨论。

创建和精化软件需求用例之后，将产生软件系统的用例模型。它由一到多幅 UML 用例图构成，表示从软件系统外部执行者的角度所观察到的系统各项功能，清晰地界定软件系统的边界，即用例图中所有用例的集合构成软件系统应该提供的功能，除此之外软件系统不再承诺实现其他功能。

图 7.9 描述了空巢老人智能看护系统的用例模型。它刻画了系统中的执行者（包括老人、家属、医生、管理人员、机器人、定时器），这些执行者可观察的用例（包括监视老人状况、获取老人信息、自主跟随老人、用户登录、视频 / 语音交互、系统设置等），以及执行者与用例之间、用例与用例之间的关系。针对用例图中的每一个用例，通过分解和组织、扩展交互动作序列、描述交互内容和信息等一系列活动，可以获得关于用例更为准确、详尽和直观的信息。

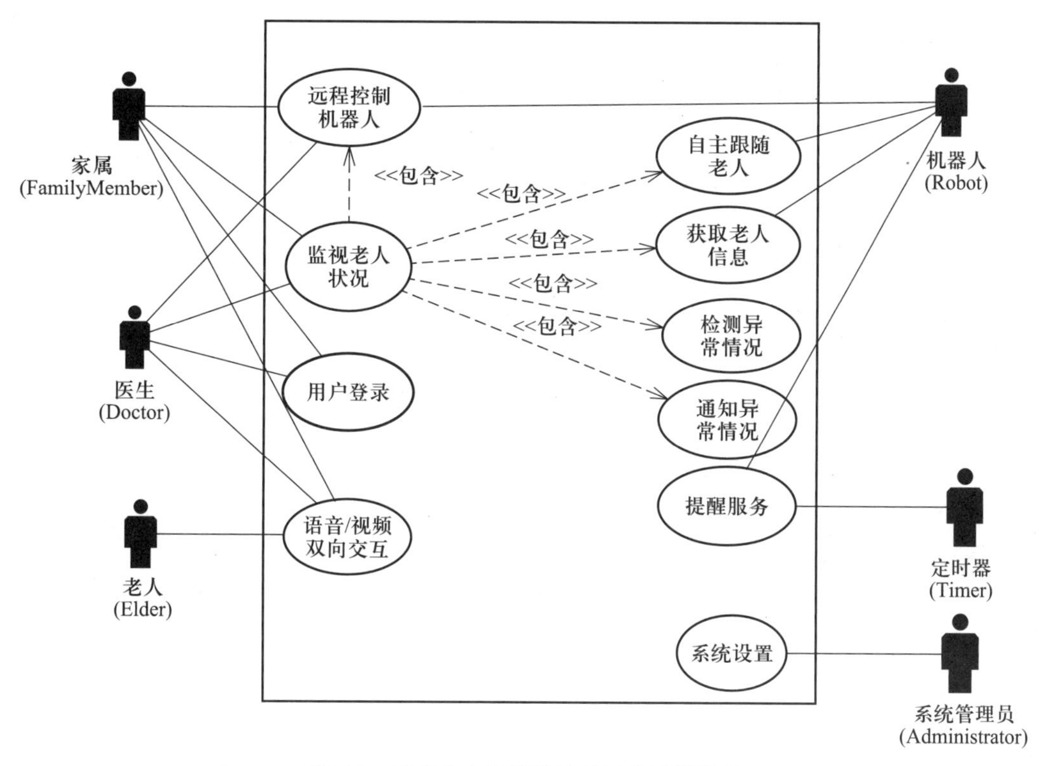

图 7.9　空巢老人智能看护系统的用例模型

示例：精化后空巢老人智能看护系统的用例描述

用例名：监视老人状况

主要执行者：家属、医生

目标：掌握老人状况，获取异常状况信息

范围：空巢老人智能看护系统

交互动作：

① 用户登录

精化后 ECS 的系统设置用例描述

② 用户请求监视老人状况

③ 系统监视老人状况

3.1 机器人感知和获取老人的视频、图像和声音信息

3.2 系统将感知到的老人信息传送到远端手机 APP 上

3.3 系统对老人信息进行分析，检测老人是否出现异常（如摔倒）

3.4 如果出现异常，将该异常信息通知给远端手机 APP

重复执行步骤③，直至用户选择退出监视老人状况。

精化后的系统设置用例描述请见二维码内容。

4. 评审软件用例模型

上述步骤完成之后，实践人员需要针对产生的软件制品，围绕应用问题、解决问题的方法以及由此导出的软件需求三方面，结合以下要求进行评审，并根据评审的结果对软件需求构思与描述文档、软件用例模型等进行改进。

① 中肯性，构思的应用问题是否中肯，是否有现实的意义和实际的价值。

② 创意性，构思的问题、问题的解决方法以及由此导出的软件需求是否有新意。

③ 规模性，构思的软件需求是否具有足够的规模和复杂性以满足实践的要求。

④ 集成性，构思的基于计算机软件的问题解决方法是否集成了多样化的系统和设备。

⑤ 综合性，是否需要综合运用多样化的语言、技术、工具和平台等来支持软件系统的开发、部署和运行。

⑥ 完整性，软件系统的功能性和非功能性需求是否有遗漏，用例模型是否完整地包含了系统中的执行者以及可观察到的用例。

⑦ 一致性，文档内部、用例模型内部以及文档和用例模型之间对软件系统需求的表述（包括术语等）是否一致。

⑧ 可行性，针对所构思的软件需求，从现有技术、已有条件、人员投入、时间和进度要求等方面分析是否具备可行性。

5. 借助群智力量构思和创意软件需求

软件需求的构思和导出绝不能仅仅依靠实践人员，而是要借助于互联网大众的智慧和力量，寻求大众的想法和建议，只有这样才有可能在构思的过程中广开思路、获得灵感、发现问题、不断改进，最终形成一个有创意、可实施的软件需求。尤其是对于实践人员而言，他们通常缺乏软件开发的经验，缺少相关应用领域的知识，并且不同实践人员在知识、经验、经历等方面没有太大的差异性，在这种情况下软件需求构思和导出必须寻求外部力量的支持。

古人云：三人行必有我师焉。在软件开发过程中，实践人员可以充分发挥两类人员的力量来支持其需求构思与创意。一类是教师，他们需要积极介入软件需求构思，引导学生进入相关应用领域来构思应用问题，指导学生构思基于计算机软件的解决方法，发现需求构思中存在的问题和不足，评估软件需求的可行性等。另一类是互联网大众，尤其是来自开源社区中的软件开发者大众，他们数量众多，领域知识和背景多样化，许多大众具有丰富的软件开发知识和经验，对许多

问题有其独特的看法。实践人员可以通过开源社区与这些大众进行交互,提出相关的问题,征询大众的意见,寻求大众的想法;或者在开源社区中进行查询和检索以获取相关的知识和信息。具体方法如下。

① 在开源社区检索相关的应用、技术和工具等方面的信息,以支持软件需求的构思和创意。例如,在开源软件托管网站中查询有创意的开源软件项目,在软件开发知识分享社区中查询特定的问题回答。

② 在开发社区中提出和发布问题,寻求大众的支持和建议。例如,实践人员可以在诸如Stack Overflow、CSDN、开源中国等开源社区中发布某些问题,征求大众的意见,获得解决问题的思路和方法。

示例:借助群智力量来构思和创意软件需求

在空巢老人智能看护系统案例中,实践人员可以到开源社区去查询是否有类似的开源软件项目,可以发布问题征询大众对该软件需求的意见,也可以在ROS开源社区中检索支持机器人控制的相关技术和方法,以评估实现该软件需求的可行性。例如,实践人员可在开源社区发布问题以咨询"市场上是否有较为成熟的机器人看护系统""是否有现成的开源软件来实现端对端的视频通信"等。

6. 输出的软件制品

需求构思和导出步骤的输出软件制品包括:

① 软件需求构思和描述文档,描述待开发软件系统在欲解决问题及基于计算机软件的解决方法等方面的创意与构想,以及软件系统的大致功能性和非功能性需求。

② 软件系统的用例模型,描述软件系统的功能性需求,它是该步骤的一项主要工作成果,也是指导后续软件开发的主要软件制品。

7.4.4 软件需求建模与分析

有了软件系统的初步功能性和非功能性需求描述以及用例模型之后,实践人员就可以进一步对软件需求进行建模和分析。该活动旨在根据所构思和导出的软件需求,借助直观、图形化的表示方式(通常是UML)对软件需求进行准确的描述,以进一步加深对软件需求的认识和理解,通过分析发现潜在的不一致、相互冲突、不准确的软件需求并加以解决,产生更易于为大家(如用户、软件需求分析人员、软件设计人员)所理解的完整、准确、一致的软件需求模型。

一般地,软件需求建模通常采用一种比自然语言更加结构化、更加直观、语义更加准确的方式来表示软件需求,典型方式就是UML及其提供的可视化模型。为了获得对软件需求的准确表示和完整理解,通常需要建立软件需求的多个不同视角、不同层次的模型。例如,有些模型是从结构视角来理解软件需求,如包图、类图等,有些则是从行为视角来描述软件需求,如顺序图、状态图和活动图等。

软件需求建模和分析是一个持续迭代和精化的过程,在此过程中通过对软件需求的逐步建模和分析,不断加强对软件需求的深入理解,剔除软件需求模型中的模糊性、不一致性、不完整性,纠正软件需求模型中存在的问题,使对软件需求的理解臻于准确,更便于软件设计人员在后续阶段正确和准确地理解软件需求,并以此来指导软件系统的设计和实现。需求建模和分析的输出是软件需求模型,它是构成软件需求规格说明书的主体内容,也是指导软件设计和实现的基础。

软件需求建模和分析的过程如图 7.10 所示,它主要包括以下一组子活动。

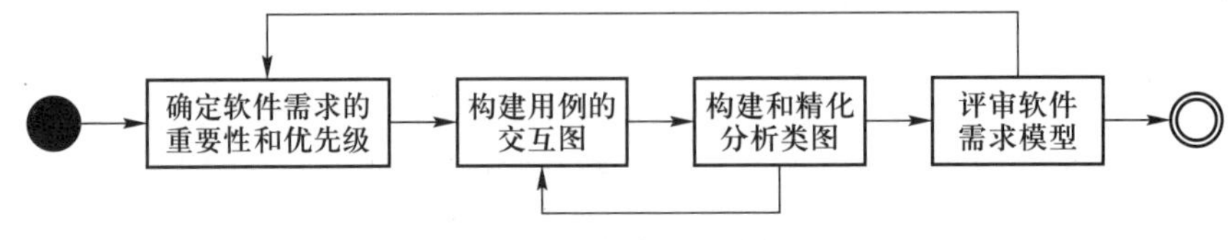

图 7.10　软件需求建模和分析的过程

① 分析不同软件需求的重要性,产生软件需求的优先级列表,关注高优先级的软件需求。

② 分析软件需求用例,建立软件需求模型。根据软件需求优先级依次分析用例,进行以下需求建模和分析工作:

a. 构建用例的交互模型。

b. 根据用例模型、用例交互模型,构建和精化软件系统的分析类图。

③ 评审软件需求模型。

1. 确定软件需求的重要性和优先级

软件需求构思和导出阶段产生了诸多软件需求,这些需求对于整个软件系统而言所发挥的作用不一,对于用户而言其重要性也不完全一样。由于受时间、资源、进度等方面的限制,这些需求难以一次性完成,这就需要确定哪些需求需要优先实现,哪些需求可以滞后实现,也即确定它们的开发优先级。这样实践人员就可以在后续的软件开发过程中,尤其是迭代开发过程中,依据软件需求的不同重要性和优先级来规划和组织每次迭代开发需要实现的需求和完成的任务。

(1) 确定软件需求的重要性

每一个软件系统都试图去解决特定的问题,为用户提供相应的功能和服务。在这些软件需求之中,势必有一些属于核心功能,有一些是外围功能。一般地,核心软件需求提供了软件系统所特有的一组功能和服务,它们体现了软件系统的特色和优势,也是吸引用户使用该软件、有别于其他软件系统的关键所在,也称"杀手"功能,它们对于软件系统而言起到举足轻重的作用。相较于核心需求而言,其他软件需求则提供了外围、次要的功能和服务。

示例:区分核心和外围的软件需求

在空巢老人智能看护系统案例中,其核心需求主要有监视老人状况、获取老人信息、自主跟随老人、检测异常等,相比较而言诸如系统设置、用户登录、远程控制机器人等则属于外围需求。

此外在众多的软件需求之中,有些需求是关键性、不可或缺的,也是用户使用该软件系统所必需的。如果缺少了这些软件需求,那么软件系统就不能正常开展工作和服务;还有一些软件需求起到辅助的作用,属于辅助性软件需求,它们主要起到锦上添花的效果。

示例：区分关键性软件需求和辅助性软件需求

在空巢老人智能看护系统案例中，诸如监视老人状况、获取老人信息、自主跟随老人等属于关键性需求，相比较而言诸如系统设置、用户登录、远程控制机器人、检测异常、通知异常等则属于辅助性需求。

上述活动完成之后，将产生软件需求的重要性列表，以标识不同软件需求对于用户和整个软件系统而言处于什么样的地位和作用。空巢老人智能看护系统的软件需求的重要性列表见表7.5所示。

表7.5　空巢老人智能看护系统的软件需求的重要性列表

序号	用例名称	核心 / 外围	关键 / 辅助
1	监视老人状况	核心	关键
2	获取老人信息	核心	关键
3	远程控制机器人	外围	辅助
4	自主跟随老人	核心	关键
5	视频 / 语音双向交互	核心	关键
6	提醒服务	外围	辅助
7	检测异常情况	核心	辅助
8	通知异常情况	核心	辅助
9	用户登录	外围	辅助
10	系统设置	外围	辅助

（2）确定软件需求的优先级

软件系统的开发通常受多方面因素的限制，如可投入的资源数量、用户对开发进度的要求、项目成本预算等。实际上，许多软件系统的开发需要通过多次迭代才能完成，每次迭代向用户交付其急需的功能和服务。在这种情况下，需要结合软件开发的约束，考虑软件需求的重要性，规划和确定软件需求实现的优先级，确保在整个迭代开发中有计划、有重点地实现相应的软件需求。一般地，可以遵循以下策略来确定软件需求的优先级。

① 按照软件需求的核心 / 外围特征来确定其优先级，可以给予那些处于核心地位的软件需求以更高的优先级，将那些外围的软件需求设置为低优先级。高优先级的软件需求在早期的软件开发迭代中设计和实现，低优先级的软件需求可以放在后续的软件开发迭代中设计和实现。

示例：设置软件需求的优先级

在空巢老人智能看护系统案例中，监视老人状况、获取老人信息、自主跟随老人、检测异常等功能具有更高的优先级，可以考虑在早期的迭代开发中加以实现并交付用户使用；相比之下，系统设置、用户登录、远程控制机器人等软件需求可以在后期的迭代开发中加以实现。

② 按照软件需求的关键 / 辅助特征来确定其优先级，给予那些关键性的软件需求以更高的优先级，而辅助性的软件需求则设置为较低的优先级，这样可以确保关键性的软件需求优先得以实现，并优先提供给用户使用；而那些辅助性的软件需求则可以在资源和时间不是很紧张的情况下加以实现。

③ 按照用户的实际需要来确定软件需求的优先级，也即根据用户对软件需求使用的紧迫程度来区分不同软件需求的优先级。那些用户急需的软件需求具有高优先级，不是急需的软件需求处于低优先级。例如，用户可能认为提醒服务并不是很紧迫，那么可以将其设置为低优先级，放在后续的迭代中加以实现；而对于检测异常情况功能而言，用户认为急需，可以考虑将其设置为高优先级。

该活动完成之后，将产生一个软件需求的优先级列表。空巢老人智能看护系统的软件需求的优先级列表见表 7.6 所示。

表 7.6　空巢老人智能看护系统的软件需求的优先级列表

序号	用例名称	优先级
1	监视老人状况	高
2	获取老人信息	高
3	自主跟随老人	高
4	视频 / 语音双向交互	高
5	检测异常情况	高
6	通知异常情况	中
7	远程控制机器人	中
8	提醒服务	低
9	用户登录	低
10	系统设置	低

（3）确定用例分析和实现的次序

一旦确定了软件需求的优先级，就可以结合软件开发的迭代次数以及每次迭代的持续时间、可以投入的人力资源等具体情况，确定用例分析和实现的先后次序，这样可以确保按照软件需求的优先级来开展建模，并以此来开展软件设计和实现，使得每次迭代开发有其明确的软件需求集，每次迭代开发结束之后可以向用户交付其所需的软件功能和服务。

示例：确定用例分析的次序

在空巢老人智能看护系统案例中，假设整个软件系统的开发需要三次迭代来完成，那么可以结合每次迭代的具体情况和软件需求的优先级来确定用例分析的次序（见表 7.7 所示）。

① 第一次迭代的开发周期较短，其任务是要明确软件系统的大致需求，开发出软件系统的基本原型并实现核心的软件功能。因此，第一次迭代可以考虑优先分析和实现自主跟随老人、获取老人信息两项软件需求，原因是它们优先级高、实现相对较为容易，并且是其他软件需求实现的基础和前提。

② 第二次迭代的开发周期较长，其任务是在第一次迭代的基础上，实现软件系统的主要核心和关键性功能。因此，第二次迭代可以考虑分析和实现监视老人状况、视频 / 语音双向交互、检测异常情况三项高优先级的软件需求，以及远程控制机器人、通知异常情况两项中等优先级的软件需求。

③ 第三次迭代结束之后要给用户交付完整的软件系统，因此该次迭代开发需要实现剩余的软件需求，包括提醒服务、用户登录和系统设置。

表 7.7 软件系统的各项需求在三次迭代中的开发安排

序号	用例名称	优先级	迭代序号
1	获取老人信息	高	第一次迭代
2	自主跟随老人	高	
3	监视老人状况	高	第二次迭代
4	视频 / 语音双向交互	高	
5	检测异常情况	高	
6	通知异常情况	中	
7	远程控制机器人	中	
8	提醒服务	低	第三次迭代
9	用户登录	低	
10	系统设置	低	

2. 建立用例的交互图

一旦确定了软件需求的分析和实现优先级，下面就可以按照规划逐一分析相关用例的交互过程，构建用例的交互图，从而获取关于这些用例的更为翔实的信息。用例的交互图描述了用例的功能如何通过一组对象之间的交互和协同来完成，它有助于软件开发人员更为深入地理解软件功能实现的工作流程和原理，进一步导出软件需求的具体细节，包括涉及哪些类、它们之间有什么样的交互等，并剔除用例描述中的模糊性、不准确性和不完整性，为后续软件设计和实现奠定基础。构建用例交互图的关键是要开展以下三项工作以明确用例的交互细节，并绘制用例交互图。

(1) 确定用例所涉及的类

一般地，软件需求用例反映了特定的业务逻辑，其处理主要通过三种不同类（边界类、控制类、实体类）间的交互和协同共同完成。由于这些类是在用例分析阶段识别并产生的，我们将它们统称为分析类。

① 边界类

由于每个用例或者由外部执行者触发，或者需要与外部执行者进行信息交互，因而用例的业务逻辑处理需要有一个边界类来负责目标软件系统与外部执行者之间的交互。一般地，用例中的边界类起到以下的作用。

- 界面控制。处理外部执行者的输入数据，或者向外部执行者输出数据。例如，在用户登录用例中，需要边界类来接收用户输入的账号和密码，并向用户提供登录成功与否的信息。
- 外部接口。如果外部执行者表现为其他的系统或者设备，那么边界类就需要负责目标软件系统与外部系统或设备之间的信息交互。例如，在获取老人信息用例中，边界类需要与机器人进行交互，以获取机器人传感器所感知到的老人视频、图像和语音等信息。

示例：用例中的边界类及其职责

在用户登录用例中，外部执行者用户 User 通过界面类 LoginUI 与目标软件系统进行交互，提交登录的账号和密码等信息，同时界面类 LoginUI 还负责将登录成功与否的信息反馈给用户。

② 控制类

边界类接收外部执行者的消息或来自外部系统或设备的信息，随后它就将工作交给系统中的一个特定类进行处理，称为控制类。控制类作为完成用例任务的主要协调者，负责与目标软件系统中的其他对象类进行协同，以控制他们共同完成用例规定的功能或行为。一般而言，控制类并不处理具体的任务细节，而是负责分解任务并通过消息传递将任务分派给其他对象类来完成，同时协调这些对象类之间的信息交互。

示例：用例中的“控制类”及其职责

在用户登录用例中，外部执行者用户 User 通过界面类 LoginUI 提交了登录账号和密码，这些登录信息将交由一个 LoginManager 控制类进行处理。LoginManager 控制类会将用户的账号/密码信息发送给相关的对象类进行身份验证。如果正确，控制类 LoginManager 将通知界面类 LoginUI 该用户的身份合法且登录成功；如果不正确，控制类 LoginManager 将通知界面类 LoginUI 该用户的身份非法且要求重新输入登录信息。

③ 实体类

用例所对应业务流程中的具体功能最终要交由具体的类来完成，这些类称为实体类。一般地，实体类负责保存目标软件系统中具有持久意义的信息项，对这些信息进行相关处理，并向其他类提供信息访问的服务。实体类的职责是要落实目标软件系统中的用例功能，提供相应的业务服务。

示例：用例中的实体类及其职责

在用户登录用例中，目标软件系统中存在实体类 UserLibrary，它负责保存系统中所有用户的基本信息（包括账号和密码等），并对外提供一组与用户相关的基本服务，包括注册用户、更改用户信息、检验用户身份合法性、查询用户信息等。在用户登录过程中，控制类 LoginManager 向实体类 UserLibrary 发送消息，要求根据用户输入的账号和密码检查用户身份的合法性。

基于用例的界面类、控制类和实体类，用例交互图的工作流程大致描述如下：

① 外部执行者与边界类进行交互以启动用例的执行。

② 边界类接收外部执行者提供的信息，完成必要的解析工作，将信息从外部表现形式转换为内部表现形式，并通过消息传递将相关信息发送给控制类。

③ 控制类接收到边界类提供的信息后，将根据业务逻辑处理流程与相关的实体类进行交互，或者向实体类提供信息，或者请求实体类持久保存业务逻辑信息。

④ 实体类向控制类反馈信息处理结果。

⑤ 控制类对接收到的信息进行处理，将业务逻辑的处理结果通知边界类。

⑥ 边界类针对接收到的处理结果信息进行必要的分析，将其从内部表现形式转换为外部表现形式，并通过界面将结果展示给外部执行者。

基于上述用例执行流程可以发现，构造用例交互图的关键在于将用例的功能和职责进行适当的分解，将其分派至合适的分析类，包括界面类、控制类和实体类，并在此基础上分析它们之间的交互和协同。概括起来，用例分析就是要识别用例所涉及的分析类，描述它们之间的交互和协同过程。

实践人员可以遵循以下的策略来确定用例中的界面类、控制类和实体类。

① 在用例模型中，如果某个用例与执行者之间有一条通信连接，那么该用例的执行就需要有一个对应的边界类，以实现与外部执行者之间的交互。

示例：构建用例交互图中的界面类

在空巢老人智能看护系统的用例模型中，系统管理员执行者与系统设置用例之间存在一条通信连接，那么对于系统设置用例而言，其交互图中就需要有一个边界类 SettingUI 以与外部执行者系统管理员进行交互。用户执行者（包括家属和医生）与用户登录用例之间存在一条通信连接，那么对于用户登录用例而言，其交互图中就需要有一个边界类 LoginUI 以与外部执行者 User 进行交互。

② 一个用例通常对应有一个控制类。该控制类负责接收边界类提供的信息，基于该信息与实体类进行交互，并将相应的处理结果反馈给边界类。

示例：构建用例交互图中的控制类

对于系统设置用例而言，它需要有一个控制类 SettingManager 用于接收外部执行者 Administrator 的设置命令，并根据不同的设置命令与不同的实体类进行交互，以完成相应的系统设置任务，返回设置结果。如果外部执行者想设置用户信息，那么它需要与负责用户管理的实体类

UserLibrary 进行交互；如果外部执行者想设置机器人与老人之间的安全观察距离，那么它需要与负责该项参数设置的实体类进行交互。

同样，对于用户登录用例而言，它需要有一个控制类 LoginManager 用于接收外部执行者 User 提供的登录信息（如账号和密码），并通过消息传递将该信息发送给实体类 UserLibrary 以请求检验该用户身份的合法性。

③ 实体类主要来源于用例描述中具有持久意义的信息项，其作用范围往往超越单个用例而被多个用例所共享。也就是说，实体类往往对应于应用领域中的类，其主要职责是提供相关信息的保存、读取、处理等服务。

示例：构建用例交互图中的实体类

对于系统设置和用户登录用例而言，它们都涉及管理和保存用户基本信息这样一项基本功能。该功能将交由一个实体类 UserLibrary 完成，它提供了注册用户、更改用户信息、检验用户身份合法性、查询用户信息等基本服务。

示例：用例交互图中分析类以及分析类间的交互流程

下面以用户登录用例为案例，介绍用例所涉及的边界类、控制类和实体类，以及这些类对象如何通过一系列交互实现用例的功能。

① 外部执行者用户 User 与边界类 LoginUI 对象进行交互，以启动用例的执行。

② 边界类 LoginUI 对象接收 User 提供的登录账号和密码两项信息，对其进行必要的预处理和解析之后（如分析输入的合法性），将这两项信息发送给控制类 LoginManager 对象。

③ 控制类 LoginManager 对象接收到边界类 LoginUI 对象提供的信息后，将根据用户登录业务逻辑处理流程，与实体类 UserLibrary 对象进行交互，请求根据登录账号和密码检验该用户身份的合法性。

④ 实体类 UserLibrary 对象处理完身份验证之后，向控制类 LoginManager 对象反馈用户身份信息验证的结果。

⑤ 控制类 LoginManager 对象根据用户身份的验证结果，将登录结果通知边界类 LoginUI 对象。

⑥ 边界类 LoginUI 对象对登录结果信息进行适当解析和处理后（如生成输出的文本信息），显示给外部执行者 User。

（2）确定对象之间的消息传递

在用例的执行流程中，不同对象类之间通过发送消息来进行交互和协同，从而实现用例的功能。根据面向对象思想和模型，一个对象向另一个对象发送消息时，可以通过消息的名称来表示交互的意图，通过消息的参数来传递相应的信息。因此，分析用例的执行流程和构建用例交互图的另一项重要任务就是要确定对象类之间的消息传递，其大致方法和策略描述如下。

① 确定消息的名称

通常消息的名称直接反映了对象间交互的意图，也体现了接收方对象所对应的类需要承担的职责和任务。消息名称一般用动名词来表示。尽可能用应用领域中通俗易懂的术语来表达消息的名称,以便用户和软件开发人员直观地理解对象间的交互语义。

示例:识别和构建消息名称

在用户登录用例中,边界类 LoginUI 需要向控制类 LoginManager 发送消息 login 以请求完成用户登录的功能;控制类 LoginManager 接收到该消息之后,需要向实体类 UserLibrary 发送消息 verifyUserValidity 以请求验证用户身份的合法性。

② 确定消息传递的信息

对象间的交互除了要表达消息名称之外,在许多场合还需要提供必要的信息,这些信息通常以消息参数的形式出现,也即一个对象在向另一个对象发送消息的过程中,需要提供必要的参数以向目标对象提供相应的信息。因此,在构建用例的交互图过程中,如果用例的业务流程能够界定相应的交互信息,那么就需要确定消息需要附带的信息。

示例:识别和构建消息的参数

在用户登录用例中,边界类 LoginUI 需要向控制类 LoginManager 发送消息 login 以完成用户登录功能。显然 login 消息需要提供用户输入的登录账号 account 和密码 password 两项信息。同样,当控制类 LoginManager 完成用户登录之后,它需要向边界类 LoginUI 发送消息以反馈登录是否成功,因而需要提供 LoginResult 信息。

(3) 绘制用例的交互图

一旦确定了用例所涉及的类以及类间的消息,下面就可以绘制用例的交互图。UML 中的交互图有两类,一类是顺序图,它能够直观地表达用例实现过程中不同对象间消息(事件)的时序;另一类是通信图,它可以直观地描述对象间的联系或连接。一般情况下,通过绘制顺序图来构建用例的交互图。

在绘制用例的顺序图时,用例的外部执行者应位于图的最左侧,紧邻其右的类是作为用户界面或外部接口的边界类的对象,再往右是控制类的对象,控制类的右侧应放置实体类的对象,它们的右侧是作为外部接口的边界类的对象。

对象之间的消息自上而下布局,以反映消息交互的时序先后。按照该布局,顺序图中将不会出现穿越控制类生命线的消息,也即边界类对象的消息不应该直接发送给实体类对象,从而实现前后端职责的适当分离。

一般地,需要为用例模型中的每一个用例构造交互图。对于那些功能和动作序列较为简单的用例,为其构造一个交互图即可。对于较复杂的用例,单张交互图难以完整、清晰地表示其所有的动作序列(如扩展的动作序列)。在这种情况下,需要为此用例绘制多张交互图,每张交互图表示用例的一个相对简单的子动作序列。下面结合空巢老人智能看护系统案例,列举一组示例来解释和示范如何构建用例的交互图。

示例:监视老人状况用例的顺序图

该用例旨在通过机器人获取老人的视频、图像、语音等信息,并通过对这些信息的分析来判断老人是否出现异常情况。如有,则将相关信息通知给用户(见图 7.11)。该用例涉及两个外部执行者,一个是 User,即家属和医生;另一个是 Robot,即机器人。

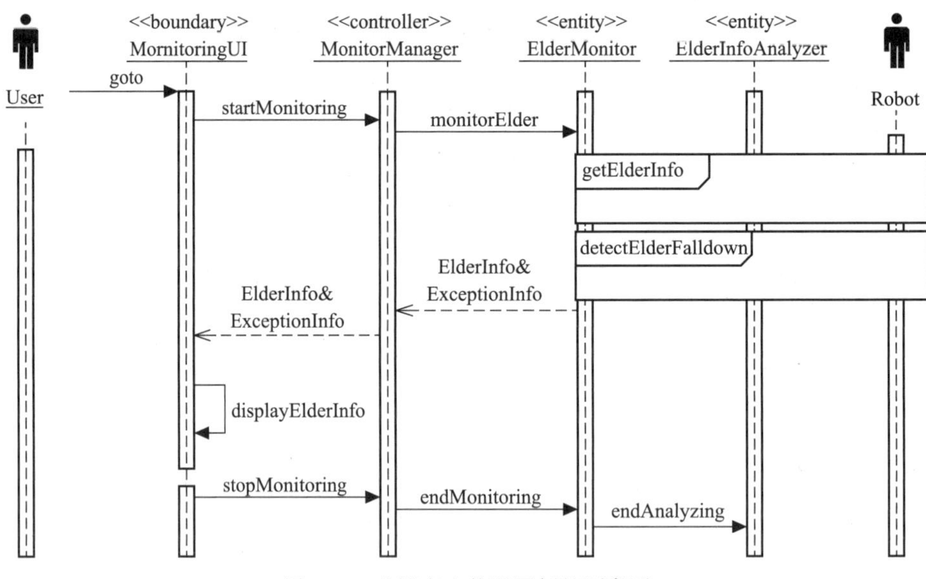

图 7.11　监视老人状况用例的顺序图

① 外部执行者 User 通过边界类 MonitoringUI 对象请求监视老人状态，从而启动用例的执行。

② 边界类 MonitoringUI 对象向控制类 MonitorManager 对象发消息 startMonitoring( ) 以开启监视。

③ 控制类 MonitorManager 对象收到监视老人的请求后，将向实体类 ElderMonitor 对象发消息 monitorElder( ) 以实施监视。

④ Robot 通过传感器得到老人的视频、图像等信息后，将通过实体类 ElderMonitor 对象将所获取的老人信息反馈给控制类 MonitorManager 对象。

⑤ 控制类 MonitorManager 对象将所接收到的老人信息通过消息传递的方式发送给边界类 MonitoringUI 对象，它经过进一步处理后将信息展示给 User。

⑥ 期间实体类 ElderInfoAnalyzer 对象对获取的老人信息进行分析，如果发现异常情况，则将相关信息通过控制类 MonitorManager 对象反馈给 User。

⑦ 如果 User 不需要监视老人状况，那么他将通过边界类 MonitoringUI 对象向控制类 MonitorManager 对象发送消息 stopMonitoring( )，控制类 MonitorManager 对象进一步向实体类 ElderMonitor 对象发消息 endMonitoring( ) 以结束对老人的监视。

示例：用户登录用例的顺序图

用户登录用例旨在对用户的身份进行验证（见图 7.12），进而登录到系统之中。它涉及一个外部执行者 User。

① User 通过边界类 LoginUI 对象向控制类 LoginManager 对象发消息 login( ) 以请求登录到系统之中。

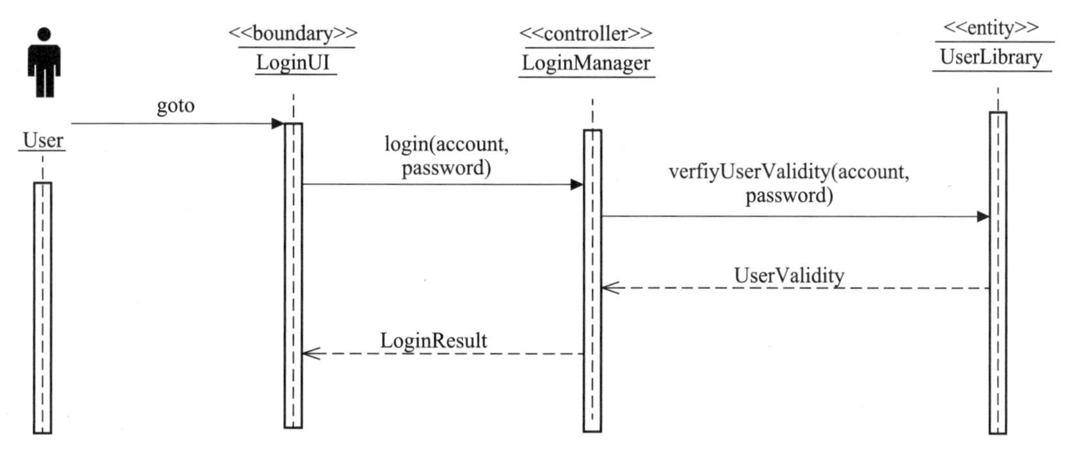

图 7.12 用户登录用例的顺序图

② 控制类 LoginManager 对象向实体类 UserLibrary 对象发消息 verifyUser-Validity( ),以检验用户身份是否合法,并返回检验结果。

③ 控制类 LoginManager 对象向边界类 LoginUI 对象返回登录是否成功的信息 LoginResult。

其他用例的顺序图示例

3. 建立分析类图

通过软件需求获取、分析和建模等一系列工作,实践人员将建立软件需求的用例模型和交互模型,逐步深化对软件需求的理解和认识,形成针对软件需求的更为细节性的描述。例如,用例模型描述了软件系统有哪些外部执行者,从他们的角度可以观察到软件系统应提供哪些功能、具有什么样的行为;交互图刻画了目标软件系统中的对象如何通过交互和协作来提供用例所描述的功能。更为重要的是,上述建模和分析工作进一步精化了软件需求,有助于获取软件系统中的类信息,进而建立起目标软件系统的初步分析类图,为后续软件设计与实现奠定基础。

构建分析类图的主要任务是描述目标软件系统中有哪些类,它们的职责分别是什么,这些类之间存在什么样的关系。构建分析类图的依据是前面软件需求建模与分析所产生的软件需求模型,包括用例图、顺序图等,其具体的构建步骤和策略描述如下。

(1) 确定类

该工作的任务是要根据用例图和交互图来识别出目标软件系统中的类。首先,用例模型中的外部执行者应该是分析类图中的类。此外,针对各个用例的顺序图,如果该图中出现了某个对象,那么该对象所对应的类应出现在分析类图中。经过该步骤后,将得到目标软件系统的一组分析类。

示例:根据用例图和顺序图来确定类

例如,空巢老人智能看护系统用例图中有 6 个执行者,分别是 FamilyMember、Elder、Doctor、Robot、Timer 和 Administrator,这些执行者将出现在该软件系统的分析类图中,成为软件系统中的分析类。在用户登录用例的顺序图中，有 LoginManager、UserLibrary 等类对象，那么相应的类 LoginManager、UserLibrary 应是分析类图中的类。

（2）确定类的职责

在需求分析阶段所产生的每一个类都有其意义和存在的价值，也即要为目标软件系统功能的实现做出某种贡献。对于上一个步骤所确定的每一个类，需要进一步确定其在目标软件系统中应承担的职责。

可以注意到，用例顺序图中的每个对象都有可能向其他对象发送消息或接收来自其他对象的消息。一旦对象接收到某条消息后，它就会实施一系列动作，从而对消息做出反应，并给发送方对象提供反馈。一般地，对象接收的消息与其承担的职责之间存在对应关系，也即如果某个对象能够接收到某项消息，它就应当承担与该消息相对应的职责。如果分析类的对象可以接收到多种不同类别的消息，并且这些消息具有某些共性，可以抽象为某个公共的职责，那么意味着分析类的某项职责可能具有响应多条消息的能力。

分析类的职责可用类的方法来加以表示，并采用简短的自然语言加以描述。在后续的软件设计中，分析类的职责将进一步分解和具体化为相关的类方法，以支持其最终的代码实现。

示例：根据顺序图中的消息来确定类的职责

例如，在用户登录用例的顺序图中，边界类 LoginUI 对象向控制类 LoginManager 对象发送消息 login(account, password)，控制类 LoginManager 对象接收到该消息后，将向实体类 UserLibrary 对象发送消息 verfiyUserValidity(account, password)。据此，控制类 LoginManager 可接收消息 login，可以确定它需要承担 login 的职责；同样实体类 UserLibrary 类可接收消息 verfiyUserValidity()，因而它具有验证用户身份的职责。

（3）确定类的属性

根据面向对象的模型和方法，一个类除了方法之外，还可能封装有相应的属性。一个分析类具有哪些属性，取决于目标软件系统希望该类持久保存哪些信息。可以注意到，用例顺序图中的每个对象所发送和接收的消息中往往附带有相关的参数。类所接收消息中的参数意味着该类可能需要保存和处理与消息参数相对应的信息，因而可能需要与此相对应的属性。一个分析类可以有一个或多个属性。

示例：根据顺序图中的消息参数来确定类的属性

例如，在用户登录用例的顺序图中，实体类 UserLibrary 可接收和处理来自控制类 LoginManager 类发来的消息 login(account, password)，因而 UserLibrary 类可能需要保存与用户相关的账号和密码信息，因此具有 account 和 password 属性。

此外，也可以根据分析类的职责来确定分析类应具有的属性。例如，根据对多个用例顺序图的分析可以发现，UserLibrary 类承担了管理用户账号和密码的职责，包括增加、删除、更改和检验等，因而需要保存系统中所有用户的账号和密码信息，进而具有有关用户账号和密码的属性。

如果在该步骤还无法清晰地确定分析类的属性，那么也可将确定分析类属性的任务交由后续的软件设计活动来完成。在软件设计阶段，软件设计人员需要根据每个类的职责、方法来定义其属性以指导后续的代码实现。

对分析类属性的表示既可以严格地采用 UML 中类的属性的表示方法，也可以仅采用简短的自然语言的名词或名词短语来描述。需要注意的是，该阶段无需关心分析类的属性是否完整、是否有遗漏，也不要尝试去确定这些类属性的类型。这些工作将在软件设计阶段来完成。

(4) 确定类之间的关系

通过上述分析，基本确定了目标软件系统中有哪些类，每个类的职责、方法和属性是什么。在此基础上，就可以绘制软件系统的分析类图了。

本步骤就是要通过对类之间关系的分析，建立起描述类关系的连接边，从而从整体上理解和描述构成目标软件系统不同类之间的连接关系。在 UML 类图中，类之间的关系有多种形式，包括继承、关联、聚合和组合等。

在用例的顺序图中，如果存在从类 A 对象到类 B 对象的消息传递，那么就意味着类 A 和类 B 之间存在关联、依赖、聚合或组合等关系。

示例：确定类之间的关系

例如，在用户登录用例的顺序图中，控制类 LoginManager 对象向实体类 UserLibrary 对象发送消息 verfiyUserValidity(account, password)，那么意味着 LoginManager 类与 UserLibrary 类之间存在关联关系，在类图中表现为这两个类之间存在一条关联边。

如果经过上述步骤所确认的若干个类之间存在一般和特殊的关系，那么可以对这些分析类进行层次化组织，标识它们之间的继承关系。

示例：确定类之间的关系

FamilyMember 和 Doctor 是系统中的两类用户，它们登录到系统之后均可对老人的状况进行监视，并与老人进行语音和视频交互。因此，它们是一类特殊的用户，与 User 分析类之间存在继承关系。

经过以上 4 个步骤的精化和分析工作，可以构造出目标软件系统的分析类图。该图描述了经过上述工作所识别的各个分析类、每个类的属性和职责以及不同类之间的关系。如果目标软件系列规模较大，分析类的数量很多，关系很复杂，难以用一张类图来完整和清晰地表示，那么可以分子系统来绘制分析类图。

示例：绘制空巢老人智能看护系统的分析类图

根据空巢老人智能看护系统的用例图及用例交互图，可以绘制出该系统的分析类图。由于该图涉及的类较多、类间关系较为复杂，可以通过划分子系统的方式来分别绘制各个子系统的分析类图，从而更为简洁和直观地展示系统中的类及其关系。图 7.13 描述了空巢老人智能看护系统中的子系统，根据所承担的不同职责，该系统可以划分为老人状况监控终端(ElderMonitorApp)子系统和机器人感知和控制(RobotControlPerceive)子系统。前者负责为用户展示老人在家的状况，提供老人的各类监视信息(如视频、图像、语音、告警等)；后者负责控制机器人运动，通过机器人传感获取老人的信息并根据这些信息分析老人的状况。

图 7.14 描述了老人状况监控终端(ElderMonitorApp)子系统的分析类图，描述了该子系统中的边界类、控制类和实体类，以及这些类之间的相互关系。

图 7.13　空巢老人智能看护系统的子系统

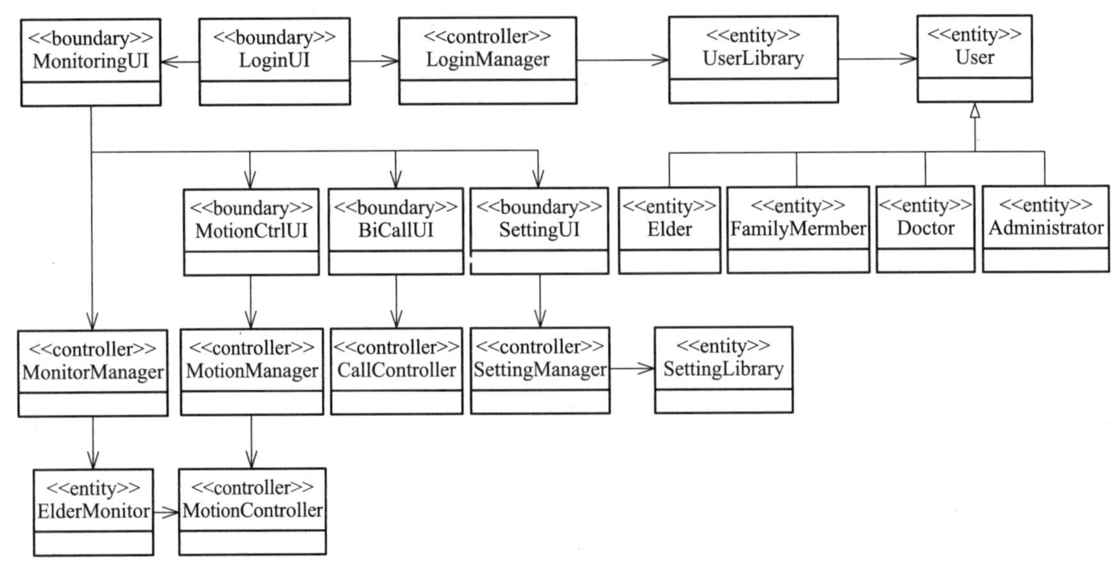

图 7.14　老人状况监控终端（ElderMonitorApp）子系统的分析类图

图 7.15 描述了机器人感知和控制（RobotControlPerceive）子系统的分析类图，描述了该子系统中的各个边界类、控制类和实体类，以及这些类之间的相互关系。

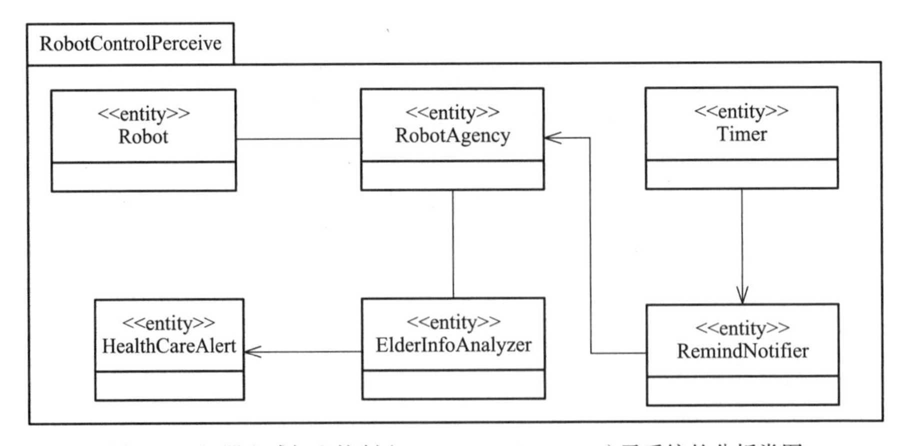

图 7.15　机器人感知和控制（RobotControlPerceive）子系统的分析类图

4. 评审软件需求模型

除了用例图、交互图、分析类图、软件需求的重要性和优先级等之外，在某些情况下软件需求建模和分析活动还需要导出和绘制目标软件系统的状态图和活动图，以刻画系统中的某些对象如何对外部事件做出响应进而导致状态迁移，从而进一步理清和分析软件需求，深化对软件需求的认识和描述。

需要强调的是，上述软件需求模型并不是孤立的，而是相互关联、可追踪的。每一个需求模型并不是无中生有，是基于相关的软件需求模型而产生的。例如，分析类模型是基于用例模型、交互模型而产生的。因此，必须确保不同需求模型之间的一致性和完整性。

此外，模型是由人来创建的，因而在构建模型过程中必然会或多或少、无意识地引入各种错误。软件需求涉及多方的利益相关者，大家对需求的理解、认识和要求必然会出现不一致。此外，需求模型通常用UML来绘制，在基于UML的建模过程中也肯定会存在UML图符使用不当等一系列问题。因此，一旦通过建模和分析建立起交互图、分析类图、状态图等需求模型之后，还需要对软件需求模型进行评审，以发现模型中存在的问题，促进相关人员（如用户、软件开发人员等）对软件需求的正确、准确、一致和完整的理解。

① UML符号使用的正确性。所构建的软件需求模型是否正确地使用了UML的图符以表示软件需求，否则会导致对模型的误解。例如，类图中不同类之间关系的图符是否使用得当。

② 需求模型的准确性。软件需求模型是否准确、清晰地描述了软件需求。例如，用例的顺序图是否准确地描述了用例的业务执行流程。

③ 模型间的一致性和可追踪性。多个软件需求模型之间是否一致、相关的模型要素是否可追踪。例如，顺序图中的对象名称与类图中的类名称是否一致，分析类图中的每一个类是否都能找到其出处。

④ 模型的完整性。软件需求模型是否遗漏掉重要的软件需求，是否针对用例模型完整地描述了软件系统的需求。例如，用例图中的所有用例是否都有对应的交互图来描述其执行流程。

如果评审过程中发现存在问题，需要对相关的分析模型进行改进，并同时分析这些改进对其他需求模型所产生的影响。

5. 输出的软件制品

软件需求建模与分析活动的输出软件制品包括：软件需求的重要性及优先级列表，一组用例交互图，一个或者多个分析类图，状态图（可选）。

其中，软件需求的重要性及优先级列表描述了目标软件系统中各项用例的重要性及开发优先级，用例交互图描述了用例的执行流程，分析类图描述了目标软件系统中的分析类及其职责、属性和相互关系，状态图描述了对象状态的迁移。

这几个软件制品之间存在依赖关系，因而可以据此来明确每个软件制品的可追踪性。交互图的导出依赖于用例模型；分析类图的导出则依赖于目标软件系统的用例图和交互图；根据交互图中的对象、消息、参数等信息导出分析类图，明确每个类的职责、方法和属性。

7.4.5　软件需求文档化与评审

获取、建模和分析完软件需求之后，需要对产生的软件需求模型和分析结果进行组织和整理，遵循特定的文档模板加以规范化的描述，形成正式的软件需求规格说明书。软件需求文档化的主要任务就是以软件功能性需求模型和非功能性需求描述为基础，撰写软件需求规格说明书，准确、完整和一致地描述软件系统的需求，并对产生的软件需求规格说明书进行评审，将评审后的软件需求文档纳入配置，以指导后续的软件设计与实现。软件需求文档化与评审的过程见图 7.16 所示。

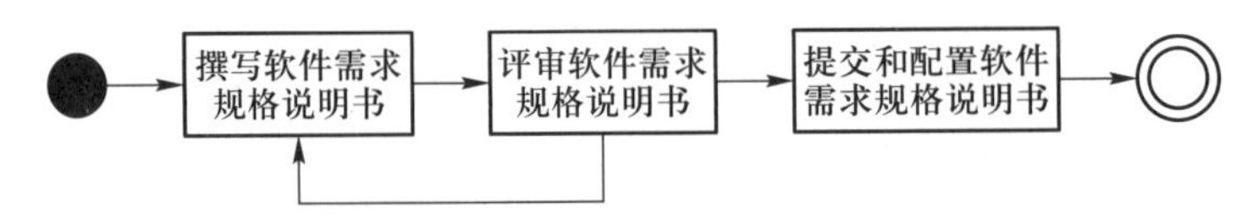

图 7.16　软件需求文档化和评审的过程

软件需求规格说明书的主要内容

1. 撰写软件需求规格说明书

软件需求规格说明书以规范化的形式，采用结构化的自然语言描述与图形化的 UML 模型相结合的方式来描述软件需求。它是软件需求分析的一项重要里程碑制品，也是软件设计和实现的基础。软件需求规格说明书的主要内容可扫描二维码查看。

2. 评审软件需求规格说明书

一旦撰写完软件需求规格说明书，用户、软件开发人员以及其他相关人员等需要在一起对软件需求规格说明书进行评审，以确保需求模型和文档正确、准确、一致、完整地描述了软件需求，没有多余和冗余的软件需求。评审的具体内容包括：

① 正确性。文档所表达的软件需求是否客观、正确地反映了用户的期望和要求，防止软件需求模型和描述与用户的真实想法有出入。

② 准确性。文档对软件需求的描述是否存在模糊性、二义性和歧义性，是否存在不清晰的软件需求表述。

③ 一致性。文档的不同段落之间、文字表达和需求模型之间、不同需求模型之间是否存在不一致问题，防止同一个需求在不同的地方有不一样的表述。

④ 多余性。文档描述的软件需求是否均是用户所期望的，防止出现不属于用户期望的软件需求。

⑤ 完整性。文档是否包含了所有的软件需求，防止遗漏掉用户所期望的重要软件需求。

⑥ 规范性。软件需求规格说明书的书写是否遵循文档模板，是否按照规范化的方式来组织文档的结构和内容。

一般地，至少以下人员需要参与软件需求规格说明书的评审，以从不同的角度来发现软件需求规格说明书中存在的各种问题，并就有关问题的解决达成一致，进而指导后续的软件设计及实现。

① 用户（客户）。因为软件需求是他们提出的。

② 需求分析人员。因为他们在与用户沟通的基础上形成了对软件需求的理解和认识，构建了软件需求模型和文档，给出了相关的描述和解释，他们还需要根据大家反馈的问题和建议对软件需求模型和文档做进一步改进。

③ 质量保证人员。他们需要参与评审以发现软件需求规格说明书中的质量问题，并进行质量保证。

④ 软件设计人员和编程人员。因为他们需要正确地理解软件需求规格说明书中的内容，并借助该文档来指导软件的设计和实现工作。

⑤ 软件测试工程人员。他们需要以软件需求规格说明书为依据设计软件测试用例，开展相应的确认测试工作。

⑥ 软件配置管理人员。他们需要对软件需求规格说明书进行配置管理。

一般地，对软件需求规格说明书的评审主要包含以下工作和步骤。

① 阅读和汇报软件需求规格说明书。可以采用会议评审、会签评审等多种方式，参与评审的人员首先需要认真阅读软件需求规格说明书的内容，或者听取软件需求分析人员关于软件需求规格说明书的汇报，进而发现软件需求规格说明书中存在的问题。

② 收集和整理问题。记录软件需求评审过程中各方发现的所有问题和缺陷，并对它们加以记录，形成相关的文档，给出问题列表。

③ 讨论和达成一致。针对发现的每一问题，相关的责任人进行讨论，并就问题的解决达成一致。在此基础上，根据问题的解决方案修改需求规格说明书。

④ 纳入配置。一旦所有问题得到了有效的解决，对软件需求规格说明书文档进行了必要的修改，就可以将修改后的需求规格说明书置于基线管理控制之下，形成指导后续软件设计、实现和测试的基线。

3. 输出的软件制品

软件需求文档化与评审活动输出的软件制品是软件需求规格说明书。该文档将作为指导后续软件开发活动的依据，包括软件设计、编码实现、软件测试等。

7.4.6　迭代开发过程中的软件需求变更管理

在开发有创意、上规模和高质量的软件系统过程中，软件开发人员在软件需求层面往往面临着两方面的挑战，一方面是软件系统规模大、软件需求多，无法通过一次性的软件开发工作就完成所有的软件需求；另一方面是软件需求的变化导致软件开发难以把控。

本质上，易变性是软件系统的基本特征，它是指在软件生命周期中软件需求会经常性发生变化。尤其是对于规模大、复杂性高的软件系统而言，这一特点表现得更加突出。导致软件需求变化的原因主要源自两方面的因素，一是随着软件开发的推进以及软件系统交付使用，软件系统的用户或客户逐步加深了对软件系统的理解和认识，进而导致对软件系统的期望和要求发生变化；二是软件开发人员和用户对软件系统需求的理解和认知也是一个渐进的过程，在软件开发的过程中，他们逐步加深对软件系统的认识，进而会不断地调整和优化软件需求。

由于软件需求是软件开发的基础和前提，因而需求的变化必然会对整个软件系统的开发带来两方面的效应，一是波动性，即软件需求的变化会给软件开发带来一系列波动，影响其他软件开发活动及软件制品。例如，软件需求的变化必然导致软件设计、程序代码、测试用例等软件制品的变化，与之相对应的，软件设计、编码实现、软件测试等相关的活动及其计划也需进行调整。二是放大性，即软件需求的变化对其他软件开发活动、软件制品方面的影响具有放大效果，具体表现在工作量、软件质量、开发投入等。例如，假设用了一个工作日来调整软件需求，那么在后续的软件开发阶段，软件开发人员可能要用数倍的工作量来调整软件设计和程序代码。

迭代软件开发方法可以在一定程度上有效地应对由于软件规模大、软件需求变化给软件开发和管理带来的挑战。整个软件开发分多次迭代来开展，每次迭代完成部分软件需求，所有的迭代汇总起来完成软件系统的整体需求。在每一个迭代周期，软件开发人员和用户都可以对软件需求进行进一步的构思和分析，增加新的软件需求，对上一次迭代所建立的软件需求进行必要的调整和更新，最终明确和形成本次迭代需要实现的软件需求。

考虑到软件需求变化的必然性及其对软件开发带来的影响，因而需要在迭代开发过程中接纳需求变化并对需求变更进行有效的管理。

① 选择合适的变更软件需求时机。迭代软件开发本身就支持软件需求的变化，原则上允许和支持在整个软件开发过程中对软件需求的持续变更。显然，软件需求的不断调整会带来软件开发的动荡性，缺乏稳态，也必然会增加开发和管理的成本。因此，建议在每次迭代开始之时考虑本次迭代欲实现的软件需求，对软件需求进行适当的变更，并确保在本次迭代过程中软件需求是相对稳定的。

② 确定需求变更的内容。每一次迭代需要在上一次迭代对软件需求理解和认知的基础上，明确本次迭代需要实现的软件需求及其具体内容，包括变更上一次迭代已实现的软件需求，增加本次迭代需要实现的软件需求等。针对这些软件需求变更，进一步修改和完善软件需求模型（如用例图、顺序图、类图等）以及软件需求规格说明书。

③ 分析变更影响域和影响度。软件需求的变化必然会对软件开发过程以及软件制品产生影响。例如，如果用户对已有软件需求进行了调整，那么就需要修改相应的软件测试用例、软件设计模型和程序代码等。因此，每一次迭代变更和明确了软件需求之后，需要从软件开发活动和软件制品的角度分析变更带来的影响，即分析需求变更会对哪些软件开发活动和软件制品产生影响；从工作量、时间、进度等方面分析其影响度。

小结

本节针对开发软件系统实践，聚焦于软件需求的获取与分析，从 4 个方面介绍了获取和分析软件需求的具体方法。

① 软件需求的获取与构思。软件需求获取与构思的目的是要明确待开发软件系统的需求，并使基于该需求的软件系统有创意、上规模，具有一定的复杂度。软件需求的创意具体表现为软

件系统欲解决的问题有新意，或者解决问题的方法有新意。这就需要实践人员充当用户的角色来理解应用领域，分析应用领域面临的问题和挑战，构想如何巧妙地借助于计算机软件来解决问题。在此基础上，构思、导出和获取软件需求，形成软件系统的功能性需求和非功能性需求的集合，创建和精化目标软件系统的用例模型，并从创意性、规模性、综合性、集成性等若干方面来评审软件需求的合理性。

② 软件需求的建模与分析。软件需求建模和分析的目的是获得对软件需求更为深入的理解和认识，并通过建模的方式来从多个视角、多个层次准确地描述软件需求，产生软件需求模型。为此，需要在用例模型的基础上，借助诸如 UML 等图形化、半形式化的表示工具，循序渐进地建立起一组直观、清晰的软件需求模型，确保模型之间的一致性、完整性和可追踪性，产生包括交互图、分析类图、状态图等软件需求模型。

③ 软件需求文档化与评审。软件需求文档化与评审的目的是撰写软件需求规格说明书，并对软件需求文档进行评审以确保其质量。软件需求规格说明书的撰写需要遵循特定的标准和模板，它完整地描述了目标软件系统的功能性和非功能性需求。对软件需求规格说明书的评审主要关注文档的规范性，以及软件需求表述的正确性、准确性、一致性、完整性等。

④ 软件需求的变更及管理。软件需求的变更及管理的目的是要在软件迭代开发过程中有序地支持和管理软件需求的变更，确保每一次迭代在上一次迭代的基础上，持续地加深对软件需求的理解和认知，根据用户期望的变化适应性地调整和更改软件需求，并对软件需求变化的影响域和影响度进行分析，以评估对后续软件开发带来的影响。

7.5 软件设计与建模

本节将结合空巢老人智能看护系统应用案例，介绍如何根据所构思的软件需求及其分析模型，从多个不同的视点和抽象层次对软件系统进行设计，包括体系结构设计、用户界面设计、用例设计、子系统 / 构件设计、类设计和数据设计等。通过遵循软件设计的基本原则，采用基于群智的软件设计方法，产生高质量的软件设计模型，以指导后续的编码和测试。

7.5.1 任务、过程与输出

软件设计是架接需求获取与分析和代码编写与测试的桥梁。站在需求获取与分析的角度，软件设计给出了软件需求的解决方案和蓝图；站在代码编写和测试的角度，软件设计提供了指导编码和测试的图纸，因而软件设计在整个软件开发过程中扮演着承上启下、极为关键的角色。

概括起来，软件设计的任务是根据软件系统的需求，综合考虑软件开发过程中的各种制约因素，遵循软件工程的设计原则，给出软件系统的实现解决方案和蓝图，产生可指导编码实现的设计模型及文档。

软件设计人员需要从多个不同的视角、多个不同的抽象层次来设计软件，因而软件设计过程包含若干个步骤，每个步骤的设计活动聚焦于某个特定的软件设计问题、完成某个视角和抽象层次的设计任务。具体的，软件设计的过程如图 7.17 所示，主要包括以下一系列活动。

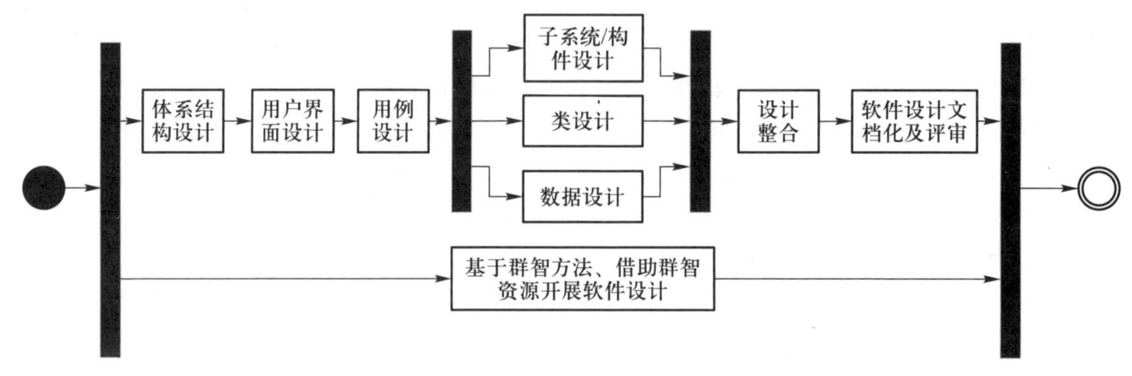

图 7.17　软件设计的过程

① 体系结构设计。从全局、宏观的层次以及结构的视角来设计软件系统的体系结构，建立起目标软件系统的整体架构，设计构成目标软件系统的主体部件（如子系统、构件或关键设计类）及其职责和接口，明确这些部件间的协作关系及交互行为，输出用 UML 包图等刻画的软件体系结构模型。

② 用户界面设计。针对软件需求用例所描述的用户与软件系统间的各项交互动作及信息，设计相应的用户操作界面，为用例的实现提供人机交互的支持，明确用户界面的组成（如窗口、对话框或网页）及布局、窗口间的跳转关系等，输出用 UML 类图描述的用户界面设计模型及用户界面原型。

③ 用例设计。针对软件需求的用例模型及用例的交互模型，基于体系结构设计和用户界面设计所产生的设计元素，给出用例的实现方案，精化和细化软件系统功能实现的技术解决途径，输出用 UML 顺序图和类图等所描述的用例设计模型。

④ 子系统 / 构件设计。针对体系结构设计中的各个子系统或构件，给出它们的内部实现方案，采用问题分解的方式，设计包含于子系统或构件之中的更小粒度的设计元素（如设计类），明确它们之间的协作关系，确保它们能够通过协同实现子系统接口规定的所有功能和行为，输出用 UML 类图、状态图、活动图等描述的子系统 / 构件设计模型。

⑤ 类设计。针对上述设计活动所产生的设计类，精化每个设计类的内部要素及实现细节，比如类的可见范围、类的方法和属性、类方法的实现算法、类间的关系等，使之精细到足以支持软件实现的程度，输出用 UML 类图、活动图、状态图等描述的类设计模型。

⑥ 数据设计。对目标软件系统所涉及的数据进行设计，明确系统中需要持久保存的数据条目及相互间的逻辑联系，设计持久数据的存储和组织方式（如在关系数据库中的表、关键字、外键等），以及对这些数据进行持久存储和访问的操作等，输出用 UML 类图、活动图等描述的数据

设计模型。

⑦ 设计整合。对前面软件设计活动所产生的设计模型进行必要的整合，目的是从全局、整体的角度来审视所有的软件设计模型，检查不同软件设计模型之间的关系，消解它们之间的不一致，剔除冗余并进行必要的优化，形成支撑软件系统实现的完整设计方案及模型。

⑧ 软件设计文档化及评审。以软件设计模型为基础，撰写软件设计规格说明书，对软件设计模型和文档进行评审以确保其质量，并将评审通过后的设计模型和文档纳入配置，进入软件项目的基线库。

⑨ 基于群智方法、借助群智资源开展软件设计。在整个软件设计过程中，充分借助开源社区中的群智资源开展软件设计，以解决软件设计过程中遇到的问题，促进代码重用，提高软件设计的质量和效率。

通过上述步骤，软件设计与建模阶段将输出软件系统的一系列设计模型和文档。表 7.8 描述了本阶段的各项活动及其任务和输出。

表 7.8 软件设计与建模的活动、任务和输出

活动	任务	输出
体系结构设计	设计目标软件系统的整体架构	用包图等描述的体系结构设计模型
用户界面设计	设计目标软件系统的用户界面	用 UML 类图描述的用户界面设计模型及用户界面原型
用例设计	设计用例的实现方案	用顺序图、设计类图等描述的用例设计模型
子系统 / 构件设计	设计目标软件系统中各个子系统或构件的内部实现方案	用类图、状态图、活动图等描述的子系统 / 构件设计模型
类设计	设计类的实现细节	用类图、活动图、状态图等描述的类设计模型
数据设计	设计需要持久存储的数据	用类图、活动图等描述的数据设计模型
设计整合	对设计模型进行必要的整合和优化	整合和优化后的完整软件设计方案及模型
设计文档化及评审	撰写软件设计文档并对其进行评审	软件设计规格说明书
基于群智方法、借助群智资源开展软件设计	搜寻和重用开源软件，分享社区中的软件开发知识来开展设计	基于群智资源的各类软件设计模型

7.5.2　软件设计的策略和原则

软件设计是一项较为复杂的过程，需要考虑和权衡多方面的制约因素，力求获得一个既满足用户要求，又可以确保其质量、切实可行的软件实现方案（见图 7.18）。

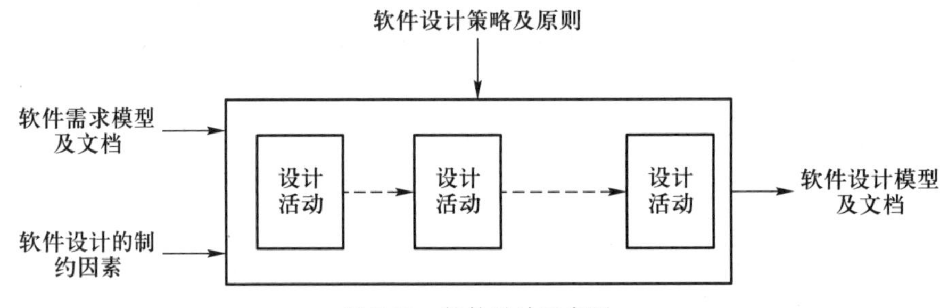

图 7.18　软件设计示意图

软件设计的输入是软件需求模型及相关文档（如软件需求规格说明书、分析类图等）、各种现实的设计制约因素，输出是可有效指导系统实现的软件设计模型及相关文档（如软件设计规格说明书、设计类图等）。软件设计过程中需要遵循一系列设计策略及原则，以期得到高质量的软件设计成果。

软件设计的制约因素涉及多个方面，如资源制约因素，即在目标软件开发过程中可以获取的时间、人力、财力、开发辅助工具等；技术制约因素，即待开发软件系统可以使用的技术工具和平台。

软件设计方案不仅需要满足软件需求，还必须是高质量的，具有良好的可扩展性、可维护性、界面友好性、健壮性等。

在软件设计过程中，软件设计人员必须遵循一系列经过实践检验、行之有效的软件设计原则，如模块化、高内聚度、低耦合度、信息隐藏、问题分解、层次化组织、软件重用等。为了快速、高效和高质量地开发软件，软件设计人员还需要基于群智的方法、借助互联网群体的智慧和成果，重用开源软件及代码片段，利用软件开发者群体的知识和经验来指导软件设计。

软件设计的结果（即软件设计模型及文档）详细描述了构造目标软件系统的具体内容和实现细节，包括软件系统采用什么样的架构，软件系统有哪些模块，这些模块分别实现什么样的功能，具有什么样的接口，模块之间如何进行交互，模块内部的实现算法是什么，用户界面如何进行展示且相互之间如何跳转，软件所涉及的数据如何组织和存储等。概括起来，软件设计的结果类似于指导软件实现的施工图纸，它必须足够细节和具体，具有可操作性，易于为他人阅读和理解。

不同于需求构思与分析，软件设计需要给出目标软件系统的完整解决方案，也即软件实现的“施工图纸”，因而是软件开发过程中的一个重要环节，软件设计的好坏直接决定了最终产品的好坏。软件设计是一个较为复杂的过程，它需要综合考虑多方面的因素，进行反复的权衡和折中，以期得到既满足需求又确保其质量的设计成果。因此，软件设计活动必须遵循相关的策略和原则，以指导软件设计人员的行为，并对设计成果提出约束和要求。具体的，这些设计策略和原则描述如下。

（1）抽象和逐步求精的原则

所谓抽象是指在认识事物、分析和解决问题时，忽略那些与当前研究目标不相关的部分及要素，以便将注意力集中于与当前目标相关的方面。抽象是管理和控制系统复杂性的基本策略和有效手段。所谓的逐步求精是指在分析问题和解决问题过程中，先建立起关于问题及其解的高层次抽象，然后以此为基础，通过精化获得更多的细节，建立起问题和系统的低层次抽象。逐步求精为分析和解决问题提供系统的方法学指导。

软件是一个逻辑产品，其开发过程中的不同阶段所要考虑的问题是不一样的，即使在某个阶段（如软件设计），该阶段不同的设计活动（如体系结构设计和用户界面设计）的任务和目标也不尽相同。因此，软件设计阶段要聚焦于软件解决方案，在不同的设计阶段和设计活动要考虑不同的设计问题，不要“胡子眉毛一把抓”；设计过程中要抛开与设计无关的要素，忽略实现的技术细节，建立起软件系统的设计模型。

在整个软件设计过程中，软件设计人员不要试图一次性完成软件设计，而是要采用逐步求精的方式渐进地细化软件设计。首先站在最高层次的抽象，建立起软件系统的整体架构模型；随后对高层架构模型进行精化和细化，建立起稍低级抽象层次的子系统 / 构件模型、用例模型等；最后，建立起可直接支撑软件系统实现的设计类模型。概括起来，软件设计应该是一个从高抽象层次向低抽象层次逐步过渡的过程。

（2）模块化与高内聚度、低耦合度的原则

模块化是软件工程的一项基本原则，它是指在开发软件时，将整个软件系统设计为一个个功能单一、接口明确、相对独立的模块单元，并通过这些模块之间的交互来实现软件系统的功能。软件系统的模块可以表现为过程、函数、方法、类、构件、子系统、包等不同的形式。模块化思想体现了“分而治之”的思想，它是促进复杂问题解决的一种常用手段，也是提升软件系统可维护性的有效举措。那么一个模块到底应该封装哪些功能才是比较合理的呢？软件工程进一步提出了高内聚度、低耦合度的原则。所谓高内聚度是指模块内各成分间彼此结合的紧密程度要高，所谓低耦合度是指不同模块之间的相关程度要低。这两项基本原则可以用来有效指导软件模块的设计，确保所设计的模块遵循了模块化原则。

如果一个模块内部的各要素间紧密程度不高，那么意味着该模块的独立性不好，可能封装和实现了若干个（而非单个）功能，在这种情况下可以将该模块进行分解，根据内部要素的紧密程度分为若干个模块，经分解后的这组模块之间的耦合度就比较低。如果一组模块之间的相关程度很强，那么意味着这些模块间关系非常密切，那么可以考虑将这些模块进行合并，形成一个模块，合并后的模块必然具有功能单一、内聚度高的特点。

（3）信息隐藏的原则

所谓信息隐藏，是指模块的设计应使其内部所含的信息对那些不需要这些信息的模块不可访问，模块之间仅仅交换那些为完成系统功能所必需交换的信息。信息隐藏原则有助于设计出高质量的软件系统，其优点具体表现为以下几个方面。

① 它可以使得模块的独立性更好，其内部尽可能少地受其他模块的影响。

② 由于模块的独立性好，因而有助于模块的并行开发（设计和编码），提高了软件开发的效率。

③ 由于模块内部的信息对外不可访问，因而它可以有效地减少错误向外传播，便于软件测试，提高软件系统的可维护性。

④ 便于软件系统增加新的功能，也即新功能的增加可以通过增加相关的模块来完成，而非对已有模块的修改。

实际上，现有的软件设计和程序设计技术均在不同程度上支持信息隐藏。例如，在结构化程序设计中，过程和函数内部的局部变元和语句对其他过程和函数而言不可访问；在面向对象程序设计中，一个类可以将自身的属性和方法设置为 private，从而使得这些属性和方法不为其他对象类所访问。

(4) 多视点以及关注点分离的原则

一个软件系统的设计包含多个不同的方面，需要从不同的视点对它们进行设计。例如，可以从结构的视点来考虑软件系统的组成，因而需要开展软件体系结构的设计，构建软件体系结构模型；也可以从行为的角度来设计软件系统，因而需要考虑诸如各个模块是如何进行交互和协同的、对象状态是如何迁移的等问题，进而构建软件系统的交互图、协作图、状态图等。因此，一个完整的软件系统设计需要从多个不同的侧面分别考虑软件设计的不同问题，进而形成多视点、多角度的完整设计模型及解决方案。

当然，软件设计的不同视点有其各自的独立性和关注点，或者说不同视点所关心的问题以及欲达成的设计目标有所差别，不可将它们混为一谈。例如，对于结构视点的体系结构设计与行为视点的交互设计，它们要考虑的问题、开展的设计内容、产生的设计模型有着根本性的差别。因此，在软件设计过程中，不应将不同关注点的设计混杂在一起，而应将不同关注点的设计相分离，确保针对每个关注点独立地开展软件设计，然后将这些关注点的设计成果加以整合，形成关于目标软件系统的局部或者全局性的设计结果，建立起多视点、完整的设计成果。

(5) 软件重用的原则

软件重用是软件工程的一项基本原则，它是指在软件开发过程中要尽可能地重用已有的软件资产来实现软件系统的功能，同时要确保所开发的软件系统易于为其他软件系统所重用。无疑，软件重用可以提高软件开发的效率和质量，降低软件开发成本，因而在软件开发实践中得到广泛的应用。

软件工程提供了诸多的技术手段来支持软件重用，如封装、继承、信息隐藏、多态等。软件重用的形式也从早期基于过程和函数的细粒度重用，逐步过渡到基于类、构件和服务的粗粒度重用，以及近年来出现的基于开源软件的更大粒度重用。重用的内容不仅表现为源程序代码和可执行程序代码，还可以是软件开发知识，以解决特定的软件开发问题。

根据软件重用的原则，软件设计时既要考虑如何基于群智的软件设计及方法寻找已有的软件资产来支持软件系统的开发，如库函数、类库、云服务、开源软件项目等，也要考虑如何提高所开发软件设计的可重用性，使得它能为其他的软件系统所重用。

（6）迭代设计的原则

根据前面的阐述，软件设计极为复杂，因为它要考虑的问题和因素很多，而且这些问题和因素之间还存在着内在的关联性；软件设计不仅要得到满足用户需求和现实约束的软件设计模型，还需要确保软件设计模型的质量；不仅要考虑如何设计软件要素来实现软件需求，还要考虑如何通过重用已有的软件资产来实现软件需求，以提高软件开发的效率和质量，降低开发成本；软件设计时不仅要考虑软件系统的功能性需求，还要考虑非功能性需求；不仅要从多个视点开展设计，也要在多个不同的抽象层次开展设计；软件设计所产生的诸多模型需要进行整合和优化，以形成关于目标软件系统的完整、一致的设计方案等。因此，期望通过一次性设计就完成相关的设计任务是不现实的。软件设计需要多次的反复迭代才能得以完成。每次迭代都是在前一次迭代的基础上，对产生的设计模型进行反复权衡、折中、优化等，得到更为合理、高效、高质量的软件设计成果。

（7）可追踪性的原则

概括而言，软件设计的目的是为软件需求的实现提供解决方案。因此，任何软件设计活动以及由此而产生的设计结果都应围绕着软件需求，或者说，其最终都要服务于特定的软件需求，也即软件设计模型与软件需求模型之间存在一定的相关性。软件设计不能成为无源之水、无本之木，必须能够通过逆向追踪可以找到其对应的软件需求，或者软件需求可以通过正向追踪找到其相应的设计元素，否则相应的软件设计及其成果就没有任何的意义和价值。

7.5.3 软件体系结构设计

软件体系结构也称软件架构，它从高抽象层次以及结构视角刻画了目标软件系统的设计元素及其之间的逻辑关系，反映了软件系统的高层、全局性、宏观、战略性的设计蓝图。软件体系结构设计的任务是建立满足软件需求的整体架构，明确定义构成软件体系结构的各子要素（如子系统、构件、关键设计类等）及其职责划分和协作关系，描绘它们在实际物理运行环境下的部署安排，建立软件体系结构的高层逻辑模型和部署模型。

1. 软件体系结构的组成、设计模式及过程

软件体系结构设计的输入是软件需求，包括功能性需求和非功能性需求，尤其是非功能性需求将对软件体系结构的设计具有关键性的塑形作用。其输出是软件体系结构的设计模型以及相关的体系结构设计文档。

软件体系结构设计在整个软件设计中扮演着非常重要的角色。一方面，它在整个软件开发过程中起到承上启下的作用，对上它为实现软件需求提供整体的架构，对下它是后续详细设计和软件实现的工作基础。另一方面，软件体系结构设计将为软件详细设计提供指南，具体表现为：详细设计是针对体系结构设计中某个未展开要素的局部和具体设计；详细设计必须遵循体系结构设计规定的原则、接口和约束；详细设计只能实现、不能更改体系结构设计中规定模块的接口和行为。此外，软件体系结构还将对整个软件系统的性能、灵活性、可修改性、可扩充性等质量属性产生全局性、决定性的影响。

（1）软件体系结构的组成

一般地，软件系统的体系结构主要由以下三要素组成。

① 构件。它是构成体系结构的基本功能部件。软件系统中的构件是指软件系统中可分离的模块单元，它们通常具有明确的功能以及良定义的对外接口，外界模块可通过接口来访问构件从而实现与构件的交互，获得构件提供的服务。通常，构件具有以下一组特点：

- 可分离，构件表现为可独立部署的可执行代码。
- 可替换：构件实例可被其他任何实现了相同接口的构件实例所替换。
- 可配置：外界可通过规范化的配置机制修改构件的配置数据，进而影响构件对外提供的服务。
- 可复用：构件可不经源代码修改，无需重新编译即可应用于多个软件项目或软件产品。

② 连接子。它用于表示构件之间的连接和交互关系。连接子是构件与外界发生交互的渠道。构件通常有两类连接子，一类是供给接口，它定义了构件对外提供的访问接口；另一类是需求接口，它是构件请求其他构件帮助所需的接口。

③ 约束。它描述了体系结构中的元素应满足的条件，以及构件经由连接子组装成更大粒度模块时应满足的条件。例如，高层次构件可以向低层次构件发出请求，低层次构件完成计算后需向高层次构件发送服务应答，反之不可。

（2）软件体系结构设计模式

在进一步介绍软件体系结构的设计方法之前，先简要介绍软件设计模式和软件体系结构模式，随后在此基础上介绍如何根据软件需求和约束来寻找支撑目标软件系统实现的体系结构模式。

前面已多次提及软件工程是一门实践驱动的学科，其方法、技术、原则和策略等源自大量软件开发实践经验的总结。在长期的软件开发实践中，软件开发人员总结了大量有价值的软件开发经验。人们发现在不同的软件开发实践中，常常会出现一些重复性的问题，而针对这些问题又有一些通用性的解决方法。为此，人们将这些针对常见问题的通用性解决方法进行抽象，形成一组以设计重用为目的的设计模式。因此，软件设计模式本质上是软件设计经验的总结和抽象，它描述了在一般或特定设计环境中可能重复出现的设计问题，以及针对该问题的行之有效的软件解决方案。

至今人们已总结出了一系列软件设计模式，典型代表就是 Erich Gamma、Richard Helm、Ralph Johnson 和 John Vlissides 共同提出的 23 种设计模式。根据设计模式试图解决软件设计问题的抽象层次，可以将现有的设计模式分为面向体系结构设计的设计模式和面向软件实现的设计模式。体系结构设计模式是专门针对体系结构设计问题的一类设计模式，是有关软件体系结构设计的经验结晶，它提供了支持软件系统实现的结构化组织方式，具体表现为规定了构成软件系统体系结构的基本构件及其职责，明确了这些构件之间的相互关系和协作方式。面向软件实现的设计模式则针对软件子系统或构件中的特定问题，描述如何利用特定程序设计语言的具体特征来解决此问题。本节围绕体系结构模式来介绍软件体系结构设计的方法。有关面向软件实现的设计模式可参阅相关的文献。

通常,一项设计模式主要包含以下几方面的内容描述。

- 名称,直观地刻画模式所蕴含的设计经验。
- 问题,描述设计模式所能解决的问题及其背景。
- 使用条件,描述在何种条件下推荐使用该模式来解决上述问题,以及在使用本模式之前必须考虑的约束条件。
- 解决方案,描述问题的软件解决方案。
- 效果,描述上述解决方案导致的正面及负面的设计效果。
- 示例代码,给出应用本模式的示例程序代码。
- 关联模式,说明本模式继承或扩展了哪些模式,与哪些模式有关联。

这里介绍三个常用的体系结构模式,以帮助读者理解如何根据软件需求,通过重用体系结构设计模式来开展软件体系结构设计。更多的体系结构设计模式请参阅相关文献。

(1) 管道和过滤器设计模式

该模式将软件系统的功能实现为一系列处理步骤,每个步骤完成特定的子功能并封装在一个称为过滤器的构件中(见图 7.19)。相邻过滤器之间以管道相连,也即连接子,前一个过滤器的输出数据通过管道流向后一个过滤器。整个软件系统的输入由数据源提供,它通过管道与某个过滤器相连。软件系统的最终输出由源自某个过滤器的管道流向数据接收装置(data sink),也称数据汇。典型的数据源和数据汇包括数据库、数据文件、其他软件系统、物理设备(如智能手机)等。

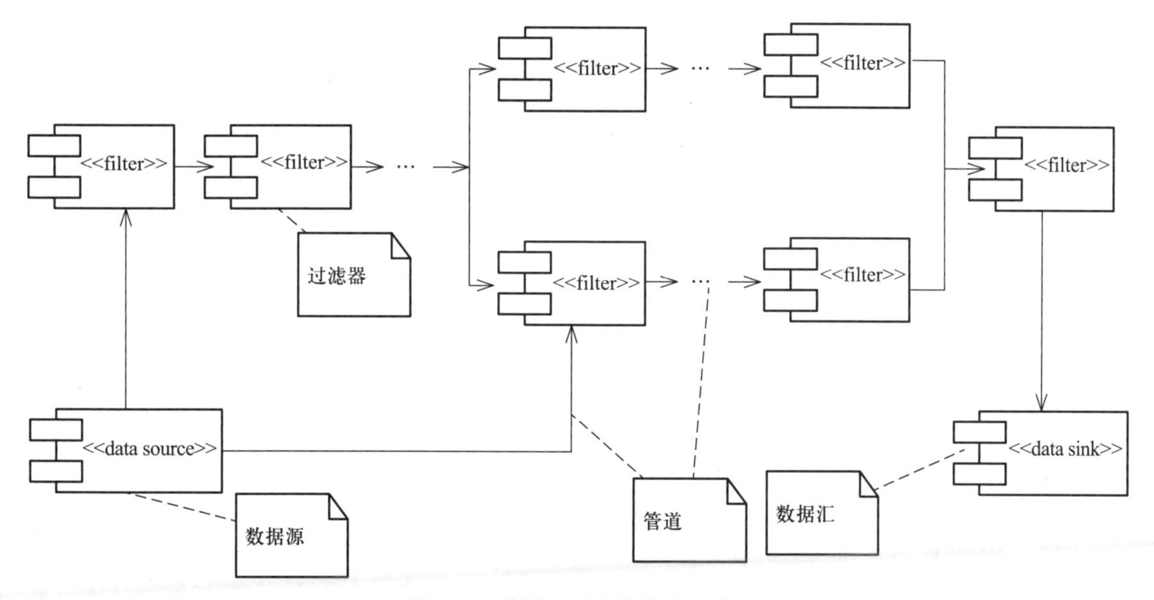

图 7.19 管道和过滤器模式示意图

在该设计模式中，过滤器、数据源、数据汇与管道之间可通过以下几种方式进行协作。

a. 主动方式，过滤器以循环方式不断从管道中提取输入数据，经过处理后将输出数据压入输出管道，此种过滤器称为主动过滤器。

b. 被动方式，管道将输入数据压入位于其目标端的过滤器，过滤器被动地接收输入的数据，此种过滤器称为被动过滤器。

c. 管道负责提取位于其源端的过滤器的输出数据。

如果管道连接的两端均为主动过滤器，那么管道必须负责它们之间的同步，典型的同步方法是先进先出缓冲器。如果管道的一端为主动过滤器，另一端为被动过滤器，那么管道的数据流转功能可通过前者直接调用后者来加以实现。此种实现方法虽然简洁、高效，但加大了两个过滤器之间的耦合度，使过滤器重组变得非常困难。基于管道和过滤器设计模式，软件设计人员可以通过升级、更换部分过滤器构件以及处理步骤的重组，来实现软件系统的扩展和演化。但此模式仅适合于采用批处理方式的软件系统，不适合于交互式、事件驱动式系统。

(2) 分层设计模式

该模式将软件系统按照抽象级别划分为若干层次，每层由若干抽象级别相同的构件组成（见图 7.20）。

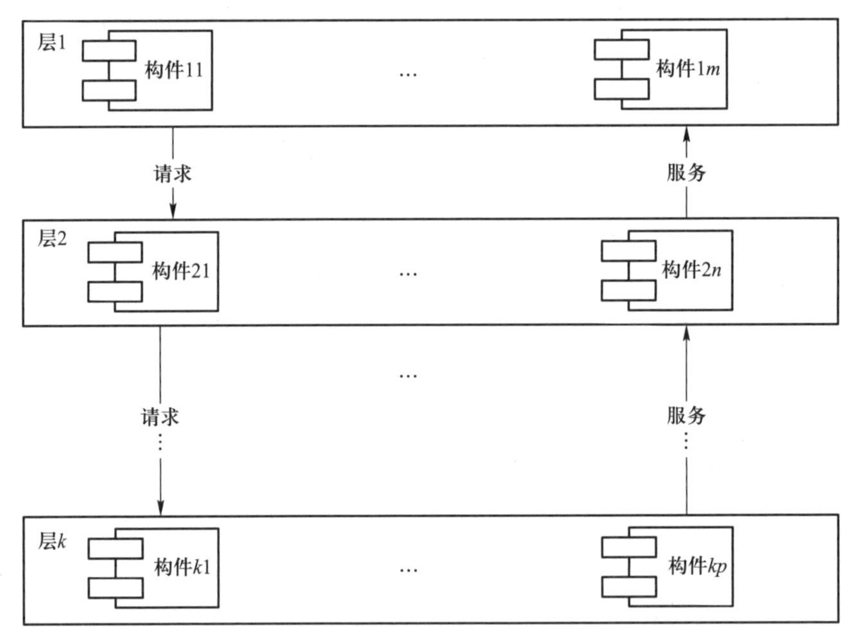

图 7.20　分层模式示意图

每层的构件仅为紧邻其上的抽象级别更高的层次提供服务，并且它们仅使用其紧邻下层提供的服务。一般而言，处于顶层的构件直接面向用户提供软件系统的交互界面，底层构件则负责提供基础性、公共性的功能和服务。相邻层间的构件连接通常采用以下两种方式，一是高层构件向低层构件发出服务请求，低层构件在计算完成后向请求者发送服务应答；二是低层构件在主动探测或被动获知计算环境的变化事件后通知高层构件。每个层次可以采用两种方式来向上层提供服务接口，一是层次中每个提供服务的构件对外公开其接口；二是将服务接口封装于层次的内部，每个层次提供统一的服务接口。

在该设计模式中，合理地确立一系列抽象级别是分层体系结构设计的关键。在此前提下，分层体系结构模式具有松耦合、可替换性、可复用性等优点，但该设计模式也存在性能开销大等不足。

(3) 模型－视图－控制器(MVC)设计模式

该模式将软件系统划分为三类主要的构件：模型(model)、视图(view)和控制器(controller)(见图 7.21)。模型构件负责存储业务数据，提供业务逻辑处理功能；视图构件负责向用户呈现模型中的数据；控制器在接收模型的业务逻辑处理结果后，负责选择适当的视图作为软件系统对用户的界面动作的响应。在具体的业务逻辑实施过程中，一旦业务数据有变化，模型构件负责将变化情况通知视图构件以便其及时向用户展示新的变化，视图还负责接受用户的界面输入(例如鼠标事件、键盘输入等)，并将其转换为内部事件传递给控制器，控制器再将此类事件转换为对模型的业务逻辑处理请求，或者对视图的展示请求。一般地，采用 MVC 模式的软件系统的典型运作流程描述如下：

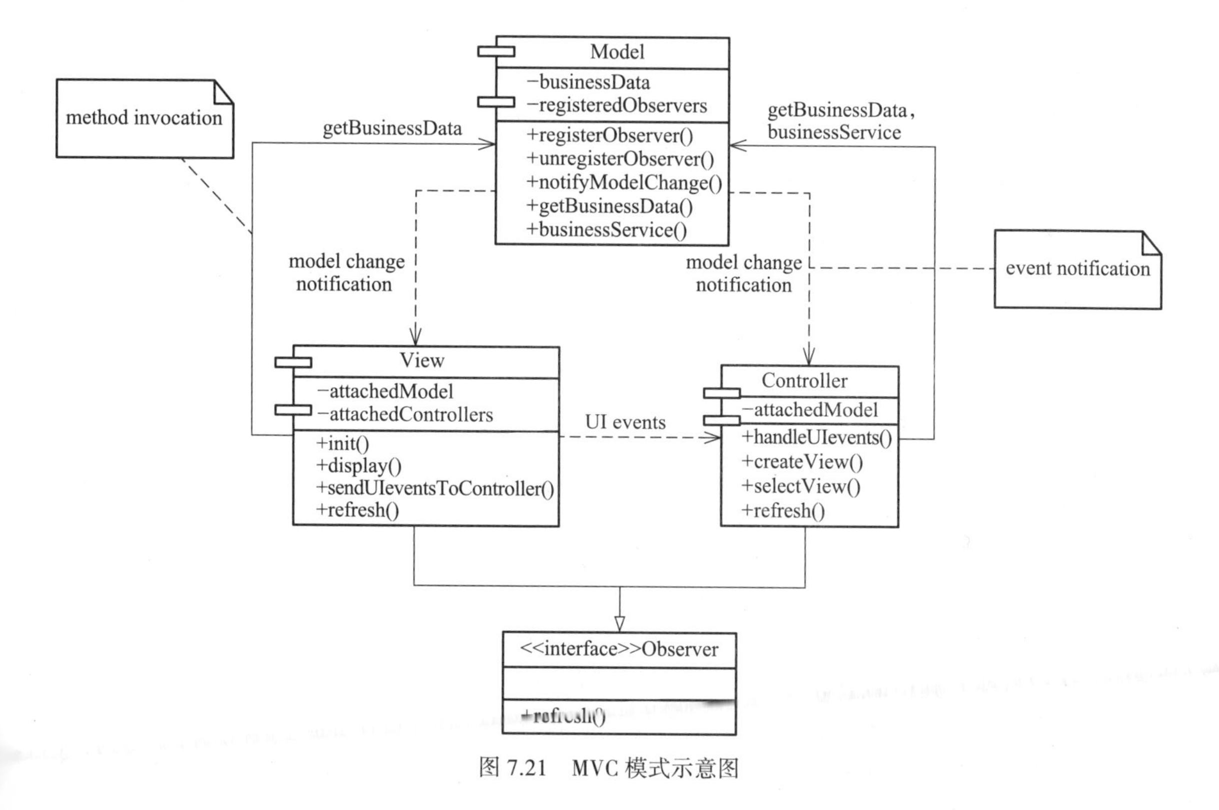

图 7.21 MVC 模式示意图

a. 创建视图，视图对象从模型中获取数据并呈现在用户界面上。

b. 视图接受用户的界面动作，并将其转换为内部事件传递给控制器。

c. 控制器将来自用户界面的事件转换为对模型的业务逻辑处理功能的调用。

d. 模型进行业务逻辑处理，将处理结果回送给控制器，必要时还需将业务数据已经发生变化的事件通知给所有现行视图。

e. 控制器根据模型的处理结果创建新的视图、选择其他视图或维持原有视图。

f. 所有视图在接到来自模型的业务数据变化通知后向模型查询新的数据，并据此更新视图。

MVC 模式将模型与视图分离以支持同一模型的多种展示形式，界面的式样和观感可动态切换、动态插拔而不影响模型；将视图与控制器分离以支持在软件运行时根据业务逻辑处理结果选取最适当的视图；将模型与控制器分离以支持从用户界面动作到业务处理行为之间的映射的可配置性。此外，模型与视图之间的变更 / 通知机制确保了视图与业务数据的适时同步。MVC 模式特别适合于远程分布式应用。但是该设计模式也存在一些局限性，如由于模型、视图、控制器三者之间的分离而导致的开发复杂性和额外增加的运行时性能开销。

软件体系结构设计的过程如图 7.22 所示，它包含一系列软件设计活动。

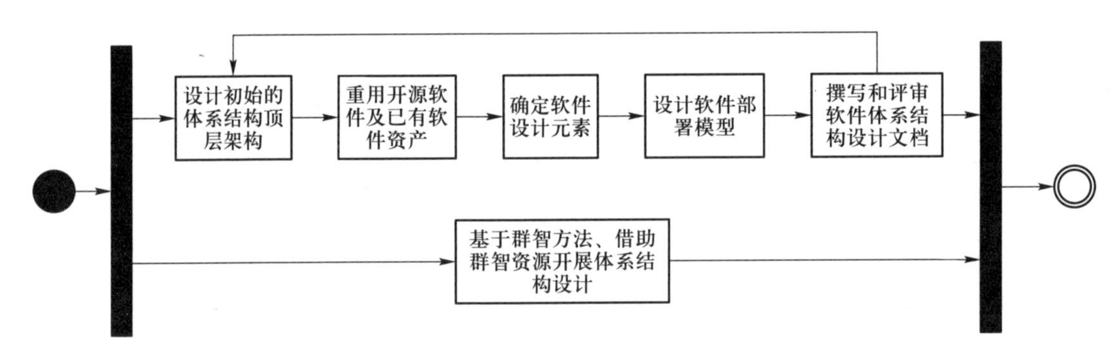

图 7.22　软件体系结构设计过程

2. 设计初始的体系结构顶层架构

该活动的主要任务是要基于软件系统的功能性和非功能性需求，参考业界已有的软件体系结构设计模式，设计出目标软件系统的顶层架构，明确架构中每个构件的职责以及各构件之间的通信和协作关系。之所以称之为初始的顶层架构，是因为本阶段的设计仅需考虑软件需求来寻求设计模式，并基于设计模式给出软件体系结构的初步和粗糙的顶层架构，在后续设计阶段还需要对此顶层架构进行进一步的精化和细化。

该阶段的设计活动主要是针对高抽象层次的软件设计，无需关注架构中各个子系统或构件内部的实现细节。软件设计人员可以针对目标软件系统的顶层架构选取一个主设计模式，在此基础上还可以融入其他的设计模式以实现顶层架构中的其他子系统或者构件，从而形成关于目标软件系统的完整顶层架构设计方案。

一旦选定好顶层架构的设计模式，设计人员就可以用 UML 中的包图对所设计的顶层架构进行直观的表示，为此可以对 UML 包图进行适当的扩充，允许在包之间引入关联边以表示体系结构中子系统、构件之间的通信及协作关系。下面结合空巢老人智能看护系统案例，介绍如何借助设计模式来开展该软件系统的顶层架构设计。

示例：空巢老人智能看护系统的顶层架构设计

根据对空巢老人智能看护系统功能性和非功能性需求的理解，可以认为该软件系统整体上实现的是一个信息采集、分析、传输和展示的过程，可以考虑选用管道和过滤器设计模式作为该软件系统的初始顶层架构雏形（见图 7.23）。

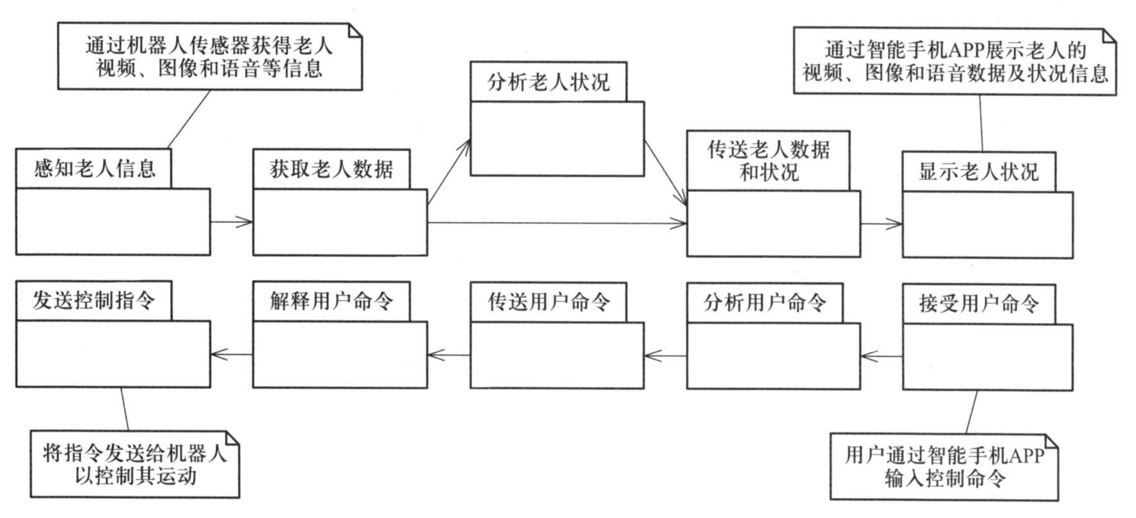

图 7.23 空巢老人智能看护系统的顶层架构图

基于该设计模式，空巢老人智能看护系统的功能可抽象为一系列处理步骤，分别用来感知和获取老人的信息、分析老人的状态、传输老人的数据以及显示老人的状态等，可以将这些步骤抽象封装为一个个过滤器，也即构件。此外系统中还有一组过滤器用来控制机器人的运动，实现接受、分析、传送和解释控制命令，发送运动指令等功能。这些过滤器之间采用管道的方式进行连接，从而实现老人数据与控制命令的传送。软件系统的输入数据源来自机器人的传感器以及智能手机 APP，它们负责感知老人的原始数据以及接收用户的命令，并通过管道与相关的过滤器相连。软件系统的数据接收装置（即数据源和数据汇）为机器人以及智能手机，它们负责执行用户命令、获取老人的数据、展示老人的信息等。

目标软件系统顶层架构中的各个构件实际上分属于目标软件系统的两个子系统：ElderMonitorApp 子系统和 RobotControlPerceive 子系统。

ElderMonitorApp 子系统是一个移动 APP，部署在智能手机上，它封装了诸如获取老人的数据和状况、显示老人的数据及状况、接收用户命令、分析用户命令、传送用户命令等构件。

RobotControlPerceive 子系统运行在后端的计算机上，负责与机器人进行交互，以控制机器人的运动，获取、分析和处理机器人所感知的老人的信息，它封装了感知老人的信息、获取老人的数据、分析老人的数据、传送老人的数据、解释用户命令、发送控制指令等构件。

对于这两个子系统，可以进一步采用分层模式将相关的构件划分为不同的层。

ElderMonitorApp 子系统的顶层架构如图 7.24 所示，整个子系统同样分为三个层次，上层的软构件负责向用户展示老人的状况和数据，接受用户输入的控制命令；中间层的软构件则对接收到的老人状况和数据进行预处理，负责对用户命令进行转换；底层的软构件负责接收老人的状况和数据、传送用户命令。相邻层次的软构件之间通过事件通知、请求 / 应答等方式进行交互。例如，一旦底层的构件接收到老人的状况和数据，它就通知中间层的构件进行预处理，处理完成之后通知上层的构件进行显示；用户输入相关的命令后（如要求机器人停止运动），它将请求中间层的构件对其进行分析和转换，并通过下层的构件将命令发送给 RobotControlPerceive 子系统。

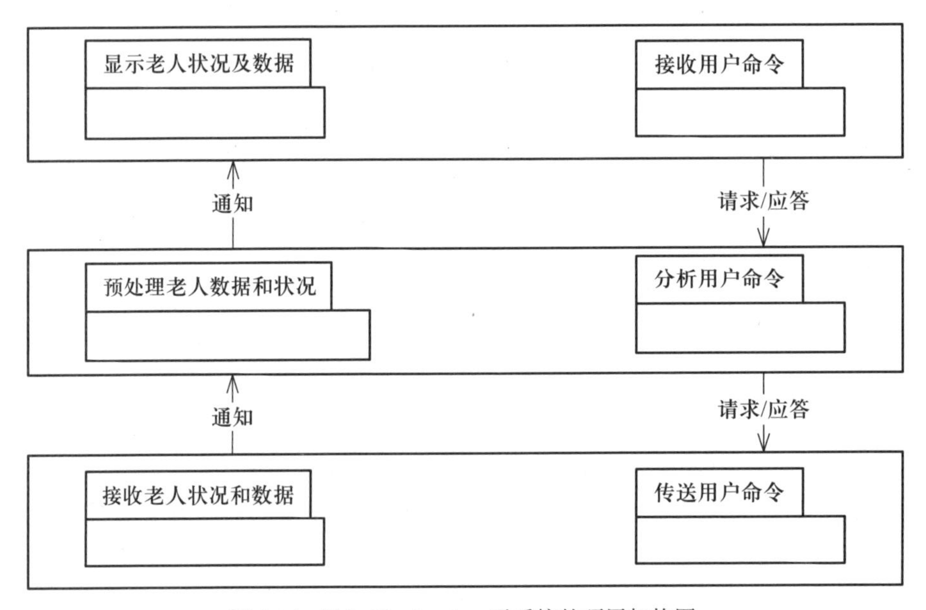

图 7.24　ElderMonitorApp 子系统的顶层架构图

RobotControlPerceive 子系统的顶层架构如图 7.25 所示，整个子系统可以分为三个层次，每个层次包含一组软构件，底层的软构件为上层的软构件提供服务，上层的软构件通过请求可以与底层的软构件进行交互。例如，最上层的软构件负责接收用户的命令，感知老人的信息；中间层的构件负责解释用户的命令，分析老人的状况；最下层的构件负责基于解释的结果向机器人发送控制命令，以及将老人的数据和状况传送给 ElderMonitorApp 子系统。不同层次间的软构件采用事件通知、服务请求、结果应答等方式进行交互。例如，一旦最上层的“接收用户命令”构件获得用户命令后，它将通过事件的方式将相关命令告知给“解释用户命令”构件，由它做进一步分析和处理；“获取老人数据”构件可通过请求的方式要求“感知老人信息”构件来感知老人，并将相关的信息反馈给“分析老人状况”构件进行处理。

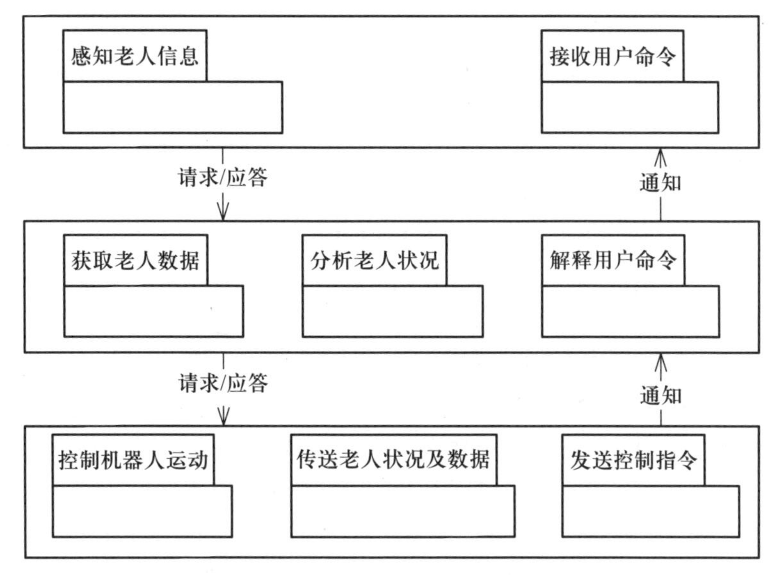

图 7.25 RobotControlPerceive 子系统的顶层架构图

3. 重用开源软件及已有软件资产

全新开发一个具有一定规模和复杂度的软件系统是一项费时费力的挑战性工作。软件重用为解决这一问题提供了思路和方法。一旦明确了软件需求以及目标软件系统的顶层架构,软件设计人员就可以去搜索已有的软件资产,从中寻找可用于支持目标软件系统构建的软件制品,以实现软件架构中某个(些)子系统或者某个(些)构件的功能。这里所说的软件资产可以表现为多种形式,具体包括:

① 可重用的软件开发包,它们封装和实现了特定的软件功能,表现为各种函数库、类库等。

② 互联网上的云服务,它们针对特定的问题提供了独立的功能,如身份验证、图像识别、语音分析等。

③ 遗留软件系统,它们是一类已经存在的软件系统,可以为目标软件系统的实现提供所需的数据和服务。

对于这些软件资产,软件设计人员必须结合软件开发的需要,从中选择适合的软件制品,并清晰定义它们与目标软件系统之间的交互方式和接口,如通过函数调用还是服务访问,采用标准化的访问协议还是自定义的消息格式等。对于那些不能直接使用但具有重用潜力的软件资产,可以考虑采用诸如适配器、接口重构等方法尽可能地将它们引入目标软件系统的设计之中。

搜寻开源软件并重用它们来支持目标软件系统的实现,也是本设计活动要考虑的一项工作。当前,越来越多的软件系统依托开源软件来构建。软件设计人员以特定的软件需求以及顶层框架中某些子系统或构件的实现为目标,到开源软件托管平台去搜寻符合要求的开源软件项目,清晰地定义这些开源软件集成到目标软件系统的方式和方法,明确它们与目标软件系统之间的交互接口。对于那些不能直接使用但是具有重用价值的开源软件,可以考虑重用其部分子系统或代码片段，也可通过对开源软件进行适当的改造以满足目标软件系统的需求。

搜寻和重用 Linphone4-Android 开源软件

示例：搜寻和重用开源软件来实现目标软件系统的功能

这里结合空巢老人智能看护系统案例，介绍如何针对软件需求，结合顶层架构设计，到开源软件托管社区去搜寻开源软件以实现目标软件系统的功能，进而指导软件系统的设计与实现。

(1) 搜寻和重用 Linphone4Android 开源软件

(2) 搜寻和重用 ROS 代码 turtlebot_follower 实现机器人的自主跟随功能

(3) 搜寻和重用离线语音合成软件开发包 OLVTI-SDK

搜寻和重用 ROS 代码

4. 确定软件设计元素

在体系结构设计阶段需要考虑三类元素的设计：子系统、构件和设计类，它们反映了不同抽象层次和封装粒度的设计抽象。通常一个软件系统可以设计为若干个相对独立的子系统，每个子系统独立承担系统中的某些职责；子系统内部还可以由一组子子系统、构件和设计类来组成。构件是指提供了独立功能且具有良定义接口的软件单元，它可由一组设计类和其他构件加以实现。设计类是指在软件需求的实现中发挥关键性作用的一组类，它们是构成目标软件系统的核心要素。

搜寻和重用离线语音合成软件开发包

本设计活动旨在以用例分析中提取的分析类以及初始设计的顶层架构为基础，以实现软件需求为最终目标，对分析类等进行合理的组织，确定目标软件系统中不同抽象层次和封装粒度的设计元素，明确这些设计元素的职责以及它们之间的交互接口。该阶段只要确定设计元素及其职责和相互协作关系，有关这些设计元素的内部细节设计将在后续的设计活动中进行。具体的，该阶段的设计工作描述如下。

(1) 确定子系统和构件

遵循问题分解和系统组织的思想，将目标软件系统的分析类按照某种相关性原则加以组织和归类，形成目标软件系统的若干子系统，具体包括：

① 用例相关性原则。将软件系统中的用例按照业务相关性或相似性进行分组，每组用例组成一个子系统，参与这些用例的实现的分析类均成为此子系统的“设计类”。

② 实现途径相关性原则。分析用例的交互图，将具有相关或相似业务处理职责的控制类归为一个子系统；或者将所有这些控制类的职责归并后按照某种业务上的相关性或相似性进行分组，每组职责归为一个子系统。

③ 实体类相关性。从便于管理和控制的角度将分析模型中的实体类进行分组，每组对应于一个子系统，由子系统对所属的实体类加以管理。

此外，对于用例模型中的外部执行者，如果它们表现为外部设备或外部软件系统，而非用户，那么可以将这些外部执行者分别设计为相应的子系统。这些子系统负责向目标软件系统提供信息，或接收和处理来自目标软件系统中的信息。通常这些子系统提供了相应的接口来实现与目标软件系统的交互，或需要对这些子系统设计其针对目标软件系统的接口，以实现与目标软件系统的交互。

一旦确定好了目标软件系统的各个子系统，下面需要从整体上重新审视子系统的设计，以评估设计的合理性。子系统设计本质上是基于问题分解的思想对目标软件系统的职责进行分解和组织。因此，所设计的每个子系统都应有明确的职责，不同子系统之间的职责尽可能是正交的，减少不必要的职责重叠，所有子系统的职责大体能够覆盖目标软件系统的所有职责。与此同时，需要进一步审视每个子系统的职责与其封装的分析类以及其他内部设计元素之间的对应关系。原则上，子系统的职责进一步反映在其内部设计元素的职责上，或者说其内部设计元素的职责将应该有助于子系统职责的达成，否则子系统设计就可能存在不合理的问题。

每个子系统需要提供两类接口与外界进行交互。一类是服务提供接口，支持外部设计元素访问子系统；另一类是服务请求接口，支持子系统访问外部设计元素以完成子系统的职责。一个子系统可根据业务处理的需要，定义一个或多个服务提供接口和服务请求接口。

对于那些完成特定的职责但同时要服务于软件重用目的的设计元素，可以考虑将其封装为软构件的形式，其内部实现了特定的功能和职责，对外提供了访问的接口以支持其他子系统、构件与它进行交互和协作。一般而言，构件的规模小于子系统。子系统中可以包含构件，但构件中不会包含子系统。

示例：空巢老人智能看护系统的子系统设计

基于对空巢老人智能看护系统的用例模型和交互模型的分析，该软件系统大致可以分为智能手机端的 ElderMonitorApp 子系统和机器人端的 RobotControlPerceive 子系统。此外，系统中还有一个 RobotInterface 子系统，它提供了一组接口以实现与实际机器人的交互和通信（见图 7.26）。

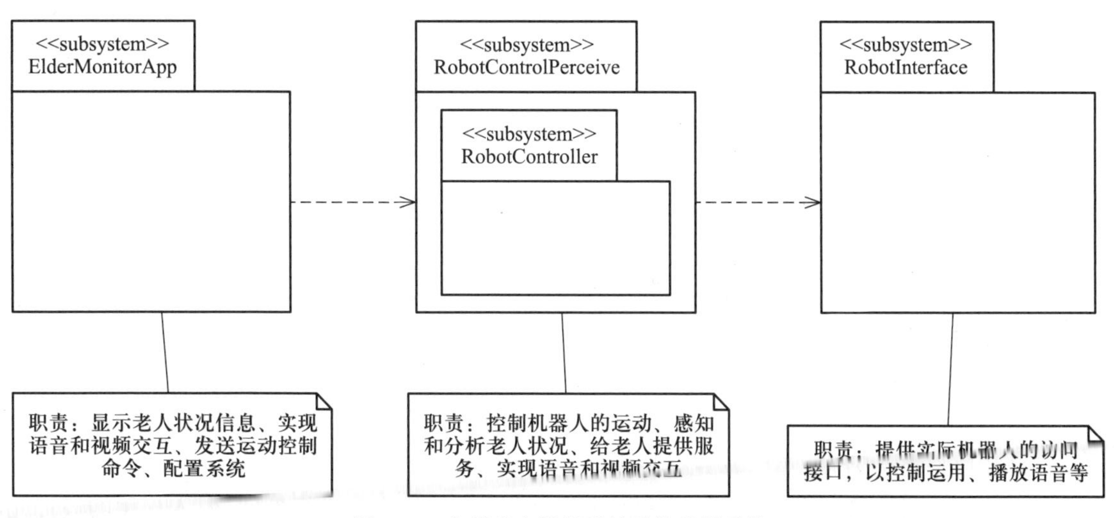

图 7.26 空巢老人智能看护系统的子系统

① ElderMonitorApp 子系统的功能前面已有介绍，它依赖于 RobotControlPerceive 子系统。

② RobotControlPerceive 子系统的功能前面已有介绍，它依赖于 RobotInterface 子系统。此外，该子系统内部又包含有一个独立的子系统机器人运动控制（RobotController）以控制机器人运动，提供机器人自主跟随和手工控制机器人运动等服务。

③ RobotInterface 子系统负责与实际机器人进行交互，封装和提供了与机器人进行交互的接口。

（2）确定关键设计类

在该阶段，软件设计人员还需要特别关注那些对软件需求的实现起到关键性作用，但是尚未纳入子系统或构件设计中的分析类，我们将其称之为关键设计类。针对关键设计类，需要进一步明确它们的职责和对外接口，分析和描述它们与已有的子系统、构件之间的协作关系。

示例：确定关键设计类

基于空巢老人智能看护系统的用例模型和交互模型，确定了目标软件系统的子系统后，可以发现目标软件系统有一个关键设计类 HealthCareAlert，该类负责与医疗系统进行连接、呼叫和报警，因而它需提供相关的接口来支持该功能和服务的实现。

（3）整合体系结构设计

该设计活动旨在对前面设计阶段所产生的设计结果（包括引入的开源软件和软件资产、顶层软件架构、确定的各类设计元素等）进行整合和组织，进一步理清这些设计元素之间的关系，明确它们之间的交互和协作，根据软件工程的原则对这些设计元素进行必要的重组织，以确保所产生的软件设计模型体现更好的模块性、封装性、可重用性等特征，最终获得关于目标软件系统体系结构的完整逻辑视图。

整合体系结构设计的基本策略描述如下。

① 整合需求分析所产生的交互模型中的边界类，进一步明确它们与设计类之间的协作关系。

② 对于引入的开源软件或者软件资产，整合它们与设计元素之间的协同，必要时引入相关的接口以实现开源软件或软件资产与设计元素之间的交互，从而实现开源软件或软件资产与目标软件系统的设计融合。

③ 整合外部系统与目标软件系统中的设计类，进一步清晰地定义相关的接口，支持它们之间的协作。

④ 必要时对体系结构中的设计元素进行重组和优化，进一步分解一些规模较大的子系统，合并若干职责相同或相似的设计元素，以软件重用为目的适当调整设计元素所封装的功能、承担的职责和对外提供的接口。为此，软件设计人员需要基于上述策略进行权衡折中。

该活动完成后，将产生各设计元素的职责划分更为明确，系统与外部接口、相关设计元素之间的接口和协作更为清晰，整体方案更为优化的顶层架构图。软件设计人员可以直接将设计元素填充到设计蓝图的包图之中，也可以分别对设计蓝图中的每个包进行扩展，引入相关的设计元素。前者适用于小规模的软件系统，后者适合于规模较大的软件系统。

示例：整合后的空巢老人智能看护系统顶层架构

图 7.27 描述了 ElderMonitorApp 子系统整合后的设计架构。图中界面层和业务逻辑层的类来自需求用例模型和用例交互模型；基础服务层的 Linphone4Android 是用于支持视频/语音交互的开源软件，FrontRosNode 是一个运行在手机端的 ROS 节点，用于支持与 RobotControlPerceive 子系统中 ROS 节点进行基于话题的交互，从而将用户的机器人运动控制命令、系统设置命令等发送给后端进行处理。

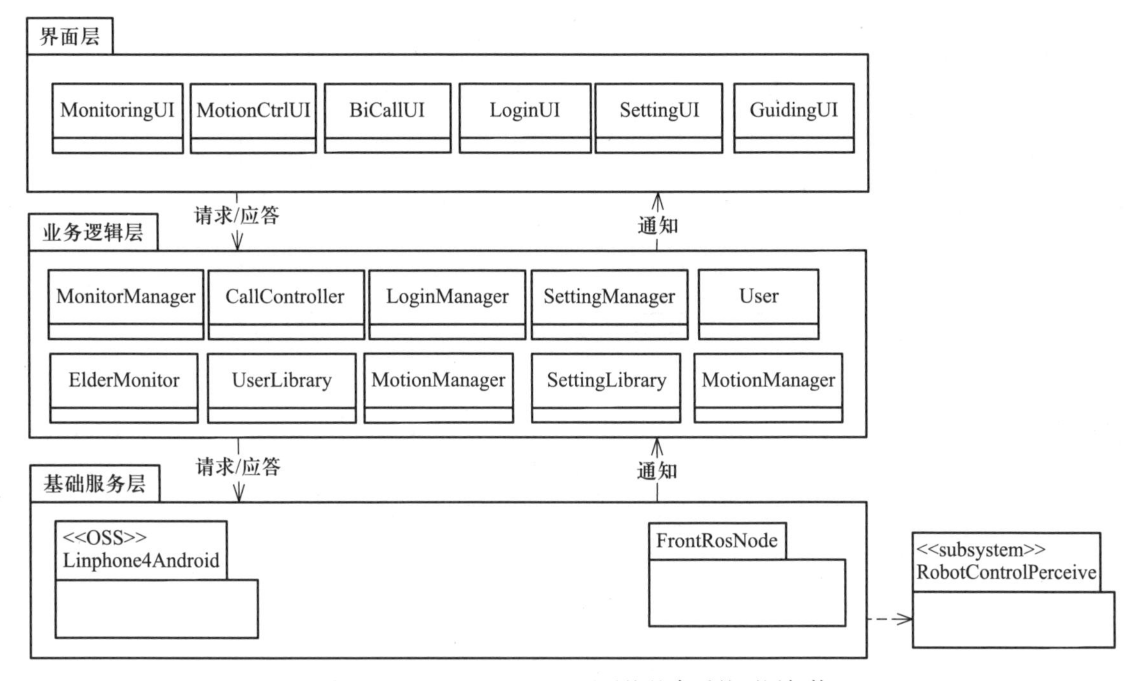

图 7.27 ElderMonitorApp 子系统整合后的顶层架构

图 7.28 描述了 RobotControlPerceive 子系统整合后的设计架构。图中的关键设计类主要来自需求用例模型和用例交互模型。子系统 RobotController 负责控制机器人的运动，包括自主跟随老人和用户的手工控制运动。

需要说明的是，在该设计方案中，RobotControlPerceive 子系统还集成和重用了以下一组软件资产。

① 通过 ROS 提供的接口 ROSInterface 来与实际机器人进行交互和通信，从而控制机器人的运行、获取其传感数据等。

② 借助 turtlebot_follower 开源软件实现机器人的自主跟随功能。

③ 利用 Linphone 开源软件实现老人与家属、医生等的双向视频/语音交互。

④ 通过 ROS 与 ElderMonitorApp 子系统基于话题进行交互，以接收用户的机器人控制命令。

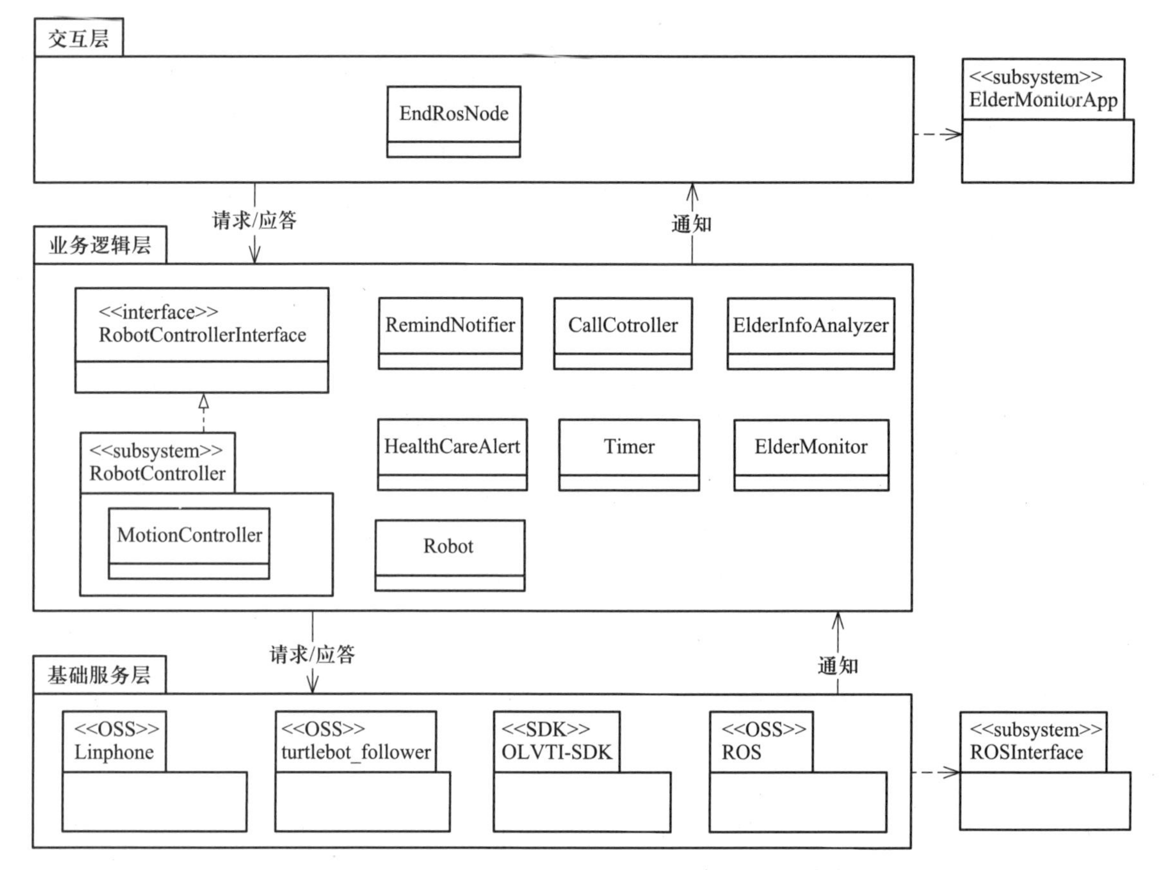

图 7.28　RobotControlPerceive 子系统整合后的顶层架构

⑤ 基于科大讯飞提供的 OLVTI-SDK 来实现提醒语音的合成。

该子系统还包含了其他关键设计类，有关这些子系统、关键设计类的更为具体的设计将在后续章节中逐步展开介绍。

5. 设计软件部署模型

任何软件系统都需要依托特定的计算环境和平台来运行。对于较为复杂的软件系统而言，它们通常部署在分布、异构的计算环境基础之上。本设计活动旨在明确目标软件系统如何进行部署和运行，描述各个子系统或构件将被安装在什么样的计算节点上，这些节点的基本配置和要求，不同节点之间的连接方式。软件设计人员可以借助 UML 的部署图来构建目标软件系统的部署模型。

示例：空巢老人智能看护系统的部署图

空巢老人智能看护系统采用分布式部署的方式（见图 7.29），其中 ElderMonitorApp 子系统部署在前端基于 Android 操作系统的智能手机上；RobotControlPerceive 子系统部署在后端基于 Ubuntu 操作系统的计算节点上，它通过 ROS 与机器人进行交互。后端计算节点还部署了

MySQL 数据库管理系统，以保存系统中的用户信息。前后端软件之间通过网络进行连接，从而实现交互和通信。

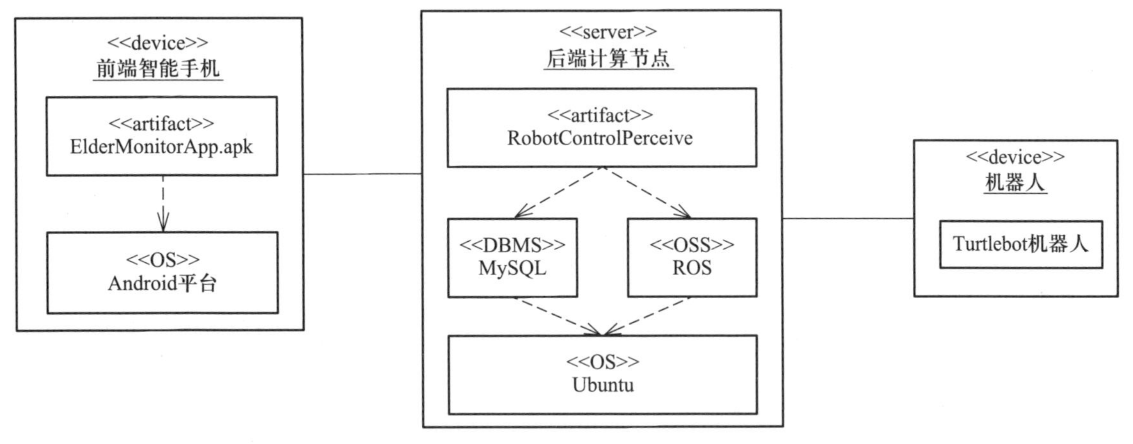

图 7.29 空巢老人智能看护系统的部署图

6. 撰写和评审软件体系结构设计文档

根据前面所构建的软件体系结构设计模型（包括逻辑视图模型和部署视图模型），软件设计人员可以撰写软件体系结构的设计文档，以更为系统、详实地描述软件体系结构设计的相关内容和细节。该文档的模板及要描述的内容如下。

示例：软件体系结构设计文档模板

软件体系结构设计文档模板

软件设计人员撰写完软件体系结构设计规格说明书后，相关的软件开发人员和用户一起对软件体系结构设计的模型和文档进行评审，以试图发现设计中存在的缺陷和问题，并通过对这些问题的纠正来确保体系结构设计的质量。

对软件体系结构设计模型和文档的评审主要聚焦于以下几个方面的关注点，力求参与评审的人员就软件设计的决策、结果、权衡、成果等达成一致。

① 完整性。体系结构设计能否完整地实现目标软件系统的功能性和非功能需求，是否有遗漏，是否有软件需求没有考虑到。尤其对于非功能性需求而言，软件体系结构的设计是其实现的关键。

② 设计质量。目标软件系统的体系结构设计整体质量如何，是否体现了软件工程的基本原则，各个子系统组织是否合理，各个构件封装是否恰当，软件可重用性如何等。

③ 正确性。软件体系结构的设计是否正确地实现了软件需求，是否有多余的体系结构设计元素，是否额外引入了不必要的软件资产，是否正确地使用 UML 图符和模型来描述体系结构设计。

④ 一致性。软件体系结构设计不同视点的 UML 模型之间是否有不一致问题，模型和文字表述之间是否有不一致的问题。

⑤ 规范性。模型的绘制和文档的撰写是否遵循相关的规范和标准。

7. 输出的软件制品

本设计活动结束之后，将获得关于目标软件系统的以下软件制品：

- 用 UML 包图描述的软件体系结构逻辑视图模型。
- 用 UML 部署图描述的软件体系结构部署模型。
- 软件体系结构设计规格说明书文档。

7.5.4 用户界面设计

用户界面设计的任务是要根据软件系统的需求，结合用户的个性化特点，设计目标软件系统的人机交互界面，以支持用户操作和使用软件系统。由于用户界面直接面向软件系统的最终用户，因而其质量好坏直接决定了用户对软件系统的评价，如何使所设计的用户界面简洁、易用、友好、便于操作是该项设计任务的关键。

1. 用户界面的组成、设计过程及原则

(1) 用户界面的组成

用户界面是软件系统与其用户二者之间的交互媒介。一方面，它接受用户的信息输入，并将用户输入的信息交给软件系统来处理；另一方面，它还负责向用户展示信息，显示软件系统处理信息、提供服务等的结果。用户与软件系统的交互可以有多种方式和手段，如基于听觉的语音、基于视觉的文本 / 图形界面等。目前，大部分软件系统采用图形化的用户界面来实现人机交互，典型例子就是窗口界面。下面结合窗口界面形式来介绍用户界面的主要组成要素。一般地，一个图形化的用户界面主要包含以下 4 类界面元素。

① 静态元素。它们负责向用户展示某些信息，但是这些信息在软件运行过程中不会发生变化，如静态文本，图标、图形、图像等。

② 动态元素。它们负责向用户展示某些信息，根据软件系统的运行状况向用户展示不同的结果，且显示的内容不允许用户修改，如不可编辑的文本，图标、图形、图像等。

③ 用户输入元素。它们负责接受用户的信息输入，接受用户的填写或选择，如可编辑的文本、单选钮(radio)、多选框(checkbox)、选择列表(select list)等。

④ 用户命令元素。它们负责接受用户的信息输入，要求用户点击以触发后端的业务逻辑处理或刷新界面，如按钮、菜单、超链等。

(2) 用户界面元素的表示

在设计用户界面时，可以采用以下两种方法来展示所设计的用户界面及其设计细节。一种是借助于用户界面设计工具(如 Eclipse、Microsoft Visual Studio)，直接给出用户界面的运行展示形式，包括界面中的元素、这些元素的组织布局等。另一种是借助于 UML 的类图，详细描述用户界面设计的内部具体细节，包括用户界面包含哪些界面元素、这些设计元素的类别、要求输入数据的类型等。前一种方式可以直观地向用户显示界面的设计结果，便于向用户展示用户界面的运行效果，尤其是可以清晰、一目了然地刻画界面元素在屏幕上的组织与布局；后一种方式则可以详细地描述用户界面的设计细节,以支持其最终的代码实现。通常,在用户界面设计时可以同时采用这两种方式以获得关于用户界面设计的完整信息。

一般地,用户界面类图将省略界面中的静态元素(因为它们在任何情况下都不会发生变化),从而将注意力集中于其他界面元素的设计;动态元素、输入元素、命令元素将被设计为用户界面类的属性,命令界面元素对应的点击动作将被设计为用户界面类的相关方法。

(3) 用户界面设计过程

用户界面设计要以分析阶段的软件需求模型为依据,基于软件需求的用例模型、用例交互模型等,采用自顶向下、逐步求精的设计原则,先从整体上明确完成目标软件系统的功能和操作需要哪些用户界面,确立目标软件系统的主用户界面,大致设计出每个用户界面需要完成的输入和输出及其对应的界面元素,在此基础上理清这些用户界面之间的关系,建立起用户界面的跳转关系。上述两个步骤完成之后,基本确立了用户界面设计的整体框架,然后再对各个界面进行精化设计,美化界面元素,优化界面元素的布局,最后多方对所设计的用户界面进行评审,从友好性和易操作性等多个方面,发现用户界面设计存在的问题和不足,以指导进一步改进和完善(见图 7.30)。

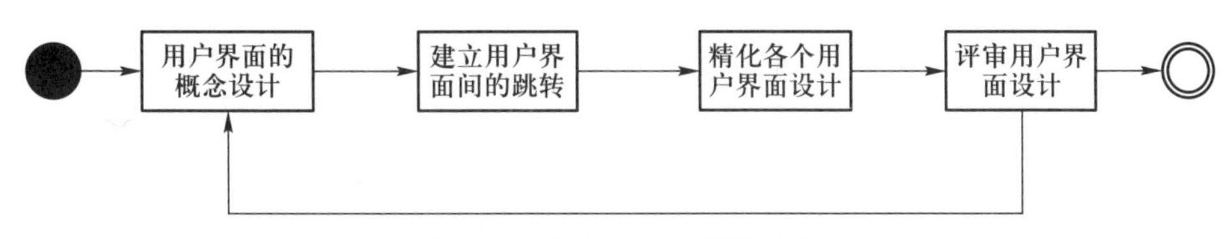

图 7.30 用户界面的设计过程

(4) 用户界面设计原则

用户界面设计自始至终要遵循以用户为中心的原则,因为最终用户是用户界面的直接操作者和使用者。必须要从用户的角度、站在他们的立场来开展用户界面的设计,要以用户是否满意、能否支持用户方便地操作等为基准来判断用户界面设计的好坏。为此,在开始用户界面设计之前,设计人员必须分析目标软件系统用户的个性化特点,了解其知识背景、操作技能、使用计算机的习惯等,并依此来指导用户界面的设计。

此外,用户界面的设计还需要遵循以下一组原则。

① 直观性。要尽可能用贴近业务领域的术语或图符来表示用户界面上所呈现的信息,包括文本、数据、状态、菜单、按钮、超链等,以提升用户界面的可理解性。

② 易操作性。用户界面的设计应简单、简洁、不繁琐,尽量减少用户输入的次数和信息量,减少不必要的操作和跳转,以提升用户界面的可操作性。

③ 一致性。软件系统的所有用户界面应保持一致的界面风格和操作方式,并与业界相关的用户界面规范和操作习惯相一致,如用 Ctrl+V 快捷键来实现粘贴功能。

④ 反应性。针对用户的输入(尤其是命令输入,如点击"确认"按钮),用户界面须做出反应式的响应,并在用户可接受的合理时间范围内快速做出应答(如显示处理结果)。如果相关的

操作耗时较长，用户界面必须提供处理进度的反馈信息，以帮助用户了解处理的进展情况。

⑤ 容错性。用户界面需对用户可能存在的误操作进行容忍和预防，应通过用户界面的设计加以应对。例如，对可能造成损害的动作（如“删除”操作），必须提供界面元素以要求用户再次进行确认。

2. 用户界面的概念设计

该活动旨在依据需求用例模型以及用例交互模型，明确目标软件系统存在哪些输入和输出、需要哪些用户界面、这些用户界面有哪些界面元素，标识出用户操作软件系统的主界面。所谓主界面，是指用户刚开始使用某项用例时系统呈现出来的界面，其他界面均直接或间接地源自该主界面，并且用户对其他界面操作后一般会回归到主界面。用户在主界面上将花费比其他界面更多的停留和操作时间。

一般地，根据用例模型中软件系统与执行者间的交互动作序列，可以很容易地发现软件系统需要有哪些输入和输出要求，依此来规划软件系统需要有哪些用户界面，并确立主用户界面。无论是主界面还是其他的用户界面，软件设计人员需要明确该用户界面的职责（即需要完成的输入 / 输出），设计出相应的界面元素（包括静态元素、动态元素、用户输入元素、用户命令元素）以实现职责。为此，用户界面的设计人员需要开展以下的工作。

① 构思用户界面的设计元素及操作。根据用例模型及用例交互模型可以发现，用户界面类对象需要与用户和其他类对象之间进行交互，每一项交互都有其消息名称及消息参数。用户向用户界面发送的消息参数意味着用户需要提供某些信息，对应于用户需要输入的信息。因此在用户界面上必须对应有相应的用户输入界面元素，并需要提供配套的静态界面元素以帮助和支持用户输入信息。这些设计元素就构成了用户界面类的相关属性。如果用户界面类对象要向其他的类对象反馈信息，那么这些信息对应于用户界面需要输出的信息，此时在用户界面上必须对应有相应的动态元素以向用户显示信息处理的结果。同样的，这些动态元素就构成了用户界面类的相关属性。

② 确定用户界面的操作。在用例交互模图中，用户界面类对象向其他类对象发送的消息表示用户向后端业务处理系统提交的命令，它们对应于用户界面中的用户命令界面元素以及相应的操作。这些操作大体表现为以下几种形式：用户命令元素触发的操作（如点击“确认”按钮），动态元素的值的改变导致的操作（如显示的系统状态发生了变化），初次呈现时屏幕的初始化操作，从其他屏幕跳转至主屏幕时要求主屏幕完成的操作等。

基于上述设计工作，软件开发人员可以借助于界面原型设计工具快速制作出用户界面，并用 UML 类图来表示用户界面的设计细节。需要强调的是，在该步骤只需对界面元素进行初步的布局和组织，形成用户界面的初步展示，不必太关注界面元素的细节和美化，这些工作将交由后续的设计活动来完成。

示例：空巢老人智能看护系统的用户界面概念设计

根据空巢老人智能看护系统的用例描述以及每个用例的交互图，可以发现该软件系统在手机端的 APP 需要有以下一组界面以支持用户的操作。

① 引导界面 GuidingUI，APP 加载启动时用于展示和介绍该软件系统。

② 登录界面 LoginUI，其职责是帮助用户输入用户信息以登录到系统中。

③ 监视老人状况界面 MonitoringUI，其职责是显示老人在家的视频、图像和语音等信息。

④ 控制机器人运动界面 MotionCtrlUI，其职责是帮助用户操纵机器人的运动。

⑤ 与老人交互界面 BiCallUI，其职责是帮助用户与老人进行视频和语音交互。

⑥ 系统设置界面 SettingUI，其职责是帮助管理人员配置系统。

示例：空巢老人智能看护系统的主用户界面设计及其界面类图

该 APP 的主界面是监视老人状况界面 MonitoringUI。因为该界面提供了软件系统的主体功能，其他用户界面均可直接或间接地源自该主界面，用户完成其他界面操作后也可回归到该界面。MonitoringUI 整体分为上中下三个界面区域（见图 7.31）。

① 上部界面区域包含了两个动态界面元素，分别显示与机器人的连接状态以及机器人的电池电量信息，一个用户输入界面元素用于打开 / 关闭智能手机的摄像头。

② 中部界面区域包含一个动态界面元素，用于显示所感知到的老人图像、视频等信息，播放所感知到的老人语音信息。

③ 下部界面区域包含一组用户命令界面元素（按钮），帮助用户实施一组相关的操作，包括远程控制机器人运动、与老人进行视频 / 语音交互、设置系统等。用户点击这些按钮可以进入其他用户界面。

基于上述设计，MonitoringUI 对应的主界面设计类图如图 7.32 所示。该界面类包含有一组属性分别对应于界面中的动态元素和用户输入元素，如 batteryofRobot、connectingRobotStatus、openCamera 等，同时有一组方法分别对应于一组用户输入界面元素的操作，如 monitorElder、controlRobot、interactElder、configureSystem。

图 7.31 主界面 MonitoringUI 示意图

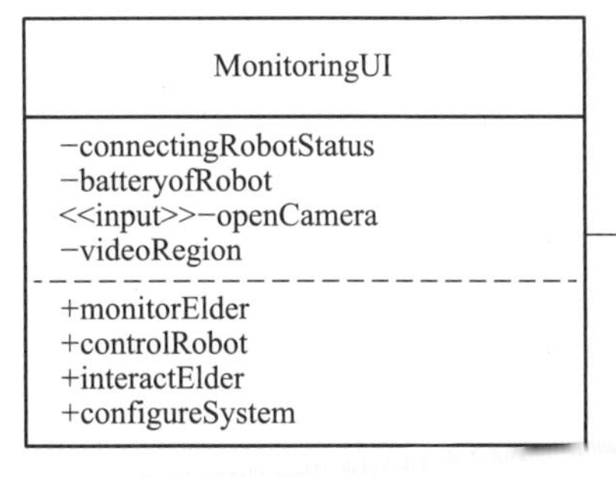

动态元素connectingRobotStatus：显示与机器人连接的状态
动态元素batteryofRobot：显示机器人的电池剩余电量
用户输入元素openCamera：打开或关闭摄像头
动态元素videoRegion：显示老人的视频、图像并播放语音
用户命令monitorElder：监视老人状况
用户命令controlRobot：控制机器人运动
用户命令interactElder：与老人进行视频/语音交互
用户命令configureSystem：配置系统

图 7.32 主界面 MonitoringUI 的设计类图

示例：用户登录界面的设计及其类图

空巢老人智能看护系统的用户登录界面 LoginUI 的设计如图 7.33 所示。它主要包含有以下界面元素。

① 上部区域有一个静态界面元素，用于显示用户登录的图片信息。

② 中部界面区域包含两个用户输入界面元素，分别要求用户输入用户的“邮箱 / 手机”“密码”。

③ 下部界面区域包含有 4 个用户命令界面元素，用户通过点击这些元素以实施寻找密码、通过短信获得密码、取消登录、确认登录等操作。

基于登录界面的上述设计，LoginUI 界面对应的类图表示如图 7.34 所示，它包含有一组属性分别对应于界面中的静态元素和用户输入元素，如 loginPicture、account、password 等，同时有一组方法分别对应于一组用户输入界面元素的操作，如 getPsw、getPswByShortMsg、cancel、login 等。

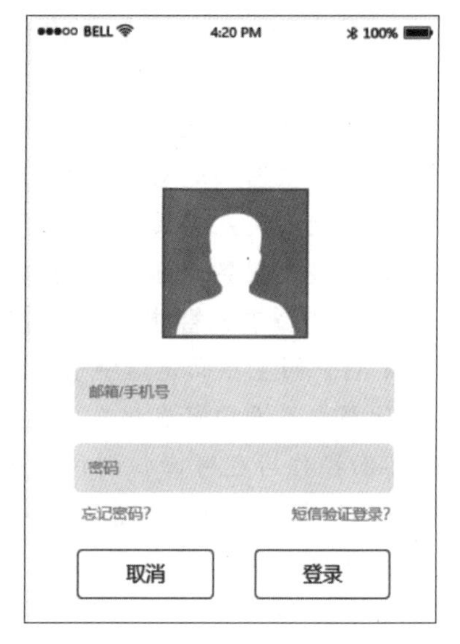

图 7.33　用户登录界面 LoginUI 的示意图

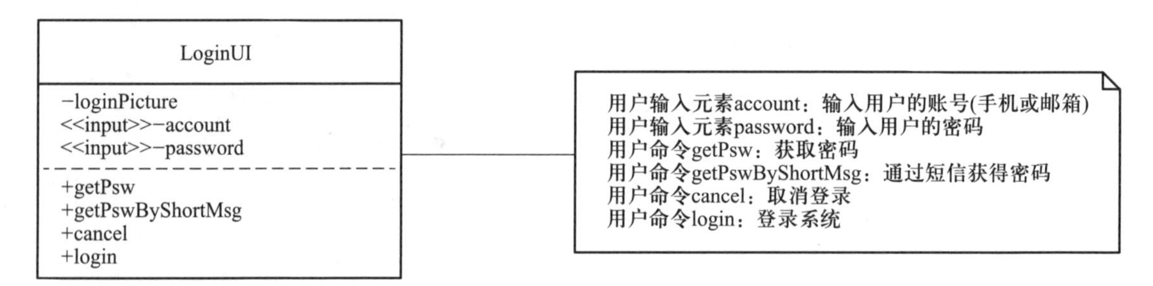

图 7.34　用户登录界面 LoginUI 的设计类图

3. 建立用户界面间的跳转关系

由于单个界面的空间容量非常有限，无法将所有的信息在一个界面中进行展示，因而在用户界面设计时通常会设计出多个不同的用户界面，分别服务于不同的业务流程、完成不同的功能操作。这种设计也有助于让每个界面独立性更好、界面元素的组织和布局更为合理，防止一个界面混杂多种信息，不便于用户的理解和操作。

如果一个软件系统的用户界面有多个，那么就需要对这些用户界面之间的跳转关系进行设计和建模，以描述用户如何在一个用户界面中输入某些信息、执行某些命令，进而进入其他用户界面。

用户界面的设计人员可以用 UML 的交互图和类图表示用户界面的跳转关系。前者表示特定应用场景下的屏幕跳转及跳转发生时的消息传递，后者借助有向关联关系表示在目标软件系统中屏幕之间所有可能发生的跳转及跳转的原因。

示例：分别用顺序图和类图表示空巢老人智能看护系统的用户界面跳转关系

用顺序图和类图表示用户界面跳转关系

4. 精化用户界面设计

下面就基于用户界面概念设计活动所产生的各个用户界面进行精化，以获得更为详细的用户界面设计信息，具体工作描述如下。

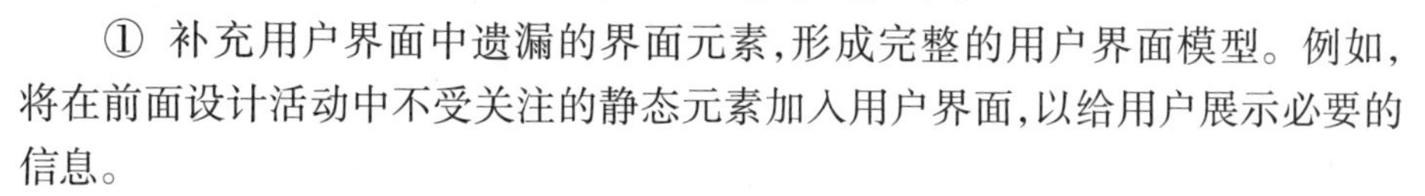

① 补充用户界面中遗漏的界面元素，形成完整的用户界面模型。例如，将在前面设计活动中不受关注的静态元素加入用户界面，以给用户展示必要的信息。

② 将用户界面的跳转动作与相关的界面元素及其操作事件关联起来，建立关于界面跳转的详细工作流程。

③ 结合用例中用户与软件系统的交互，探讨将用户界面进行合并和拆分的可能性。对于具有相似的或逻辑上相关的多个界面，可以考虑将其合并，以减少不必要的跳转和界面设计；对于一个包含太多界面元素且这些界面元素的耦合性不强的用户界面，可以考虑将它们进行必要的分解，以产生多个不同的用户界面。

④ 在精化用户界面、补充和调整界面元素的同时，要同步修改用户界面的各种 UML 模型，如用户界面的类图、界面跳转的顺序图等，以确保用户界面与相关的模型保持一致。

⑤ 对界面元素的信息呈现和录入方式进行必要的调整和优化，以更为贴切地反映应用逻辑及其操作模式。例如，采用树形结构还是表格方式来显示结构化的信息，采用单选钮、多选框或选择列表来接受用户的选择输入等。

⑥ 对用户界面中的多个界面元素进行组织和布局，需要考虑将哪些界面元素组织在一个区域以加强用户对用户界面的理解，简便用户的操作；需要将哪些界面元素按照什么样的方式进行对齐，以提高界面的美观性。

⑦ 对界面元素进行美化，以提升界面元素的美观性。

⑧ 确保用户界面风格的一致性，包括字体的大小和颜色、对齐方式、组织和布局、输入和输出方式等。

⑨ 借助界面设计工具，构造出用户界面的原型。

5. 评审用户界面设计

用户界面设计完成之后，用户、界面设计人员等多方需要围绕以下几个方面对用户界面设计及模型进行评审，以发现设计中存在的问题，了解用户的评价和意见，从而进一步改进用户界面设计。

① 用户界面是否符合用户的操作习惯和要求，用户能够接受用户界面的展示形式。

② 用户界面的风格是否一致。

③ 用户界面及其设计元素是否美观。

④ 所有用户界面布局是否合理，跳转是否流畅，界面跳转与用例中的交互动作序列在逻辑上是否协调一致。

⑤ 用户界面与其 UML 模型描述二者之间是否一致，用户界面的类图和顺序图两个模型之间是否一致。

⑥ 用户界面的不同元素之间是否一致，如静态 / 动态元素描述与用户的输入 / 命令元素之间是否一致等。

6. 输出的软件制品

用户界面设计活动结束之后，将获得关于目标软件系统的以下软件制品：

- 用户界面原型。
- 用户界面设计模型，包括用户界面的类图和跳转关系的顺序图等。

7.5.5 用例设计

在整个软件设计过程中，软件需求始终是指导软件设计的关键因素。其中，用例描述了业务逻辑的实施流程及其与用户的交互，它是从高层对软件需求的刻画。在需求分析阶段，用例的交互模型详细描述了系统的外部用户以及系统中的对象如何通过一系列交互来实施用例对应的业务逻辑。它刻画的是应用系统的功能，以及这些功能如何通过具有不同职责的分析类对象及其之间的交互来完成。它关注的是用例功能的准确描述，也即说明了用例是什么，功能是什么等，回答的是有关用例需求的“what”问题。

在软件设计阶段，需要基于分析阶段的用例交互模型，结合前面阶段用户界面设计和体系结构设计所产生的设计元素（如包、子系统、构件、用户界面类等），考虑如何给出用例实现的解决方案，这项设计工作称为用例设计。概括起来，用例设计旨在针对每个需求用例给出其基于设计元素的整体实现方案。这一设计活动有助于从软件需求实现的角度来考虑用户界面设计模型、体系结构设计模型的合理性。

1. 用例设计的过程和原则

(1) 用例设计的过程

用例设计的输入是软件需求模型、软件体系结构设计和用户界面设计模型。用例设计的过程如图 7.35 所示。针对软件系统的每一个用例，用例设计需要完成以下的设计工作。

① 设计用例实现方案。给出基于体系结构设计元素和用户界面设计元素的用例实现方案，形成更为详细的用例交互图。

② 构造用例的设计类图。基于分析阶段的用例分析类图以及用例设计阶段的用例实现方案，构建用例实现的设计类图。

③ 整合和评审用例设计方案。从全局和整体的角度整合所有的用例实现方案，以优化和完善用例设计。

(2) 用例设计的原则

用例设计的目的是要给出用例基于设计元素的实现方案，并依此为目标进一步精化软件设计。为此，用例设计需要遵循以下一组原则。

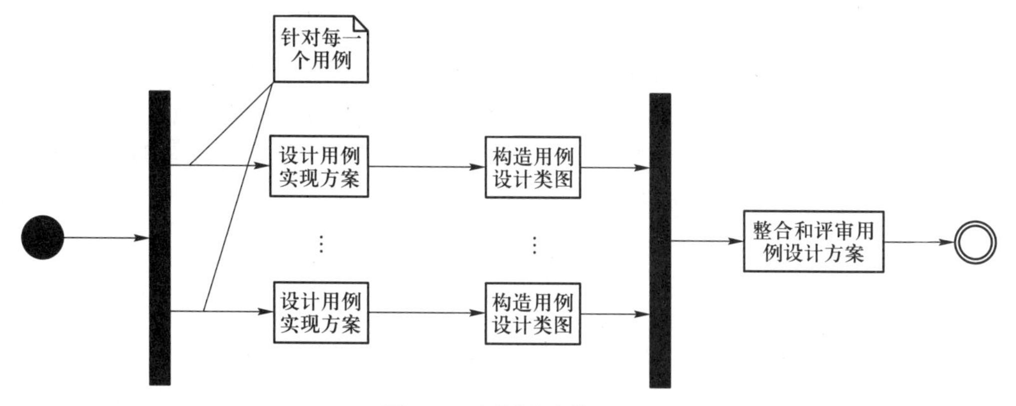

图 7.35 用例设计的过程

① 要以软件需求为基础。用例设计要以分析阶段所产生的需求模型为前提来进行设计,包括用例模型、交互模型、分析类模型等,不能抛开软件需求来给出用例的实现方案。

② 通过整合设计元素来实现用例。在用例设计之前已经开展了软件体系结构设计、用户界面设计等工作,产生了一系列设计元素,包括子系统、构件、关键设计类等,用例设计要以这些设计元素为基础,借助它们给出用例的实现方案,不能抛开前期设计工作成果。

③ 要精化软件设计。用例设计不仅要给出用例实现的解决方案,也要依此为目的进一步精化软件设计,以获得更为翔实的设计信息,从而为后续的软件设计奠定基础。

2. 设计用例的实现方案

用例设计的实现方案具体表现为设计元素之间如何通过一系列交互和协作来实现用例,因而同样可以用交互图(如顺序图)来表示用例的实现方案。在需求分析阶段所产生的用例交互图中,支持用例业务逻辑实现的是应用领域中的分析类对象。而在用例设计所产生的用例实现模型中,支持用例实现的是目标软件系统中的设计元素,它们将在编码阶段被实现为一系列相应的程序代码。因此,用例设计的一项主要任务就是要在分析阶段用例交互图的基础上,将交互图的分析类转化为用例实现的设计类,同时引入体系结构设计和用户界面设计所生成的设计元素,共同形成关于用例实现的交互模型。

将分析阶段用例交互图中的分析类转换为软件设计阶段的设计类需要考虑多方面的因素,具体包括:基于分析类职责所转换的设计类是否遵循了模块化设计的原则,设计类封装的职责和功能是否高内聚度、低耦合度,设计类是否遵循模块化原则等。

一般地,需求分析阶段用例交互图中的分析类与用例设计阶段的设计类之间有以下几种转换方式。

① 一个分析类的一项职责由一个设计元素的单项操作来完整地实现。在这种情形下,分析阶段的用例交互图到设计阶段的用例实现交互图的转换较为直接,分析类直接对应为设计类,分析类之间消息传递直接对应为设计类之间的消息传递。

② 一个分析类的一项职责由一个设计元素的多项方法来实现。在这种情形下,分析类 B

对应于设计类 B1，其在分析模型中处理消息 msg 的方式被进一步精化和分解为设计类 B1 中的处理消息 msg-1，msg-2，…，msg-*n* 等一系列方法，以及设计类对象与其他类对象的消息传递，以请求其他设计类对象提供服务。这些操作将具体表现为设计类 B1 或其他类（如 C1）中的相关方法。整个转换过程实际上是对分析类 B 进行精化、分解的过程，在确保实现分析类 B 职责的基础上，将目标设计类的职责按照模块化的原则组织为设计类 B1 中的一组操作，具体见图 7.36 所示。

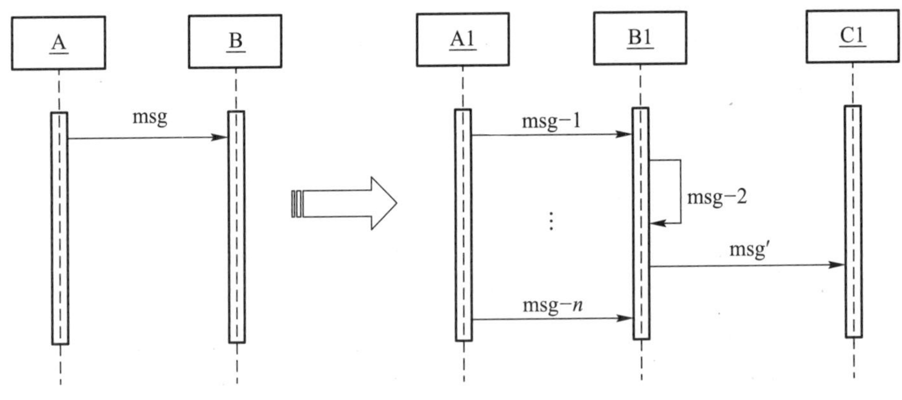

图 7.36　一个分析类的职责转换为一个设计类中的多个方法

③ 一个分析类的一项职责由多个设计元素协同完成。在这种情形下，分析类 B 的职责将交由多个设计类 B1，B2，…，B*m* 的方法来实现。分析类 B 在分析模型中处理消息 msg 的方式被进一步精化和分解为一组设计类的方法（如 B2 的方法 msg-2，B*m* 的方法 msg-*k* 等）。整个转换过程实际上是对分析类 B 进行精化、分解的过程，在确保实现分析类 B 职责的基础上，将目标设计类的职责按照模块化的原则组织为一组设计类的方法，具体见图 7.37 所示。

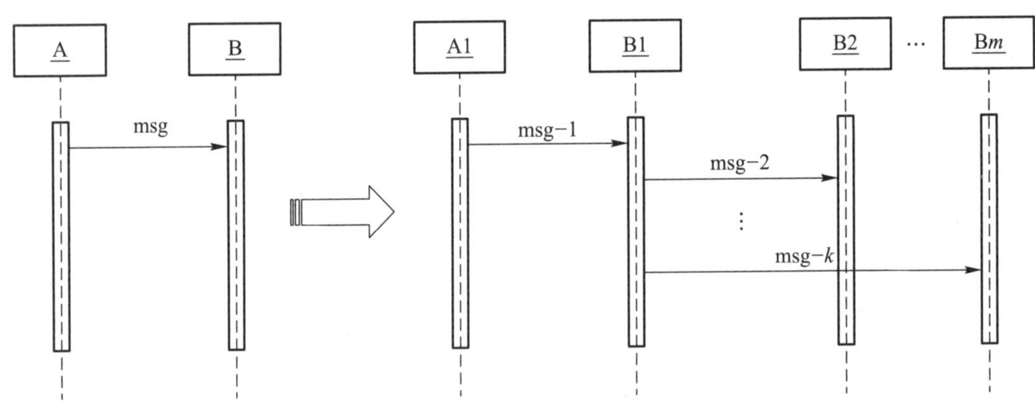

图 7.37　一个分析类的职责转换为多个设计类中的方法

示例：用户登录用例实现的设计方案

用户登录功能的实现主要是通过 UserLibrary 对象提供的服务，查询数据库中是否有用户输入的账号和密码信息，从而来判定该用户的身份是否合法。具体实现过程见图 7.38 所描述的用例实现顺序图。

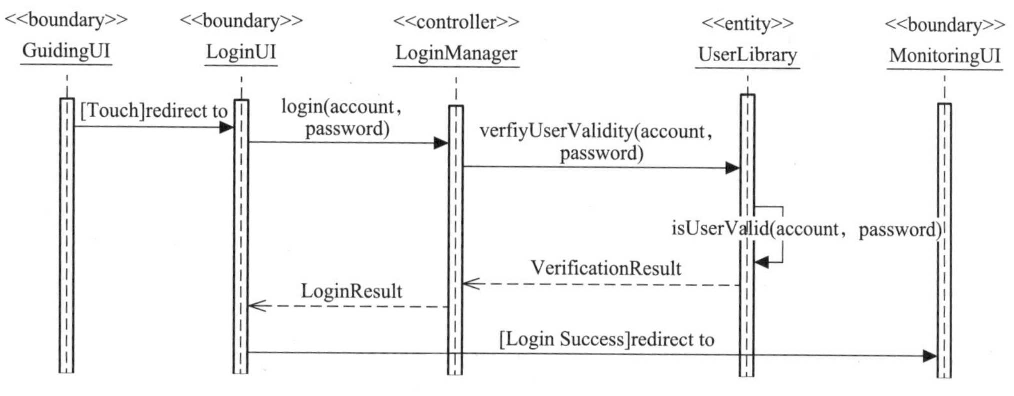

图 7.38　用户登录用例实现的顺序图

用户通过边界类 LoginUI 对象输入登录的账户和密码，随后该对象向控制类 LoginManager 对象发消息 login(account, password)，以请求登录到系统之中。接收到消息后，LoginManager 对象将向实体类 UserLibrary 对象发消息 verifyUserValidity(account, password) 以验证用户提交的账号和密码是否合法。UserLibrary 对象通过自身内部的方法 isUserValid(account, password) 来判断用户身份的合法性，并将验证的结果 VerificationResult 返回 LoginManager 对象，LoginManager 对象以此进一步将登录成功与否的消息发送给 LoginUI 对象。一旦登录成功，系统将界面重定向到 MonitoringUI 主界面。

示例：监视老人状况用例实现的设计方案

监视老人状况用例的实现途径描述如下：在智能手机端创建可发布有关 monitoring 话题的 ROS 节点，然后通过该节点请求机器人端的 ElderMonitoringNode 对象持续采集老人的信息（如视频），并将这些信息反馈给智能手机端 APP 并显示在界面上，具体实现过程见图 7.39 所描述的用例实现顺序图。

边界类 MonitoringUI 对象向控制类 MonitorManager 对象发消息 startMonitoring() 以初始化相关工作，MonitorManager 对象接收到消息后，向控制类 NodeConfiguration 对象发送消息 createNode("monitoring")，请求创建手机 APP 端的 ROS 节点并配置其节点信息。随后将创建 FrontRosNode 对象并向其发送消息 configureNode("monitoring") 以配置该节点的 monitoring 话题，并向 ElderMonitoringNode 对象发送异步消息 publishMonitoringTopic() 以请求监视老人。

随后，机器人端的 ElderMonitoringNode 对象将持续采集老人的信息，通过异步消息 publishElderInfo() 将老人的信息持续反馈给智能手机端的 FrontRosNode 对象，并由它将老人的信息反馈至边界类 MonitoringUI 对象，显示给用户。

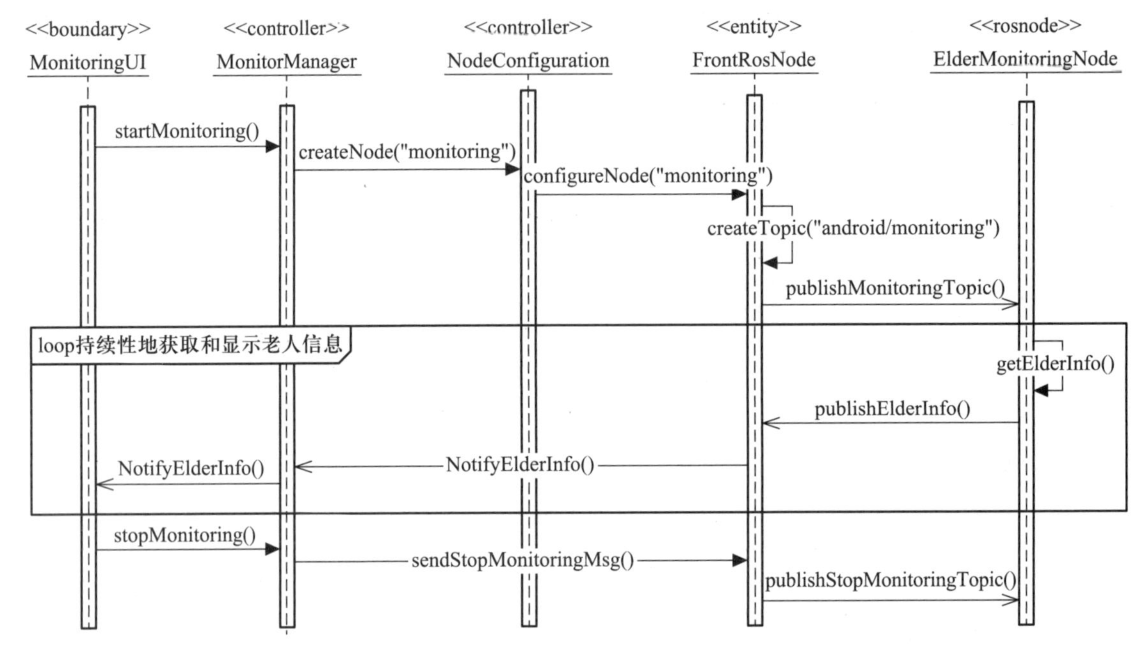

图 7.39　监视老人状况用例实现的顺序图

其他用例实现的设计方案

边界类 MonitoringUI 对象也可向控制类 MonitorManager 对象发消息 stopMonitoring() 以终止对老人的监视，随后 MonitorManager 对象给 FrontRosNode 对象发消息 sendStopMonitoringMsg()，FrontRosNode 对象接收到消息后将通过异步消息 publishStopMonitoringTopic() 将终止监视的命令发给 ElderMonitoringNode 对象来进行处理。

3. 构造设计类图

以分析类模型为基础，根据用例设计的结果，构造目标软件系统的设计类图。设计类图中的节点既包括用例设计模型中相关对象对应的类（包括界面类、控制类和实体类等），也包括构成软件系统的各子系统或者构件，或者在设计中新引进的设计类。

在构建设计类图的过程中，需要注意设计类图与分析类图之间、设计类图和用例设计模型之间的一致性，确保分析类图中的类在设计类图中有相应的对应物，用例设计模型中的设计元素（主要指参与用例实现的对象、对象间的消息传递）在设计类图中要有相应的对应物（主要指设计类及其方法）。具体细节和策略可以参考 7.4.4 小节的阐述。

示例：空巢老人智能看护系统的设计类图

针对空巢老人智能看护系统中各个用例实现的设计方案，软件开发人员可以导出软件系统的设计类图。图 7.40 描述了 ElderMonitorApp 子系统的设计类图，在分析类图的基础上，依据用例实现的交互图，增加了 NodeConfiguration、FrontRosNode 类以实现与后端软件的交互，增加了 LinphoneLauncher 构件以实现与后端的视频 / 语音双向交互。

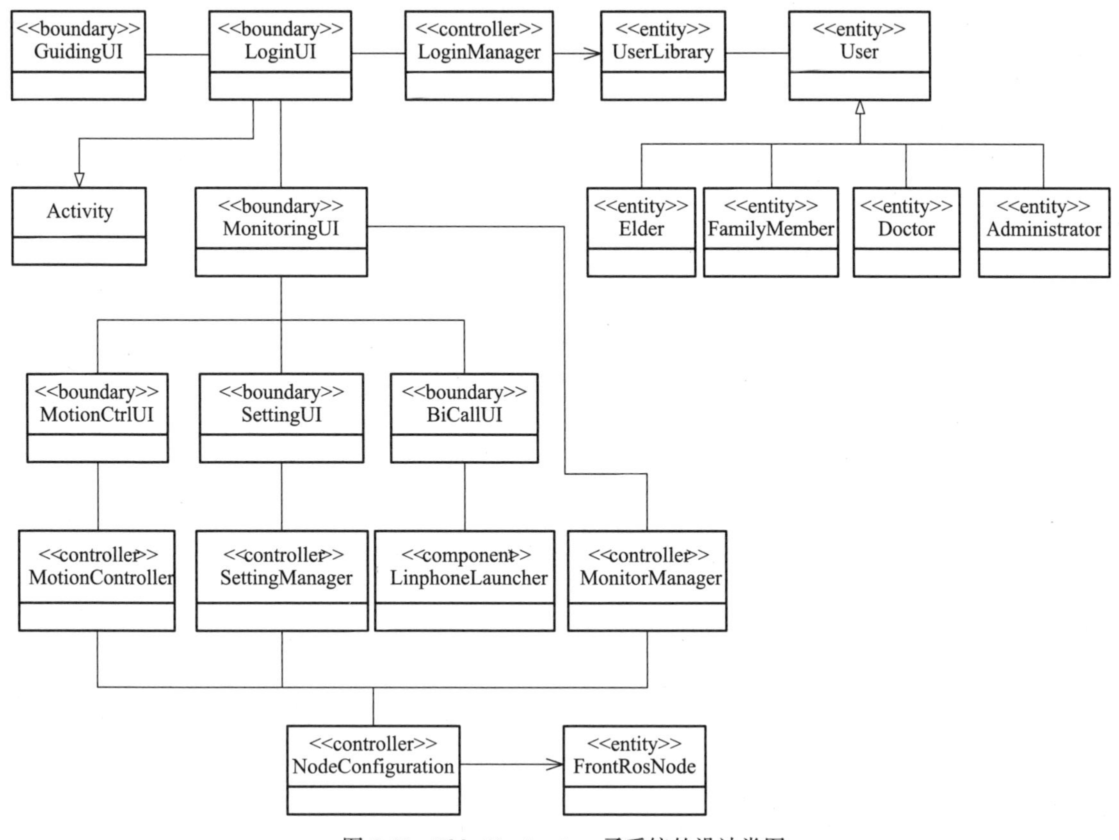

图 7.40 ElderMonitorApp 子系统的设计类图

图 7.41 描述了 RobotControlPerceive 子系统的设计类图。与分析类图相比较，分析类图中 RobotAgency 类的职责交给一组更为具体的设计类所承担，包括 SystemSettingNode 和 ElderMonitoringNode，其中机器人控制部分的职责将由 RobotController 子系统完成。

4. 整合和评审用例设计方案

用例设计是一个迭代的过程，在该过程中需要根据用例实现方案以及由此构建的设计类图，结合软件工程的设计原则，从全局和整体的视角、站在软件质量的角度来评审用例设计模型，根据评审结果对它们进行不断的整合和优化，具体内容包括：

① 尽可能重用已有的软件资产来实现用例，并依此构建用例的实现方案，如开源软件、云服务、遗留系统、软件开发包等。

② 借助继承或代理机制，对设计元素进行必要的组织和重组，以发现不同类之间的一般和特殊关系，抽象出公共的方法。

③ 将具有相同或相似职责的多个设计元素进行整合，归并为一个设计元素。

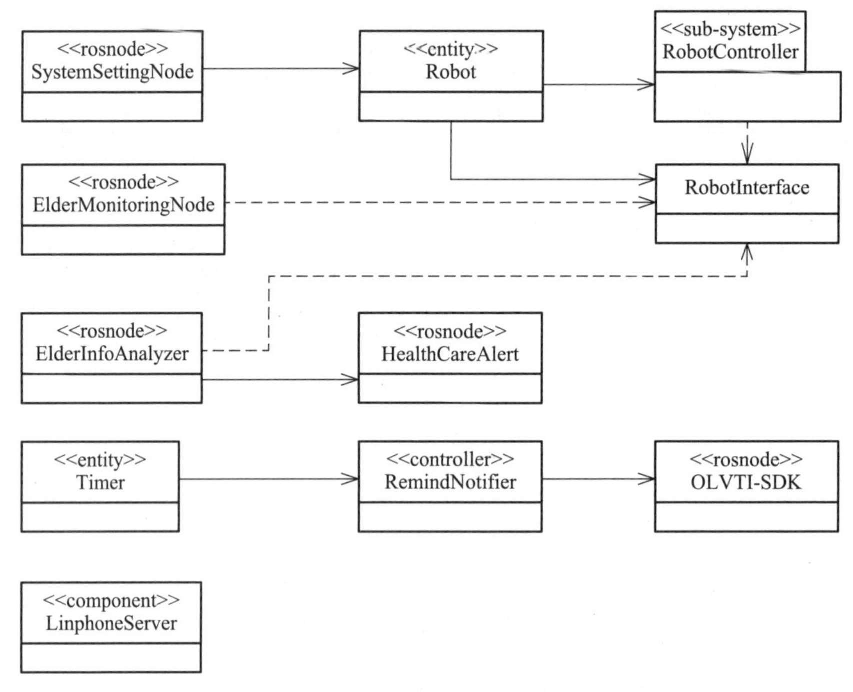

图 7.41　RobotControlPerceive 子系统的设计类图

④ 将设计元素中具有相同或相似功能的多个方法整合为一个方法，以减少不必要的冗余设计。

根据上述整合策略，评审和优化用例设计模型，调整用例设计的顺序图、设计类图等设计模型。

5. 输出的软件制品

用例设计活动结束之后，将输出以下软件制品：

- 用例设计的顺序图。
- 设计类图。

7.5.6　子系统 / 构件设计

一个复杂的软件系统通常由多个子系统构成。将一个系统分解为若干个子系统，每个子系统承担相对独立的职责，通过子系统的设计和构造来达成整个系统的设计和构造，这充分体现了“问题分解”“分而治之”的设计思想，有助于管理和控制软件设计的复杂度。当然，也可以将软件系统的部分独立职责封装和实现为特定的构件，每个构件具有明确的接口并为其他子系统、构件、设计类等提供相应的服务。为此，软件系统的设计涉及子系统设计和构件设计。由于这两类设计的步骤、方法、策略、原则等较为相似，本节以子系统设计为例，结合具体案例介绍如何开展子系统设计。

1. 子系统设计的过程和原则

子系统设计的主要依据和输入包括软件系统的需求模型、软件体系结构模型、相关的非功能性需求，其过程如图 7.42 所示，主要完成以下几项设计活动。

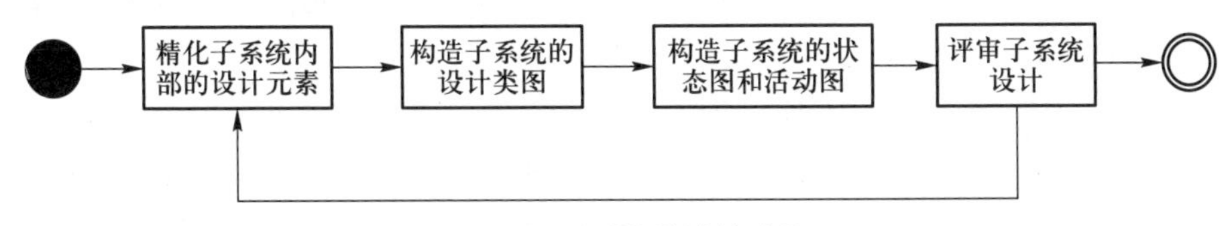

图 7.42 子系统设计的过程

① 精化子系统内部的设计元素。根据子系统的职责，结合非功能性需求，设置子系统内部的具体设计元素，明确这些设计元素的职责以及它们如何通过协作来实现子系统职责。

② 构造子系统的设计类图。根据上一步骤的工作成果（包括内部设计元素以及描述它们相互协作的顺序图），推导和绘制出子系统的设计类图。

③ 构造子系统的状态图和活动图。如果子系统具有明显的状态特征，或者需要刻画不同对象之间的交互和活动，那么需要绘制子系统的状态图和活动图。

④ 评审子系统设计。从需求的实现程度、设计模型的质量等多个方面评审子系统设计模型。根据评审结果进一步改进、完善和优化子系统设计。

子系统设计是软件系统设计的一个组成部分，它同样需要遵循软件设计的一般性原则。与此同时，子系统的设计有其特殊性，因而需要遵循以下一组特定的设计原则。

① 可以将分析模型中一个或一些较复杂、职责粒度较大的分析类抽象为一个子系统，并对此进行单独的设计。

② 要在子系统设计中考虑软件系统的非功能性需求，思考在子系统中实现非功能需求的方法。

③ 在精化子系统设计元素时，要确保将子系统的职责分解到各设计元素之中，确保子系统内部的设计元素能够完整地实现整个子系统的职责。

④ 在开展子系统设计时，不仅要将注意力集中在子系统内部元素的设计上，还要思考所设计的子系统如何通过接口与其外部的设计元素（如构件、设计类、其他子系统等）进行交互和协作。

⑤ 结合已有的软件资产、考虑实现约束和限制等因素进行子系统的设计，尽可能通过重用开源软件、集成遗留系统、访问互联网服务等实现子系统的职责。

2. 精化子系统内部的设计元素

每个子系统都独立承担了软件系统中较大粒度的职责和功能。在软件设计时如果将子系统封装和实现为一个设计元素，这样的设计会存在模块的独立性不强、模块化程度不高、不易于实现、难以维护等诸多问题。

为了完成子系统的职责，需要在子系统内部设置相应的构件、设计类，有时甚至需要设置当前子系统的子系统，从而达到精化子系统的目的。这些精化所产生的构件和设计类等子系统设计元素，或者承担了子系统的部分职责和功能，或者通过它们可以与外部的开源软件、遗留系统、互联网服务等进行交互。基于这些精化所产生的设计元素，软件设计人员可以更为精确、详实地掌握子系统的内部细节，包括明确它们的职责和协作关系，掌握这些设计元素的分工和合作，进而指导子系统的实现。

精化子系统可从分解子系统的职责出发，采用自顶向下和自底向上相结合的方式，将子系统的职责交由一组相对独立的设计元素（如设计类、构件等）来完成。如果已有的软件资产（如开源软件、遗留系统）能够承担部分职责，那么将相关的软件资产作为构成子系统的成分之一。在此过程中，需要绘制一系列 UML 交互图以刻画子系统中诸多软件元素如何通过交互和协作来实现子系统的职责。因此，本设计活动的输出是一组描述子系统内部设计元素交互的 UML 顺序图。

示例：精化 RobotController 子系统的设计元素

根据 RobotControlPerceive 子系统的分析类图可知，该子系统承担了控制机器人运动的职责，包括采用自动化方式控制运动（即自主跟随老人）和手工方式控制运动（即根据用户的指令来远程控制机器人运动）。在分析类图中，控制机器人运动的职责交由 RobotAgency 这一实体类来完成。考虑到 RobotAgency 封装的职责较多，遵循模块化设计原则，将其中的控制机器人运动职责分离出来，设计为一个独立的子系统 RobotController。在用例实现的顺序图中可以看到，RobotController 子系统作为机器人感知和控制子系统的重要组成部分，参与了自主跟随老人、远程控制机器人等用例的实现。下面将针对该子系统，介绍其内部的设计。

① 在机器人端实现自主跟随老人功能。RobotController 子系统负责在后台实际完成自主跟随老人的功能，其实现流程如图 7.43 所示。RobotController 子系统中的 EndControlNode 对象接收到智能手机 APP 发来的 publishAutoFollowTopic( )异步消息之后，将与 turtlebot_follower 构

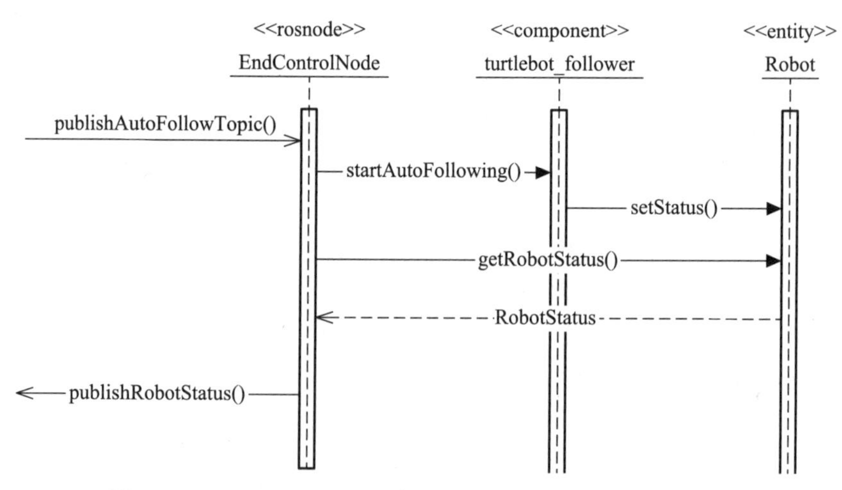

图 7.43　RobotController 子系统实现自主跟随老人功能的顺序图

件进行交互以启动自主跟随老人的服务。turtlebot_follower 构件在执行自主跟随老人的过程中，将获取的机器人状态信息通过消息 setStatus( ) 告知 Robot 对象。随后 EndControlNode 对象向 Robot 对象发消息 getRobotStatus( ) 以获取机器人的状态，并通过异步消息 publishRobotStatus( ) 将机器人的状态信息告知前端的 APP 软件。

② 在机器人端实现远程控制机器人运动功能。RobotController 子系统负责在后台实际完成远程控制机器人运动功能。RobotController 子系统中的 EndControlNode 对象接收到智能手机 APP 发来的 publishStopFollowTopic( ) 异步消息之后，将与 turtlebot_follower 构件进行交互以请求停止自主跟随老人的服务，随后将获得的机器人状态信息通过异步消息 publishRobotStatus( ) 告知前端的 APP 软件，具体见图 7.44 所示。

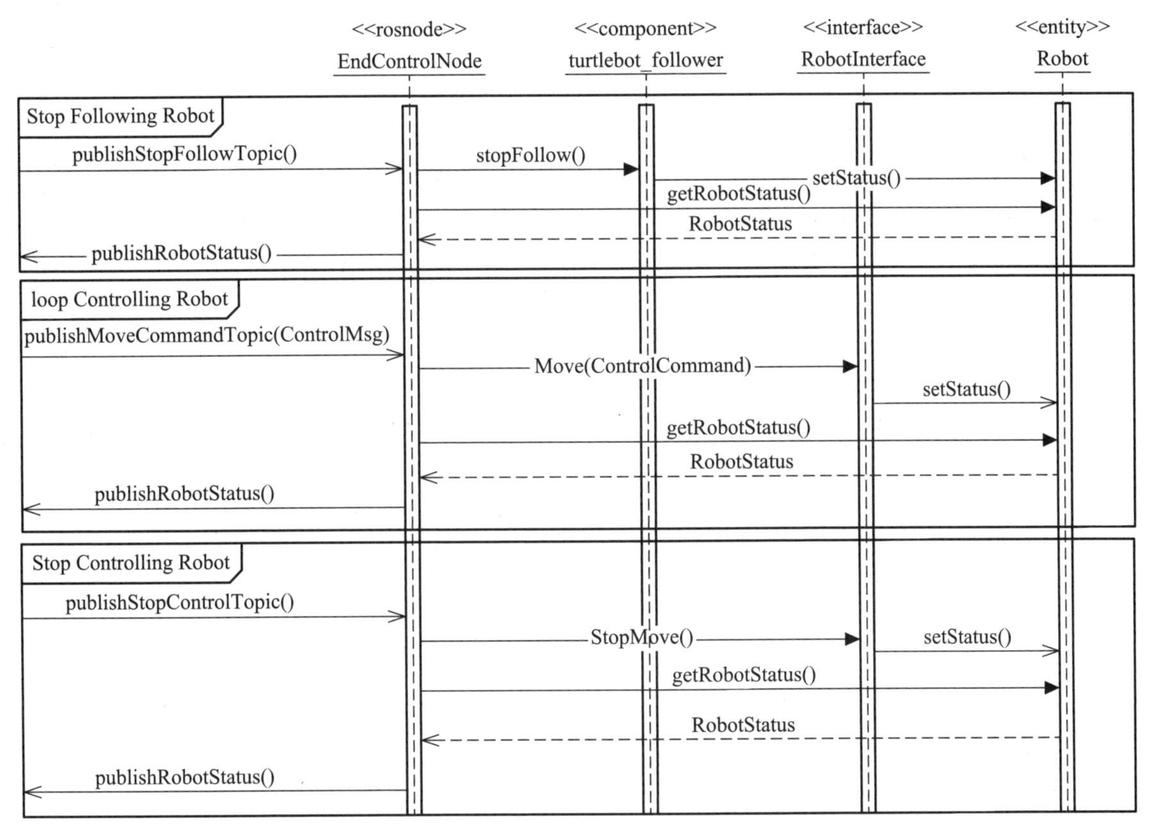

图 7.44 RobotController 子系统实现远程控制机器人功能的顺序图

当 RobotController 子系统中的 EndControlNode 对象接收到智能手机 APP 发来的 publishMoveCommandTopic( ) 异步消息之后，将通过消息 Move(ControlCommand) 与 RobotInterface 进行交互以控制机器人的运动，并随后将获得的机器人状态信息通过异步消息 publishRobotStatus( ) 告知前端的 APP 软件。

当 RobotController 子系统中的 EndControlNode 对象接收到智能手机 APP 发来的 publishStopControlTopic( ) 异步消息之后，将通过消息 StopMove( ) 与 RobotInterface 进行交互以停止对机器人运动的控制，并随后将获得的机器人状态信息通过异步消息 publishRobotStatus( ) 告知前端的 APP 软件。

3. 构造子系统的设计类图

根据上一设计活动所精化的设计元素以及所产生的顺序图，进一步构造和绘制子系统的设计类图。具体方法描述如下。

① 针对精化所产生的设计元素或顺序图中对象所对应的类，将其抽象为设计类图中的类。

② 如果顺序图中对象 a 给对象 b 发消息 m，那么目标对象对应的类具有相应的职责和方法，以处理消息 m。

③ 如果顺序图中对象 a 给对象 b 发消息 m，并附带参数 p，那么目标对象对应的类具有相应的属性以存储 p。

④ 根据顺序图中对象间的消息传递来确定对应的设计类之间的关系。例如，如果一个对象 a 向对象 b 发消息，那么对应的类 A 与类 B 之间存在关联或者依赖关系。如果子系统之外的设计元素通过子系统提供的接口与子系统进行交互，那么这些设计元素与子系统之间存在依赖关系。如果多个设计类之间具有一般和特殊的关系，那么它们之间存在继承关系。

示例：RobotController 子系统的设计类图

根据 RobotController 子系统内部设计元素的精化结果以及相关顺序图，RobotController 子系统的设计类图如图 7.45 所示，整个子系统需要与 RobotInterface 进行交互。具体的，各个类承担的职责和提供的服务描述如下。

① Robot 设计类，保存机器人的状态信息，并对外提供机器人状态的服务。

② EndControlNode 设计类，接收手机端 APP 发来的各种话题消息并进行相应处理，也可向前端发送有关机器人状态的话题信息。

③ turtlebot_follower 设计类，提供了自主跟随老人的服务。

④ RobotInterface 设计类，提供了与机器人进行交互的接口，控制机器人的运动。

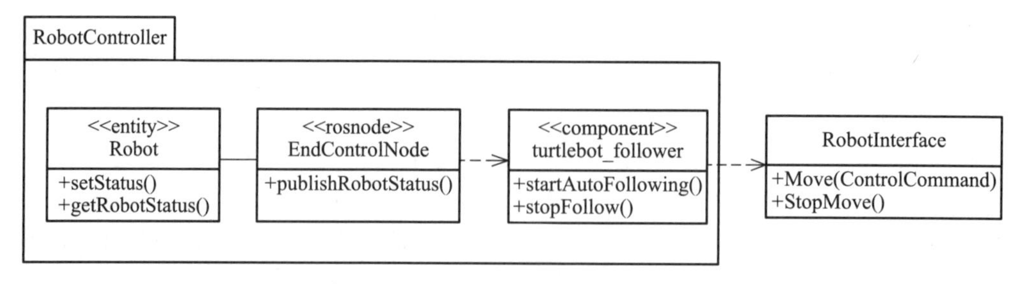

图 7.45　RobotController 子系统的类图

4. 构造子系统的状态图和活动图

该步骤是可选的,视子系统的具体情况而定。如果子系统或其内部设计元素具有明显的状态特征,那么可以绘制相应的 UML 状态图,以清晰地描述子系统或内部设计元素的状态和行为特征,从而有助于软件开发人员更为清晰详实地理解、实现子系统。

同样的,如果子系统内部各设计元素之间存在较为复杂的交互和活动以实现子系统的职责和功能,那么可以绘制相应的 UML 活动图,以清晰地描述子系统内部设计元素是如何开展交互和实施活动的,帮助软件开发人员更为清晰、详实地理解子系统内部的行为细节,进而促进子系统的实现。

5. 评审子系统设计

子系统设计完成之后,需要对设计产生的软件制品进行评审,以发现设计中存在的问题,确保子系统设计的质量。子系统设计评审的内容和要求描述如下。

① 完整性。确保子系统内部各设计元素所承担的职责完整覆盖了子系统的职责。

② 设计质量。评审子系统设计的质量,是否体现了软件工程的基本原则,各设计元素的职责划分是否合理,功能和接口封装是否恰当,软件可重用性如何等。

③ 可满足性。子系统设计是否实现了所赋予子系统的软件需求,包括功能性需求和非功能性的需求,是否存在多余的设计元素,是否引入了不必要的软件资产。

④ 正确性。是否正确地使用 UML 图符和模型来描述子系统设计的软件制品。

⑤ 一致性。子系统设计的多个软件制品之间(包括顺序图、设计类图、状态图、活动图等)是否有不一致问题,模型和文字表述之间是否有不一致的问题。

6. 输出的软件制品

子系统设计活动结束之后,将输出以下软件制品:

- 子系统的顺序图。
- 子系统的设计类图。
- 子系统的状态图(可选)。
- 子系统的活动图(可选)。

7.5.7 类设计

类是面向对象软件设计的基本单元,也是构成面向对象软件系统的基本模块形式。类设计的主要任务是对软件体系结构模型中的关键设计类,界面设计模型、子系统 / 构件设计模型中的设计类等进行精化,明确设计类的内部实现细节(如属性的类型、方法的接口和实现算法、状态的迁移等),构建用 UML 类图描述的类设计模型,使得程序员通过类设计模型就可以进行相应的编码工作。

1. 类设计的过程和原则

开展类设计的主要依据和输入包括软件系统的需求模型、软件体系结构模型、用户界面模型、子系统 / 构件设计模型等,其过程如图 7.46 所示,主要完成以下几个方面的设计活动。

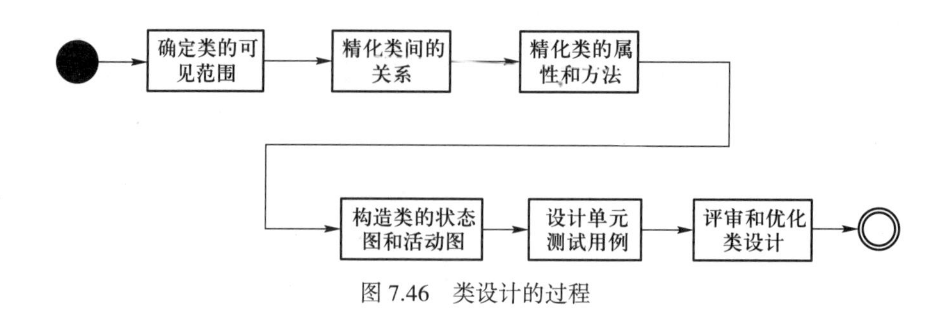

图 7.46　类设计的过程

① 确定类的可见范围。

② 精化类间的关系。深入分析设计类之间的语义关系，准确建立类间的关系，包括继承、依赖、关联、聚合和组合，明确类间对象间的数量对应关系。

③ 精化类的属性和方法。针对类的属性和方法，细化和明确其实现细节，包括确定它们的可见性，明确属性的名称、类型、作用范围、初始值、约束条件（例如取值范围）及属性说明，详细定义方法的名称、参数表（含参数的名称和类型）、返回类型、功能描述、前置条件、出口断言和实现算法。

④ 构造类的状态图和活动图。如果类所实例化生成的对象具有较为复杂的状态和行为，那么需要构建类的状态图和活动图。

⑤ 设计单元测试用例。针对类的职责、接口、操作及算法，设计相应的测试用例，以支持单元测试。

⑥ 评审类设计。对类设计的上述工作及成果进行评审，以确保类设计的质量。

类设计属于详细设计的范畴，在整个软件设计过程中，它起到承上启下的作用。所谓“承上”是指，类设计要充分考虑软件系统的需求，基于体系结构设计、用户界面设计、用例设计、子系统 / 构件设计的具体成果；所谓“启下”是指，类设计要为后续阶段的编码和实现奠定基础，为此它需要产生足够详细的设计结果以支持后续的软件开发活动。概括而言，类设计遵循以下一组设计原则。

① 准确化。类设计要对类的内部结构、行为等给予准确的表达，以支持程序员精准地理解类设计，进而编写出类的程序代码。

② 细节化。要对类的接口、属性、方法等方面给予足够详细的设计，以便程序员能够对类进行编程。

③ 一致性。要确保类的关系、属性、方法等的设计是相互一致的，类的内部属性、方法等设计与类的职责、关系等是相互一致的。

④ 遵循软件设计的基本原则。按照模块化、高内聚度、低耦合度、信息隐藏等基本原则来进行类设计，必要时需要基于这些原则对所设计的类进行必要的拆分和合并，以提高类设计的质量。

2. 确定类的可见范围

类的可见范围是指类能在什么范围内为其他类所见和所访问。一般地，类的可见范围由类定义的前缀来表示,主要有三种形式。

- public:公开级范围,软件系统中所有包中的类均可见和可访问该类。
- protected:保护级范围,只对其所在包中的类以及该类的子类可见和访问。
- private:私有级范围,只对其所在包中的类可见和访问。

遵循信息隐藏的原则,在确定类的可见范围时要尽可能缩小类的可见范围,也就是说,除非确有必要,否则应将类"隐藏"于包的内部。

3. 精化类间的关系

在面向对象软件模型中,类与类之间的关系表现为多个方面。首先是类间的语义关系,包括关联、聚合和组合、继承、依赖等,它们所刻画的类间关系信息是不一样的。

- 关联描述了类间的一般性逻辑关系。
- 聚合和组合刻画了类对象间的整体和部分关系,是一种特殊的关联关系。
- 继承描述了类与类间的一般与特殊关系。
- 依赖关系描述了两个类之间的语义相关性,一个类的变化会导致另一类做相应的修改,继承和关联是特殊的依赖关系。

其次是类对象间的数量对应关系。例如,如果两个类之间存在聚合或组合关系,那么作为整体类对象包含了多少个部分类的对象。类间不同的关系(包括语义关系和数量关系)将会导致采用不同的实现方式和手段。例如,如果设计模型中类 A 继承类 B,那么在程序代码中"class A extends B";如果类 A 的对象聚合了类 B 的对象并且是一对多的关系,那么在类 A 的属性中需要定义相应的数组或者列表,以保存类 B 的对象。

概括起来,精化类间的关系主要包括以下两方面的工作。

(1) 明确类间的语义关系

在面向对象软件模型中,类间关系的语义强度从高到低依次是:继承,组合,聚合,(普通)关联,依赖。对类间关系的定义需要遵循两方面的原则。

- "自然抽象"原则,类间关系应该自然、直观地反映软件需求及其实现模型。
- "强内聚、松耦合"原则,即尽量采用语义连接强度较小的关系。

(2) 确定类间关系的数量对应

在定义类间关系时,还需要进一步确定两个类之间存在的数量对应关系。尤其是对于关联、聚合、组合等特定关系时,确定类间的数量对应必不可少。类间的数量对应表现为多种形式。

- 1:1,即一对一。
- 1:n,即一对多。
- 0:n,即 0 对多。
- n:m,即多对多等。

示例:精化类间的关系

在分析类图中有一组分析类 UserLibrary、User、Administrator、Doctor、Elder、FamilyMember。

在软件设计阶段，这些类仍然有意义，将成为软件设计模型中的关键设计类。针对这些设计类间关系的精化设计描述如下，具体见图 7.47 所示。

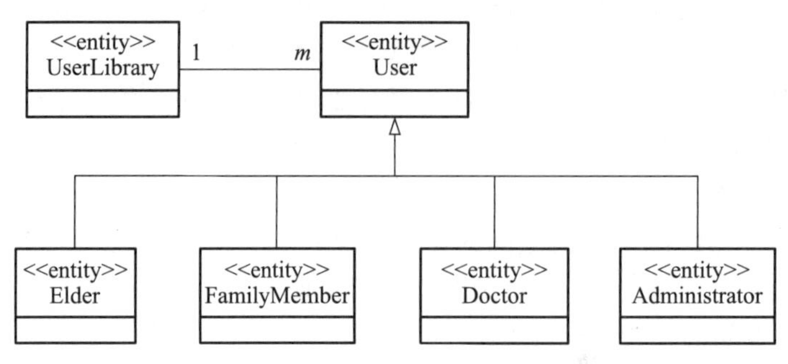

图 7.47　精化用户类间以及它们与 UserLibrary 类间的关系

① 明确类间的语义关系。UserLibrary 类负责保存 User 类的信息。在具体实现时，UserLibrary 类通过提供一组服务将 User 类的信息保存到后台的数据库之中，因而 UserLibrary 类与 User 类之间的语义关系表现为一般的关联关系。Administrator、Doctor、Elder、FamilyMember 是特殊的 User，因而它们与 User 之间的语义关系表现为继承关系。

② 确定类间关系的数量对应。UserLibrary 类需要保存和处理一个或多个 User 类对象，每个 User 类对象只能交由一个 UserLibrary 类对象进行处理，因而 UserLibrary 类与 User 类之间存在一对多的关系。

示例：精化用户界面类间的关系

根据 7.5.4 小节的用户界面设计，ElderMonitorApp 子系统包含一组基于窗口的用户界面，包括引导界面 GuidingUI、用户登录界面 LoginUI、监视老人状况主界面 MonitoringUI、控制机器人运动界面 MotionCtrlUI、与老人视频语音交互界面 BiCallUI、系统设置界面 SettingUI。根据 7.5.4 小节所描述的用户界面间的跳转关系，显然这些用户界面类之间具有如图 7.48 所描述的关联关系。

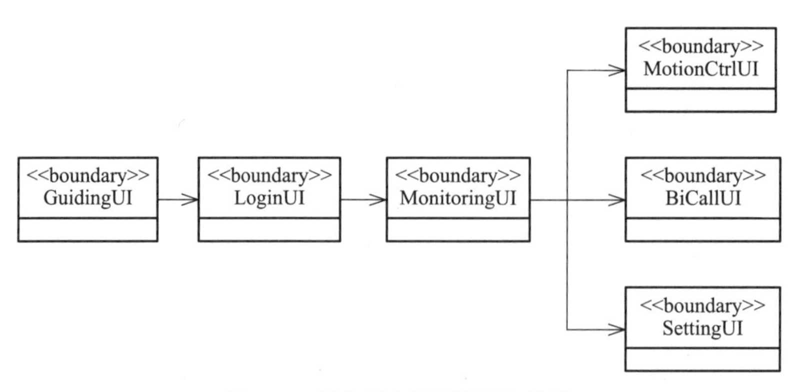

图 7.48　精化用户界面类间的关系

示例：精化关键设计类间的关系

根据7.5.5小节的用例设计，RobotControlPerceive子系统包含有三个关键设计类以实现提醒服务用例，包括实体类Timer、控制类RemindNotifier和ROS节点OLVTI-SDK。根据7.5.5小节所描述的顺序图中三个类间的交互，Timer类与RemindNotifier类之间具有直接关联关系，RemindNotifier类与OLVTI-SDK节点之间是依赖关系，这些类的关系精化如图7.49所示。

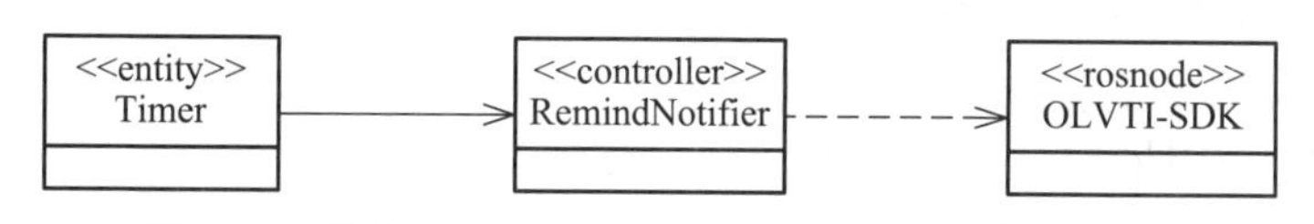

图7.49　精化RobotControlPerceive子系统中类间的关系

4. 精化类的属性和方法

属性和方法是构成类的两项基本组成部分，属性的取值定义了类对象的状态，方法定义了类对象的行为。类设计的主体工作就是要设计类的属性和方法，精化类属性的基本信息（如属性的名称、类型和初始值等），确定类方法的实现细节（如方法的名称、参数及类型、返回值的类型、算法等），以支持对类的编码和实现。

(1) 精化类属性的设计

精化类属性的设计就是要针对类中的各个属性，细化和明确其以下几方面的设计信息：属性的名称、类型、可见范围、初始值。

类属性的名称要用有意义的名词或名词短语来表示，尽可能使用业务领域的术语来命名类属性的名称。

由前所述，类属性和操作的可见范围有public、protected和private三种。确定属性和操作的作用范围需遵循信息隐藏的基本原则，将那些对外部其他类不可见的属性和操作设置为private或protected。此外，类的属性原则上不宜公开，如果确有必要让其他类读取或者设置该属性的值，那么应在本类中通过设置相应的get/set函数加以实现，而非将类属性直接开放给其他类对象来访问。

通常需要结合类关系的定义来精化类属性的设计。或者说，在设计和优化类属性时，需要考虑待设计的类与其他类之间的关系。

① 如果类A与类B间存在1:1的关联或聚合（非组合）关系，那么可以考虑在A中设置类型为B的指针或引用（reference）属性。

② 如果类A到类B间存在1:n关联或聚合（非组合）关系，那么可以考虑在A中设置一个集合类型（如列表等）的属性，集合元素的类型为B的指针或引用。

③ 如果类A与类B间存在1:1的组合关系，那么可以考虑在A中设置类型为B的属性。

④ 如果类A到类B间存在1:n的组合关系，那么可以考虑在A中设置一个集合类型（如列表等）的属性，集合元素的类型为B。

示例：精化 User 类属性的设计

User 类属性的精化设计描述如下。

① 有两项基本属性：用户名“name”和用户密码“password”，它们的类型均为 String。

② 用户名和密码属于用户的私有信息，对外部其他类不可见，这两项属性的可见范围为 private。

③ 这两项属性的初始值均为空串。

示例：精化 LoginUI 类属性的设计

在用户界面设计中，有 LoginUI 界面用于支持用户输入账号和密码登录到系统之中。LoginUI 界面类属性的精化设计描述如下。

① 有一组属性分别对应于界面中的静态元素、用户输入元素和命令界面元素，具体包括：loginPicture 为界面图标，其类型为静态元素（如图标）；account 为用户账号，其类型为用户输入元素（如文本框）；password 为用户密码，其类型为用户输入元素（如文本框）；getPsw 旨在获得登录密码，其类型为命令界面元素（如超链地址）；getPswByShortMsg 旨在通过短信获得登录密码，其类型为命令界面元素（如超链地址）；cancel 旨在取消登录，其类型为命令界面元素（如按钮）；login 旨在确认登录，其类型为命令界面元素（如按钮）。

② 这些属性对外部其他类均不可见，它们的可见范围设置为 private。

③ loginPicture 属性的初始值不为空，要有一个预加载的图标；account 和 password 的初始值为空串；getPsw 和 getPswByShortMsg 两个属性的初始值不为空，需要将其预先设置为相应界面的超链地址。

示例：精化 Robot 类属性的设计

Robot 是 RobotControlPerceive 子系统中的一个重要实体类。根据该子系统中用例实现的交互图，Robot 类至少有 4 项基本属性：velocity 表示机器人移动速度、angle 表示机器人自身的运动角度、distance 表示机器人与老人间的距离，state 表示机器人的当前运动状态。具体的，Robot 类属性的精化设计描述如下。

① private int velocity，表示机器人的速度。

② private int angle，表示运动角度。

③ private int distance，表示与老人的距离。

④ private int state，表示运动状态，包括 IDLE 空闲状态、AUTO 自主跟随状态、MANNUAL 手工控制状态。

（2）精化类方法的设计

精化类方法设计的任务是针对类中的各个方法，细化和明确其以下几方面的设计信息：方法名称、参数表（含参数的名称和类型）、返回类型、作用范围、功能描述、实现算法、前提条件（pre-condition）、出口断言（post-condition）等。

方法的作用范围如本节前面所述，不再赘述。除了要明确每个类方法的接口信息（如方法名称、参数表、返回类型、作用范围）之外，类设计还需要清晰地描述类方法的功能及其实现算法。类方法功能的描述可以采用自然语言或结构化自然语言的方式，针对类方法的实现算法的描述可以用 UML 的活动图来表示，并且要详细到足以支持程序员依此来编写程序代码的程度。

类方法的设计需要遵循“高内聚度、低耦合度”的模块化原则，必要时需要对类中的方法进行分解和重组，以满足模块化设计的要求。如果在设计类方法的内部实现算法时发现，方法内部的各要素之间关系不够紧密（即内聚度不高），或者根据方法功能的描述其功能独立性不强，那么可以考虑将某个类方法拆分为多个类方法，并确保每个类方法的功能独立性和内聚性。如果发现某几个类方法之间的耦合度很强，那么可以考虑将这几个类方法进行合并，以确保合并后的方法具有高内聚度的特点，具体见图 7.50 所示。

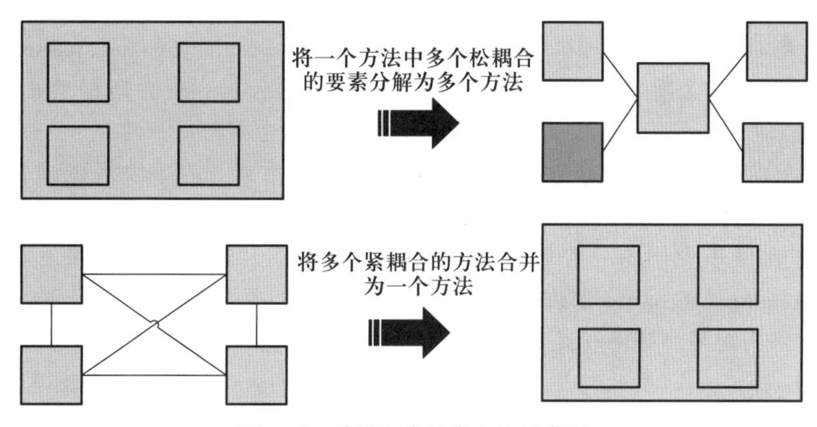

图 7.50 分解和合并类方法示意图

在精化类方法设计过程中，还需要关注以下几种常见且特殊的类方法，考虑是否有必要将它们添加为相关类中的方法，并设计这些方法内部的实现细节。

① 对象创建方法。该方法在实例化类对象时会被执行，其职责通常是完成类对象的初始化工作，包括初始化属性值等。

② 对象删除方法。该方法在类对象生命周期结束前被执行，其职责通常是完成对象生命周期结束前的一些事务性工作，如释放对象所占用的资源等。

③ 对象比较方法。比较类的两个实例对象，判断它们是否相同。

④ 对象复制方法。将类的一个实例对象的属性值复制到另一对象。

示例：精化老人状况监控终端子系统中部分类方法的设计

图 7.51 描述了老人状况监控终端子系统中实现用户登录功能的部分类及其设计。对于 LoginUI 用户界面类而言，根据其职责它有两个 public 方法 cancel() 和 login()，分别实现取消登录和登录的功能。此外，为了在用户登录之前检查其输入账号和密码的合法性，它有两个 private 方法 isInputAccountValid() 和 isInputPswValid()，分别用于判断用户输入的账号和密码是否满足相关的规范和要求。

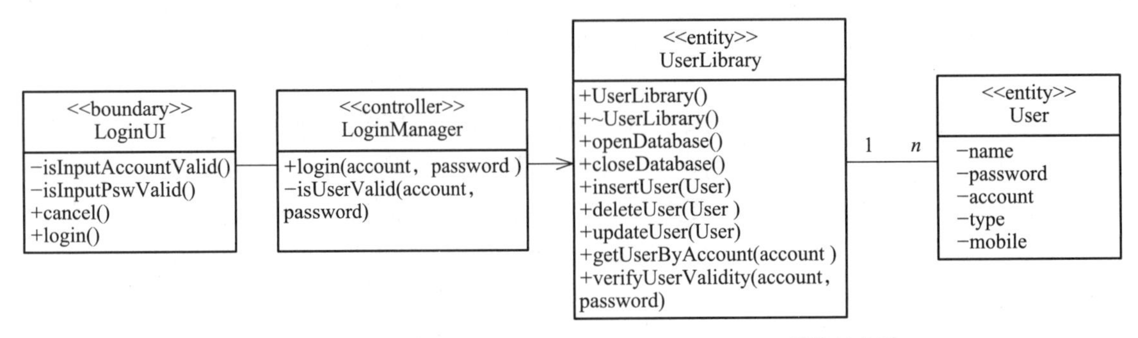

图 7.51　精化设计 LoginUI、LoginManager、UserLibrary 等类的方法

根据控制类 LoginManager 的职责，它有一个 public 方法 login(account, password) 用于实现用户的登录，该方法的主要功能是要依据用户的 account 和 password 判断该用户是否为合法用户，为此可以设计一个 private 的方法 isUserValid()，专门用于判断用户的身份合法性。

UserLibrary 实体类负责管理系统中的用户，它有一系列 public 方法以实现对用户的管理，包括 insertUser(User) 方法实现向用户数据库中插入一个用户信息，deleteUser(User) 方法实现从用户数据库中删除一个用户，updateUser(User) 方法实现更新用户数据库中的信息，getUserByAccount(account) 方法实现根据账号获取用户信息，verifyUserValidity(account, password) 方法以判断用户的身份是否合法。此外，UserLibrary 类还具有创建方法 UserLibrary() 和删除方法 ~UserLibrary()，此外还有 openDatabase() 和 closeDatabae() 以便建立与数据库系统的连接和释放连接。

示例：精化机器人控制子系统中部分类方法的设计

7.5.6 小节描述了机器人控制子系统中实现机器人控制的一组对象类。根据该子系统的用例实现交互图，可以对子系统中 Robot 和 EndControlNode 两个类的方法进行精化设计。针对 Robot 类的 4 个属性，分别设计相关的方法以设置和获取 4 个属性的取值；针对 EndControlNode 类的方法，详细设计其参数信息。

- public void setVelocity(int MovingVelocity)，设置机器人的运动速度。
- public void setAngle(int MovingAngle)，设置机器人的运动角度。
- public void setDistance(int Distance)，设置机器人与老人的距离。
- public void setState(int MovingState)，设置机器人的运动状态。
- public int getVelocity()，获取机器人的运动速度。
- public int getAngle()，获取机器人的运动角度。
- public int getDistance()，获取机器人与老人的距离。
- public int getState()，获取机器人的运动状态。
- EndControlNode 类的方法 publishRobotStatus()精化如下：

public void publishRobotStatus(int MovingVelocity, int MovingAngle, int Distance, int

MovingState)

示例:精化 LoginManager 类中 login()方法的实现算法设计

图 7.52 用 UML 活动图描述了 LoginManager 类中 login()方法的精化设计,它定义了该方法的接口 public int login(account, password),描述了其内部的实现算法。首先判断 account 和 password 两个输入的参数是否为空,如果为空则登录失败;如果不为空,则向 UserLibrary 对象发消息 verifyUserValidity()以判断用户输入的账号和密码是否合法,如果合法则登录成功,否则登录失败。

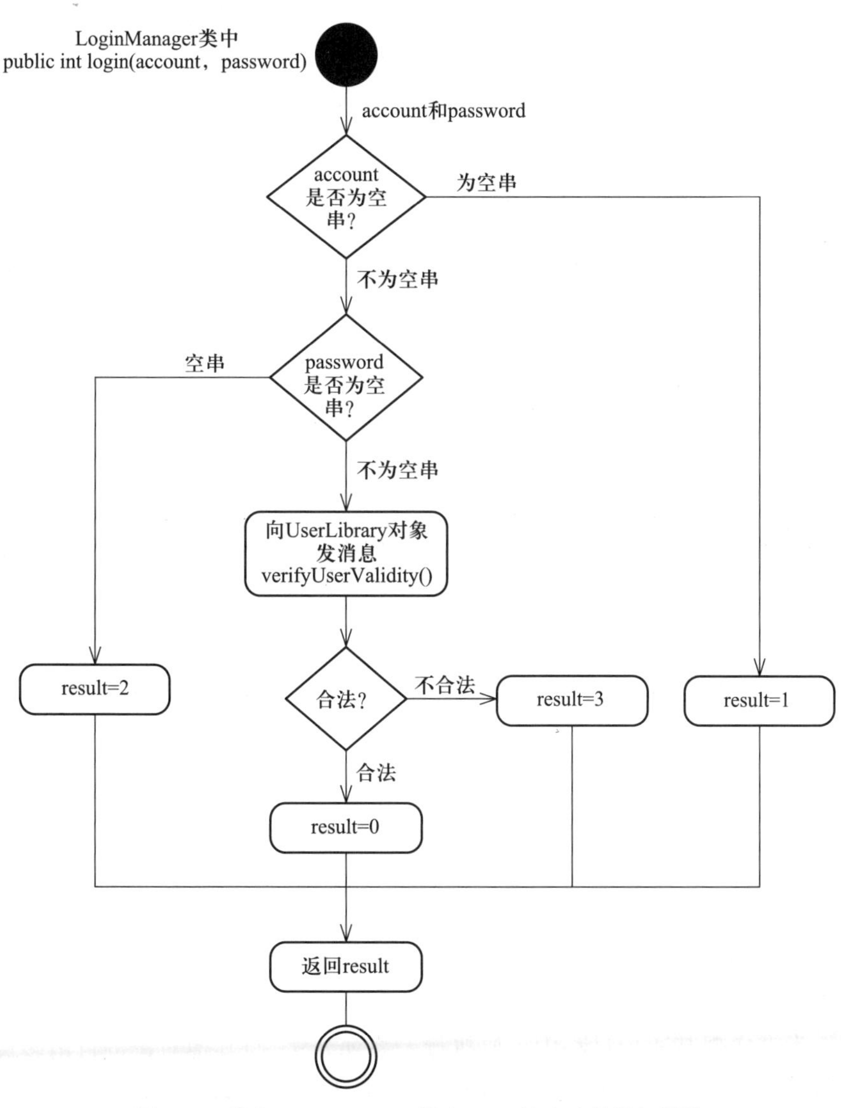

图 7.52 精化 LoginManager 类中 login()方法的详细设计

示例：精化 ElderInfoAnalyzer 类中 detectFallDown（）方法的实现算法设计

图 7.53 用 UML 的活动图描述了 ElderInfoAnalyzer 类中 detectFallDown（）方法的详细设计，它定义了该方法的接口 bool detectFallDown（），描述了其内部的实现算法。首先获取获取骨骼图数据，计算人体中心点的速度，分析和判断它是否符合摔倒的基本要求，随后计算两髋中心点高度，分析和判断它是否符合摔倒的基本要求，最后计算计算两髋中心点停留时间，分析和判断它是否符合摔倒的基本要求。当这三个方面均满足特定的阈值，才能判定老人处于摔倒状态。

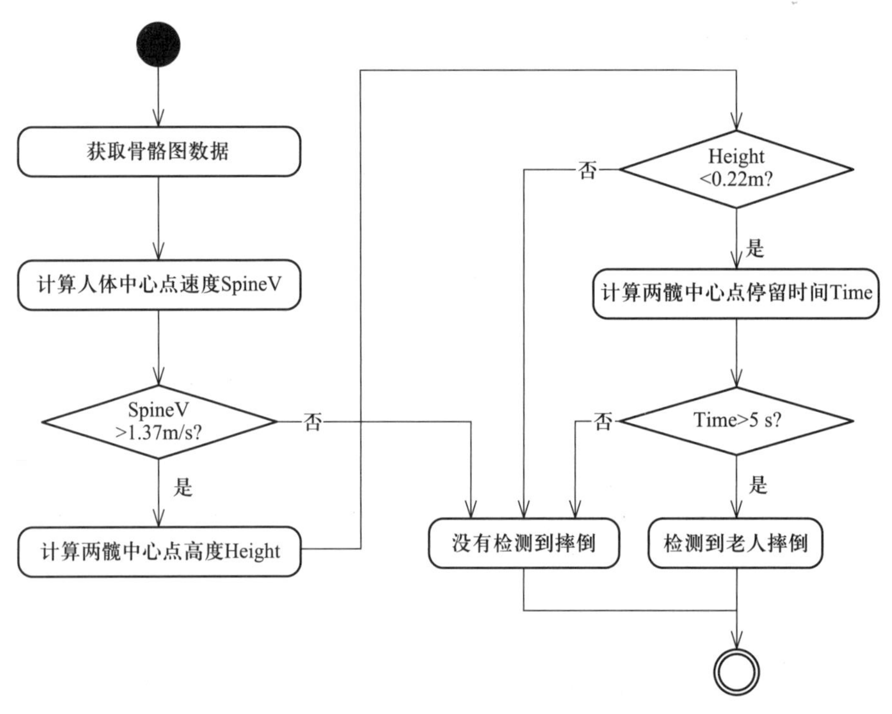

图 7.53　精化 ElderInfoAnalyzer 类中 detectFallDown（）方法的详细设计

5. 构造类的状态图和活动图

如果一个类的对象具有较为复杂的状态，在其生命周期中需要针对外部和内部事件实施一系列活动以迁移其状态，那么可以考虑构造和绘制类的状态图。例如，Robot 类对象具有较为复杂的状态，它创建时将处于空闲状态 IDLE，一旦开始监视老人状况时将处于自动运动状态 AUTO 以自主跟随老人，如果家属或医生要对其进行运动控制，它将进入手动运动状态 MANUAL，图 7.54 描述了 Robot 类对象的状态图。

如果某个类在实现其职责过程中需要执行一系列方法、与其他对象进行诸多交互，那么可以考虑构造和绘制针对该类某些职责的活动图。本书 2.4 节图 2.12 即介绍了引入泳道机制的活动图。

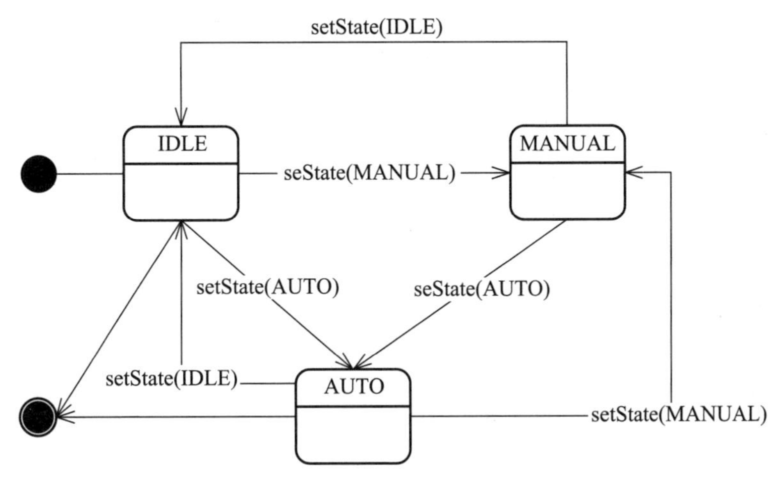

图 7.54 Robot 类对象的状态图

6. 设计单元测试用例

根据类及其属性和方法的设计,尤其是针对类方法的接口及其实现算法,采用白盒测试、基本路径测试、边界取值法、等价分类法等方法,设计相应的测试用例,以对类的职责及其方法的接口、边界、功能等进行测试。

7. 评审和优化类设计

一旦类设计完成之后,软件设计人员需要遵循以下原则对类设计进行必要的评审,并根据评审结果对类设计做进一步优化,以产生高质量的类设计模型,更好地指导后续的编码和实现工作。

① 根据“强内聚、松耦合”的原则,判断所设计的类及其方法的模块化程度,必要时可以对类及其方法进行拆分和组合。

② 评判类设计的详细程度,分析类设计模型是否足以支持后续的软件编码和实现,依此对类设计进行细化和精化。

③ 按照简单性、自然性等原则,评判类间的关系是否恰如其分地反映了类与类之间的逻辑关系,是否有助于促进软件系统的自然抽象和重用。

④ 按照信息隐藏的原则,评判类的可见范围、类属性和方法的作用范围等是否合适,以尽可能缩小类的可见范围和操作的作用范围,不对外公开类的属性。

8. 输出的软件制品

类设计活动结束之后,将输出以下软件制品:

- 详细的类属性、方法和类间关系设计的类图。
- 描述类方法实现算法细节的活动图。
- 必要的状态图(可选)。

7.5.8 数据设计

软件系统的本质就是要完成各种数据的处理，从而提供功能和服务。在软件设计阶段，软件设计人员需要将目标软件系统业务逻辑所涉及的各种信息抽象为计算机可以理解和处理的数据。业务逻辑中的数据有些是需要持久保存的，存放在永久存储介质中（如外存），根据需要对其进行读取、处理和存放；有些数据则需要存放在内存空间中，由运行的进程对其进行处理。对于后者，7.5.7 小节的类设计部分已经阐明通过类属性的设计来对信息进行抽象；对于前者，需要开展相应的数据设计，以支持信息的抽象、组织、存储和读取。

数据设计旨在确定目标软件系统中需要持久保存的数据条目，采用数据库或数据文件等方式，明确数据存储的组织方式，设计支持数据存储和读取的操作，必要时（如数据条目数量非常大、操作延迟达不到用户的非功能性需求要求等）还需要对数据设计进行优化，以节省数据存储空间，提高数据操作的性能。

1. 数据设计的过程和原则

数据设计的主要依据和输入包括软件需求模型、软件体系结构设计模型、用例设计模型、子系统 / 构件设计模型、用户界面设计模型、类设计模型等，其具体过程如图 7.55 所示，主要包括以下几方面的工作。

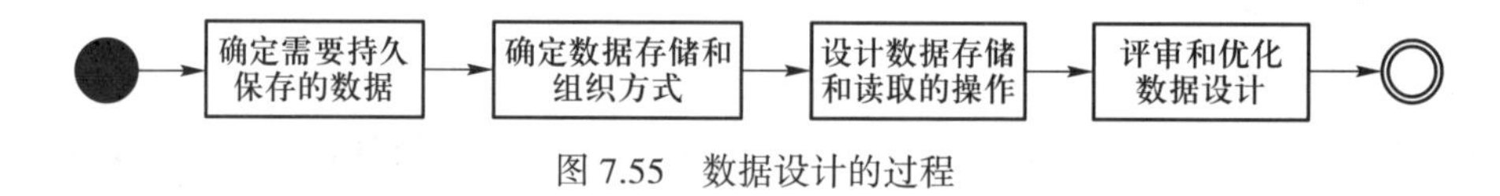

图 7.55　数据设计的过程

① 确定需要持久保存的数据，从需求模型和设计模型（尤其是类设计模型）中明确哪些信息需要持久保存。

② 确定数据存储和组织的方式（如将数据存储为数据文件还是数据库），根据不同的存储方式设计数据的组织方式。

③ 设计数据读取和存储的操作，以支持对数据的访问，开展数据完整性验证。

④ 评审和优化数据设计，分析数据设计的时空效率，结合软件的非功能性需求来优化数据设计。

一般地，数据设计需要遵循以下原则。

① 根据软件需求模型和体系结构设计模型、用例设计模型等来开展数据设计，所设计的任何数据都可追踪到相应的软件需求和设计模型中的信息。

② 无冗余性，尽可能避免产生一些冗余、不必要的数据设计。

③ 考虑和权衡时空效率，尤其对于具有海量数据的数据库设计而言更应如此，反复折中数据的执行效率（如操作数据需要的时间）和存储效率（如存储数据所需的空间），以满足软件系统在时空方面的非功能性需求。

④ 数据模型设计基本上要贯穿整个软件设计阶段，在体系结构设计时，应针对关键性、全局

性的数据条目建立最初的数据模型；在后续的设计过程中，数据模型应不断丰富、演进、完善，以满足用例、子系统、构件、类等设计元素对持久数据存储的需求。

⑤ 要验证数据的完整性，尤其对于那些存在关联关系的数据而言，完整性验证变得非常重要。

2. 确定需要永久保存的数据

在面向对象软件设计中，目标软件系统需要处理的各种数据被抽象为相应的类及其属性。根据软件需求分析模型（如用例图、用例顺序图等），可以确定哪些类对象及其属性的取值需要永久保存。

示例：确定需要永久保存的数据

空巢老人智能看护系统中用例 UC-SystemSetting 用来设置系统中的参数，其中有一项功能用于配置系统中的用户。一旦用户配置成功，需要将所配置的用户账号、密码、名字、类别等信息永久保存，以支持在后续的登录时根据用户输入的账号和密码来检验用户身份的合法性，或者获取用户的姓名和类别等信息。软件设计模型中的 User 类封装有一组属性来记录用户的这些信息，包括 account、password、name、type 等。因此，当注册了一个合法用户之后，需要将该用户的上述信息存储到永久介质中。为此，需要设计支持用户信息存储的数据库表以及支持对用户信息进行插入、删除、修改、查询等的一组操作。

3. 确定数据存储和组织的方式

一旦确定好需要持久保存的数据，下面就需要考虑如何实现数据的持久保存，以及采用什么样的方式来组织数据的持久保存。

一般地，数据的持久保存有多种方式和手段。例如，将数据存储在数据文件中，或者将数据存储在数据库中。对于前者，设计人员需要确定数据存储的组织格式，以便将格式化和结构化的数据存放在数据文件之中。对于后者，需要设计支持数据存储的数据库表。

面向对象设计模型中的类封装了一组相关的属性，其取值反映了该对象的具体数据，为了持久保存这些数据，需要针对设计模型中的类为其设计关系数据库模型中的相应“表格”（table，也称表），类的属性对应于表格中的“字段”（field），保存在数据库中的类对象属性的值对应于数据库中的“记录”（record）。在设计数据库的表和字段时，需要确定表格中的某一个或某些字段作为关键字字段，以唯一标识关系数据库表格中的一条记录。

在数据设计时，可以用带构造型的 UML 类来表示关系数据模型中的表。其中 <<table>> 表示表格，<<key>> 修饰关键字字段。

在数据设计过程中，需要根据类之间的关联关系及数量对应来确定相关数据在数据库表中的组织方式。具体策略如下。

① 两个类之间存在 1∶1 的关联关系。如果有两个设计类 C1 和 C2，它们之间存在一对一的关联关系，且存储其永久数据的数据库表分别为 T_C1 和 T_C2。为了在数据库表中表征这两个类间的关系及相关的数量对应，只要将 T_C1 表中的关键字段 T_C1_KeyField 作为 T_C2 表中的外键（如图 7.56 所示）。

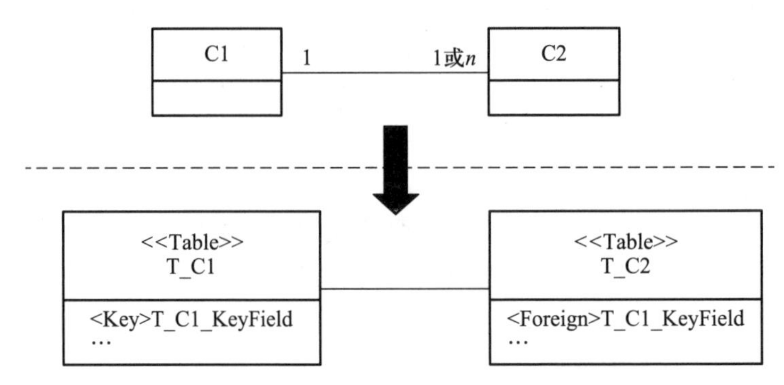

图 7.56　根据类间的 1∶1 关联关系设计关系数据库的表及其字段

② 两个类之间存在 1∶n 的关联关系。如果两个设计类之间的关联关系存在一对多的情况，那么可以采用上述同样的方法来设计关系数据库的相关表及其字段，在此不再赘述。

③ 两个类之间存在 *∶* 的关联关系。如果有两个设计类 C1 和 C2，它们之间存在多对多的关联关系，且存储其永久数据的数据库表分别为 T_C1 和 T_C2。为了在数据库表设计中表征这两个类间的数量对应关系，需要设计一个新的交叉数据库格 T_Intersection，将 T_C1 和 T_C2 中关键字段作为 T_Intersection 的外键，并在 T_C1 与 T_Intersection 之间、T_C2 与 T_Intersection 之间建立一对多的关系（如图 7.57 所示）。

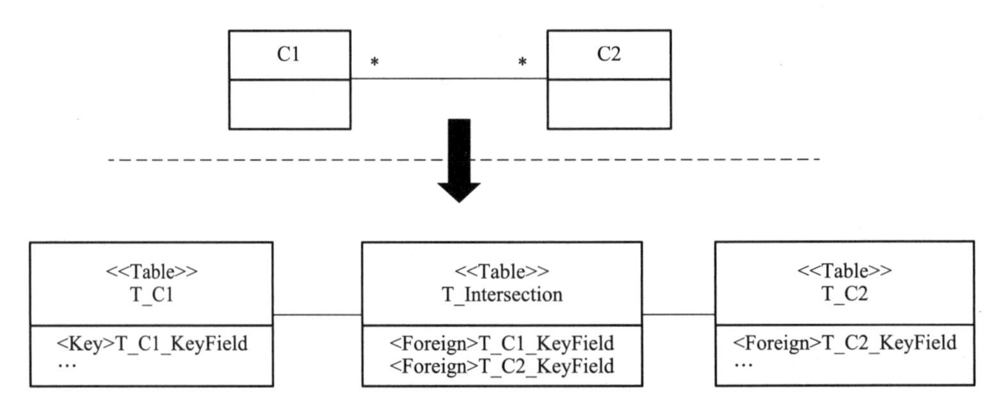

图 7.57　根据类间的 *∶* 关联关系设计关系数据库的表及其字段

示例：设计永久保存数据的数据库表及字段

针对空巢老人智能看护系统中的 User 类，为其设计持久保存的数据库表 T_User。该表有 5 个字段：长度为 10 的字符串 name 以表示用户的姓名，长度为 50 的字符串 account 以表示用户的账号，长度为 6 的字符串 password 以表示用户的密码，类型为整数的 type 以表示用户的类别（如家属、医生、老人等），长度为 12 的字符串 mobile 以表示用户的手机号，具体见图 7.58 所示。

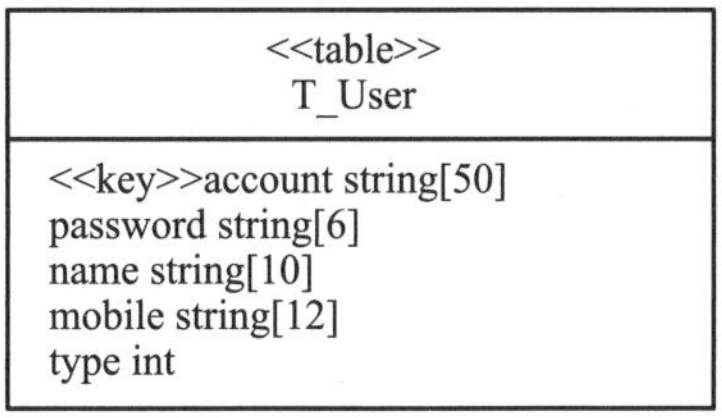

<<table>>
T_User

<<key>>account string[50]
password string[6]
name string[10]
mobile string[12]
type int

图 7.58 保存 User 类对象的数据库表 T_User

4. 设计数据操作

一旦确定好持久数据的存储和组织方式,就需要设计支持数据读取、存放、分析等的相关操作。

① 数据读取操作。该操作负责提供从数据文件和数据库中读取所需数据的功能。根据数据存储的不同方式,数据读取操作需要建立与数据文件或者数据库的连接,描述读取数据的要求(如某些字段需要满足什么样的值),并将读取的数据存入特定的数据结构之中。

② 数据写入操作。该操作负责提供将特定数据结构中的数据写入持续存储介质中的功能。同样的,它需要建立与数据文件或者数据库的连接,通过访问数据文件和数据库提供的接口,将相关的数据写入目标介质之中。

③ 数据验证操作。该操作负责提供数据的验证功能,如验证待写入数据库或数据文件中的相关数据的完整性、相关性、一致性等。

示例:设计永久数据的操作

为了支持对 T_User 数据库表的操作,设计模型中有一个关键设计类 UserLibrary,它提供了一组方法以实现将 User 类对象的数据插入 T_User 表中,删除或修改表中的数据,或从数据库表中查询相关用户的信息等。具体的接口描述如下。

- boolean insertUser(User)。
- boolean deleteUser(User)。
- boolean updateUser(User)。
- User getUserByAccount(account)。
- boolean verifyUserValidity(account, password)。
- UserLibrary()。
- ~ UserLibrary()。
- void openDatabase()。
- void closeDatabase()。

5. 评审和优化数据设计

数据设计完成之后,需要对设计产生的软件制品进行评审,以发现数据设计中存在的问题,确保数据设计的质量。数据设计评审的内容和要求描述如下。

① 正确性。数据设计是否满足软件需求。

② 一致性。数据设计尤其是数据的组织是否与相关的类设计相一致。

③ 时空效率。分析数据设计的空间利用率，以此来优化数据的组织；根据数据操作的响应时间来分析数据操作的时效性，以此来优化数据库以及数据访问操作。

④ 可扩展性。数据设计是否考虑和支持将来数据持续保存的可能扩展。

6. 输出的软件制品

数据设计活动结束之后，将输出以下软件制品：

- 描述数据设计的类图。
- 描述数据操作的活动图。

7.5.9 软件设计的整合、文档化及评审

软件系统的体系结构设计、用户界面设计、用例设计、子系统/构件设计、类设计和数据设计，分别从不同的层次（从宏观到微观、从全局到局部）、不同的视角（从结构到行为、从模块到数据）对软件系统进行了设计，产生了不同的软件制品（如体系结构模型、用例实现模型、用户界面模型、子系统/构件模型、数据设计模型、部署模型等）。在完成上述所有设计工作之后，需要将这些软件设计成果进行整合，形成一个系统、完整的软件设计方案，并以软件设计规格说明书的形式来描述该方案，对设计方案的正确性、合理性等方面进行评审。

软件设计规格说明书编写内容和要求

1. 文档化软件设计

根据软件设计规格说明书的编写规范和要求，以软件设计模型为基础，撰写软件设计文档。一般地，软件设计规格说明书的编写内容和要求见二维码内容。

2. 评审软件设计文档

撰写完软件设计规格说明书之后，多方人员（用户、软件设计人员、程序员、软件测试人员等）需要一起对软件设计规格说明书的形式和内容进行评审，评审内容包括以下几方面。

① 规范性。软件设计规格说明书的书写是否遵循相应的文档规范，是否按照规范的要求和方式来撰写内容、组织文档结构。

② 简练性。软件设计文档的语言表述是否简洁、易于理解。

③ 正确性。文档所表达的软件设计方案是否正确地实现了软件的功能性需求和非功能性需求。

④ 可实施性。所有的设计元素是否已充分细化和精化，模型是否易于理解，在选定的技术平台和软件项目的可用资源约束条件下，基于所选定的程序设计语言是否可以实现该设计模型。

⑤ 可追踪性。软件需求文档中的各项需求是否在设计文档中都可找到相应的实现方案，设计文档中的每一项设计内容是否对应于需求文档中的相应需求条目和要求。

⑥ 一致性。设计模型之间、文档的不同段落之间、文档的文字表达与设计模型之间是否存在不一致问题。

⑦ 高质量。软件设计方案在实现软件需求模型的同时，是否充分考虑了软件设计原则，设

计模型是否具有良好的质量属性，如有效性、可靠性、可扩展性、可修改性等。

一般地，以下人员需要参与软件设计规格说明书的评审，以便从不同的人员角度来发现软件设计规格说明书中存在的各种问题，并就有关问题的解决达成一致，进而指导后续的软件实现。

① 用户（客户）。评估和分析软件设计是否正确地实现了他们所提出的软件需求。

② 软件设计人员。他们开展了软件设计工作，建立了设计模型，撰写了软件设计文档，需要根据评审的意见来修改设计方案。

③ 程序员。评估与分析软件设计文档是否提供了足够详细的设计方案以指导编码，并判断能否正确地理解软件设计文档所描述的各项内容。

④ 软件需求分析人员。评估与分析软件设计方案对软件需求的理解和认识与软件需求文档是否一致，是否实现了他们所定义的软件需求。

⑤ 质量保证人员。该类人员负责发现软件设计模型和文档中的质量问题，并进行质量保证。

⑥ 测试工程师。该类人员负责以软件设计规格说明书为依据，设计软件测试用例，开展相应的软件测试工作。

⑦ 配置管理工程师。该类人员负责对软件设计规格说明书和设计模型进行配置管理。

一般地，对软件设计规格说明书的评审主要包含以下工作和步骤。

① 阅读和汇报软件设计规格说明书。可以采用会议评审、会签评审等多种方式，参与评审的人员首先阅读软件设计规格说明书和设计模型，或者听取软件设计人员关于软件设计规格说明书和设计模型的汇报，进而发现其中存在的问题。

② 收集和整理问题。记录软件设计评审过程中各方发现的所有问题和缺陷，形成相关的文档纪要，给出问题列表。

③ 讨论和达成一致。针对发现的每一个问题，相关责任人进行讨论，并就问题的解决方案达成一致；在此基础上，根据问题的解决方案修改软件设计规格说明书和设计模型。

④ 纳入配置。一旦所有的问题得到了有效的解决，对软件设计规格说明书文档和设计模型进行了必要的修改，就可以将修改后的设计规格说明书和设计模型置于基线管理控制之下，形成指导后续软件实现和测试的基线。

小结

软件设计是软件开发过程中的关键阶段，它所产生的软件设计模型将用于指导后续的编码和测试，并从根本上决定了目标软件系统的质量。本节针对开发软件系统实践，聚焦于软件设计与建模，详细介绍了开展软件设计与建模的过程和步骤、目标和原则、方法和策略、注意事项及输出制品。概括起来，软件系统的设计与建模主要涉及以下几方面的工作。

① 体系结构设计。软件体系结构设计旨在从高层、全局、宏观的层次和视角给出实现软件需求的战略性设计蓝图，提供目标软件系统的整体架构，明确架构的组成、层次、职责及相互之间的交互，建立目标软件系统的高层逻辑模型，输出用 UML 包图描述的软件体系结构设计模型以

及软件系统的最终部署模型。体系结构设计要尽可能重用已有的体系结构风格和设计模式，借助于高质量的开源软件，利用已有的软件资产。

② 用户界面设计。用户界面设计旨在根据软件需求考虑用户的个性化特点及操作要求，设计目标软件系统的人机交互界面，明确界面的组成及跳转关系，提供软件系统的界面原型，输出指导用户界面设计和实现的类图。用户界面设计要重点关注和考虑用户界面的简洁性、易操作性、友好性、可理解性等特点。

③ 用例设计。用例设计旨在针对每个软件需求用例，结合体系结构设计和用户界面设计的具体成果，整合相应的设计元素（如体系结构设计要素、用户界面设计要素等），分解分析类的职责，引入新的关键设计类，为用例的实现提供解决方案。用例设计起到了精化和细化软件设计的功效，从而为子系统 / 构件设计、类设计、数据设计等奠定基础。用例设计的输出是用例实现的顺序图、系统的设计类图。

④ 子系统 / 构件设计。子系统 / 构件设计旨在针对目标软件系统中粗粒度的子系统和构件，精化其内部的设计元素，明确设计元素之间的交互和协作，给出实现子系统 / 构件职责的内部实现细节，输出子系统 / 构件设计的顺序图、设计类图、状态图和活动图等模型。

⑤ 类设计。类设计旨在针对软件设计过程中所产生的设计类，明确类的可见范围、类间关系、类的属性和方法等，精化类方法的实现细节和算法，输出可直接指导程序员编写代码的类设计模型，包括刻画类方法实现的活动图、反映类对象状态变化的状态图等。

⑥ 数据设计。数据设计旨在根据软件需求模型中的各项信息以及在软件设计中所产生的类抽象，明确目标软件系统中需要持久保存的数据条目，给出持续保存这些数据条目的数据存储和组织方式，设计支持数据读取和存储的相关操作，输出相应的数据设计类图、活动图。

软件设计不仅要给出软件需求的实现方案，还需要关注设计的质量。高质量的设计是确保目标软件系统可靠、高效运行的关键，也可提升目标软件系统的可理解性、可扩展性和可维护性。因此，软件设计过程中需要针对这些质量要求开展设计、进行评审。

7.6　代码编写与测试

本节将结合空巢老人智能看护系统应用案例，介绍如何根据软件设计模型和文档，借助和重用已有的软件资产编写目标软件系统的程序代码，并对代码进行测试，以发现代码中的缺陷和错误，通过调试来定位缺陷和修复错误，最后将目标软件系统部署在计算平台上运行。

7.6.1　任务、过程与输出

程序代码是构成软件系统的最重要软件制品，软件系统所提供的各项功能和服务最终都是通过程序代码（而非模型和文档）来实现的。没有代码，任何软件系统都无法运行，也就失去了其存在的意义和价值。软件开发的目标归根结底就是要产生目标软件系统的程序代码，因而编写代码并确保代码质量是软件开发过程中一项极为关键的活动。

代码编写与测试的任务是,根据软件设计模型和文档,借助程序设计语言,编写出目标软件系统的程序代码,并对代码进行多种形式的测试,以发现代码中存在的缺陷和问题,进而指导代码的修复,确保代码的质量。其过程如图 7.59 所示,其中各项软件开发活动描述如下。

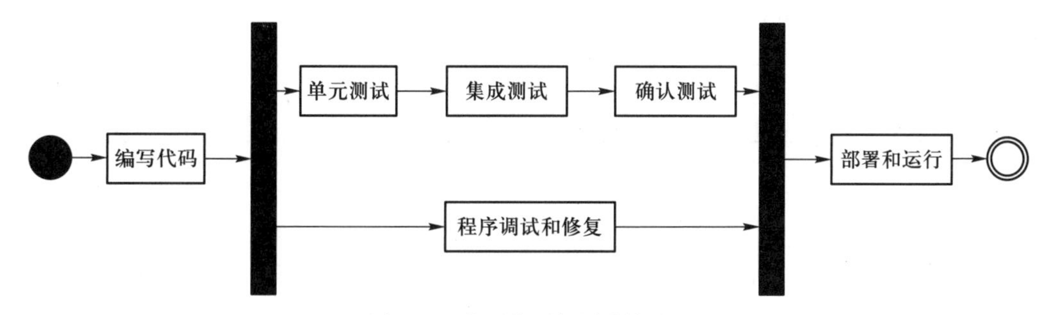

图 7.59 代码编写与测试的过程

① 编写代码。根据设计模型和文档提供的软件设计信息,借助程序设计语言,遵循编码规范和要求,编写出目标软件系统的程序代码。

② 单元测试。对构成目标软件系统的基本模块单元的代码进行测试,以发现其中存在的缺陷和错误,产生单元测试报告。

③ 集成测试。将目标软件系统的各个模块单元逐一组装在一起进行测试,以发现这些模块在组装时潜在的缺陷和错误,产生集成测试报告。

④ 确认测试。对照软件需求模型和文档,对软件系统的功能和性能等进行测试,检查所开发的软件系统是否达到软件需求模型和文档所描述的各项要求,是否满足用户的期望,发现目标软件系统存在的缺陷和问题,产生确认测试报告。

⑤ 程序调试和修复。针对软件测试所发现的缺陷和错误,寻找产生缺陷和错误的原因,定位出错的代码位置,进而修改相关的程序代码。

⑥ 部署和运行。将经过测试、调试和修复后的程序代码进行编译,生成可运行的目标代码,部署在实际的计算环境中运行。

通过上述步骤,代码编写与测试阶段将输出目标软件系统的源程序代码、目标程序代码以及一系列软件测试报告。表 7.9 描述了代码编写与测试阶段的各项软件开发活动及其任务和输出。

表 7.9 代码编写与测试的活动、任务和输出

活动	任务	输出
编写代码	借助程序设计语言来编写软件系统的程序代码	源程序代码
单元测试	对软件系统的基本模块单元进行测试,以发现其中的缺陷和错误	单元测试报告

续表

活动	任务	输出
集成测试	将软件系统基本模块单元组装在一起进行测试，以发现其中的缺陷和错误	集成测试报告
确认测试	对软件系统的功能和性能等进行测试，以发现其中的缺陷和错误	确认测试报告
程序调试和修复	定位缺陷和错误，修复程序代码	修复后的源程序代码
部署和运行	将目标软件系统部署到实际计算环境上运行	可运行的目标软件系统

7.6.2　编写代码

编写代码旨在根据软件设计信息，借助程序设计语言，编写目标软件系统的源程序代码。就面向对象程序设计而言，编码程序代码的主要工作就是要编写一个个的类代码，它们构成了面向对象程序设计的基本模块单元。具体的，编写代码工作主要涉及以下三方面：编写类代码、编写用户界面代码、编写数据设计代码。

1. 编写类代码

在面向对象设计模型中，类设计模型详细描述了目标软件系统中的类及其属性、方法等详细设计信息。程序员需要将这些 UML 模型中的设计信息（如类名称、可见性、属性、方法、接口及实现算法等）转换为用程序设计语言表达的代码。在此过程中，如果软件设计模型没有提供足够详细、具体的设计信息，程序员还需要对软件设计模型做进一步细化和精化，以获得足以支持编写代码的翔实设计细节。具体的，编写代码主要完成以下工作。

（1）编写实现类的代码

软件设计模型详细描述了软件系统中类的详细设计信息，包括可见性、类名、属性、方法等。程序员可以将这些设计信息直接转换为用程序设计语言表示的实现结构和代码。

示例：编写 LoginManager 设计类的程序代码

根据前面所描述的 LoginManager 设计类的 UML 模型信息，程序员可以用 Java 编写出 LoginManager 类的以下实现代码。由于 LoginManager 类与 UserLibrary 类之间存在单向的关联关系，因而需要精化 LoginManager 类的属性设计，增加 UserLibrary 类对象的属性。同时，LoginManager 类在创建时需要完成一些必要的初始化工作，如实例化 UserLibrary 类对象等，因而需要精化其类方法的设计，增加构造函数 LoginManager() 方法。

```
public class LoginManager{
    private UserLibrary userLib;
    public void LoginManager(); // 构造函数
    public int login(account, password); // 用户登录
    public boolean isUserValid(String account, String password);    // 判断用户是否合法
}
```

示例：编写 User 设计类和 EndControlNode 节点类的程序代码

编写 User 类和 EndControl-Node 类程序代码

(2) 编写实现类方法的代码

对类设计模型的实现还必须编写类中各个方法的程序代码。一般地，类设计模型还提供了关键类方法的实现算法，以详细描述这些类方法的内部实现细节。类方法的实现细节通常用 UML 的活动图来表示，程序员可以此为依据来编写类方法的实现代码。

示例：编写 LoginManager 类中 login() 方法的代码

7.5.8 小节用活动图描述了 LoginManager 类中 login() 方法的实现算法。基于该设计信息，程序员可以用 Java 语言编写出 login() 方法的程序代码。

```
public int login(String account, String password){
    final int ERROR_ACCOUNT_EMPTY = 1;        // 表示账号为空的错误代码
    final int ERROR_PASSWORD_EMPTY = 2;       // 表示密码为空的错误代码
    final int ERROR_INVALID_USER = 3;         // 表示用户非法的错误代码
    final int LOGIN_SUCCESS = 0;              // 表示用户合法的代码
    int result ;
    If(account.getLength() = = 0){    // 检查 account 是否为空串
        result = ERROR_ACCOUNT_EMPTY;  // 表示账号为空
    } else if(password.getLength() = = 0)  {      // 检查 password 是否为空串
        result =ERROR_PASSWORD_EMPTY; // 表示密码为空
    } else {
            // 向 UserLibrary 对象发消息以验证用户的身份是否合法
            boolean validUser = userLib.isUserValid(account, password);
            If(validUser){
                result = LOGIN_SUCCESS;
            } else {
                result =ERROR_INVALID_USER;
            }
    }
    return result;
}
```

示例：编写 ElderInfoAnalyzer 类中 detectFallDown 方法的代码。

编写 detect-FallDown() 方法的代码

(3) 编写实现类间关联的代码

类设计模型可能包含有表征不同类间关联关系的语义信息。关联关系表示类与类之间存在某种逻辑关系，它可以是单向的，也可以是双向的。在编写代码时，需要将类间关联关系的语义信息具体落实到相应类的程序代码中，即综合考虑关联关系的方向性、多重性、角色名和约束特性等信息来编写相关的类程序代码。例如，如果一个类 A 与另一个类 B 存在单向关联，那么意味着类 A 中存在一项属性 p 记录了类 B 的对象，进而可以支持类 A 的对象来访问类 B 的对象。属性 p 的名称对应于角色名，其类型为类 B。

示例：编写实现 LoginManager 类与 UserLibrary 类间关联关系的代码

前面用 UML 类图描述了 LoginManager 类与 UserLibrary 类之间的关联关系。基于该设计信息，程序员可以编写出实现该关联关系的 Java 程序代码。其关键是要在 LoginManager 中增加一个属性，以保存 UserLibrary 类对象，从而使得 LoginManager 类对象可以访问 UserLibrary 类对象，并向其发送消息以验证用户身份的合法性。

```
public class LoginManager {
    private UserLibrary userLib; //UserLibrary 的对象
    …
}
```

(4) 编写实现设计类间聚合和组合关系的代码

类设计模型可能包含有表征类间聚合和组合关系的语义信息，在编写程序代码时需要将该语义信息转换为相应的代码实现。由于聚合和组合关系是一种特殊的关联关系，原则上可以采用类似于实现关联关系的方法来编写实现聚合和组合关系的代码。需要注意的是，在聚合和组合关系中，整体类和部分类之间往往存在多重性，即数量上的关系，因而在编写相关代码时，需要根据多重性来设计相应类属性的数据结构。

(5) 编写实现接口关系的代码

类设计模型可能包含有表征类与接口之间实现关系的语义信息。在编写目标软件系统的程序代码时，需要针对该语义信息编写相关的程序代码。在面向对象软件模型中，接口是一种特殊的类。诸多面向对象程序设计语言（如 Java）提供了专门针对接口实现的语言机制，因而可以直接将接口设计信息转换为相应的程序代码。

(6) 编写实现继承关系的程序代码

在面向对象软件设计模型中，不同类间通过继承关系来实现一个子类继承父类的属性和方法。继承既是一种用于自然表示类间一般和特殊关系的机制，也是实现软件重用的一种重要方式。许多面向对象程序设计语言都提供了对继承的支持以及相应的语言机制。比如，Java 支持单重继承，C++ 支持多重继承。在编写代码时，可以将设计模型中的类间继承关系用程序设计语言提供的语言机制来表示。

示例：编写实现类间继承关系的代码

7.5.7 小节用 UML 类图描述了 Elder、FamilyMember、Doctor、Administrator 等类与 User 类之间的继承关系。基于该设计信息，程序员可以编写出实现该继承关系的如下 Java 程序代码。

```
public class FamilyMember extends User{
    // 特有的成员属性
```

```
    // 特有的成员方法
}
```

图 7.60 描述了 LoginUI 用户界面类如何通过继承 Activity 类来实现其职责。基于该设计信息，程序员可以编写出实现该继承关系的如下 Java 程序代码。

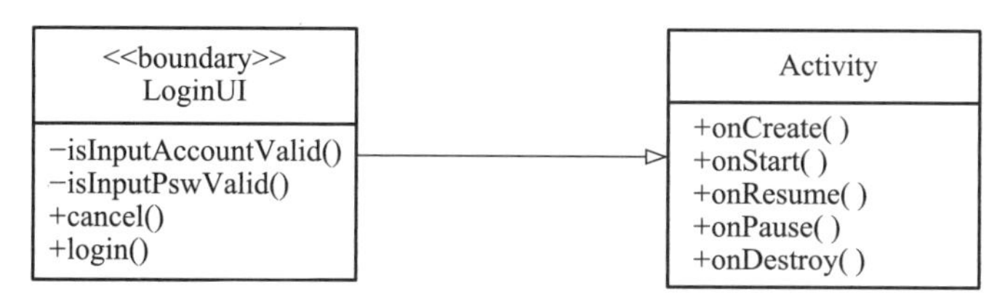

图 7.60 描述继承关系的软件设计模型

```
public class LoginUI extends Activity {
    // 成员方法说明
    public void login( );
    public void cancel( );
    public boolean isInputAccountValid( );
    public boolean isInputPswValid( );
}
```

（7）编写实现包的代码

在软件体系结构设计、子系统 / 构件设计、用户界面设计时，软件设计人员通常利用子系统来将若干设计类组织在一起，以对目标软件系统中的设计类进行结构化、层次化的组织，从而使得整个软件系统的代码结构更为直观和清晰，这种处理方式有助于提高软件系统的可维护性。

在面向对象软件设计中，通常用包（package）来组织和管理软件系统中的类。从某种意义上看，包是对软件系统中模块的逻辑划分，也可以将包视为是一种子系统。面向对象程序设计语言提供了对包进行编程的语言机制，每个包对应于代码目录结构中的某个目录。

示例：编写实现用户界面包 ui 的代码

根据 7.5.7 小节所描述的用户界面设计，ElderMonitorApp 子系统共有 6 个界面类来实现与用户的交互，包括 GuidingUI、LoginUI、BiCallUI、MonitoringUI、MotionCtrlUI、SettingUI。可以将这 6 个用户界面类组织为一个包 ui，其类代码统一放在 ui 包之下，从而实现这些界面类对象之间可以相互访问。

2. 编写用户界面代码

用户界面设计模型描述了构成用户界面的各个界面设计元素，以及用户界面之间的跳转关系。在编码阶段，程序员需要将这些界面设计信息用程序设计语言来加以描述，包括编写界面类属性的代码以定义界面设计元素，编写界面类的方法以对界面操作、界面事件等进行必要的处理，从而完整地实现用户与界面之间的双向交互，包括用户向系统输入信息，并将信息进行必要的处理后交给后台的控制类或实体类对象进行处理；接受后台控制类或实体类对象的处理信息，将其转换为用户可以理解的信息，呈现在相应的界面设计元素上。

示例：编写 LoginUI 用户界面的程序代码

空巢老人智能看护系统的用户登录界面 LoginUI 有两个用户输入界面元素（分别用于输入用户的账号和密码），4 个用户命令界面元素（分别对应于忘记密码通过短信获取密码取消和确认）。该用户界面的程序代码描述如下。

(1) 用户登录界面的主体类

```
package com.example.elder_carer;
import android.app.Activity;
import android.content.Intent;
import android.os.Bundle;
import android.view.View;
import android.view.View.OnClickListener;
import android.widget.Button;
import android.widget.EditText;
import android.widget.ImageView;
import android.widget.TextView;
import android.widget.Toast;
//LoginUI 界面类
public class LoginUI extends Activity {
    private EditText mAccount;
    private EditText mPsw;
    private Button mCancelButton;
    private Button mLoginButton;
    private UserLibrary mUserLibrary;

    public void onCreate(Bundle savedInstanceState){
        ...
    }
    // 用户登录方法
    public void login(){
        ...
    }
    // 取消登录方法
    public void cancel(){
        ...
    }
```

```
    // 判断用户的输入账号是否有效
    public boolean isInputAccountValid(){
        ...
    }
    // 判断用户输入的密码是否有效
    public boolean isInputPswValid(){
        ...
    }
    protected void onResume(){
        ...
    }
    protected void onDestroy(){
        ...
    }
    protected void onPause(){
        ...
    }
}
```

(2)取消和确认用户命令的程序代码

```
OnClickListener mListener = new OnClickListener(){
    public void onClick(View v){
        switch(v.getId()){
            case R.id.login_btn_cancel: // 取消
                onPause();
                break;
            case R.id.login_btn_login: // 确认
                login();
                break;
        }
    }
};
```

3. 编写数据设计代码

在软件设计阶段,数据设计定义了软件系统中需要持久保存数据的组织和存储方式,设计了相应的类及其方法来读取、保存、更新和查询持久数据。在编码阶段,需要根据这些数据设计信息,在数据库管理系统中创建相应的数据库关系表格及其内部的各个字段选项等,确保它们满足

编写针对User数据持久保存和操作的代码

设计的要求和约束；同时编写相应的程序代码来操作数据库，如增加、删除、更改、查询数据记录等。

示例：编写针对 User 数据持久保存和操作的程序代码

4. 集成和重用已有的软件资产

在编写目标软件系统程序代码的过程中，尽可能地借助已有的软件资产来编写程序，以提高软件开发的效率和质量。为此，根据软件设计阶段所确立和选择的开源软件，理解其整体的功能，明确开源软件使用的方式，并编写相应的程序代码，以实现与开源软件系统的集成。此外，对于一些粒度较小且功能较为明确的程序代码（如建立与数据库的连接、插入一个数据条目、对用户输入的合法性检查等），可以到开源社区去寻找相应的高质量代码片段，通过对这些代码片段的重用来实现相应的功能。

示例：集成和重用开源软件 Linphone4Android

根据 7.5.3 小节的介绍，老人状况监控终端（ElderMonitorApp）子系统将借助于 Linphone4Android 开源软件来实现视频 / 语音双向交互功能。ElderMonitorApp 子系统中的 MonitoringUI 界面类代码负责集成 Linphone4Android 开源软件，具体方法描述如下：

① 在 Linphone4Android 开源软件中找到启动入口 LinphoneLauncher 类。

② 将 Linphone4Android 源代码配置文件 AndroidManifest.xml 中所有 Activity 的配置代码复制到本系统的 AndroidManifest.xml 配置文件中。

③ 在 MonitoringUI 类中编写如下代码，以实现跳转至 LinphoneLauncher，进入 Linphone4Android 运行界面，实现视频 / 语音双向交互功能。

```
Intent intent = new Intent(MonitoringUI.this, LinphoneLauncher.class);
// 新建 Intent 实例，Intent 是解决 Android 应用各项组件之间的通信的一种媒体中介
startActivity(intent);    // 跳转至 LinphoneLauncher
finish();                 // 关闭 MonitoringUI
```

集成开源软件 ROS 和重用 ROS 节点代码

示例：集成开源软件 ROS 和重用 ROS 节点代码

5. 编写高质量代码的规范和要求

在编写代码过程中，如何确保代码的质量至关重要。程序代码的质量可分为外部质量和内部质量，它们从不同的角度反映了代码满足用户需求的程度，这里所指的用户不仅包括实际使用软件系统的用户，还包括开发和维护软件系统的相关人员，如程序员、软件维护人员等。外部质量主要是针对使用软件系统的实际用户而言的，具体表现为软件系统的正确性、易用性、运行效率、可靠性等方面。内部质量是针对开发和维护软件系统的人员而言的，具体表现为软件系统的可理解性、可维护性、灵活性、可移植性、可重用性、可测试性等方面。这两方面的质量都很重要，因而在编写代码时既要关注代码的外部质量，也要关注代码的内部质量。确保代码外部质量的有效手段是软件测试，而要确保代码的内部质量，程序员在编写代码过程中必须遵循编

码的相关要求和规范。

(1) 代码要求和编码原则

① 易读,一看就懂。所编写的代码要易于阅读,便于不同的人员(尤其不是该代码的编写人员)理解代码的语义和内涵,了解相关语句和代码的实现意图,便于修改和维护代码。为此,在编写代码时,要遵循编码规范来编写代码语句,采用缩进的方法来组织代码的显示,用括号来表示不同语句的优先级,对关键语句、语句块、方法等要加以注释。

② 易改,便于维护。所编写的程序代码要易于修改,便于程序员对其进行维护,或者在适当的位置增加新的代码以完善、增加代码的功能,或者对某些代码进行修改以便纠正代码中的缺陷和错误。为此,在编码过程中,需要在软件详细设计模型的基础上,将那些将来可能需要进行修改和维护的代码(包括常元、变量、方法等)进行单独的抽象、参数化和封装,以便将来对其修改时不会影响其他部分的代码。例如,尽可能不要在程序代码中直接使用常数(包括字符串、数字),而是将相关的常数在类声明部分将其定义为常元,并用大写字母来表示常元,这样只要通过对常元的修改就可达成对所有常数的修改。

③ 降低代码的复杂度。要尽可能降低所编写代码的复杂度。为此,需要将一个类代码组织为一个文件,并用统一的命名规则来命名文件,在代码中适当增加注释以加强对代码的理解,在代码中不用 GOTO 语句,慎用嵌套或减少嵌套的层数,尽量选用简单的实现算法等。

④ 尽可能开展软件重用和编写可重用的程序代码。软件重用是提高软件质量和开发效率、降低软件开发成本的有效途径,这一点已在大量软件开发实践中得到了检验。为此,在编写代码时尽可能地重用已有的软件制品,如函数库、各种形式的类库、软构件(如 .DLL)、开源软件或其代码片段等。与此同时,在编码时要考虑所编写代码的可重用性,要考虑如何使所编写的代码能为他人或在其他软件系统开发中被重用。

⑤ 要有处理异常和提高代码的容错性。编写的程序代码不仅要处理正常的业务逻辑,更要应对可能的错误或意想不到的情况,也即通常所说的异常。为此,在编写代码时要充分借助于程序设计语言提供的异常处理机制,编写必要的异常定义和处理代码,使得所编写的程序能够对异常情况进行必要的处理,从而有效防止由于异常而导致的程序终止或崩溃。必要时,还可以编写相关的程序代码以支持故障检测、恢复和修复,确保程序在出现严重错误时仍然能够正常运行,或者当出现崩溃时能尽快地恢复执行。

⑥ 代码要与模型和文档相一致。一般地,程序员基于设计模型和文档来编写代码,但在很多情况下软件设计模型和文档无法提供足够完整、翔实的信息来指导编码,或者在编码过程中程序员会发现软件设计模型和文档中存在不合理、有问题的软件设计,进而没有按照设计文档和模型来编写代码。在这种情况下,要求程序员在编写代码的同时要同步修改和完善相应的软件设计模型和文档,确保代码、模型和文档三者之间保持一致。

(2) 编码风格和规范

良好的编码规范有助于得到易读、易改、易测、易于重用的程序代码。在大量的编程实践中,程序员总结出了许多编码风格以加强程序代码的编排和组织,它有助于约束程序员的随意性、任意性的编码行为，得到规范化的程序代码。

① 格式化代码的布局，尽可能使其清晰、明了。

- 充分利用水平和垂直两个方向的编程空间来组织程序代码，便于读者阅读代码。
- 适当插入括号“{}”，使语句的层次性、表达式运算次序等更为清晰直观。
- 有效使用空格符，以显式地区别程序代码的不同部分（如程序与其注释）。

② 尽可能提供简洁的代码，不要人为地增加代码的复杂度。

- 使用简单的数据结构，避免使用难以理解和难以维护的数据结构（如多维数组、指针等）。
- 采用简单而非复杂的实现算法。
- 简化程序中的算术和逻辑表达式。
- 不要引入不必要的变元和动作。
- 防止变量名重载。
- 避免模块的冗余和重复。

③ 对代码辅之以适当的文档，以加强程序的理解。

- 有效、必要、简洁的代码注释。
- 代码注释的可理解性、准确性和无二义性。
- 确保代码与设计模型和文档的一致性。

④ 加强程序代码的结构化组织，提高代码的可读性。

- 按一定的次序来说明数据。
- 按字母顺序说明对象名。
- 避免使用嵌套循环结构和嵌套分支结构。
- 使用统一的缩进规则。
- 确保每个模块内部的代码单入口、单出口。

6. 输出的软件制品

编写代码活动结束之后，将输出以下软件制品：

- 软件系统的源程序代码。

7.6.3 软件测试

代码编写好之后，还不能直接交付给用户使用，原因是在整个软件开发过程中，软件制品会自觉和不自觉地引入各种问题和错误，导致最终所编写的代码及其实现的软件功能和性能与用户的需求不一致，也即目标软件系统的功能和性能与预期的不一致，我们将其称为软件缺陷。例如，软件系统的运行结果不正确，响应时间达不到规定的要求，输入某些特定数据后软件系统会崩溃，用户所需的功能在目标软件系统中没有得到体现，目标软件系统提供了用户不需要的功能等。导致这种状况的原因是多方面的，既有来自用户的因素，如用户没有清晰、准确地讲清楚软件需求，或者软件系统开发完成之后用户的需求发生了变化；但更为重要的是，软件开发人员（包括需求分析人员、软件设计人员、程序员等）在软件开发过程中人为地引入了许多错误。例如,误解了用户的期望和要求,没有遵循软件需求来进行软件设计,没有按照软件设计来编写代码,在编写代码时某些运算符输入错误等。

“人总是要犯错误的。”即使对于有经验的软件开发人员而言,也不能保证他们就不会犯错误。因此,要让软件开发人员开发出没有缺陷和错误的软件系统几乎是不可能的,尤其是对于大型、复杂软件系统而言,存在缺陷和错误是一种常态。那么既然在软件开发过程中不可避免地会引入和产生错误,那么如何来保证软件系统的质量呢?一种有效的方法就是等到程序代码编写好之后,尝试去发现所编写的程序代码中是否存在缺陷和错误。软件测试就是实现这一思想的关键技术手段。

1. 软件测试的思想和原理

软件测试是指采用人工或自动手段来运行软件系统,以检验系统是否满足规定的需求,或确定软件系统的运行结果与预期的结果之间的差异性。因此,软件测试的对象是目标软件系统的程序代码,方式是要运行程序代码并观察其运行的情况,目的是判断软件系统的运行情况(如输出结果、展示的功能和性能等)与预期的要求(如用户期待的结果,预期的功能和非功能需求)是否吻合和一致,进而判定目标软件系统是否存在缺陷和错误。

软件测试按照什么样的原理、采用怎样的方法来判定目标软件系统是否存在缺陷和错误呢?我们注意到,软件系统运行的本质是对数据进行处理。不管是何种形式的软件系统,都可以将其本质归结为这一基本特征。一个软件系统是否有缺陷或者错误,关键就是看它处理数据的流程和结果是否和预期的流程和结果相互一致。如果这二者之间存在差异,那么就可以断定软件系统存在缺陷或错误。

因此,可以根据软件需求和设计的具体要求设计出一组数据,交给目标软件系统来处理,观察和判断其处理的情况和结果是否与预期的相一致,如果存在不一致,那么就可以据此判定该软件系统存在问题。因此,开展软件测试的前提是需要为待测试的代码设计一组数据以进行处理,进而判断处理结果是否存在偏差,这些数据通常称为测试数据。图 7.61 详细描述了软件测试的基本原理和过程。开展软件测试需要完成以下几项关键性的工作。

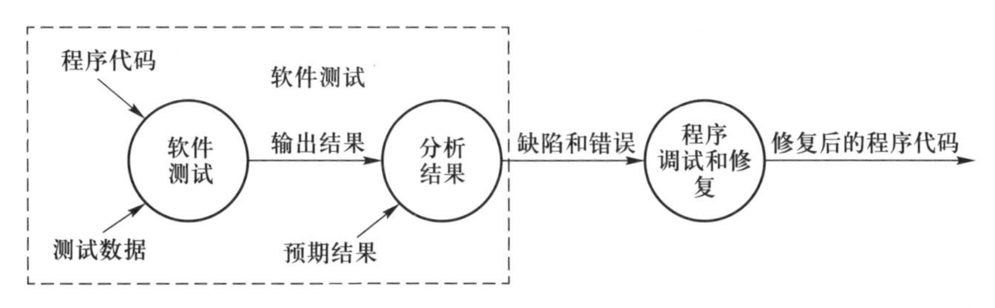

图 7.61　软件测试原理的示意图

① 设计测试用例。这项工作是开展软件测试的关键,因为测试用例设计的好坏直接决定了软件测试能否有效地揭示和发现软件系统中存在的缺陷和错误。软件测试人员可以早在需求分析、软件设计阶段,根据需求模型和文档、软件设计模型和文档来设计相应的测试用例。也就是说,无需等到软件测试阶段,在软件开发的早期就可以开展测试用例的设计工作。

② 运行程序代码。该项工作是软件测试的前提。软件测试工作的开展必须要让待测试的程序代码能够运行起来,接受测试用例的输入并产生输出。要运行代码的前提是要编写出相应的程序代码。因此,该项工作通常是在相关程序代码编写完成之后才能开展。

③ 形成判断。该项工作直接反映了软件测试的结果和成效,即将程序代码运行的情况和结果与预期做对比,发现和判断目标软件系统是否存在缺陷和错误。软件测试的结果主要反映在它能否有效地发现程序代码中的缺陷。

根据上述阐述,软件测试的原理还是较为简单的,但是要高质量、高效率地开展软件测试,尽可能地发现软件系统中潜在的缺陷和错误是一项挑战的工作。问题的关键是,如何设计出高质量的测试数据,以尽可能充分、有效地揭示软件系统中潜在的缺陷。考虑到软件系统是一种逻辑产品,它可接受输入数据的情况不可枚举(比如用户的账号和密码五花八门,不可能穷举),因而无法将程序的所有输入数据作为测试用例,这样既没必要也不可能。因此,如何根据待测试程序的具体情况,设计出一组有限的测试用例集合来开展软件测试,并且这些测试用例可有效地发现待测试程序中的缺陷,就成为软件测试的关键。为了达成软件测试的这一目标,这就要求所设计的测试用例要满足某些覆盖性准则。

软件测试对于软件质量保证而言至关重要,因为它是发现软件系统中潜藏缺陷的有效手段,也是程序代码开发完成之后进行软件质量保证必不可少的环节。在实际的软件开发过程中,软件测试是投入工作量较多的一个阶段。

2. 软件测试步骤和原则

可以从多个不同的角度和层次来开展软件测试(见图 7.62),具体包括以下几方面。

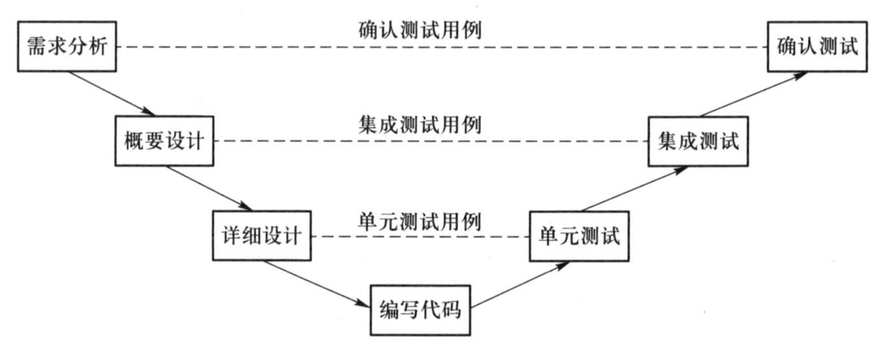

图 7.62 软件测试活动与软件开发活动间的对应关系

① 单元测试。对目标软件系统的基本程序基本单元(如类及其方法)进行测试,以判断程序单元是否存在缺陷。测试的依据是指导程序单元编码的详细设计模型或文档(如类方法的实现算法及其活动图)。也即单元测试是依据详细设计模型和文档来设计测试用例,据此判断程序单元是否满足详细设计的具体要求。通常,单元测试由程序员在编码阶段完成,其测试用例可在软件详细设计阶段(如类设计、数据设计、用户界面设计等)产生。

② 集成测试。将构成目标软件系统的基本程序单元进行组装,测试它们的接口和集成是否

存在缺陷。测试的依据是指导这些程序单元集成的软件概要设计模型和文档(如子系统设计模型、软件体系结构设计模型、用例实现模型等)。也即集成测试是要测试程序单元间的接口及其集成是否满足概要设计的相关要求。通常,集成测试需要在单元测试完成之后,由专门的软件测试人员在软件测试阶段完成,其测试用例可在软件概要设计阶段产生。

③ 确认测试。测试目标软件系统在满足用户的需求方面是否存在缺陷和错误。测试的依据是软件需求模型及文档(如用例模型、用例交互模型、软件的非功能需求描述等)。也即确认测试主要测试软件系统是否满足软件需求模型和文档中的相关需求定义。通常,确认测试需要在集成测试完成之后,由专门的软件测试人员在软件测试阶段完成,其测试用例可在软件需求分析阶段产生。

根据图 7.62 可以发现,软件测试活动与软件开发活动之间存在某种对应关系。不同的软件测试活动实际上是依据相应软件开发活动的具体成果(如需求模型、设计模型)来设计测试用例,进而判断所编写的程序代码是否满足相关的要求。具体的,为了开展软件测试,首先需要针对不同的测试对象(如类方法、类对象、构件、子系统、整个软件系统)设计其测试用例,然后运行待测试的对象来执行测试用例,获取和分析其运行结果,产生代码是否存在缺陷的判断,撰写软件测试报告,并将相关的软件测试报告交给相关的软件开发人员(如程序员),以便他们根据测试所发现的缺陷和错误来修改程序代码,进而解决代码中存在的问题,提高程序代码的质量。图 7.63 描述了软件测试的大体步骤,它贯穿于软件开发全过程。

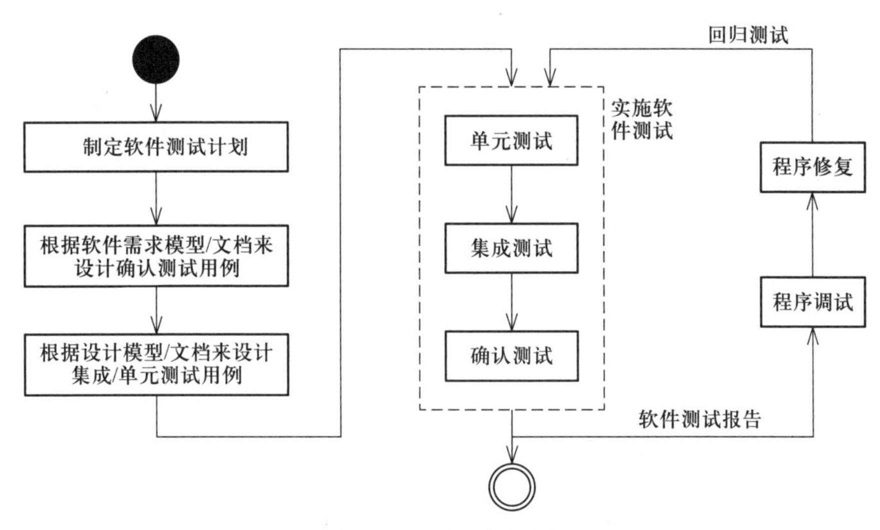

图 7.63 软件测试过程

① 制定软件测试计划。在软件项目早期,软件测试人员需要制订软件测试计划,以描述在项目实施过程中将要开展的软件测试活动、参与测试的人员及其工作安排、投入的资源和工具、软件测试的进度安排等方面的内容。

② 设计确认测试用例。在软件需求分析阶段,软件测试人员根据软件需求模型及文档,设计软件确认测试用例。

③ 设计集成 / 单元测试用例。在软件设计阶段,包括总体设计阶段和详细设计阶段,软件测试人员或程序员根据软件设计模型及文档,设计软件集成测试用例和单元测试用例。

④ 实施软件测试。在编码阶段,程序员对所编写的基本程序单元进行单元测试;在软件测试阶段,软件测试人员开展集成测试和确认测试。程序员和软件测试人员根据软件测试的结果撰写软件测试报告。

⑤ 程序调试。程序员根据软件测试报告来调试程序,以定位程序缺陷和错误的具体代码位置,弄清楚产生缺陷和错误的具体原因。

⑥ 程序修复。程序员根据程序调试的结果,修复相关的程序代码,从而解决代码中的缺陷和错误,形成新版本的程序代码。

⑦ 回归测试。一旦修复了程序,还需要对修复后的代码进行回归测试,以判断缺陷和错误是否已被成功修复,或在修复代码过程中是否引入新的缺陷和错误。

分阶段和分步骤开展软件测试

示例:分阶段和分步骤开展软件测试

软件测试的目的是要尽可能发现软件系统中潜在的缺陷和错误,软件测试的成效与软件测试用例的设计密切相关。有效的测试用例有助于发现软件系统中的缺陷和错误,反之如果测试用例设计得不合理,则可能导致难以暴露软件系统中潜在的问题。因此,如果软件测试没有发现软件有缺陷,并不意味着软件本身就没有缺陷,而是有可能软件测试用例设计不合理造成的。

在软件测试过程中,为了尽可能发现软件系统中潜在的缺陷和错误,软件测试应针对不同的测试目的,遵循以下原则来设计测试用例。

① 需求(功能)覆盖。确保软件系统的所有需求或功能都被测试用例覆盖到。某个测试用例覆盖了某项功能,是指该测试数据的输入导致被测试的对象(如某个程序单元或整个软件系统)运行了实现某项功能的程序代码。

② 模块(过程、函数)覆盖。要确保软件系统的所有程序模块(过程、函数)都被测试用例覆盖到。

③ 语句覆盖。要确保软件系统的所有程序语句都被测试用例覆盖到。

④ 分支覆盖。程序中的控制结构通常具有多个不同的执行分支。例如,在 if 语句中,如果条件判定为 TRUE,那么就会执行 then 分支,否则会执行 else 分支。分支覆盖是要确保待测试对象的所有分支都被测试用例覆盖到。

⑤ 条件覆盖。程序中控制结构的逻辑表达式既可取 TRUE 也可取 FALSE。条件覆盖是要确保控制结构中逻辑表达式的所有取值(TRUE 和 FALSE)都被测试用例覆盖到。

⑥ 多条件覆盖。程序中所有控制结构中的逻辑表达式的每个子表达式取值的组合都被测试用例覆盖到。

⑦ 条件 / 分支覆盖,是由条件覆盖和分支覆盖组合而成。

⑧ 路径覆盖。程序模块中的一条路径是指从入口语句(该模块的第一条执行语句)到出口语句(该模块的最后一条执行语句,如 return 语句)的语句序列。路径覆盖是要确保模块中的每

一条路径都被测试用例覆盖到。

⑨ 基本路径覆盖。基本路径是指至少引入一个新语句或新判断的路径。基本路径覆盖是要确保模块中的每一条基本路径都被测试用例覆盖到。

3. 软件测试技术

软件测试的关键是要设计出一组有效的测试用例,以尽可能发现软件系统中潜藏的缺陷和错误,用尽可能少的测试代价来发现尽可能多的软件错误。软件测试技术提供相关的策略和手段来支持测试用例的设计,以及对目标对象进行测试。目前软件测试技术非常多,已有的技术大致可以分为两类。一类是黑盒测试,该测试技术的前提是已知软件制品(如构件、子系统甚至整个软件系统)的功能或行为(如跟随老人、用户登录、异常告警等),但是不知道该软件制品的内部实现细节(如其内部的控制流程和实现算法),在这种情况下,针对该软件制品设计和运行测试用例来测试软件制品的运行是否正常、能否满足用户的需求。通常,集成测试和确认测试大多采用黑盒测试技术,典型的黑盒测试技术包括等价分类法和边界取值法。

另一类是白盒测试技术,该测试技术的前提是知道软件制品(如类方法)的内部实现细节(如其实现算法及相应的活动图)。在此情况下,针对该软件制品设计和运行测试用例来测试软件制品的运行是否正常、能否满足设计要求。单元测试通常采用白盒测试技术,典型的白盒测试技术包括基本路径测试等。

软件测试不仅要开展功能性测试,如单元测试、集成测试和确认测试等,还需要针对非功能性需求来进行测试,如性能测试、兼容性测试、可靠性测试、用户界面测试、安装测试等。非功能性测试也需要相关的技术来支撑其测试用例的设计。本节仅介绍两种黑盒测试技术(等价分类法、边界取值法)和一种白盒测试技术(基本路径测试技术),读者可参阅相关文献以学习和掌握更多的软件测试技术[1][2][64]。

(1) 基本路径测试技术

基本路径测试是根据模块(如类方法)的控制流程(通常用数据流图或者活动图来表示),来确定该模块的基本路径集合,然后针对每一条基本路径设计出一组测试用例,保证模块中的每条基本路径都被测试用例执行过。基本路径测试技术属于白盒测试技术的范畴,因为其前提是掌握模块内部的执行流程,因而通常用于支持单元测试。

基本路径测试技术主要包括以下步骤和活动:

① 获取被测模块的内部流程图。

② 根据流程图,建立被测模块的流图。

③ 根据流图,计算流图的 Cyclomatic 复杂度和被测模块的基本路径数目。

④ 确定被测模块的基本路径集合。

⑤ 根据基本路径集合设计测试用例集。

⑥ 执行测试用例并记录结果。

示例:采用基本路径测试技术为 LoginManager 类的 login()方法设计测试用例

7.5.7 小节描述了 LoginManager 类 login()方法的内部执行流程,刻画了该方法的实现细节。

下面介绍如何采用基本路径测试技术来设计该方法的测试用例。

(1) 依据 login( ) 方法的活动图绘制其内部实现算法流图(见图 7.64)

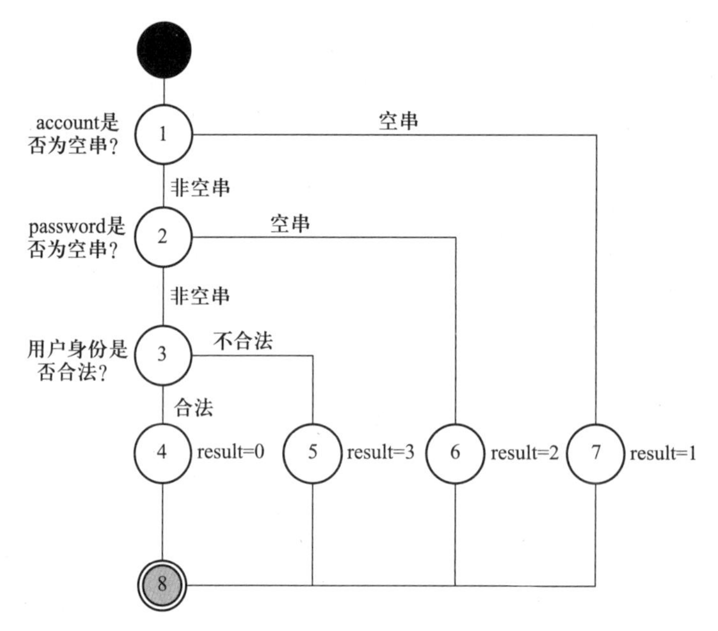

图 7.64　Login( ) 方法的流图

(2) 根据流图计算基本路径数目

计算流图的 Cyclomatic 复杂度，该数值就是基本路径的数目。流图的 Cyclomatic 复杂度等于“图中的边数 – 图中的节点数 +2”，对照图 7.64，该图的基本路径数目为 11–9+2=4。

(3) 确定基本路径集合

基本路径首先是一条路径，且其必须要引入新的语句或判断。根据这一思想，login( ) 方法具有以下 4 条基本路径。

- 1–7–8；
- 1–2–6–8；
- 1–2–3–5–8；
- 1–2–3–4–8。

(4) 根据基本路径集合设计测试用例

针对每一条基本路径为其设计测试用例，使得该基本路径被测试用例覆盖到。

针对基本路径 1–7–8，其测试用例为 <account 为空串，password 为任意串，预期结果为 result=1>。

针对基本路径 1–2–6–8，其测试用例为 <account 为非空串，password 为空串，预期结果为 result=2>。

针对基本路径 1–2–3–5–8，其测试用例为 <account 为非空串，password 为非空串，account 和 password 代表的是一个非法用户，即在 T_User 用户数据库表中没有该 account 和 password 的记录项，预期结果为 result=3>。

针对基本路径 1–2–3–4–8，其测试用例为 <account 为非空串，password 为非空串，account 和 password 代表的是一个合法用户，即在 T–User 用户数据库表中有该 account 和 password 的记录项，预期结果为 result=0>。

程序员或软件测试人员可以采用表 7.10 所示的用例描述模板来详细描述每一个测试用例。

表 7.10 软件测试用例描述模板

用例标识	为测试用例赋予一个唯一标识
用例设计者	谁设计了本测试用例
测试对象	描述该用例所针对的测试对象（如类、方法、子系统等）
测试输入	测试时为程序提供的输入数据
前提条件	执行测试时系统应处于的状态或要满足的条件等
环境要求	执行测试所需的软硬件环境、测试工具、人员等
测试步骤	(1) ……;（例如，运行待测试的对象） (2) ……;（例如，输入测试数据） ……
预期输出	希望程序运行得到的结果

(5) 执行测试并记录结果

运行 LoginManager 类的 Login() 方法，分别输入上述测试用例，检查其输出的 result 结果是否和预期的结果相一致，从而判定该模块内部是否有缺陷和错误。

(2) 等价分类法

黑盒测试主要用来测试软件制品在满足功能要求方面是否存在缺陷，如不正确或遗漏的功能、界面错误、数据结构或外部数据库访问错误、初始化和终止条件错误等。黑盒测试无需了解被测试对象的内部细节，而只需针对其功能和接口等来设计测试用例、运行被测对象，进而发现代码中的缺陷和错误。

等价分类法属于黑盒测试技术，其主要思想是把程序的输入数据集合按输入条件划分为若干个等价类，每个等价类中包含有多项具有相同性质和特征的输入数据，但是在设计测试用例时只需选取等价类中的某个数据，即可代表整个等价类对目标对象进行测试，因而该方法可以有效减少测试用例的数目。

等价分类法的关键是确定被测试对象的输入数据，然后根据输入数据的类型和程序的功能说明来划分等价类。下面是划分等价类时常用的一些规则和策略。

① 如果输入值是一个范围，则可划分出一个有效的等价类（输入值落在此范围内）和两个

无效的等价类（大于最大值的输入和小于最小值的输入）。

② 如果输入是一个特定值，则可类似地划分出一个有效等价类和两个无效等价类。

③ 如果输入值是一个集合，则可划分出一个有效等价类（此集合）和一个无效等价类（此集合的补集）。

④ 如果输入是一个布尔量，则可划分出一个有效等价类（此布尔量）和一个无效等价类（此布尔量之非）。

当有多个输入变量时，需要对等价类进行组合。例如，一个模块的输入包括一个整型变量和一个字符串变量。如果整型变量的等价类为正整数、零、负整数共三类，字符串变量的等价类为全字母字符串和非全字母字符串两类，那么通过组合，整个输入的等价类可能就有 6 个，包括 < 正整数，全字母 >、< 零，非全字母 > 等。

采用等价分类法设计测试用例

示例：采用等价分类法设计用户登录功能的测试用例

（3）边界取值法

大量的软件开发实践和经验表明，在输入数据的范围边界值上非常容易出错，因为边界条件本身就是一类特殊的情况，在编程上需要加以特殊考虑和关注，如果考虑不到或者不当，很容易导致代码出现缺陷和错误。例如，一个整型变量的输入范围是正整数，那么输入数据分别为 1 和 0 时，程序可能会采取不同的处理方式；一辆汽车的定速巡航系统规定车速到达 20 公里 / 小时时才可以使用该项功能，那么当速度分别为 19 公里 / 小时和 21 公里 / 小时情形时，汽车控制软件会采用不同的处理方式。

边界取值法就是要通过选择特定的测试用例，强迫程序在输入的边界值上执行。边界取值法可以看作是对等价分类法的补充，即在一个等价类中不是任选一个元素作为此等价类的代表进行软件测试，而是选择此等价类边界上的值。此外，采用边界取值法来设计测试用例时，不仅要考虑输入条件，还要考虑测试用例能够覆盖输出状态的边界。

采用边界取值法设计测试用例的策略描述如下，它与等价分类法有许多相似之处。

① 如果输入条件指定了由值 a 和 b 括起来的一个范围，那么值 a、值 b 和紧挨 a、b 左右的值应分别作为测试用例。

② 如果输入条件指定为一组数，那么这组数中最大者、最小者和次大、次小者应作为测试用例。

③ 把上面两条规则应用于输出条件。例如，某程序输出为一张温度压力对照表，此时应设计测试用例正好产生表项所允许的最大和最小值。

④ 如果内部数据结构是有界的（例如，某数组有 100 个元素），那么应设计测试数据，使之能检查该数据结构的边界。

采用边界取值法设计测试用例

示例：采用边界取值法来设计用户登录功能的测试用例

4. 软件测试的实施策略和方法

当程序员编写好某个或某些类代码后，必须要将这些类代码运行起来才能对其开展单元测试或集成测试。在具体的面向对象程序设计中，单个类程序代码是无法直接运行的。要让其运行起来的方法是要开发一个可运行的测试驱动程序，通过该程序来实例化被测试的类对象，并为对象实例创造适当的运行环境，以便执行相应的测试用例，观察其运行的流程和结果，判断待测试对象的运行状况及其结果与预期的结果是否一致，进而判断待测试的对象是否存在缺陷和错误。图 7.65 描述了实施软件测试的具体方法和手段。

① 实现一个类似于 C 程序中的 main()函数作为测试驱动程序，并使其可以编译和运行。

② 如果被测试的类方法（假设为类 A 的方法 m1）在执行过程中需要向其他的类对象发送消息（假设为类 B 的方法 m2），而类 B 的代码尚未编写完或还没有经过单元测试。在这种情况下，软件测试人员或程序员可以快速编写和构建出类 B 及其方法 m2 的程序代码，从而模拟充当实际的类 B 和方法 m2，以便辅助类 A 的方法 m1 完整地执行完其运行流程。为开展软件测试而临时编写的类 B 方法 m2 的程序代码可以非常简单，例如仅仅只有一条语句，以返回一个具体的值以表明执行成功或失败。我们将这个所构建的类 B 模块称为测试的桩模块，其目的是要支持被测试类代码的运行。

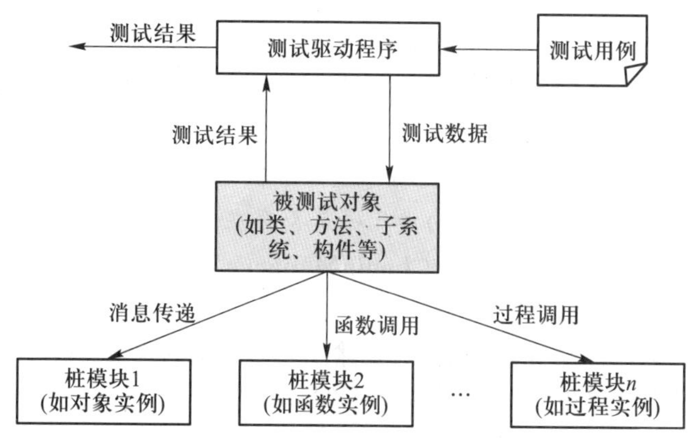

图 7.65　实施软件测试的方法

③ 在 main()函数中对相关的类（如待测试的类、桩模块类等）进行实例化，创建被测试的对象，将待测试的类代码、桩模块代码与 main()函数代码集成在一起，从而可以加载和运行类实例。

④ 在 main()函数中接受测试数据（如提供一个界面支持软件测试人员输入测试数据），向被测试的类对象发送相应的消息，并将测试数据作为消息参数传送给被测试的类方法。该步骤的本质实际上就是执行待测试类的相关方法。

⑤ 在 main()函数中获取类消息的执行结果，根据响应值、实例对象属性（状态）发生的变化等内容来分析测试用例的执行情况，据此来判断实际执行结果是否与预期的结果相互一致。如果不一致，就意味着某个或某些类方法存在缺陷。

⑥ 根据程序语言的存储分配机制，在测试执行完后，测试驱动程序应删除其创建的对象实例。

实际上，5.2.3 小节所介绍的 JUnit 就是基于上述机理设计和实现的一个单元测试工具。

示例：借助 JUnit 对 LoginManager 类的 login( ) 方法开展单元测试

假设程序员已编写好 LoginManager 类代码，并且设计好了相应的单元测试用例（具体可以参阅 7.6.3 小节的示例），下面介绍如何借助于 JUnit 来开展针对 LoginManager 类 login( ) 方法的单元测试。

首先，根据 LoginManager 类 login( ) 方法的实现算法（具体见 7.5.7 小节的示例）可知，该方法需要向 UserLibrary 类发送消息 isUserValid(account, password)。为此，程序员可以构建 UserLibrary 类桩模块，它仅有 isUserValid(account, password) 方法，并且该方法只有一条语句（如“return 0”表示是合法的用户）。

其次，程序员针对被测试的 LoginManager 类，编写一个相应的测试类，即 JUnitTest 类。在测试类中，程序员编写相关的测试程序代码以完成以下的功能。

① 生成待测试的 LoginManager 类对象。

② 接受测试用例的输入，主要是用户的账号和密码。

③ 向 LoginManager 类对象实例发送消息 login(account, password)，其中 account 和 password 两个参数的值来自输入的测试数据。

④ 获取和分析待测试类对象的运行数据、判断测试结果等。例如，利用 JUnit 提供了 assert( ) 语句来判断运行结果是否与预期结果相一致。

随后，将上述程序代码一起编译和运行，输入测试数据，查看 JUnit 的运行结果，从而判断待测试的类代码是否存在缺陷和故障。

借助 JUnit 对 LoginManager 类和 UserLibrary 类开展集成测试

示例：借助 JUnit 对 LoginManager 类和 UserLibrary 类开展集成测试

5. 输出的软件制品

软件测试完成之后，需要输出相应的软件测试报告，以记录开展软件测试的情况及其发现的缺陷和错误，具体包括：

- 软件单元测试报告。
- 软件集成测试报告。
- 软件确认测试报告。

7.6.4　程序调试和修复

如果在软件测试过程中发现代码存在缺陷和错误，那么程序员需要根据错误的迹象和征兆（如程序运行出现了异常、返回的结果不符合预期等）来找到错误的产生原因，确定错误的代码位置，这项工作称为程序调试。概括而言，程序调试就是通过理解程序代码的语义和行为来定位代码缺陷和错误的过程。

一旦明确了问题所在，找准了缺陷和错误的发生位置，程序员就可以修改相应的程序代码，以解决代码中存在的缺陷和错误，这项工作称为程序修复。通过程序调试和修复，程序员可以解决代码中的问题，进而提高代码的质量。当然，对代码的修复也有可能会无意识地引入新的缺陷和错误。为此，通常在代码修复之后还要对修复后的代码进行回归测试。程序调试和修复是程序员的一项基本开发技能。读者可以参阅相关的文献[1][2]以了解和掌握该方面的具体方法和技能。

7.6.5 部署和运行

一旦完成了软件系统的开发工作,经过系统的软件测试、调试和修复之后,软件系统符合用户提出的各项功能性和非功能性需求,下面就可以部署和运行目标软件系统。

软件系统的部署和运行需要对照软件系统的部署模型(见 7.5.4 小节所述),主要完成以下几个方面的工作。

① 准备和配置好目标软件系统运行所依赖的网络和硬件环境,如配置各个计算物理节点(如前端的计算机、后端的服务器等)、物理设备(如手机和机器人)、网络参数和连接等。

② 安装和配置好目标软件系统运行所依赖的软件基础设施和服务,如操作系统、中间件、软件开发包等。需要提醒的是,安装时要注意相关软件(如操作系统、JDK 等)的版本号以及参数设置(如目录和路径设置)。

③ 根据目标软件系统的部署图,将目标软件系统的相关程序代码经过编译后形成二进制可执行文件,以软构件(如 .dll、.jar 等)、可执行程序(如 .exe)等形式部署到对应的计算节点之中。需要注意的是,在部署过程中要确保不同软构件和可执行软件之间的依赖关系得到满足。

示例:部署和运行空巢老人智能看护系统的手机端软件

根据 7.5.3 小节示例所述的空巢老人智能看护系统部署图,按照以下步骤完成 ElderMonitorApp 子系统 APP 的安装和部署工作。

① 准备一个安装有 Android OS 的智能手机。

② 在手机上安装和部署好 ElderMonitorApp 应用程序。

小结

代码编写与测试依据软件设计模型和文档,编写出目标软件系统的程序代码,并对代码进行多种形式的测试,以发现代码中潜在的错误和缺陷,进而对代码进行修复,以提高代码的质量,最终形成可部署和可运行的目标软件系统。本节介绍软件编码与测试的过程、要求、技术和策略等。具体的,代码编写与测试主要涉及以下几方面的工作。

① 编写程序代码。基于软件设计模型和文档,借助于特定的程序设计语言及其编程环境,遵循相关的编码规范和要求,编写出目标软件系统的源程序代码,实现设计模型中各个类的属性和方法,完成数据库的创建等,在此过程中要尽可能地重用已有的软件资产。该活动的输出是高质量的程序代码。

② 开展软件测试。对编写的程序代码进行系统的测试,以发现其中存在的缺陷和问题,包括单元测试、集成测试和确认测试等。开展软件测试的一项重要工作就是要设计出有效和高效的测试用例,所谓有效是指测试用例有助于发现代码中的缺陷和错误,所谓高效是指仅仅通过有限数量的测试用例就可以揭示和发现代码中的缺陷和错误。为此,软件测试技术提供了基本路

径测试、等价分类法、边界取值法等手段，帮助软件测试人员设计出有效和高效的测试用例。软件测试的工作要贯穿于软件开发全过程，在早期的需求分析和软件设计阶段，根据需求、设计模型来设计软件确认测试和集成测试的用例，在完成代码编之后就可实施单元、集成和确认测试工作。软件测试结束之后，软件测试人员需要撰写相关的软件测试报告以记录软件测试中发现的问题，以指导程序员来开展程序调试和修复。

③ 部署目标软件系统。遵循目标软件系统的部署模型，准备和配置好目标软件系统运行所依赖的硬件和网络环境，安装和配置好相应的基础软件和服务，并在此基础上将目标软件系统部署到相关的计算节点上，进而支持目标软件系统的运行。

7.7　借助开源社区中的群智资源开展实践

依托互联网上的开源社区，借助于开源社区中的海量、高水平的软件开发者群体，挖掘和利用他们在开源社区中所提供的群智资源（包括软件开发知识问答、开源软件代码、技术博客等），可有效地帮助实践人员学习相关知识，解决实践中遇到的困难和问题，通过重用开源软件来促进目标软件系统的开发。概括起来，实践人员可以通过以下三种方式来借助开源社区中的群智资源来开发软件系统。

7.7.1　在软件开发知识分享社区中寻找问题的解答

在开发软件系统的过程中，实践人员针对所遇到的各类软件开发问题，可以访问相关的软件开发知识分享社区，输入寻求解答的问题，在社区中搜寻针对该问题的相关解答，根据社区所提供的问答来指导问题的解决。此外，实践人员还可以借助于社区中的技术博客，通过对技术博客的阅读和理解来促进问题的解决。在具体的软件工程实践教学中，根据学生的反馈，他们在实践中遇到的绝大部分问题都可以在开源社区中找到相应的答案。对于那些在社区中未能找到相关问答的问题，实践人员还可以在社区中进行提问，以寻求社区中软件开发人员的支持和帮助。

假设目标软件系统的某项功能实现需要用 Java 语言编写代码以访问 MySQL 数据库，但是实践人员不清楚如何用 Java 代码来访问 MySQL 数据库。针对该问题，下面示例介绍如何依托开源社区中的知识问答和技术博客等来解决问题。

示例：在 Ossean 中搜寻“如何用 Java 访问数据库”问题解决的知识

访问 Trustie-Ossean 网站，在查询框中输入“Java 访问数据库”，点击“搜索帖子”，系统将返回如图 7.66 所示的搜寻结果。工具共搜索到 2 000 个相关结果。用户可大致浏览这些帖子的标题，根据标题内容的相关性以及回复的数目来确定是否需要点击相关的超链来获得具体的细节。例如，搜寻结果的第二项帖子“Java 访问数据库 Mysql”与关心的问题很贴近，点击该超链可以看到一篇关于如何用 Java 语言访问数据库的技术博客（见图 7.67），阅读该技术博客大致可以解

图 7.66　借助 Trustie-Ossean 工具来搜寻解决问题的帖子

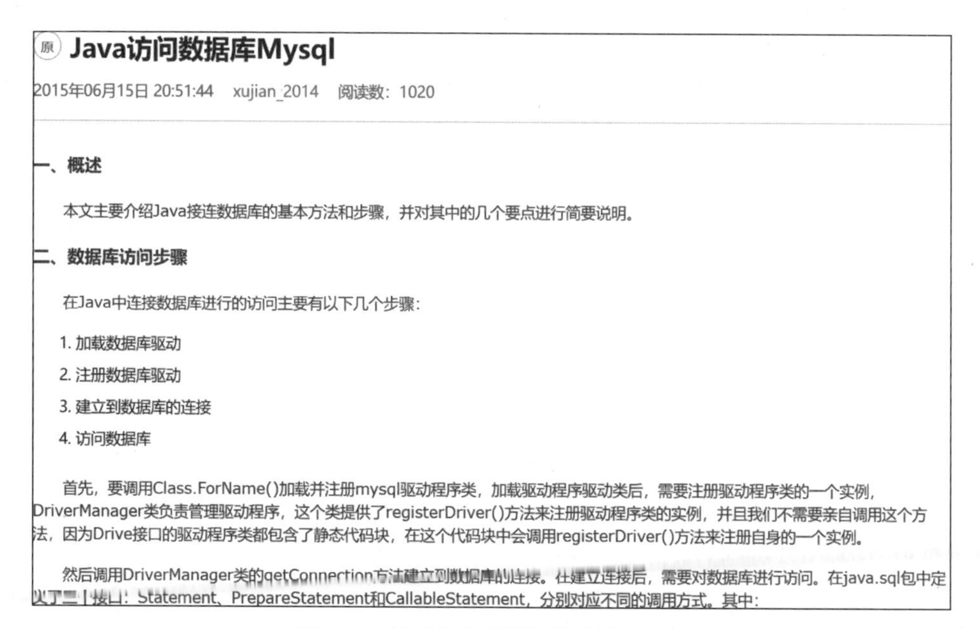

原 **Java访问数据库Mysql**

2015年06月15日 20:51:44　xujian_2014　阅读数：1020

一、概述

本文主要介绍Java接连数据库的基本方法和步骤，并对其中的几个要点进行简要说明。

二、数据库访问步骤

在Java中连接数据库进行的访问主要有以下几个步骤：

1. 加载数据库驱动
2. 注册数据库驱动
3. 建立到数据库的连接
4. 访问数据库

首先，要调用Class.ForName()加载并注册mysql驱动程序类，加载驱动程序驱动类后，需要注册驱动程序类的一个实例，DriverManager类负责管理驱动程序，这个类提供了registerDriver()方法来注册驱动程序类的实例，并且我们不需要亲自调用这个方法，因为Drive接口的驱动程序类都包含了静态代码块，在这个代码块中会调用registerDriver()方法来注册自身的一个实例。

然后调用DriverManager类的getConnection方法建立到数据库的连接。在建立连接后，需要对数据库进行访问。在java.sql包中定义了三个接口：Statement、PrepareStatement和CallableStatement，分别对应不同的调用方式。其中：

图 7.67　针对特定问题的技术博客示例

决“如何用 Java 访问 MySQL 数据库”的问题。如果该技术博客还不能很好地解决问题，用户还可进一步查看其他帖子的内容。

示例：在 Stack Overflow 搜寻“如何用 Java 访问 MySQL 数据库”的开发知识

访问 Stack Overflow 网站，在查询框中输入“access MySQL database in Java”，系统将返回如图 7.68 所示的查询结果，总共有 500 个与此问题相关的回答。系统进一步描述了这些提问的详细信息，如提出者是谁、问题提出的时间、提供的回答数目等，用户可以进一步点击相关的超链来获得具体的回答具体信息。图 7.69 描述了针对第一个提问“Q：access mysql database in eclipse using java”的具体回答，它详细描述了解决该问题的程序代码。用户可以直接复制这些程序代码来尝试能否访问数据库。

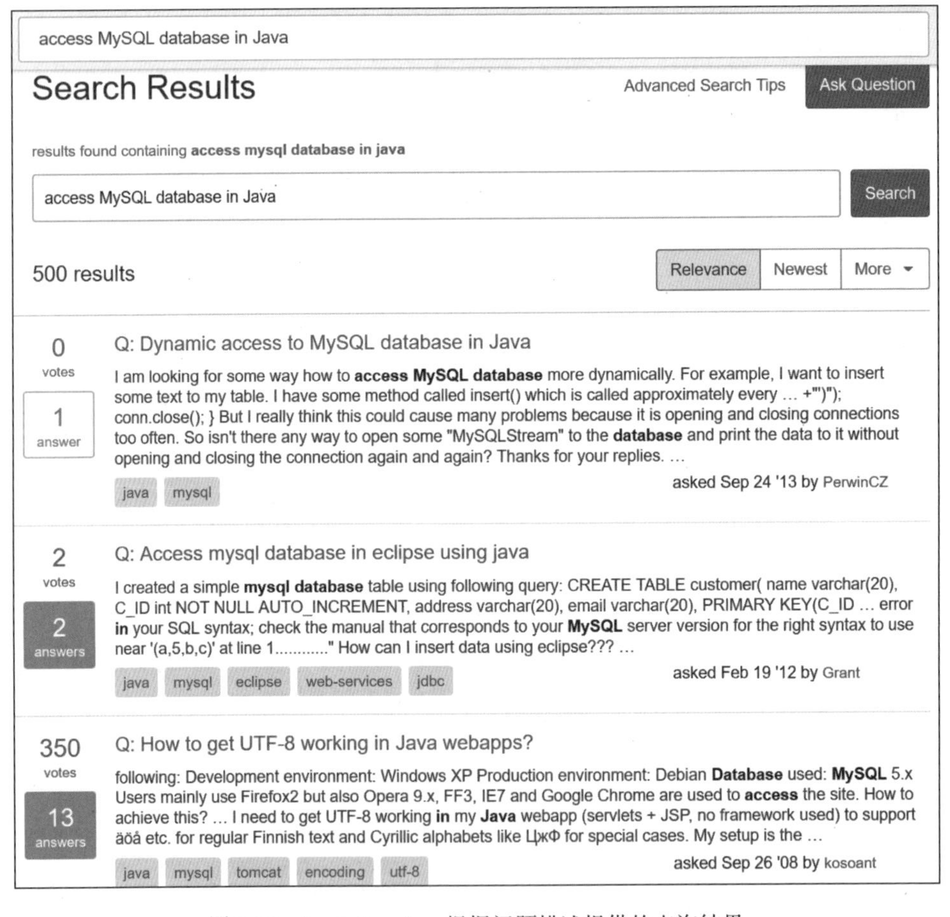

图 7.68　Stack Overflow 根据问题描述提供的查询结果

2

I created a simple mysql database table using following query:

```
CREATE TABLE customer(
name varchar(20),
C_ID int NOT NULL AUTO_INCREMENT,
address  varchar(20),
email varchar(20),
PRIMARY KEY(C_ID)
);
```

Now I want to insert values to this table. My client like this:

```
package com.orderdata.ws;

import java.sql.Connection;
import java.sql.DriverManager;
import java.sql.ResultSet;
import java.sql.PreparedStatement;

import com.mysql.jdbc.Statement;

public class OrderData {
public static void main(String[] args)throws Exception{
    Class.forName("com.mysql.jdbc.Driver");
    Connection con = DriverManager.getConnection("jdbc:mysql://localhost:3306/orderdata","root
    Statement stmt = (Statement) con.createStatement();
    String insert = "INSERT INTO customer(name,C_ID,address,email)      VALUES (a,5,b,c)";
    stmt.executeUpdate(insert);

}

}
```

图 7.69　Stack Overflow 平台提供的问题解答示例

7.7.2　在开源社区中与软件开发者群体进行交互

如果用户在软件开发知识分享社区中没有找到关于问题的满意答案，他还可以在开源社区中进行提问，提出自己的问题以寻求社区中热心软件开发者的回答，进而为问题的解决提供指导和帮助。在需求构思、软件设计、编码实现、软件测试等过程中，用户都可以在开源社区中进行提问，从而可以帮助用户获得多样化、多渠道、高质量的建议和指导。

示例：在 Stack Overflow 开源社区中进行提问

用户访问 Stack Overflow 网站，以合法身份登录到 Stack Overflow 后，系统将显示如图 7.70 所示的界面，用户可以点击“Ask Question”并在界面中输入待提问的问题，提交后即可在社区中发布问题以寻求回答。

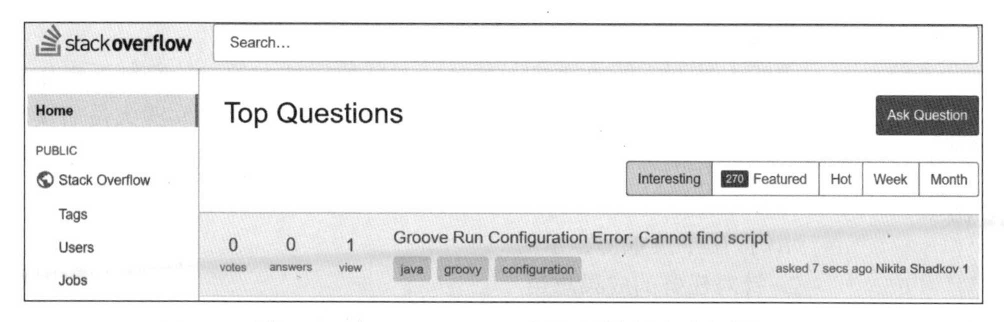

图 7.70　在 Stack Overflow 中通过提问来解决问题

7.7.3　搜寻和重用开源软件

在开发有创意、上规模和高质量的软件系统过程中，实践人员可以通过重用开源软件来实现目标软件系统的功能和需求。为此，实践人员需要访问相关的开源软件托管社区，如 GitHub、SourceForge、码云等，在系统中检索能够支持其功能实现的开源软件项目，并通过阅读开源软件项目的相关信息（如项目描述和功能介绍等）来掌握开源软件的基本情况，评估和判断开源软件是否适合用于相关功能的实现。一旦认为合适，就可以在开源软件托管社区中下载其程序代码。有关在 GitHub 中搜寻开源软件项目的示例可阅读 7.5.3 小节。

7.8　实践总结

在开发软件系统过程中，实践人员需要进行持续性的总结以记录和提炼实践的心得、体会、感受和收获，描述和分析实践的进展及成果，并据此进行交流和分享。围绕实践的持续性总结、交流和分享非常重要，它不仅有助于实践人员回顾和审视实践的过程和经历、记录实践的心得和收获，还有助于对实践的成果进行系统性的梳理和分析，认真思考实践中存在的问题和不足，深入反思实践的行为和方法，从而为后续实践任务和活动的开展提供借鉴和参考，也为其他实践人员提供借鉴和参考。此外，实践总结本身是一个思考、反思、抽象、提炼、表达和交流的过程，它有助于培养实践人员的语言表达、交流讨论等多方面的能力以及严谨、规范、务实的工程素养。总结材料将作为重要的实践资源供后续实践人员进行学习和分享。概括起来，在开发软件系统的实践过程中，实践人员需要采用以下两种方式进行实践总结。

1. 针对个人的实践总结

实践人员撰写技术博客以记录其软件开发过程中的经历、感受、心得、体会、经验、困惑和收获。技术博客对篇幅不做限制，但要求其内容要有内涵，也即技术博客要客观地刻画实践人员自身的理解和认识，自然地描述他对软件开发的感悟、认识、体会、思考和收获等。它可以简单到就介绍实践过程中遇到的某个问题及其解决的历程和结果；也可以较为深入地介绍某项技术或工具的使用方法和技巧，或者系统地总结整个实践的具体收获和成就。

技术博客示例 1

实践人员不应简单地将开源社区或其他网站上的文档复制下来作为技术博客的内容，更不应将他人的技术博客作为自己的来用。实践人员所撰写的技术博客需要在支撑软件工具（如 Trustie-Forge、LearnerHub）上发布以实现技术博客的分享和交流。

技术博客示例 2

示例：两个技术博客示例

2. 针对任务的成果总结

实践人员围绕以下几方面，对实践所取得的具体成果进行系统性总结。总结材料既可以表现为书面的文字材料,也可以表现为汇报 PPT。所总结的材料可以作为实践成果的一个组成部分,进行交流和分享,也可作为针对实践进行考评的主要依据。一般地,开发软件系统实践成果的总结材料需要概括以下几方面的内容。

① 软件创意和需求。说明软件项目的相关背景和要解决的问题,描述软件系统的大致功能,概括软件系统的创意体现。

② 技术、语言和工具。说明软件系统的开发采用了哪些软件开发技术、建模和程序设计语言,借助于哪些软件工具的支持,以及在实践中从哪些开源社区中获得资源和帮助。

③ 软件建模与设计。简要说明软件设计的整体思想及体系结构,描述设计中遵循的软件工程原则和策略,主要的软件设计模型等。

④ 程序代码与规模。介绍所开发软件系统的代码整体情况,包括代码的组织结构、代码行的总体数量、独立开发的代码行规模,重用的开源软件及其代码量等。

⑤ 软件质量与保证。说明在开发过程中采用哪些技术和手段来保证软件系统的质量,所编写代码的风格,根据 SonarQube 的分析结果来说明代码的整体质量水平。

⑥ 软件部署和运行。说明目标软件系统的运行环境及其部署情况。

⑦ 软件操作与演示。运行目标软件系统,演示其核心的功能和关键的服务,展示其运行的效果。

⑧ 系统集成和平台使用。说明在软件开发过程中用到了哪些开发和技术平台,集成了哪些软件系统及其服务,如互联网服务、遗留系统、开源软件等。

⑨ 实践感受与体会。概括实践的主要心得和体会,遇到的主要困难和困惑,以及通过实践所取得的收获。

⑩ 软件系统的宣传彩页和演示视频。要求实践人员针对所开发的软件系统,制作该软件产品的宣传彩页和演示视频。宣传彩页需要重点介绍产品名称、欲解决的问题、提供的功能、技术特色和产品创意,要图文并茂并采用简洁的文字来表达这些方面的信息。演示视频采用声音、图像和视频等相互结合的方式,较为完整、系统地介绍软件产品的相关信息,包括其产品的背景、欲解决的问题、技术架构、提供的功能及服务、产品特色和优势等,结合具体的应用场景,重点演示软件系统的使用及操作。

7.9 实践设计的剪裁

开发软件系统实践是软件工程课程实践的核心,也是达成培养解决复杂工程问题能力的关键。对该实践的设计直接关系到课程实践的成效以及人才培养的水平。与此同时,必须认识到实践的设计及实施须考虑施教对象的具体情况及其课程教学的现实约束和限制。只有这样,制定出来的实践教学实施方案才是可行、科学和合理的,实践教学的任务才能得以完成,实践目标也才能得以实现,否则就会出现有愿景但是做不到,有理想但达不成的尴尬境况。例如,不同施教对象在学习能力和水平上有所差异，要兼顾到他们可以投入的时间和精力，要考虑到软件工程课程实践教学的学时以及持续时间等诸多因素。为此，本节讨论如何结合具体情况对实践设计进行适当剪裁，以适应特定实践教学环境的具体约束和限制。

1. 实践教学目标的剪裁

本书第 1 章讨论了软件工程课程实践教学的多个潜在目标，从人才培养要求的角度看，这些目标反映了某种层次性和包容性，既有低层次目标也有高层次目标，高层次目标包容了低层次目标。具体地，软件工程课程实践教学的目标包括以下几方面。

① 低层次的验证性目标。通过实践加强对软件工程知识的理解和掌握，运用所学的知识来解决某个独立的软件开发问题（如建模、设计、测试等），进而检验软件工程的相关原则、方法、技术和工具及其在支持软件开发方面的有效性。

② 中层次的体验性目标。运用所学的软件工程知识来完成一个完整的软件开发工作，通过扮演不同的角色、模拟软件开发的上下文环境来体验软件开发的全过程，从中感受软件开发可能遇到的各类问题，并运用所学到软件工程方法、技术和工具来解决问题，进而在软件开发实践中获得感悟、积累经验，形成良好的工程素质（如文档规范化、质量保证、语言表达等）。

③ 高层次的能力和素质培养目标。针对具有一定规模和复杂性的软件需求，运用所学的软件工程知识，结合多种软件开发技术，集成多样化的工具和系统，综合考虑多方面的因素（如需求、技术、人员、变化等），系统性开展软件开发工作，开发出高质量的软件系统，在此过程中逐步培养解决复杂工程问题的能力以及良好的软件工程素质。

无疑，在诸多计算机类课程中，软件工程课程实践是最适合培养解决复杂工程问题能力的。相关原因已在第 1 章进行了深入讨论。因此，就本课程实践教学的目标设定而言，只要条件允许，都应将培养解决复杂工程问题能力作为其首要目标。对于那些受各种条件限制的施教对象而言（如学时不足、投入不足等），可以考虑基于体验性目标来指导课程实践任务和要求的设计。一般地，对于软件工程课程实践教学而言，基于验证性目标来设计实践的任务和要求，其实施的成效及其对人才培养的水平都非常有限。

2. 实践迭代开发次数的剪裁

课程实践建议采用迭代的软件开发方法以逐步完善实践成果，持续性改进和提升实践成效，渐进性培养学生的能力和素质。那么课程实践的实施到底需要多少次迭代？如何根据实践教学的实际情况对迭代次数进行剪裁？

一般而言，实施的迭代次数与课程实践欲达成的目标、对实践内容的要求、实践可投入的时间等要素息息相关。通常，为了达成能力和素质培养目标，课程实践需要经过 2 ~ 3 次的迭代软件开发过程，每次迭代的要求和侧重点有所不同。图 7.71 描述了课程实践的三次迭代开发以及每次迭代的不同关注点。

(1) 第一次迭代

本次迭代的主要任务是构思出待开发软件系统的需求，从而为整个实践任务的开展奠定基础。实践人员需要针对具体应用领域开展深入的调查研究，了解相关应用领域的情况，分析应用

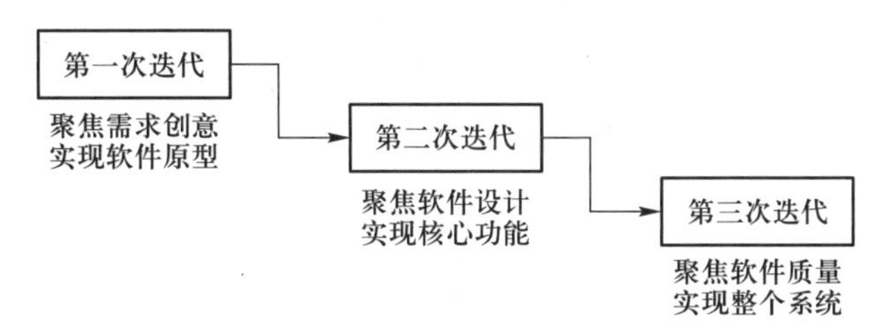

图 7.71 开发软件系统实践的迭代次数及每次迭代的关注点

领域存在的问题和用户的期待和要求,并结合这些问题和要求来构思软件需求。基于软件需求,从技术、时间、条件等方面进行可行性分析,评估能否在受限的时间、有限的人力以及软件开发知识和经验、已有的设备等前提下开发出该软件系统。开展软件系统的总体设计,包括软件体系结构设计、用例设计、用户界面设计,寻找可重用的开源软件、互联网服务等来支持该软件系统的开发,初步判明软件系统开发面临的技术挑战和潜在的困难。该迭代聚焦于用户界面设计,需要构造出软件系统的原型,并基于原型进一步导出、明确软件需求。

本次迭代结束之后,实践人员需要提交诸如软件需求构思和描述文档、软件需求模型、软件设计模型和可运行的软件原型。

(2) 第二次迭代

本次迭代的主要任务是在进一步完善和明确软件需求的基础上,设计和实现软件系统的核心功能,以集中力量来实现关键软件需求,解决软件开发的主要问题。实践人员需要在前一次迭代的基础上进一步导出和具体化软件需求,标识、描述和分析软件系统的核心功能。在此基础上依托上一次迭代开发的成果,进一步开展软件系统的体系结构、用户界面和用例设计等,针对核心功能开展子系统、构件、类和数据等层次的设计,尤其是寻求相关的开源软件或代码片段来实现软件系统的功能,学习和掌握相关的技术和工具,实现软件的核心功能部件,并开展初步的软件测试如单元测试,将实现的软件系统部署在实际的运行环境中,并演示软件系统的功能。

本次迭代开发结束之后,实践人员需要提交一系列模型、文档和代码,包括软件需求模型、软件设计模型、软件需求构思和描述文档、软件设计规格说明书、核心模块的程序代码、可运行的软件系统等。

(3) 第三次迭代

本次迭代的主要任务是聚焦质量完成整个软件系统的开发。实践人员需要在前两次迭代的基础上进一步导出、明确、调整和优化软件需求,形成整个实践的最终软件需求。根据调整后的软件需求,实践人员需要补充、完善、调整和优化软件系统的设计,以此来指导软件系统的编码和实现,并对程序代码进行系统的软件测试。

本次迭代需要更加关注软件系统的质量,将质量保证作为实践的一项关键任务。实践所涉及的软件质量保证包括多个方面,例如文档规范性,文字表述的简洁性和准确性,需求和设计模型的一致性、完整性和可追踪性，代码的编程风格，软件的正确性和可靠性等。本次迭代结束之后，实践人员将提交实践的最终软件产品，包括软件需求模型、软件设计模型、软件需求规格说明书文档、软件设计规格说明书、实现代码、可运行的软件系统、软件产品宣传材料等。

不同迭代的关注点及实践成果见表 7.11 所示。

表 7.11　不同迭代的关注点及实践成果

迭代序号	关注点	实践成果
第一次	聚焦需求构思，开发软件原型	软件需求构思和描述文档 软件需求模型 软件设计模型 软件原型
第二次	聚焦软件设计，实现核心功能	软件需求构思和描述文档 软件需求模型 软件设计模型 软件设计规格说明书 核心功能的程序代码 可运行的软件系统
第三次	确保软件质量，完成系统开发	软件需求规格说明书文档 软件需求模型 软件设计模型 软件设计规格说明书 程序代码 可运行的软件系统

在实践实施过程中，针对教学学时限制、教学持续时间、实践人员的能力和水平等方面的具体情况，可对开发软件系统实践的迭代次数进行适当的剪裁，以满足约束，突出重点，达成目标。例如，如果实践学时不足，可以考虑将第一次迭代和第二次迭代合并，整个实践只需两次迭代。

3. 实践内容和要求的剪裁

可根据施教对象以及课程教学的具体情况，对课程实践的内容和要求进行适当的剪裁。

① 创意性。根据具体情况，适当调整对软件创意的要求，在寻求有价值和有意义的问题并依此来构思软件需求的同时，可不对解决问题方法的创意性提出明确的要求。

② 规模性。根据具体情况，适当调整对软件规模的要求，具体表现为整个软件系统的代码行数量。

③ 综合性。根据具体情况，适当调整对实践的综合性要求，具体表现为实践运行的知识、采用的技术手段、借助的支撑工具和平台、所需的运行基础设施等。

④ 集成性。根据具体情况，适当调整对实践的集成性要求，具体表现为待开发软件系统是

否需要集成各种物理设备、遗留系统、互联网上的云服务等。

⑤ 高质量。根据具体情况，适当调整对软件质量提出的要求，包括内部质量要求和外部质量要求，具体表现为需要投入多少时间和精力来开展软件测试。如果后续有软件测试方面的课程以及相配套的实践，可以考虑适当减少对软件测试的实践要求，仅对部分子系统进行严格、系统的软件测试。

针对开发软件系统实践的设计和剪裁

示例：针对开发软件系统实践的设计和剪裁

本 章 小 结

本章介绍了开发软件系统实践任务的具体实施过程和方法，该任务是整个软件工程课程实践的重点和关键。其目的是通过开发一个有创意、具有一定规模和复杂度、高质量的软件系统，让实践人员理解和领会软件工程的思想和原则，学会运用软件工程方法及 CASE 工具和环境来开发软件系统，掌握借助开源社区、利用群智知识和开源软件来促进软件开发和解决开发问题的基本技能，更重要的是，通过实践逐步培养实践人员解决复杂工程问题的能力，具备良好的软件工程素养。

考虑到实践对待开发软件系统的规模性、复杂性、创意性和高质量等方面提出的明确要求，本实践采用迭代的方法来完成整个软件系统的开发，以遵循循序渐进、持续提高、不断完善的实践原则。每次迭代的要求和关注点有所侧重，但都需要开展三项基本的软件开发活动：需求获取与分析、软件设计与建模、代码编写与测试。在整个实践任务的实施过程中，要求实践人员提交一系列实践成果，包括模型、文档、测试用例、代码等，并通过技术博客记录和总结实践的经验和体会。实践完成之后，还要求实践人员进行总结、反思和交流。总结课程实践的整体情况和取得的成果，反思存在的问题和不足以及后续需要注意的方面，交流各自的实践心得、体会、感受和收获。这些实践总结材料将作为重要的资产供后续的实践人员学习和参考。

在实施具体的软件开发活动中，要求实践人员严格遵循软件工程的原则和思想，运用软件工程的方法和技术，应用上一个实践中所掌握的软件开发技能。为此，无论是需求获取与分析，还是软件设计与建模、代码编写和测试，都要求实践人员系统理解面向对象软件工程的方法、充分运用对象的建模技术及语言 UML、深入学习相关的案例来完成相应的开发任务，绘制多层次和多视角的软件模型，编写高质量的程序代码。要求对软件需求及创意、设计方案和模型、程序代码等反复进行权衡、持续进行质量保证。要在多次迭代的软件开发实践中体会、掌握和运用软件工程的权衡、折中、改进、完善、优化等基本理念和思想。

要开发一个有创意、上规模和高质量的软件系统无疑是一项极具挑战性的工作，期间会遇到诸多困难、面临许多问题，甚至会存在做不下去、想放弃的状况，极大地考验实践人员的意志和毅力。对于软件工程的初步实践者而言，尤其是要开发一个大型、复杂软件系统，这种情况不足为奇。如何帮助实践人员解决各种问题、克服畏难的心理极为关键。借助互联网开源社区中高水平软件开发者的经验、技能、知识和成果是促进上述问题解决的有效方法。在实践过程中遇到困难和问题，到开源社区去寻找答案或者解答；遇到不具备技术来实现的功能或者子系统，可以到开源软件社区去寻找相应的开源软件，通过从开源软件的重用和集成来完成相关的系统开发。根据学生的反馈，他们在实践中遇到的 95% 以上的问题都可以在开源社区中找到相应的解答，剩下的 5% 左右的问题可以通过在开源社区中发帖子、与社区中开发者进行交互加以解决。此外，开源软件社区汇聚了海量的开源软件资源，待开发软件系统中的许多功能（如语音交互、图像处理、网络访问等）都可以找到相关的开源软件加以实现。课程实践鼓励实践人员寻找、重用和集成开源软件来开展实践，这也是现代软件工程的一项基本实践和原则。

实践作业

7-1　结合日常学习、生活等场景，考虑当前和未来需要，构思一个或多个软件系统应用，要求该软件系统欲解决的问题有意义和价值，采用软件系统来解决问题的方法有新颖性，并要考虑到技术的可行性，撰写出相应的软件需求构思和描述文档。

7-2　在两类开源社区中进行注册，并熟悉开源社区的参与和使用模式。一类是软件开发知识分享社区，这些社区提供了技术交流、问题解答等服务，如 Stack Overflow、CSDN、开源中国等。另一类是开源软件托管社区，这些社区托管了大量的开源软件项目，可以参与、贡献和下载开源软件，如 GitHub、Sourceforge、码云等。

7-3　基于所构思的软件需求，采用诸如 Microsoft Visio、Rational Rose 等工具绘制软件系统的用例图、用例的顺序图以及软件系统的分析类图，提交软件需求模型。

7-4　根据所构思的软件需求及其模型，基于软件需求规格说明书模板，编写软件需求文档，并对需求文档进行评审，确保软件需求的准确性、正确性和一致性，以及文档描述的简洁性、规范性、一致性、完整性等。

7-5　根据软件需求模型及文档进行软件的用户界面设计，借助诸如 Microsoft Visual Studio、Eclipse、Android Studio 等软件开发平台，开发出目标软件系统的界面原型，并对原型界面的友好性、可操作性、规范性等进行评估，依此来改进界面原型。

7-6　根据软件需求模型及文档，针对其中的某项软件功能和需求，到开源软件托管社区寻找能够实现该功能和需求的开源软件，并对开源软件进行分析，了解其基本情况，评估是否适合将其集成到目标软件系统之中，掌握集成该开源软件的方法和手段。

7-7　根据软件需求模型及文档，开展软件体系结构设计，明确目标软件系统所采用的体系结构风格和设计模式，绘制出目标软件系统的体系结构包图，并对所设计软件体系结构的完整性、合理性、质量等进行评审。

7-8　针对软件开发中遇到的各种问题，到软件开发知识分享社区查询相应的问答，或者在社区中进行提问，以获得问题解决的答案。将在开源社区中的体验记录下来，以进行交流和分享。

7-9　结合所设计的软件体系结构，考虑以下因素来改进和完善体系结构设计，输出改进后的体系结构包图。首先,将选中的开源软件集成到系统中以实现目标软件系统的部分功能。其次,基于遗留的软件资产以实现目标软件系统的部分功能,如互联网上的云服务、软构件、已有的软件系统等,并将找到的遗留软件资产集成体系结构设计之中。

7-10 基于软件需求模型和文档、软件体系结构设计和用户界面设计,开展软件用例的设计,用诸如 Microsoft Visio、Rational Rose 等工具绘制用例设计的顺序图、设计类图,并评审用例设计模型的正确性、一致性、完整性等。

7-11 依据软件体系结构设计模型和用例设计模型,对目标软件系统的子系统和构件进行设计,用诸如 Microsoft Visio、Rational Rose 等工具绘制子系统和构件的实现顺序图、设计类图、状态图、活动图等,并对子系统和构件的设计模型进行评审。

7-12 根据软件需求模型、体系结构设计、用例设计、子系统和构件设计模型,开展类设计工作,详细设计每个类的实现细节,用诸如 Microsoft Visio、Rational Rose 等工具绘制类设计的活动图、状态图等详细设计模型,并评审设计模型的质量和详尽程度。

7-13 对目标软件系统中的持久保存数据进行设计,用 UML 类图绘制其数据库表的设计模型,用活动图描述数据操作和存储的实现细节,并用诸如 Microsoft Visio、Rational Rose 等工具生成数据设计模型,评审数据设计模型的质量。

7-14 整合和评审目标软件系统的体系结构设计、用户界面设计、用例设计、子系统和构件设计、类设计等设计信息,形成一个完整的软件设计方案,并按照软件工程原则对软件设计模型进行改进、完善和优化。

7-15 根据软件设计模型,基于软件设计规格说明书编写模板,编写软件设计文档,并对其进行评审,确保软件设计的可追踪性、完整性、一致性以及设计质量等,以及文档描述的简洁性、规范性、一致性、完整性等。

7-16 根据软件设计模型和文档,编写目标软件系统的程序代码,要求注意编码风格和代码质量。

7-17 对编写的程序代码或者部分代码进行单元测试,并根据测试结果对程序进行调试,以纠正代码中的缺陷。

7-18 将程序单元加以组合进行集成测试,并根据测试结果对程序进行调试,以纠正代码中的缺陷。

7-19 对编写的程序代码进行确认测试,并根据测试结果对程序进行调试,以纠正代码中的缺陷。

7-20 周期性(如每周一次)或者阶段性(如完成了需求分析工作)撰写技术博客,以记录实践的心得、体会、收获等体验。

7-21 对实践进行总结,要求准备汇报的 PPT 来介绍实践项目的创意和需求,采用的实现技术、语言和工具,建立的软件设计模型及文档,编写的程序代码规模与质量,目标软件系统的部署方式,演示目标软件系统的功能,分享利用开源社区解决开发问题的经验,总结实践的感受、感悟与体会。

7-22 设计软件产品的宣传彩页,制作软件产品的演示视频。宣传彩页要突出产品的创意、特色、功能和优势,视频要直观地展示产品的功能和服务。

第 8 章　实践考评方法

实践常见问题及应对方法

发挥小班优势，加强能力培养

考评是实践教学中的一个必不可少、极为重要的环节。对于软件工程课程实践教学而言，它绝不是简单地给学生一个分数以评定其实践成绩，而是可以成为加强实践投入、推动实践开展、提升实践成效的一项“利器”。考评不仅要起到“考”的作用，围绕实践目标来开展针对性的考核，如文档写得怎么样、模型绘制得如何、代码的规模和质量水平等；更要发挥其“评”的功效，点评实践中积极的一面以及存在的问题和不足，从而成为推动实践持续改进的驱动力。也即要以评为手段，让实践人员知道实践过程及结果存在什么样的问题、还有哪些不足和缺陷、应该如何改进和提高等，进而引导、指导和帮助实践人员不断地改进和完善实践成果。因此实践的考评不仅要对实践结果进行考评，也要对实践过程进行考评，以便全方位地发现实践中存在的问题。考评不仅可以采用人工、基于主观判断的方式，也可采用借助工具、基于客观数据分析的方式，从而科学地进行考评。

本章分别针对分析和维护开源软件与开发软件系统两项实践任务，介绍实践考评的方法，具体内容包括：

- 实践考评的基本原则。
- 实践考评的方式和手段。
- 分析和维护开源软件实践任务的考评方法。
- 开发软件系统实践任务的考评方法。

8.1　实践考评的原则

软件工程课程实践的目的，不仅要帮助实践人员理解、掌握和运用软件工程的概念、思想、原则、方法和工具，更要培养他们解决复杂工程问题的能力和软件工程素质，提升软开发的能力和水平。为此，软件工程课程实践教学要围绕实践目标，遵循以下原则来进行考评。

① “考”为辅“评”为主。不仅要通过“考”来评定实践成绩，更要借助于“评”来指明实践中存在的问题和不足、提供解决这些问题的建议、发现成功的实践并加以推荐，同时为“考”提供必要的依据。也就是说，不要仅仅将“考评”作为实践教学的目的，给定一个成绩就草草了事，而是将其作为达成实践培养目的手段。为此，在“考”与“评”二者之间，要弱化“考”强化“评”，

突出“评”的指导性作用。这好比一个高水平的教练,他需要做的绝不仅仅是评定运动员的成绩,而是要根据运动员的训练情况和成绩水平,指出和纠正训练中存在的问题,从而帮助运动员提高其成绩。在软件工程课程实践中,实践指导教师和助教要担好日常训练中“教练”的角色,而非比赛中“裁判员”的角色。

② 持续考评。要在整个实践过程中对实践行为及阶段性成果两方面进行持续性考评。如果仅仅在实践结束后进行考评,那么只能起到“考”的作用,不能发挥“评”的功效,因为实践人员此时可能既不知道实践的问题所在,也没有动力来纠正和完善实践成果,更谈不上持续改进。这就需要结合软件工程课程实践的特点,分为多次迭代来完成实践任务,每次迭代又进一步划分为若干个阶段或活动,以每个迭代周期中的关键活动为里程碑,对其进行考评,进而形成一个贯穿实践全过程的持续考评链。每次考评不仅给出实践成绩,还要进行针对性的点评。实践指导教师要充分发挥“教练员”角色,对实践人员参与实践和完成实践任务的情况进行持续跟踪,对实践成果中存在的问题进行深入点评。

③ 以“评”促“改”。要求实践人员根据实践点评中指明的问题和不足、提出的意见和建议等对实践成果进行持续改进,让“评”成为推动学生纠正错误和缺陷、完善方法和手段、提升实践质量和成效、提高软件开发能力和素质的主要驱动力和依据。对于大部分实践人员而言,他们都是软件开发的“新手”,不可能不犯错误,也不可能一开始就提交出令人满意的实践成果,因此要允许实践人员在“犯错误”的同时能够“改进错误”,对有缺陷的软件制品进行改进。与此同时,即使告诉实践人员实践中存在什么问题以及如何解决问题,他们也可能无法做到自觉、正确地纠正问题,因此这就需要对学生的改正行为以及纠正的结果进行监督,看其是否已经做了纠正、纠正是否到位。要真正落实以“评”促“改”,还需要制定有效的举措来激励实践人员的改进行为,允许多次修改并提交实践成果,支持对改进的实践成果作进一步考评,并将改正后的实践成果的成绩评定作为实践成绩的组成部分。

8.2 实践考评的手段

如何对软件工程课程实践进行科学、合理的考评,对于顺利完成实践任务、达成实践教学目标极为关键。就课程实践指导教师而言,采取恰当、有效的方法来考评实践是其面临的一项重要挑战,也是开展实践教学的主要工作。通常,软件工程课程实践会持续较长的时间(几周、几个月甚至一年半载),学生会开展一系列软件开发和管理活动,如需求分析、软件设计、编写代码、任务安排、项目管理等,提交多样化的软件制品,包括文档、模型、代码、数据等。针对这些特点,软件工程课程实践的考评可以采用以下方式来进行。

① 行为和成果相结合。不仅要基于学生提交的软件制品对实践成果进行考评,还要对学生参与实践、开展实践活动等情况进行考评。实践成果考评的主要内容包括评定所提交软件制品的规模、质量和水平,如功能实现、代码质量、文档规范性、模型准确性、模型和代码间的一致性

等，这一考评在软件工程课程实践中较为普遍。实践行为考评的主要内容包括评定学生参与实践、开展实践活动等情况，如实践总共投入多少时间，主要开展了哪些实践活动，提交了多少次软件制品，进行交流讨论的情况等。它有助于发现学生是否按照计划和要求、投入足够的时间和精力来开展实践。对实践行为的考评可以借助工具和平台所收集的数据，并对其进行分析而得到。

② 定性和定量相结合。对软件工程课程实践的考评可以采用定性和定量相结合的方式。定性的方式主要来自实践指导教师对课程实践行为和成果的主观评判，如通过对文档和模型的阅读和理解，判断文档的规范性、表达正确性、模型的准确性等，发现实践中存在的问题和不足，如没有按照规范撰写文档、软件需求和设计模型中 UML 图符使用不正确、UML 模型与文档描述不一致等，进而给出一个主观的成绩评定。定量的方式主要借助于各种支撑软件工具对学生的实践行为和实践成果进行分析，获得定量的分析结果，以此为依据来评定学生的实践成绩，发现实践中存在的问题和不足。例如，借助于 Trustie-Forge 工具可以发现不同实践人员提交的代码数量以及提交次数，如果发现一段时间内某实践人员没有提交代码或提交的代码量很少，那么该学生的课程实践可能就存在潜在的问题；借助于 SonarQube 软件工具对提交代码的质量进行分析，以发现所编写的程序代码的整体质量情况以及存在的缺陷，以此来评定实践成果的质量水平。

③ 人工和自动相结合。对软件工程课程实践的考评可以采用人工和自动相结合的方式。所谓的人工方式是指由人对实践行为和实践成果进行考评，主要是指实践指导教师基于对实践行为和软件制品的理解和分析给出考评成绩，也可采用学生互评的方式，由学生来评定其他学生提交实践成果的成绩。显然，人工考评方式工作量大，对指导教师的要求高，且考评成绩建立在直观判断基础之上。自动方式可以在一定程度上弥补人工方式的不足，它是指借助于软件工具对实践行为和成果进行自动的评定，生成考评数据。例如，借助软件工具可以统计学生提交代码的规模（代码行数目）、代码中存在的缺陷数目等。

8.3　分析和维护开源软件实践的考评方法

针对分析和维护开源软件实践任务及目标，综合考虑该实践的组织方式、需要实施的实践行为以及需要提交的软件制品，考评各结对及个人的实践成绩，点评实践中存在的问题和不足，推动实践人员不断改进和完善实践成果。

8.3.1　考评内容

对分析和维护开源软件实践的考评主要针对两方面的内容，一是提交的实践成果，二是实践过程中所实施的代码阅读、建模、分析、标注、维护、交流讨论等行为。

1. 实践成果

分析和维护开源软件实践的成果具体表现为以下几种形式（见表 8.1）

① 软件模型，是指实践中生成的 UML 包图或类图，用于刻画开源软件的体系结构。

表 8.1 分析和维护开源软件实践成果一览表

序号	阶段	实践成果	成果形式
1	阅读开源代码	开源软件的体系结构 技术博客	软件模型和文档
2	分析代码质量	开源代码的质量分析报告 技术博客	软件文档
3	标注开源代码	代码注释 技术博客	代码标注和软件文档
4	维护开源软件	程序代码 技术博客 可运行软件系统	程序代码和软件文档

② 软件文档,是指实践中生成的各种描述性文档,以介绍开源软件功能、分析开源代码质量、记录实践心得体会、总结实践经验等,具体表现为开源软件质量分析报告、技术博客、开源软件功能分析报告等。

③ 代码标注,是指程序代码的注释,用于解释和说明程序代码的语义信息。

④ 程序代码,是指实践中新编写的程序代码,用于纠正开源软件中的缺陷,增强和完善开源软件的功能。

2. 实践行动

分析和维护开源软件实践的行为具体表现为以下形式。

① 交流和讨论行为,如在实践支撑工具中提出问题、回答问题、分享经验、提供建议、开展讨论等。

② 贡献实践资源行为,如在实践支撑工具中贡献所生成的文档资料、程序代码或者所搜集的技术资料、软件工具等,供大家学习和分享。

③ 任务管理、代码管理、分布式协同开发等,如在分析和维护开源软件的过程中实施的以下一组行为,包括标注程序代码,布置、分发和跟踪实践任务、提交编写的程序代码、提出 Pull Request 等。

依托实践支撑软件工具(如 Trustie-Forge、Trustie-Codepedia 等),可以搜集、获取和分析上述实践行为的相应数据,进而支持对实践行为的考评。

8.3.2 考评方法

分析和维护开源软件实践分为 4 个阶段,分别是:阅读开源代码、分析代码质量、标注开源代码、维护开源软件。针对该实践的考评也可以采用分阶段的方式来进行。在每个阶段结束时,对该阶段的实践成果进行考评;同时在整个实践过程中对实践人员的实践行为进行持续的跟踪和考评,从而可以及时发现实践中存在的问题,采取针对性的应对措施。每个阶段的考评都要关注该阶段实践成果的质量,从而可为下一阶段的实践开展奠定良好的基础。

1. 实践成果的考评方法

对实践成果的考评可以采用人工考评和自动考评相结合、定性方式和定量方式相结合的方法(见表 8.2)。

表 8.2　分析和维护开源软件实践成果的考评方法

序号	实践成果	成果形式	考评方法
1	开源软件的体系结构	软件模型	人工、定性
2	开源代码质量分析报告	软件文档	人工、定性
3	技术博客	软件文档	人工、定性
4	代码注释	代码标注	人工和自动、定性和定量相结合
5	程序代码	程序代码	人工和自动、定性和定量相结合
6	可运行软件系统	软件系统	人工、定性

① 软件文档。采用人工、定性的考评方法,通过阅读和理解文档(如开源软件的质量分析报告、技术博客等)来掌握实践成果的质量,评估实践人员参与实践的程度、所做出的贡献以及取得的成果,以此来考评该类实践成果的成绩,发现文档中存在的问题和不足,并提出指导性意见和修改建议。

② 代码注释。采用人工和自动分析、定性和定量相结合的考评方法,通过人工方法来阅读代码注释,判断注释的正确性、简洁性等,也可采用人工互评的方式来掌握学生注释的质量水准;借助于软件工具(如 Trustie-Codepedia 等)来自动获取代码标注的数目、平均注释长度、注释覆盖率等基本信息,以此来考评该类实践成果的成绩,发现代码注释中存在的问题和不足,并提出指导性意见和修改建议。

③ 程序代码。采用人工评判和自动分析、定性和定量相结合的考评方法,通过人工方法来阅读所编写的代码,大致了解代码实现的功能及其规模和质量,如代码是否遵循编码风格、代码是否易于理解、类及方法的封装是否遵循了模块化的思想等;借助于软件工具(如 Trustie-Forge 等)来掌握所编写的代码行规模、代码修复的行数、代码的内部质量情况、代码中的缺陷数量、代码的注释行数等信息,以此来考评该类实践成果的成绩,发现代码中存在的问题和不足,并提出指导性意见和修改建议。

④ 软件模型。主要是指用 UML 描述的开源软件体系结构模型,采用人工、定性的考评方法,通过人工阅读软件模型(主要是包图和类图),分析模型表述的准确性以及 UML 图符使用的正确性等,以此考评该类实践成果的成绩,发现模型中存在的问题和不足,并提出指导性意见和修改建议。

⑤ 技术博客。采用人工、定性的考评方法,通过阅读技术博客,大致了解其内容,判断技术博客是否有内涵,所撰写的内容是否反映自身的心得、体会和感受,表达是否简洁和易于理解等,

以此来考评技术博客的成绩。

⑥ 可运行软件系统。采用人工、定性考评的方式，查看经维护后的软件系统的运行情况，包括用户界面及其可操作性、系统的响应性、可靠性等，以此来考评该类实践成果的成绩，发现目标软件系统中存在的问题和不足，并提出指导性意见和修改建议。

2. 实践行为的考评方法

对“阅读、标注和维护开源软件”实践行为的考评主要采用自动、定量分析的手段，借助实践支撑平台 Trustie，可对实践参与人员的实践行为进行观察、搜集和记录，并对这些数据进行统计和分析，以此作为实践行为考评的依据。

① 针对交流和讨论行为，可以分析和统计实践参与人员的活跃程度，提出问题和回答问题的数量，相关回答得到大家认同的数量等，从而判断他们在整个实践过程中是否活跃，是否主动解决问题，是否积极参与交流和分享经验等。

② 针对资源贡献行为，可以分析和统计实践参与人员所提交和共享的资源数量，以及这些资源为他人下载和利用的次数等，从而判断他们对实践的贡献程度。这里的资源可以为各种技术资料、软件工具、开源软件或代码片段等。

③ 针对分布式协同开发行为，可以分析和统计实践参与人员提交实践成果的次数，开展任务分配和跟踪的次数、标注代码的次数等，从而判断他们在整个实践过程中是否活跃，是否通过多次提交来不断完善实践成果等。

为了对分析和维护开源软件实践进行针对性的考评，在实践完成及正式考评之前，要求每个结对 / 个人填写实践自评表，以显式地表述结对 / 个人所取得的实践成果和所做出的贡献。指导教师可以以此作为依据，对结对和实践人员进行针对性考评，以快速、准确和客观地评定结对和实践人员的成绩。实践人员也可以据此来掌握自己在实践中所做的工作，评估自己在其中做出的贡献。

示例：分析和维护开源软件实践的结对 / 个人自评

参与实践的结对和个人对照表 8.3 所示的模板来进行实践自评，描述实践的成果及各自所做出的贡献。

表 8.3 分析和维护开源软件实践的自评表

自评项目	自评描述
阅读了多少行开源软件代码	
阅读了开源软件中哪些模块的代码	
绘制了开源软件的什么模型	
在绘制开源软件模型中做了什么贡献	
对哪些模块的代码质量进行了分析	
在开源软件质量分析报告中做了什么贡献	

续表

自评项目	自评描述
标注开源代码行的数量	
对开源软件哪些模块代码进行了标注	
纠正了多少个开源软件的代码缺陷	
纠正了开源软件哪些模块中的缺陷	
编写了多少行程序代码	
编写的代码对应于哪些类和方法	
编写代码的质量情况(如是否遵循编码规范、是否与原有代码风格一致、是否遵循模块化设计思想)	
撰写技术博客的数量	

8.3.3　持续点评

考评是手段而非目的,通过考评带动实践、解决实践中遇到的问题、提升实践效果、加强能力培养才是实践的最终目标。为此,在分析和维护开源软件实践实施过程中,需要对实践参与人员的实践成果及行为进行持续的跟踪和分析,对发现的问题进行针对性的点评和指导,并要求实践参与人员根据点评对实践成果加以改进和完善,以此推动实践以一种持续迭代、不断提升的方式演进。

可以通过实践支撑软件工具(如 Trustie-Forge、Trustie-Codepedia)反馈的数据来发现实践中潜在的问题,如根据贡献的资源、发布与回复的帖子、提供的留言等方面信息,可以初步判断实践人员的活跃度以及实践开展的深度;基于 Trustie-Forge 提供的有关 Issue、代码资源库、Pull Request 信息,可以初步判断实践参与人员开展分布式协同开发的程度。根据这些数据,可以对相关实践问题进行跟踪,也可以据此来提醒相关实践人员某些方面的信息,如参与度、贡献度、实践滞后程度等。

对实践成果的点评主要以指明成果中存在的问题、提出改进意见为主,可以结合具体的实践成果来开展点评。

① 文档类:点评文档内容是否符合要求,文档是否遵循规范,文档中的语言表达是否简练可理解,图表是否规范,模型与文字的表述是否一致等。

② 代码注释:点评注释的规范性,文字表达的准确性和简洁性,注释的正确性等。

③ 程序代码:点评代码是否遵循相关的编码规范,代码的质量是否有问题等。

④ 模型:点评 UML 模型表述的准确性,UML 图符使用的正确性等。

⑤ 可运行软件系统:点评用户界面的友好性、功能实现的效果等。

8.4　开发软件系统实践的考评方法

开发软件系统实践是整个软件工程课程实践的核心，也是培养学生软件开发能力，尤其是解决复杂工程问题能力的关键所在。对该实践的考评受其任务及要求、项目组织和实施方式、软件开发过程和活动、需提交的软件制品等多重因素的影响。考评要帮助实践人员客观地认识实践所取得的成绩，以及实践过程中存在的问题和不足，并提供可行、有效的建议帮助实践人员解决这些问题，通过持续的改进来不断完善实践成果和提升实践效果。

8.4.1　考评内容

对开发软件系统实践的考评主要针对以下两方面内容，一是提交的实践成果，二是实施的实践行为。

1. 实践成果

开发软件系统实践需要完整地开发出一个具有一定规模和复杂性的软件系统，其提交的实践成果表现为多种形式，包括以下软件制品及相关的总结材料。

① 软件模型。它是指在需求获取与分析、软件设计与建模阶段所生成的用于描述不同抽象层次软件模型的UML图，包括软件体系结构模型、用例模型、用例的交互模型、状态模型、分析类和设计类模型、部署模型等。在软件开发的不同迭代周期、每次迭代的不同软件开发阶段，实践人员需要提交不同的软件模型。

② 软件文档。它是指在需求获取与分析、软件设计与建模、代码编写与测试等阶段所生成的各种描述性资料，用来详尽地描述软件系统的需求及设计方案、软件测试情况等，具体包括软件需求构思和描述文档、软件需求规格说明书、软件设计规格说明书、软件测试报告、技术博客等。在软件开发的不同迭代周期、每次迭代的不同开发阶段，开发人员需要提交不同的软件文档。

③ 测试用例。它是指用于支持软件测试的各种数据，包括确认测试用例、集成测试用例、单元测试用例等。测试用例的生成贯穿于整个软件开发全过程，例如在需求获取和分析阶段需要生成确认测试用例，在软件设计与建模阶段需要生成集成测试用例，在代码编写与测试阶段需要生成单元测试用例。

④ 技术博客。它是指软件开发人员所提交的，用于记录其软件开发心得、感受、认识、体会和经验等的文字性描述资料。通常，实践人员需要按照一定的周期（如每周一次）或者在特定的里程碑（如完成某次迭代的需求分析任务之后）提交技术博客。

⑤ 程序代码。它是指在软件开发过程中所编写或重用的程序代码，用于实现软件系统的功能。在整个软件开发过程中，实践人员需要持续提交程序代码以渐进性地实现目标软件系统。

示例：开发软件系统实践需提交的实践成果

根据 7.1 节和 7.9 节所描述的开发软件系统实践的软件开发过程及迭代开发次数，表 8.4 描述了开发软件系统实践在不同迭代周期、每个迭代周期的不同开发阶段需要提交的软件制品。

表 8.4　开发软件系统实践成果一览表

迭代周期	需求获取与分析	软件设计与建模	代码编写与测试
第一次	软件需求构思和描述文档 需求用例模型 技术博客	软件体系结构模型 用户界面模型 技术博客	软件原型 技术博客
第二次	软件需求构思和描述文档 软件需求规格说明书文档 软件需求模型，包括用例模型、用例的交互模型、分析类模型等 软件确认测试用例 技术博客	软件设计规格说明书 软件设计模型，包括软件体系结构模型、用户界面设计模型、用例实现模型、子系统 / 构件设计模型、类模型、数据设计模型等 技术博客	部分部件的程序代码 单元测试报告 技术博客
第三次	软件需求规格说明书文档 软件需求模型，包括用例模型、用例的交互模型、分析类模型等 软件确认测试用例 技术博客	软件设计规格说明书 软件设计模型，包括软件体系结构模型、用户界面设计模型、用例实现模型、子系统 / 构件设计模型、类模型、数据设计模型等 软件集成测试用例 技术博客	软件系统程序代码 软件集成测试报告 软件确认测试报告 可运行的目标软件系统 实践总结报告 技术博客

2. 实践行为

开发软件系统实践涉及一系列软件开发、组织管理等方面的行为，这些行为大部分可以在 Trustie-Forge 等实践支撑软件工具上实施和完成，因而可以借助于这些工具对该实践所涉及的行为进行观察、记录和分析。

① 实践成果的提交行为，如何时提交了实践成果、总共提交了多少次、做了多少次修改。

② 交流和讨论行为，如提出问题、回答问题、分享经验、开展讨论等。

③ 贡献实践资源行为，如基于实践工具提交和贡献相关的资源，包括开源代码、软件工具、代码片段、软构件等。

④ 任务管理行为，如基于 Issue 的软件开发任务分配和指派等。

⑤ 分布式协同开发行为，如提出 Pull Request 等。

8.4.2　考评方法

开发软件系统实践可以分多次迭代完成，每次迭代又包括若干个软件开发阶段，如需求获取与分析、软件设计与建模、代码编写与测试等，整个实践过程持续时间较长（从几周到几个月不等)。因此,需要采用分阶段、持续性的考评策略,将考评贯穿于整个实践全过程。

在每个迭代周期、在相关软件开发阶段完成之时,需要对该阶段提交的实践成果进行针对性的考评(见表8.5)。与此同时,对整个实践过程中的实践行为进行持续的观察和考评,以便及时评价实践成绩以及发现实践中存在的问题和不足,并提供针对性的指导,要求加以改进和完善,确保每个阶段实践成果的质量,为下一次迭代或下一阶段实践活动的开展奠定良好的基础。

表8.5 开发软件系统实践成果的考评方法

序号	成果形式	考评方法
1	软件模型(如用例模型、分析类和设计类模型、用例实现模型等)	人工、定性的方法
2	软件文档(如软件需求规格说明书,软件设计规格说明书等)	人工、定性的方法
3	程序代码(如实现软件功能的程序代码)	人工和自动相结合、定性和定量相结合的方法
4	测试用例(如确认测试用例,集成测试用例等)	人工、定性的方法
5	技术博客	人工、定性的方法
6	可运行软件系统	人工、定性的方法
7	实践总结(如实践总结报告、汇报PPT、产品宣传彩页、演示视频等)	人工、定性的方法

1. 实践成果的考评方法

对开发软件系统实践成果的考评需要采用人工考评和自动考评相结合、定性方式和定量方式相结合的方法。在开发软件系统实践过程中,实践人员会遇到诸多与软件开发相关的问题,需要指导教师通过考评对实践成果进行持续性的点评,指明实践中存在的问题,提供问题解决的建议,要求实践人员基于点评来持续改进实践成果。

下面针对不同形式的实践成果,介绍如何对它们进行针对性的考评。

① 软件模型。采用人工、定性的考评方法,阅读用UML描述的各种软件模型,了解和分析软件模型的正确性和准确性、UML图符使用的正确性和规范性、不同模型之间的一致性和冲突性等,以此来考评该类实践成果的成绩,发现和点评模型中存在的问题和不足,提出指导性意见和修改建议。

② 软件文档。采用人工、定性的考评方法,通过阅读软件文档(如软件需求规格说明书、软件设计规格说明书、技术博客等),从文档的规范性、文字表达的简洁性和一致性、内容的正确性、文字表述和UML模型的一致性等多方面来综合考评该类实践成果的成绩,发现和点评软件文档中存在的问题和不足,提出指导性意见和修改建议。

③ 程序代码。采用人工和自动相结合、定性和定量相结合的方法,通过人工方法来阅读编写的代码,大致了解代码实现的功能及规模,代码的编写规范、注释情况及质量水平;借助于软件

工具（如 Trustie-Forge、SonarQube 等）来掌握所编写的代码行规模、代码修复的行数、代码的内部质量、代码中的缺陷数量、代码的注释行数、编码遵循规范的程度等信息，以此考评该类实践成果的成绩，发现并点评程序代码中存在的问题和不足，提出指导性意见和修改建议。

④ 测试用例。采用人工、定性的考评方法，阅读和分析软件测试用例，考核测试用例的覆盖程度、正确性等，以此来考评该类实践成果的成绩，发现并点评模型中存在的问题和不足，提出指导性意见和修改建议。

⑤ 技术博客。采用人工、定性的考评方法，通过阅读技术博客，大致了解其内容，判断技术博客是否有内涵，所撰写的内容是否反映自身的心得、体会和感受，表达是否简洁和易于理解等，以此来给出技术博客的成绩。

⑥ 可运行软件系统。采用人工、定性的考评方法，演示和观看目标软件系统的运行及体验效果，如用户界面的友好性、系统的易操作性和可靠性、系统的反应性等，以此来考评该类实践成果的成绩，发现和点评目标软件系统中存在的问题和不足，提出指导性意见和修改建议。

⑦ 实践总结。采用人工、定性的考评方法，观看目标软件系统的宣传彩页和演示视频，审阅实践总结材料，聆听实践人员的总结汇报，分析实践总结是否到位，材料是否完整，系统特色是否鲜明，宣传材料是否美观等，从而考评该实践成果的成绩，发现和点评宣传彩页、演示视频、总结材料和报告等存在的问题和不足，提出指导性的意见和修改建议。

示例：开发软件系统实践的考评细节

针对开发软件系统实践，表 8.6 描述了该实践的考评对象、要求及成绩占比，主要围绕软件需求创意、软件模型、软件文档、程序代码、实践总结、技术博客等方面进行考评。

表 8.6　开发软件系统实践的考评对象、要求及成绩比例

类别	对象	要求	成绩比例
软件需求	软件需求的构思和描述文档、软件需求规格说明书、目标软件系统	软件需求的创意性 解决方案的集成性 系统部署的分布性 采用技术的综合性	25%
软件模型	需求模型和设计模型，包括用 UML 描述的用例模型、用例交互模型、分析和设计类模型、体系结构设计模型、子系统 / 构件设计模型、用户界面模型、部署模型、数据模型等	模型的正确性 模型设计是否遵循软件工程原则 模型的完整性 模型间的一致性等 UML 符号使用的规范性等	20%
软件文档	软件需求构思和描述、软件需求规格说明书、软件设计规格说明书等	内容正确性 文档和图表的规范性 表达简练性 文档与模型一致性等	15%

续表

类别	对象	要求	成绩比例
程序代码	编写的程序代码,重用的代码片段和开源软件代码	代码规模 代码遵循编码规范 代码缺陷 代码注释比率 代码与模型的一致性等	20%
实践总结	实践总结报告、软件系统宣传材料、演示视频等	总结的完整性、准确性以及反映的特色 语言文字的组织和表达 宣传材料和演示视频的效果等	5%
交流与贡献	实践过程中开展交流与讨论、进行提问和问答、贡献实践资源等	交流和讨论次数 贡献的实践资源及数目 提问及回答的情况等	5%
技术博客	技术博客	内容是否有内涵	5%
群智资源的利用	借助开源社区来解决问题、重用开源软件来开发目标软件系统	通过开源社区中的知识问答解决开发问题情况 开源软件的使用情况	5%

此外,开发软件系统实践需要针对团队和个体两个不同的层次进行考评。团队考评针对的是整个软件项目团队完成课程实践的情况及成果,其考评结果反映了整个团队的成绩。个体考评针对的是每个实践人员在实践过程中的贡献情况及产生的实践成果,其考评结果反映了实践人员个人的成绩。这种分层次的考评方法有助于区分项目团队中不同实践人员的贡献。

为了更有针对性地进行考评,在软件开发完成与正式考评之前,要求每个实践团队和人员填写实践自评表,以显式地表述项目团队和实践人员所取得的成果和做出的贡献。指导教师可以以此作为参考,基于这些信息对项目团队和实践人员进行针对性的考评,以快速、准确和客观地评定项目团队和实践人员的成绩。

示例:开发软件系统实践的团队自评

软件开发的实践团队按照表 8.7 所示的模板来总结所开发的软件系统及其特色和成果,实践人员参照表 8.8 来总结个人在整个实践中所做出的贡献和取得的成果。

根据团队自评表,实践项目团队首先需要对所开发的软件系统进行总结,介绍其欲解决的问题、具有的功能及特色、集成的系统,软件的部署等。然后介绍开发软件系统所用的技术、语言和工具;概述项目团队生成和提交的软件制品,包括程序代码、软件文档、软件模型等。最后介绍借助群智资源来开发软件系统的情况,包括重用了哪些开源软件、访问了什么样的开源社区等。

表 8.7 开发软件系统实践的团队自评表

自评项目	自评描述
软件项目名称	
项目团队成员	
软件系统欲解决的问题	
软件系统主要功能及特色	
软件系统是否需集成其他系统（如云服务）或物理设备（如机器人、可穿戴设备、智能手机等），如有请列出	
描述软件系统的部署情况	
软件开发所用的编程语言	
软件开发所用的 CASE 工具	
软件系统的代码总量（LOC）（包含开源软件代码）	
独立编写的代码量（LOC）	
描述软件系统重用的开源软件	
开源软件的代码量（LOC）	
代码的质量情况（如 SonarQube 的质量分析结果、是否遵循编码规范、代码的注释情况等）	
代码的累计提交次数	
UML 模型（如提交了哪些 UML 模型、质量如何）	
软件文档（如提交了哪些软件文档、质量如何）	
列举访问过的开源社区，包括软件开发知识分享社区和开源软件托管社区	

表 8.8 开发软件系统实践的个人自评表

自评项目	团队成员 1	团队成员 2	…	团队成员 n
在项目中主要承担的角色和工作				
在项目中主要输出的成果				
在需求模型中做出的贡献及具体模型				
在需求文档中做出的贡献及具体章节				
在编写代码中做出的贡献及具体文件和模块的名称				

续表

自评项目	团队成员 1	团队成员 2	…	团队成员 n
编写的代码量(LOC)				
引入和重用的开源软件名称及其代码量				
访问的互联网服务及其名称				
程序代码的提交次数				
在软件测试中做出的贡献				
列举访问过的开源社区				
撰写的技术博客				
开展的交流和讨论				
贡献的实践资源				

在填写团队自评表时,软件项目团队也可以从中发现项目实践存在的问题和薄弱环节,如可能有些方面没有考虑到、某些软件制品可能存在质量问题,由此驱使他们改进和完善课程实践。

示例:开发软件系统实践的个人自评

在团队自评表的基础上,项目组的每个成员需要结合各自的具体情况填写个人自评表,概述各自在软件开发中所承担的角色和工作及取得的成果,并分别针对代码、文档、模型等主要软件制品,详细介绍各自所做出的贡献,如编写了多少行代码、这些代码具体对应于哪些代码文件和模块等,以便对其进行核实。最后介绍提交技术博客、访问开源社区等情况。需要说明的是,可以将团队中每个实践人员的个人自评表信息汇集在一起,以便更好地区分各自完成的工作。基于自评表,实践指导教师也可以采用一对一方式与各个团队中成员进行交流,以便核实自评表中各数据项的真实性,防止"灌水"和"掺水",以客观、准确地对团队中成员的实践成绩进行评定。

2. 实践行为的考评方法

对开发软件系统实践行为的考评需要借助于实践支撑软件工具 Trustie-Forge。在整个实践过程中,要求实践人员在 Trustie-Forge 上开展各项软件开发工作,包括布置实践任务,跟踪问题解决,提交文档、模型和代码,开展交流讨论,提供实践资源等。因而,Trustie-Forge 可以记录、统计和分析实践人员开展实践的具体情况,包括实施了什么样的开发行为、软件开发行为持续了多长时间、提交了多少次程序代码等。指导教师可以基于这些数据对实践人员开展实践的情况进行分析,并以此作为实践行为考评的主要依据。

① 交流和讨论行为。分析实践人员参与交流的次数、提出问题的数目、回答问题的数目、相关回答得到大家认同的数目,实践人员的活跃度排行榜等,在此基础上评定实践人员在整个实践过程中是否活跃,是否主动解决问题,是否积极参与交流和分享经验等。

② 资源贡献行为。分析和统计实践人员所提交和共享的资源数量,以及这些资源为他人下

载和利用的次数等,从而判断他们对实践的贡献程度。这里的资源可以为各种技术资料、软件工具、开源代码或代码片段等。

③ 任务管理、代码管理、分布式协同开发等。如软件开发过程中实施的以下一组行为,包括布置、分发和跟踪实践任务,提交模型、文档和代码,提出 Pull Request 等。

8.4.3　持续点评

在整个软件开发过程中,实践指导教师需要针对实践人员的实践行为以及提交的软件制品进行针对性与持续性点评,通过点评来给实践人员引导和解惑。点评不仅要指出实践中好的、积极的一面,更要指出软件制品中存在的问题和不足,提供改进软件制品、解决问题、消除缺陷的建议和意见,要求实践人员以此对软件制品等进行修改。

下面针对开发软件系统过程中所产生的软件模型、软件文档、程序代码和设计质量 4 个方面,示例介绍对其进行点评时需要关注的要点、常见的问题及注意事项。

1. 点评软件模型

模型是对软件系统的抽象,它有助于从不同视角、不同层次来刻画、理解和认识软件系统,分析软件系统不同要素之间的高层逻辑关系。开发软件系统实践要求实践人员绘制不同视点的 UML 模型以描述软件需求和软件设计的结果,包括用例模型、交互模型、分析类模型、体系结构模型、部署模型、设计类模型、用户界面模型、数据模型等。这些模型反映了实践人员对软件系统需求的理解,描述了设计和实现目标软件系统的解决方案。软件模型的质量将会直接影响软件系统的规约、描述、设计、实现、测试、部署和运行。绘制高质量的软件模型对于培养实践人员的软件工程能力和素质极为重要。

对于实践人员而言,尤其是之前未有软件建模经验的软件开发人员而言,他们在借助 UML 来绘制软件模型过程中会遇到一系列的问题。有些问题很直接,例如如何根据需求描述来绘制 UML 的用例模型;还有一些问题有难度和深度,例如如何确保所绘制模型的质量,如正确性、准确性、一致性等,以及如何利用软件模型来进一步开展软件开发工作,例如如何根据需求模型来开展软件设计、通过对需求模型的精化来产生软件设计模型等。下面结合具体的示例来介绍如何对软件模型进行点评来指导实践人员的建模工作并产生高质量的软件模型。

示例:针对软件模型的点评

实践参与人员在绘制软件模型的过程中常常会面临诸多的困惑,所绘制的模型往往存在以下一组常见问题,需要实践指导教师给予点评和指导,并依此加以改进和完善。

① 不知道为什么要绘制 UML 模型。如用例模型有何用途,为什么需求分析要从用例建模入手,此时指导教师要讲清楚各个 UML 图的作用,阐明绘制这些模型的目的。

② UML 图符使用不正确。这类问题非常普遍,如没有用正确的图符表示关联关系,此时指导教师要指明正确的图符应该是怎样的,在绘制模型时需要注意图符的正确使用。

③ 绘制的 UML 模型没有正确地刻画软件系统。这类问题也较为常见,具体表现为绘制特定模型时没有考虑相关的文档和模型,如在进行需求分析时没有根据需求的描述绘制用例模型,

或者用例模型中所识别的执行者和用例没有正确地反映用户的实际需求。此时指导教师需要明确指出模型绘制时要考虑哪些要素,如何根据已有的要素来建立模型。

④ 绘制的多个UML模型之间存在不一致。实践人员在绘制模型时缺乏综合考虑,没有分析与该模型相关的其他模型,经常出现"顾此失彼"的现象,导致多个软件模型之间存在不一致的情况。例如,在需求分析阶段,需要根据用例的交互图产生分析类图,类图中的每一个类应该都有其出处,或者来自用例模型中的执行者,或者来自顺序图中参与交互对象的对应类,如果类图中出现了一个类不是来自上述两个途径,或者顺序图中某个对象的对应类没有在分析类图中出现,那么分析类图与用例图、顺序图之间就存在不一致性问题。此时,实践指导教师需要讲明这些模型之间的内在关联关系,指明如何根据已有的模型来生成新的模型,如何在生成UML模型过程中关注和分析一致性问题。

2. 点评软件文档

软件文档是记录软件开发成果的一种重要方式,也是促进实践参与人员开展交流和沟通的重要媒介。开发软件系统实践要求实践人员结合需求分析、软件设计、实践总结等活动,撰写相关的软件文档,包括软件需求构思和描述文档、软件需求规格说明书、软件设计规格说明书等。这些文档不仅详细记录了软件需求及设计的内容,便于不同实践人员之间的交流和讨论,更为重要的是,通过文档的撰写有助于帮助实践人员提高其语言表达、文字组织等方面的能力。

对于之前未有文档编写经验的软件开发人员而言,他们所撰写的软件文档会存在诸多的问题和不足。导致这些状况的原因是实践人员不了解文档撰写要求及相关的注意事项。下面结合具体的示例来介绍如何对软件文档进行点评,以指导实践人员的文档撰写工作并产生高质量的软件文档。

示例:针对软件文档的点评

实践人员在编写软件文档的过程中常常会很随意,把握不住重点,认为这样将文档写出来就好,因而导致所撰写的文档常常存在以下一组常见问题,需要实践指导教师给予点评和指导,并依此加以改进和完善。

① 文档整体格式不规范。没有按照相关的规范和模板来撰写文档,导致该写的内容没有写到,所写的一些内容没有意义和价值。针对这一问题,需要预先提供软件文档的编写模板,要求实践人员严格按照模板所提供的规范来撰写文档。

② 文档的表述不规范。文档段落排版不规范、文档中的图表不规范,例如文档中的图和表没有标题、正文没有对图和表进行引用等。为此指导教师需要明确地指明文档撰写中需要注意的一些规范性问题,结合具体的文档样例来告诉实践人员如何撰写规范化的文档。

③ 文档格式不一致、排版混乱。这类问题非常普遍,主要原因是不同的实践人员分别撰写不同章节的文档内容,他们将相关的内容合并完之后没有进行必要的检查和排版,导致不同章节、段落和字句的样式和排版不一致。为此,要求实践人员事先明确文档的格式,并且按照此格式来撰写各自的部分,合并后再进一步检查和统一格式。指导教师需要指明这些"形

式”上的问题，要求实践人员严格遵从文档规范的要求来撰写文档，确保文档在形式上的一致性。

④ 文档内容的不一致。由于整个软件文档是由不同的实践人员共同撰写完成的，文档中的不同部分存在相关性，在撰写过程中需要前后兼顾、相互统一。实际情况中各个实践人员在撰写时可能没有与相关人员进行沟通，未就相关的术语、概念、表述、语义等形成统一的认识并在文档中进行统一表述，进而出现同一个术语在不同的章节用不同的术语符号来表示、对同一项内容用不同的符号或文字来表述等问题，导致整个文档在内容上存在不一致，难以理解。为此，需要实践人员事先统一思想，在撰写过程中不断进行沟通，撰写完成之后要进行检查。指导教师需要显式地指明哪些存在内容不一致的问题，要求实践人员统一相关的表述。

⑤ 语言表达费解。这是绝大部分实践人员在撰写软件文档时的“通病”，反映了他们在语言表达方面存在的“短板”，具体表现为句子不完整、段落不通顺、标点符号使用不恰当、语言表达不直观、全文不好理解等。针对这种情况，实践指导教师需要对相关的软件文档进行细致的批改，在课堂上针对典型的问题进行点评，指明语言表达方面的问题及典型案例，给出修改的建议和样例，要求按照样例的形式来改正文档的表述。

⑥ 文字表述缺乏逻辑性。软件文档中的段落没有围绕章节标题来写，相邻语句之间、段落之间没有关联性，缺乏内在的逻辑性，导致一个段落、一个章节的内容不知所云。针对这种情况，指导教师可以对相关章节进行针对性的批改，在课堂上进行点评，指明如何组织章节和段落、如何围绕段落标题展开阐述，提供文档样例和修改样式，要求按照样例和样式来改正文档的表述。

⑦ 缺乏严谨性。软件文档在表述方面随意，不严谨，如一些内容的阐述过于武断，一些结论性的表述缺少必要的调研和论证；文档不同部分对同一个内容的阐述存在不一致，文字的表述和图 / 表的内容不一致；模型的图符和文档的表述不一致等。为此，实践指导教师需要指出文档中存在的不一致问题，并指明如何进行修改，要求实践人员按照要求修改文档。

3. 点评程序代码

程序代码是开发目标软件系统的最终成果形式，也是构成目标软件系统的核心软件制品。开发软件系统实践要求实践参与人员编写目标软件系统的程序代码，确保程序代码的质量，生成可运行的目标软件系统。

实践人员在前序的“计算机程序设计”课程中已初步实践了程序编写，对如何根据问题和需求进行程序设计有了初步体验。但是按照软件工程的一套思想和方法来编写高质量的程序代码，对于大部分实践人员而言仍然是一件新鲜事。很多实践人员仍会按照“计算机程序设计”课程所体验的方式来编写代码，导致出现编码方式随意、没有遵循规范、代码质量不高等一系列问题。下面结合具体的示例来介绍如何对程序代码进行点评，以指导实践人员的编码工作并产生高质量的程序代码。

示例：针对程序代码的点评

实践人员在编写代码的过程中常常会面临诸多的困惑，所撰写的程序代码往往存在以下一组常见问题，需要指导教师给予点评和指导，并依此加以改进和完善。

① 程序代码与设计模型不符。主要表现为实践人员仍然按照自己的想象而非基于设计模型和文档来编写代码,导致所编写的程序代码与所设计的软件模型之间存在不一致。这类问题较为普遍,原因是实践参与人员仍然坚持其随意性的编程行为,不去考虑设计阶段的成果,没有参考设计模型进行编码。为此,指导教师需要求实践参与人员按照软件设计模型来编写代码,并帮助实践人员发现程序代码与设计模型间的不一致问题,结合具体的示例讲解如何基于设计模型来编写代码。

② 程序代码的质量存在问题。该方面的问题在软件工程实践中非常普遍,具体表现为实践人员在编码过程中没有质量意识,所编写的程序代码没有遵循相关程序设计语言的编码规范(如变量、方法/操作的命名方式不规范等),关键程序代码缺乏必要的注释,程序代码不易于理解等。为此,指导教师需要泛读程序代码或借助软件工具来分析代码的质量,发现代码中存在的质量问题,结合具体的示例提出修改意见和建议,并要求实践人员对代码进行改正。

4. 点评设计质量

软件设计是软件开发过程中的一个重要环节,其产生的软件制品将用于指导目标软件系统的实现。按照软件工程的思想,软件设计要给出目标软件系统的解决方案,使得基于该方案所开发的软件系统不仅能够实现软件需求,还要确保所开发软件系统的质量,如可靠性、可理解性、可维护性、可重用性、可扩展性等。软件设计的这些质量要求蕴含在设计诸多要素之中,包括软件体系结构、构件、子系统、接口等。为此,在开发软件系统实践中,需要从质量保证的视角来分析和点评实践人员的设计行为以及所提交的设计模型和文档。

示例:针对设计质量的点评

在软件设计过程中,实践人员常常会面临着"如何进行质量保证"等诸多困惑,所设计的软件模型和撰写的设计文档往往存在以下一组常见的质量问题,需要实践指导教师给予点评和指导,并依此加以改进和完善。

① 设计没有考虑需求。软件设计没有充分考虑软件需求,导致所设计的软件系统无法满足用户的要求。这一问题具体表现为:实践人员在没有认真理解软件需求的前提下就开展设计,所产生的设计元素与软件需求无关等。导致这一问题的根源是实践人员抛开需求进行软件设计,或者在没有软件需求指导的情况下开展软件设计。为此,指导教师要对设计模型的可追踪性进行分析,从而发现软件设计模型与软件需求模型之间是否有明确的对应关系,设计模型的要素是否都有意义,各项软件需求在设计模型中是否都有对应的设计元素来加以实现,进而指明软件设计模型中存在的问题,提出针对性的修改意见,并要求实践人员加以改进。

② 设计没有考虑质量。软件设计没有遵循软件工程原则(如模块化、信息隐藏、软件重用等),导致所产生的设计方案质量不高。在设计过程中,实践人员通常将注意力集中在如何确保设计能够满足和实现需求上,对于如何确保和提升设计的质量等问题考虑得不多。相对于其他软件开发问题,这类问题较为隐蔽,需要对设计模型进行深入分析才能发现。具体表现为:一些类或方法的独立性不强,需要进行必要的分解;一些构件/类的接口设计不合理,引入了不必要的参数,需要进行调整;某些类/构件之间的相关性太强,可以考虑对其进行必要的合并;软件设

计时没有考虑软件系统的非功能性需求，因而没有思考如何通过设计来提高软件系统的反应性、可靠性、可扩展性等方面的要求，用户界面的设计没有遵循人机交互界面设计的准则，没有从用户的角度来考虑界面设计的要求，如用户界面花哨，界面风格不统一，操作繁琐，关键操作没有提示信息，一些破坏性操作没有用户的再次确认，界面元素的组织和布局不合理等。

针对这些情况，实践指导教师可以针对一些具体的设计问题，结合实际案例进行分析和点评，指明软件设计需要考虑哪些方面的问题、如何确保设计的质量，要求实践人员对每一项设计都要进行反复的推敲和权衡，要综合考虑多方面因素，尤其是质量因素来开展软件设计。

8.5　实践实施及成效

在基于群智方法的软件工程课程实践教学过程中，教师和学生要处理好以下几个方面的关系。首先教师要担任好课程实践的“教练员”角色，作为“教练”，教师要持续跟踪学生的实践进展及成果，及时发现实践中存在的问题，通过与学生交互了解他们遇到的困难，将更多的时间和精力用来对学生的实践情况和成果进行点评和指导。不同于计算机程序设计课程的实践，软件工程课程实践的点评不要陷入软件实现的技术细节（比如怎样写数据库的访问程序，该问题交由学生到开源社区去寻找答案），而是更多地关注实践成果的正确性、合理性、规范性、表述性、一致性、完整性等方面。例如，对照软件需求模型，软件设计模型是否正确；UML 图符是否使用正确；文档的文字表述是否简洁；代码和模型之间是否一致；代码和模型是否存在质量问题；文档是否遵循规范；用户界面是否易于操作等。课堂实践教学不必面面俱到，什么都要讲，而是有所取舍，可以将一些内容交给学生自己去自学，或者通过具体的实践来掌握。教师要给学生足够的信任和自由度来构思和开发软件，不必去过多地干涉其实现的方法和手段（如采用什么样的程序设计语言和实现平台、选用什么样的开源软件），除非发现其方法存在问题；要营造一个积极、进取的氛围和环境，鼓励学生之间进行互评和点评，促进相互之间的交流和分享。

其次教师要担任好“裁判员”的角色。作为“裁判”，其首要职责就是要考核学生的实践成绩，这对学生而言非常重要。对于软件工程课程实践教学而言，仅仅给出学生的实践成绩是不够的，而是要在考核之前和之后做足工作。教师需要精心设计对学生进行考核的具体条目和评分要求，并且事先要将这些考核要求告诉给学生，以此来带动和影响他们的实践行为和投入。例如，要在实践开始之时就告诉学生课程实践的考核原则、时间点、方式和手段、提交的时间点等，打消他们“打酱油”和“混日子”的念头；要给学生“希望”，允许学生对实践成果进行改进，并对改进的成果进行再考核，这样即使这一次做得不好，也可以通过继续努力在下一次考评中取得好的成绩。此外，每次考核结束之后要进行针对性的讲评，告诉学生实践存在什么问题、还有哪些不足、为什么是这个成绩等，以帮助学生看到差距，指导他们进行针对性的修改。

最后，学生要担任好课程实践的“运动员”角色，要持续不间断的“练”，在“练”的过程中不断提高自己的成绩。学生不仅要“练”，也要“学”和“悟”，通过学习来掌握知识和技能来促进

“练”，要对自己的课程实践进行不断的总结和分析，从而提升“练”的效果和水平。此外，学生要根据“教练员”的意见和建议来改进“练”的方式和手段，进而针对性解决实践中的问题，克服薄弱环节，提高实践的成效。学生不仅要将课程的指导教师作为自己的“教练员”，而且还要将开源社区中的高水平软件开发人员作为自己的“教练员”。

几年的教学成果表明，经过软件工程课程实践“洗礼”的学生无论在软件开发能力，还是在软件工程素质方面都有实质性的提升，具体表现为以下几个方面。

① 学生解决复杂工程问题的能力得到了培养。学生能够考虑多种因素（如用户需求、软件质量、开发效率、可维护性、安全性等），综合多种技术（如面向对象技术、人工智能技术、数据库技术等）、集成多个不同的系统（如计算机软件、机器人、无人机、智能手机、云服务、开源软件等）、借助多项支撑软件工具和平台（如基于 Android 的智能终端平台、基于 ROS 的机器人软件平台等）、采用多个不同的程序设计语言（如 Java、C++、Python 等），开发出具有一定规模和复杂性、分布式部署的异构软件系统，所开发的软件系统的代码规模平均超过 15 000 行，部分软件项目的代码规模超过 50 000 行。

② 学生的软件工程素质得到了显著加强。能够在一定程度上欣赏和领会软件系统的质量要素，意识到软件质量的重要性；能够将阅读开源软件过程中所学到的高质量软件开发技能应用到具体的软件开发实践中。通过 SonarQube 对学生提交的代码质量进行分析，可以发现代码的编程规范性、模块设计的合理性等处于优良的水平。在软件开发过程遇到困难和问题不再慌乱，知道如何借助于开源社区来解决问题；能够针对实践的需求，适应性地进行自主学习。

③ 学生的创新实践意识得到了加强。学生所开发的软件系统在选取欲解决的问题、构思软件需求、寻求解决问题的方法等方面表现出一定的新意。几年下来，软件工程课程实践教学取得一批有创意、上规模和高质量的软件系统，如无人值守图书馆信息系统、基于 AR 的 3D 导航系统、家庭服务机器人系统、ROBOT 机器人战斗模拟、代码修复助手、多无人机联合搜寻系统、空巢老人智能看护系统等。每年我们都会选取部分课程实践作品参加各类比赛，均得到很高的评价并获得许多高水平的奖项，包括 iCAN 国际创新创业大赛中国总决赛一等奖、中国高校计算机大赛全国总决赛一等奖、泛珠三角 + 大学生计算机作品总决赛金奖、湖南省大学生计算机作品赛特等奖、科技创新大赛一二等奖、大学生科技创新竞赛二等奖、中国高校计算机网络技术挑战赛总决赛一等奖等。

几年的实践教学改革下来，我们深刻认识到课程教学改革务必求真务实，既要大胆探索，也要脚踏实地；既要勇于创新，也要打牢基础；既要放手让学生自由探索，也要持续跟踪以及时发现问题并进行针对性的指导和引导。在实践过程中，我们欣喜地看到学生积极投入、努力探索的身影，经常有学生加班到凌晨提交作业；也经常听到学生的抱怨说实践任务重、难度大、要求高，还要多次不厌其烦地汇报、讲评和修改。但是不管如何，只要有助于提升课程教学质量、提高人才培养水平，那就值得去坚持。在离校之前的座谈中，参加本门课程的学生都说软件工程课程是大学期间收获最大的课程之一，也许这是对这门课程的最大褒奖，这也是作为教师的成就所在。

本章小结

考评是软件工程课程实践的重要环节，是确保课程实践成效的重要手段。由于软件工程课程实践具有实施周期长、涉及环节多、产生软件制品繁杂、需要持续改进等特点，对课程实践的考评需要更加注重实践成果的内在质量，而非外在的形式；要以“考”为辅“评”为主，充分发挥评的作用；要以评促改，帮助实践人员不断对其实践行为和成果进行纠正、改进和完善，从而帮助他们更深入地理解软件工程的思想和原则，提升解决复杂工程问题的能力，培养良好的软件工程素质。

对实践的考评需要贯穿于软件开发全过程，采用分阶段分步骤的考评方式，可在每个迭代周期的重要里程碑（如关键软件开发活动或迭代周期结束之时）进行考评，以便及时考核实践的成绩，掌握和发现实践中存在的问题，进而开展针对性的指导。软件工程课程实践的考评不仅要关注实践提交的成果（如模型、文档、代码、数据、技术博客、总结材料等），也要关注过程中的实践行为（如交流、讨论、贡献、分享等）。考评的手段可以采用人工与自动相结合、定性和定量相结合的方式。

针对分析和维护开源软件和开发软件系统两项实践任务，本章详细介绍了如何根据各实践的具体要求进行针对性的考评，针对不同的实践成果和实践行为采用不同的考评办法，尤其是结合示例介绍了如何根据课程实践中的常见问题对课程实践进行针对性的点评，从而帮助实践人员明确问题所在，提供解决问题的方法和建议，通过持续改进和完善，不断提升实践水平、提高实践成效，达成能力和素质培养的目标。

实践作业

8-1　结合分析和维护开源软件实践，根据 8.3.3 小节所描述的常见问题，对照在该实践中所产生的软件模型、撰写的软件文档、编写的程序代码，分析是否存在类似的问题，并加以纠正和改进。

8-2　针对分析和维护开源软件实践，基于实践所取得的成果，结合个人参与实践的具体情况，对照表 8.3 填写实践自评表，自我评估一下个人在实践中所做出的贡献以及所取得的收获。

8-3　结合开发软件系统实践，根据 8.4.3 小节所描述的软件模型常见问题，对照在该实践中所产生的软件模型，分析是否存在类似的问题，并加以纠正和改进。

8-4　结合开发软件系统实践，根据 8.4.3 小节所描述的软件文档常见问题，对照在该实践中所产生的软件文档，分析是否存在类似的问题，并加以纠正和改进。

8-5　结合开发软件系统实践，根据 8.4.3 小节所描述的程序代码常见问题，对照在该实践中所编写的代码，分析是否存在类似的问题，并加以纠正和改进。

8-6 结合开发软件系统实践，根据 8.4.3 小节所描述的软件设计常见问题，对照在该实践中所开展的设计及其模型和文档，思考软件设计是否基于软件需求、软件设计是否考虑了质量因素等，分析软件设计是否存在类似的问题，并加以纠正和改进。

8-7 针对开发软件系统实践，基于实践所取得的成果，对照表 8.7 填写团队自评表，总结项目团队在实践中所取得的成果，评估和分析团队在实践中存在的不足。

8-8 针对开发软件系统实践，结合个人参与实践的具体情况，对照表 8.8 填写实践个人自评表，评估个人在实践中所做出的贡献，分析个人在实践中的不足。

后　　记

我从 1998 年进入教职以来就一直从事软件工程系列课程的教学工作，至今已有二十余载。在我讲授的诸多课程中，软件工程可能是最难讲好的一门课程，原因有二。

首先，这门课程的知识点广，也似乎有些杂，覆盖软件工程的技术、管理和工具等方方面面，不像操作系统、编译原理等课程的知识点那么聚焦；不仅如此，软件工程课程的知识点大多是软件开发实践经验的总结，相互之间的关系也较为松散，不像离散数学、数据结构等课程知识点间的关系那么严密。软件工程课程的知识点较为抽象，要将这些知识点讲清楚、让学生听明白非常具有挑战性。如果照本宣科地讲授，学生会觉得空洞乏味，很难理解软件工程的内涵并掌握其要领，因而软件工程课程教学存在“不好教”“不易学”的突出问题。

其次，软件工程课程名称中包含有“工程”字眼，这意味着它是一门实践性很强的课程，实践教学对这门课程而言至关重要。因而如何通过实践教学来提升教学成效，真正让学生领会软件工程的思想和内涵并能运用它们来解决实际问题，积累软件开发经验，这无论对老师还是学生而言都是一项重大的挑战。在大多情况下，学生对老师布置的软件工程实践作业往往无从下手，课堂上似乎听懂了，但一旦要具体开发一个软件系统常常不知所措；学生在实践中常常会遇到超越教材的诸多软件开发问题，许多问题也难以从老师那里获得回答，导致课程实践工作难以开展，影响学生完成实践作业的信心和勇气，许多学生不得不寻求避重就轻、减少实践内容、降低实践难度等方式以求顺利完成作业，老师对此状况也只能“望而兴叹”，最后使得实践教学“虎头蛇尾”“草草了事”。在大多数情况下，学生提交实践作业，老师给定实践成绩，随后实践教学就结束了，至于实践做得好不好、对不对、效果如何、还存在哪些问题、应该如何解决这些问题等不得而知，最终导致软件工程课程实践流于形式、走走过场，难以达到预期的效果。概括起来，软件工程实践教学存在着“知难行更难、讲难评也难”的突出矛盾。

2012 年，我有幸组织和开展了软件工程专业教学改革，试图针对软件工程课程教学的上述诸多问题进行探索，以提升课程教学的质量、提高人才培养的水平。鉴于实践教学在软件工程课程教学中的地位和作用，本次教学改革的重点之一就是以实践教学改革为切入点，系统、深层次地解决现行软件工程课程教学中的主要矛盾和突出问题。

软件工程课程实践教学改革的设计和开展受三项因素的影响。一是国际工程教育认证。我们注意到国际工程教育认证采用以产出为导向的基本理念，突出强调以学生为中心的课程教学和人才培养方法，在毕业要求中尤其注重以“解决复杂工程问题能力”为代表的多方面能力和综合素质的培养。工程教育认证的这些思想和理念为我们开展软件工程课程教学改革提供了目标和指南。二是开源软件的快速发展。开源软件的开发借助于互联网群体的力量，采用了社交化编程这一独特的开发方式，使得互联网上的海量软件开发者汇聚在开源社区之中，为开源软件的建设作出不同程度的贡献，导致无论是开源软件数目还是开源社区的用户数目都在快速增长，越来越多的IT企业借助于开源软件来快速、低成本、高质量地构建信息系统。开源软件的成功实践及其开发方式为我们开展软件工程课程教学改革提供了思路和方法。第三是Trustie平台的建设与应用。可信的软件资源共享与协同生产环境Trustie为可信软件系统的开发提供了协同开发、资源共享、可信评估等一系列的支持，它突出体现了“协同、共享、可信”为核心的新颖软件开发理念。Trustie平台所提供的功能和服务经改造后同样可以应用于软件工程课程实践教学及人才培养，以支持协同化的软件开发实践、可信的实践教学成效评估、广泛的实践教学资源共享等。Trustie的成功实践与应用为我们开展软件工程课程教学改革提供了工具和平台支撑。

我们认为软件工程课程的实践教学最为适合培养学生解决复杂工程问题的能力，因为软件系统本身就是一个极为复杂的逻辑系统，软件开发需要综合运用软件工程原理、采用多样化的技术手段、借助于各种支撑软件工具，是一项综合了技术、管理、人员和工具等诸多要素的复杂性工程。如果能在软件工程课程实践中确保待开发软件系统的规模和复杂性、突出软件开发的工程化要求（如质量、规范、集成、综合、权衡和折中等），无疑将可以极大地提升软件工程课程实践教学的成效，显著提高学生的软件开发能力，尤其是解决复杂工程问题的能力。显然，要落实这些想法将面临诸多的挑战，例如，在软件工程课程实践中如何让学生综合各种技术、方法、语言和工具等开发出具有一定规模和复杂度的软件系统？如何确保所开发软件系统的质量？如何帮助学生解决开发过程中所遇到的多样化和个性化问题？如何持续地给学生提供及时和有效的点评和指导？如何科学地评价实践的成效及水平？等等。

传统实践教学方法将学生开展实践的视野局限在教师、教室和教材的范畴，比如主要参考教材来开展实践，遇到困难和问题寻求老师的帮助和解答，因而具有实践参与对象的封闭性、实践实施空间的局域性、实践问题解答的离线性、可用实践资源的有限性等特点，严重制约了实践过程中学生获得资源、解答问题、开展交流、寻求帮助等的渠道。近年来，在国家自然科学基金委重点项目“大规模在线协同学习的机理与方法研究”的资助下，我们开展了群体化学习的研究与实践，探索基于互联网平台、借助于互联网大众的协作，采用基于社区的组织模式来分享群体知识、经验、技能和制品，以此来克服传统实践教学方法的局限性。我们将这一学习方式称之为群体化学习。与此同时，在国家重点研发计划项目的支持下，我们还开展了“安全可控开源社区支撑平台研发”工作。我们注意到，在开源软件实践中就存在着借助互联网大众的知识和技能来促进开源软件开发的成功案例。互联网上的开源社区（如GitHub、Stack Overflow等）汇聚了海量的高水平软件工程师以及多样、高质量的软件开发知识和开源代码，它们可以作为重要的资源来指导、辅助和促进软件工程课程实践，从而使得参与实践的学生可以依托开源社区与互联网大众进行交互，分享他们的知识，获得他们的解答，重用他们的代码，概括而言就是借助群智来开展实践。受这两项研究课题及其成果的启发，我们开启了基于群智的软件工程课程实践教学的改革与探索。

我们将互联网上的软件开发者群体及其开发的开源软件和提供的软件开发知识引入软件工程课程实践环节，让开源社区中的“软件开发者”成为指导学生开展软件开发实践的“指导老师”,分享和利用他们提供的软件开发知识来帮助学生解决实践中遇到的多样化和个性化问题,通过重用高质量的开源软件来帮助学生构造具有一定规模和复杂性、高质量的软件系统,进而培养学生“解决复杂工程问题”的能力。基于这一思想和理念,我们对软件工程课程实践的任务和内容、实施的方法和手段、支撑的工具和平台、考评的要求和方式等进行了系统和深入地改革。4年教改的结果表明上述改革思想和方法是成功的,具体表现为:在软件工程课程实践中,学生所开发软件系统的规模和复杂性得到大幅度提升,软件项目团队所开发的软件系统的代码行规模平均超过20 000行;学生基本学会了综合运用多种技术、工具和平台,集成多样化的系统和设备,重用开源软件来开发上规模、有创意的软件系统;学生掌握了依托群体智慧、借助开源社区来解决软件开发问题的方法;学生软件开发的质量意识以及所开发软件系统的质量水平都有了大幅提升,应对复杂软件系统开发的自信心得到了显著加强。

在此背景下,我们于2016年6月创办了首届软件工程课程实践教学研讨会,邀请国内同行共同交流和探讨软件工程课程实践教学面临的问题和挑战,分享围绕这些问题而开展的各种探索和改革。本次研讨会得到了国内几十所高校教师和企业工程师的关注和参与,大家普遍认识到软件工程课程实践教学的重要性,也对其存在的问题和面临的挑战有共同的体会和认识。会上我们介绍了基于群智的软件工程实践教学改革及其成效,得到了与会教师的积极评价与认可,期待能够加以推广。本书即在上述背景下编写而成,旨在总结多年来我们在软件工程实践教学方面的经验和成果,汇聚相关的实践教学资源,与兄弟院校的师生分享。经过2017、2018两届软件工程课程实践教学研讨会的宣讲与研讨,本书内容得到了充分实施与积淀,终得以出版。

毛新军

2019年5月于长沙

参考文献

[1] 谭庆平,毛新军,董威.软件工程实践教程[M].北京:高等教育出版社,2009.

[2] 齐治昌,谭庆平,宁洪.软件工程[M].3版.北京:高等教育出版社,2012.

[3] 毛新军.面向主体软件工程:模型、方法学与语言[M].2版.北京:清华大学出版社,2015.

[4] 毛新军,尹刚,尹良泽,等.新工科背景下的软件工程课程实践教学建设:思考与探索[J].计算机教育,2018(7):5-8.

[5] 尹良泽,毛新军,尹刚,等.基于高质量开源软件的阅读维护培养软件工程能力[J].计算机教育,2018(7):9-13.

[6] 毛新军,尹良泽,尹刚,等.基于群体化方法的软件工程课程实践教学[J].计算机教育,2018(7):14-17.

[7] 王涛,白羽,余跃,等.Trustie:面向软件工程群体化实践教学的支撑平台[J].计算机教育,2018(7):18-22.

[8] 杰夫·豪,牛文静.众包:大众力量缘何推动商业未来[M].北京:中信出版社.2009.

[9] 王怀民,尹刚,谢冰,等.基于网络的可信软件大规模协同开发与演化[J].中国科学:信息科学,2014,44(1):1-19.

[10] 王怀民,吴文峻,毛新军,等.复杂软件系统的成长性构造与适应性演化[J].中国科学:信息科学,2014,44(6):743-761.

[11] 朱三元,钱乐秋,宿为民.软件工程技术概论[M].北京:科学出版社,2002.

[12] 栾跃.软件开发项目管理[M].上海:上海交通大学出版社,2005.

[13] MASON M. 版本控制之道:使用Subversion[M].2版.陶文,译.北京:电子工业出版社,2007.

[14] 蔡俊杰.开源软件之道[M].北京:电子工业出版社,2010.

[15] 蒋鑫.Git权威指南[M].北京:机械工业出版社,2011.

[16] 张伟,梅宏.基于互联网群体智能的软件开发:可行性、现状与挑战[J].中国科学:信息科学,2017(12):5-26.

[17] ZHANG W, MEI H. Software development based on collective intelligence on the Internet: feasibility, state-of-the-practice, and challenges[J]. SCIENTIA SINICA Informationis, 2017, 47(12): 1601-1622.

[18] SOMMERVILLE I. 软件工程(原书第10版)[M].彭鑫,赵文耘,译.北京:机械工业出版社,2018.

[19] PRESSMAN R S, MAXIM B R. 软件工程:实践者的研究方法(原书第8版)(本科教学版)

[M]. 北京：机械工业出版社，2017.
[20] 钱乐秋，赵文耘，牛军钰．软件工程[M]. 3 版．北京：清华大学出版社，2016.
[21] 孙家广，刘强．软件工程：理论、方法与实践[M]. 北京：高等教育出版社，2005.
[22] 葛文庚，魏雪峰，孙利，等．软件工程案例教程[M]. 北京：电子工业出版社，2015.
[23] 王卫红，江颉，董天阳．软件工程实践教程[M]. 北京：机械工业出版社，2016.
[24] RAYMOND E S. 大教堂与集市[M]. 卫剑钒，译．北京：机械工业出版社，2014.
[25] BUSCHMANN F, MEUNIER R, ROHNERT H et al. 面向模式的软件体系结构　卷 1：模式系统[M]. 贲可荣，郭福亮，赵皑，等，译．北京：机械工业出版社，2003.
[26] GAMMA E, HELM R, JOHNSON R, et al. 设计模式：可复用面向对象软件的基础[M]. 李英军，马晓星，蔡敏，等，译．北京：机械工业出版社，2007.
[27] SOMMERVILLE I, CLIFF D, CALINESCU R, et al. Large-scale complex IT system[J]. Communication of ACM, 2012, 55(7), 71-77.
[28] NORTHROP L, et. al. Ultra-large-scale systems: the software challenge of the future[R]. Software Engineering Institute, Carnegie Mellon University, 2006.
[29] IEEE Computer Society. The guide to the software engineering body of knowledge(SWEBOK Guide). 2015.
[30] The Future of Open Source Survey Results. 2015.
[31] BOYD D M, ELLISON N B. Social network sites: definition, history, and scholarship[J]. Journal of Computer-Mediated Communication, 2007, 13(1): 210-230.
[32] JOHN M, MAURER F, TESSEM B. Human and social factors of software engineering[J]. ACM SIGSOFT Software Engineering Notes, 2005, 30(4): 686-686.
[33] BEGEL A, BOSCH J, STOREY M A. Social networking meets software development: perspectives from GitHub, MSDN, Stack Exchange, and TopCoder[J]. IEEE Software, 2013 30(1): 52-66.
[34] DABBISH L, STUART C, TSAY J, et al. Social coding in GitHub: transparency and collaboration in an open software repository[C]. Proceedings of the ACM 2012 conference on computer supported cooperative work. ACM, 2012: 1277-1286.
[35] CASALNUOVO C, VASILESCU B, DEVANBU P, et al. Developer onboarding in GitHub: the role of prior social links and language experience[C]. Proceedings of the 2015 10th Joint Meeting on Foundations of Software Engineering. ACM, 2015: 817-828.
[36] MOCKUS A, FIELDING R T, HERBSLEB J D. Two case studies of open source software development: apache and mozilla[J]. ACM Transactions on Software Engineering and Methodology(TOSEM), 2002, 11(3): 309-346.
[37] BARNSON M P. The Bugzilla Guide[J]. 2001.
[38] CHACON S, STRAUB B. Pro git[M]. Apress, 2014.

[39] GOUSIOS G, PINZGER M, DEURSEN A V. An exploratory study of the pull-based software development model[C]. Proceedings of the 36th International Conference on Software Engineering. ACM, 2014: 345-355.

[40] YU Y, WANG H, FILKOV V, et al. Wait for it: determinants of pull request evaluation latency on GitHub[C]. 2015 IEEE/ACM 12th working conference on Mining software repositories (MSR). IEEE, 2015: 367-371.

[41] YU Y, WANG H, YIN G, et al. Reviewer recommendation for pull-requests in GitHub: what can we learn from code review and bug assignment? [J]. Information and Software Technology, 2016, 74: 204-218.

[42] LI Z X, YU Y, YIN G, et al. What are they talking about? analyzing code reviews in pull-based development model[J]. Journal of Computer Science and Technology, 2017, 32(6): 1060-1075.

[43] ZHANG Y, WANG H, YIN G, et al. Social media in GitHub: the role of @-mention in assisting software development[J]. Science China Information Sciences, 2017, 60(3): 50-67.

[44] YU Y, YIN G, WANG T, et al. Determinants of pull-based development in the context of continuous integration[J]. Science China Information Sciences, 2016, 59(8): 49-62.

[45] SOMMERVILLE I. Software engineering[M]. Boston: Pearson, 2011.

[46] HUMPHREY W S. A discipline for software engineering[M]. Addison-Wesley Professional, 1995.

[47] KAN S H. Metrics and models in software quality engineering[M]. 2nd ed. Addison-Wesley Professional, 2002.

[48] AMMANN P, OFFUTT J. Introduction to software testing[M]. Cambridge University Press, 2016.

[49] TSAI W T, WU W, HUHNS M N. Cloud-based software crowdsourcing[J]. IEEE Internet Computing, 2014(3): 78-83.